基幹講座　数学

微分積分

基幹講座 数学 編集委員会 編

砂田　利一 著

『基幹講座　数学』刊行にあたって

数ある学問の中で，数学ほど順を追って学ばなければならないものは他にはないだろう．5世紀の新プラトン主義者であるプロクルスは，ユークリッドの『原論』への注釈の中で，「プトレマイオス王が，幾何学を学ぶのに手取り早い道はないものかとユークリッドに訊ねたところ，『幾何学に王道なし』とユークリッドは答えた」という有名な逸話を述べている．この逸話の真偽は別として，数学を学ぶには体系的に王道を歩むことしかないのである．これを怠れば、現代数学の高みに達することは覚束ないし，科学技術における真のイノベーションを期するための数学的知識の獲得も困難になるだろう．

本講座は，理工系の学生が学ぶべき数学を懇切丁寧に解説することを目的としている．ただ単に数学的事柄を並べるだけでなく，通常は行間にあって読者が自力で読み解くことが期待される部分にも十分注意を払い，ともすれば長く暗いトンネルの中を歩くかのような学習を避けるために，随所に「明り採り」を設けて，数学を学ぶ楽しさを味わってもらう．古代バビロニア以来の4,000年の歴史を持つ数学を，読者には是非とも理解し楽しんでもらいたい．これが本講座の著者たちの切なる願いである．

2016年8月

代表編集委員
砂田 利一
新井 敏康
木村 俊一
西浦 廉政

序

3 世紀以上に渡って微分積分は比類のない「道具」であり続けており，
その切れ味はまだ完全には鈍っていない
ブルバキ[1)]

大学の理工系学部では必修科目ということもあり，微分積分（calculus）のテキストは数多くある．従って理系科目のメニューの中ではまさに「定食」と言ってもよい．しかし，テキストの著者たちはありきたりの味の定食を提供することに満足せず，調理の仕方に重点をおいて，何か特別な風味を出そうと努力している．

その材料についてはどうだろうか．17 世紀のニュートンとライプニッツによる微分積分学の創始後，イギリスおよびヨーロッパ大陸の数学者により，次第に多くの材料が加えられ，それらを整理・統一したのはスイス出身のオイラーである[2)]．その後，特にフランスでは，『解析教程』と訳される微分積分学のテキスト "Cours d'analyse" がコーシー（1821），ジョルダン（1893），アダマール（1921）らにより書かれているが，それらが扱っている材料には大きな変化があるとは言えない．高木貞二の『解析概論』（[13]）を代表格とする，今日我が国で使われているテキストでも，オイラー以来の材料のほとんどは固定されている．変化があったと言えば，その調理法なのである．

19 世紀後半，数学はそれまでの「直観的理解」から「論理的理解」へと大きな舵を切った．「直観的理解」とは，「幾何学的理解」と言い換えてもよい．例えば実数を理解するのに，紙の上に描かれた直線を思い浮かべるのである．この背景には，紀元前 3 世紀には既に確立していたユークリッド以来の幾何学への揺るぎない信頼があった．しかし，微分積分学が「一般の」関数を取り扱うようになっ

---

1) ニコラス・ブルバキ（Nicolas Bourbaki）というペンネームを持つフランスの若い野心的な数学者集団であり，「数学的構造主義」を標榜する運動を起こして，20 世紀後半の数学研究と教育に甚大な影響を及ぼした．

2) 1748 年に出版された彼の著書『無限解析序論』（Introductio in analysin infinitorum）は 18 世紀の最も重要な数学テキストであった．

て，この信頼は揺らぎ始め，関数が定義される「場」である実数の成り立ちそのものを論理的に考察する必要が出てきたのである．

微分積分の「論理的理解」で重要な役割を果たすのが「ε-δ 論法（イプシロン-デルタ論法)」である．この論法では，アリストテレス以来の伝統を持つ「命題論理[3)]」に加えて，「述語論理」という少々複雑な論理を使わなければならない[4)]．具体的には，「“任意”の……に対して，……が成り立つような“ある”……が存在する」とか，「“ある”……が存在して，“任意”の……に対して……が成り立つ」というような文章表現を扱うのである．このような衒学的にも思える表現の必要性を肌で感じ，慣れるにはそれなりの時間が掛かる．しかも，その背後には，アリストテレスが頑として受け入れなかった「実無限[5)]」という，イデアとしての無限概念が見え隠れしているのである．この実無限も，カントルの「超限集合論」が契機となって，19 世紀後半に数学者がようやく受け入れるようになった概念であって，現代数学を学ぶ多くの学生にとって「躓きの石」となっている．

この躓きの石を取り除いたり，避けたりする流儀があるが，別の工夫がなされていればそれはそれで意義がある．とくに論証よりも計算技術に重点をおくのは，微分積分の実践的性格からは自然な考え方と言える．しかし本書では，ε-δ 論法から逃げださず，真正面からそれに立ち向かう．その理由は，関数列の収束を扱うのにはこの論法が必須であるばかりでなく，現代数学全般を学ぼうとすれば，ε-δ 論法と類似な論法に慣れ親しむことが必要だからである．そうは言っても，単に「厳密さ」を求めるという立場では，読者が戸惑うのは目に見えている．かてて加えて，高校までの数学と大学で学ぶ数学には大きなギャップがあり，このことが（言葉は悪いが)「落ちこぼれ」を生み出す元凶になっている．その代表的例が，直観で済ませていた「収束」の理解から，ε-δ 論法による「収束」の定式化へ向かうときに出会う「断層」なのである．この断層を乗り越えるため，何故 ε-δ 論法が必要なのかという理由を，実践的観点と歴史的観点，および数学言語の文法的観点から解説しようと思う．

---

3) 命題の内容には深入りせず，真偽のみに注目する論理のこと．

4) 正確には，素朴な意味での述語論理であり，数学基礎論で論じられるような高度な述語論理ではない．

5) 実無限を認めるのは，無限の対象の全体性を把握して，無限が実際に存在しているとする立場である．他方，アリストテレスが許容できるとした「可能無限」では，無限を把握出来るのは，限りがないことを確認する操作が存在しているだけで，無限全体というのは認識出来ないとする．

ここで実践的観点というのは，具体的に言えば数や関数に対する「精度保証付き近似」の考え方を前面に出し，問題意識の源泉とするという意味である．ε-δ 論法の考え方はこの問題意識から自然に導かれるばかりでなく，逆に ε-δ 論法により近似理論が精緻なものになる．これは関数の近似理論でとくに言えることである．

歴史を振り返れば，ε-δ 論法の「原型」は 2400 年前の古代ギリシャで開発されていた事実に気付く（精度保証付き近似の雛形も古代に遡る）．実数を厳密に捉える方法も，既にその時代に示唆されていた．それが 2000 年を優に超える期間忘却されていたのである．数学の進歩は精神の発達と軌を一にしているが，この事実は精神活動が人類の歴史の中で一様な速度で高度化してきたわけではないことを物語っている．今日数学を学ぶものがこの論法に嫌気が差すとすれば，それは 19 世紀以前の数学から一歩も前進しないこと，もっと言えば古代ギリシャ人の精神を乗り越えられないことを意味する．

上で「数学言語の文法」的観点と書いたが，実際 ε-δ 論法の習得は，新しく言語を学ぶのと似たところがある．外国語を学ぶのに，（ことさら文法を系統的に学ばなくても）何ら困難さを感じずに進んでいける人と，幾度も躓いて途中で諦めてしまう人がいるように，数学言語に直ぐに慣れてしまう人と，数学言語の特異な文法に戸惑い，中々先に進めない人がいる．しかし数学言語は，通常の言語に比べれば極めて単純な文法的構造を持っているのであって，最初は抵抗感があっても，少々の時間さえかければいつのまにか体得できるものである．そして，文法を意識せずに，しかも数学を自ら正確に語れるようになる．いずれにしても言語を学ぶためには忍耐が必要であり，結局は「習うより慣れろ」ということを強調しておきたい．

なお，本書は，かつて数学系の学生に数学言語を習得させることを目的として「数学の方法」という科目名で行った講義を基に執筆した．その「成り立ち」からして，通常の微分積分のテキストとは若干異なっていることもあるかもしれない．例えば，（くどいと思われる読者もいるだろうが）数列の収束にページ数を相当割いているのは他の既存のテキストには見られない特徴である．「材料」の配列も，工夫を施してある．そうする理由の一端は，高校程度の微分積分を一旦学び，その内容を改めて理論的観点から「反省」しようという読者と，数学の文法を学びつつ論証まで込めて確実に現代数学を理解しようと考えている読者をも想定しているからである．とは言うものの，できるだけ self-contained（自己完結的）であるように配慮しているから，真剣に微分積分に取り組もうという読者であれば，微分積分のテキストあるいは副読本として勧めたい．

各章には課題の節を設け，主題に直接関係する問題ばかりでなく，様々な話題についての難・易を織り交ぜた問題を挙げてある[6]．テキストを読み進むのに必須というわけではないが，論証の力を身につけるために，また微分積分学の「先」にある世界を知るために，([難] とした課題は別として）まずは独力で解いてほしい．[やや難] あるいは [難] が付けられた課題については，その答えを見てもよいが，書いてある内容を完全に理解することが求められる．また，記号（*）をつけた節は，オプションとして用意したものであり，補遺で解説した話題とともに，後回しにしても構わない．

読者は厳密な理論・論証に重点をおいた取り扱いに食傷するかもしれない．しかし，数学の発展の歴史は，「直観が数学を生み，厳密化が数学を成熟させ，さらに数学のみならず広く数理科学における次世代の問題意識を醸成する」ことを物語っており，読者にはこの「誕生から成熟」までの過程を知ってほしいのである．また，理論と実践は決して分離されるものではない．序を閉じるに当たって，ホワイトヘッド[7] の言葉を引用しておく．

> 理論的雰囲気の中にいるときにこそ，実践的応用に最も近いところに
> 我々がいることは逆説でもなんでもない

2017 年 8 月

砂田利一

[6] たとえば，実数の「実相」に深く関連し，古代以来の長い歴史を有する「ディオファンタス近似」の初等的理論が課題の中に「埋め込まれて」いる．

[7] A. N. Whitehead；1861–1947．英国の数学者であり哲学者．

目　次

◆装幀　戸田ツトム・今垣知沙子

基本的記号

【ギリシャ文字】

本書ではいくつかのギリシャ文字を使うので，読者の便宜を考えて表として与えておく．

α, A（アルファ）	ι, I（イオタ）	ω, Ω（オメガ）	τ, T（タウ）
β, B（ベータ）	κ, K（カッパ）	ψ, Ψ（プシー）	υ, Υ（ウプシロン）
γ, Γ（ガンマ）	λ, Λ（ラムダ）	π, Π（パイ）	ξ, Ξ（クシー）
δ, Δ（デルタ）	μ, M（ミュウ）	ρ, P（ロー）	χ, X（カイ）
ε, E（イプシロン）	ν, N（ニュウ）	σ, Σ（シグマ）	ζ, Z（ゼータ）
ϕ, Φ（ファイ）	o, O（オミクロン）	θ, Θ（テータ）	

【絶対値の記号】

実数 x に対して，その**絶対値**（absolute value）を $|x|$ により表す．すなわち，

$$|x| = \begin{cases} x & (x \geq 0) \\ -x & (x < 0) \end{cases}$$

である．明らかに $\pm x \leq |x|$ および $|xy| = |x|\,|y|$ であり，$|x+y|^2 = (x+y)^2 = x^2 + 2xy + y^2 \leq |x|^2 + 2|x|\,|y| + |y|^2 = \bigl(|x| + |y|\bigr)^2$ から，三角不等式とよばれる $|x+y| \leq |x| + |y|$ を得る．

【和と積の記号】

数列の和 $a_1 + \cdots + a_n$ を $\displaystyle\sum_{i=1}^{n} a_i$ により表す．記号 $\sum$ は英語の和を表す sum, summation の頭文字 S に対応するギリシャ文字である．また，積 $a_1 \cdots a_n$ は $\displaystyle\prod_{i=1}^{n} a_i$ により表す[1)]．$\prod$ は product（積）の頭文字 P に対応するギリシャ文字である．

項の添え字が動く範囲が文脈から明らかなときは，$\sum a_i$, $\prod a_i$ のように表す

[1)] $\prod$ は集合の直積を表すときにも使う．

ことがある．また，添え字が数とは限らない場合もある．

【最大・最小の記号】

有限数列 $a_1, a_2, \ldots, a_n$ の中に最大，最小となる数が存在する．最大な数を $\max\{a_1, \ldots, a_n\}$，最小な数を $\min\{a_1, \ldots, a_n\}$ により表す．例えば，$\max\{2,5,1\} = 5$，$\min\{3,2,7\} = 2$ である．

【ガウスの記号】

実数 x を超えない最大の整数を記号 $[x]$ により表し，これをガウス[2]の記号（Gaussian symbol）とよぶ．例えば，$[1.41] = 1$, $[-3.21] = -4$ である．明らかに

$$[x] \leq x < [x] + 1,$$

あるいは同じことだが，$x - 1 < [x] \leq x$ が成り立つ．さらに，$[x]$ は $n \leq x < n+1$ をみたす整数 n として特徴づけられる．$x > 0$ の場合，x を小数点を用いて 10 進法で表せば，$[x]$ は x の**整数部分**（integer part）であり，$x - [x]$ は x の**小数部分**（fractional part）である．例えば，3.1415 の整数部分は 3，小数部分は 0.1415 である．

実数 x に対して，n を x 以上の最小の整数とするとき

$$n = \begin{cases} x & (x\text{ が整数の場合}) \\ [x+1] & (x\text{ が整数でない場合}). \end{cases}$$

実際，x が整数でない場合は，$n - 1 < x < n$ だから，$n < x + 1 < n + 1$ となって，$n = [x+1]$ が得られる．

【階乗】

$n(n-1)(n-2)\cdots 2\cdot 1$ を n の**階乗**（factorial）といい，$n!$ により表す（$0! = 1$ とする）．さらに 2 重階乗（double factorial）$n!!$ を，k を自然数として

$$n!! = \begin{cases} 2k(2k-2)(2k-4)\cdots 4\cdot 2 & (n = 2k) \\ (2k-1)(2k-3)\cdots 3\cdot 1 & (n = 2k-1) \end{cases}$$

により定義する（$0!! = 0$ とする）．$(2k)! = 2^k k!(2k-1)!!$，$(2k)!! = 2^k k!$ を確かめるのは容易であろう．

---

[2] C. F. Gauss；1777–1855．ドイツ出身．史上最大の数学者の一人．

第1章　準備

本章では本書全体を通じて使う用語，記号，概念，代表的証明法について簡単にまとめておく．とくに冒頭で説明する「集合」と「写像」は現代数学を語るのに必須な概念である．また，多くの読者が十分理解していると信じがちな実数の「実像」に迫るための第一歩を標すことにする（**§1.3**，および **1.5.2** の定理 **1-4**）．

本書では，高校までの計算を主体とする数学と違って「論証」に重きをおくから，「肩慣らし」のためにいくつかの例を挙げて，「証明」というものに親しんでもらう．とくに「背理法」は，本書を読み進むために必ず習得しておくべき証明方法であり，その手法に慣れておくことが望ましい．

既に「準備運動」を終えている読者は，本章を読み飛ばし，次の章から始めることも可能である．とは言え，高校では学ばない事柄もあるから，必要に応じて立ち戻るのもよい．

§1.1　集合

まず「集合」に関する用語と記号を述べておく．

集合（set）は，「見分けられる」対象の集まりとして定義される．そして，この対象を**要素**あるいは**元**（element）という．たとえば，平面上の図形は点を要素とする集合である．

要素全体をリストアップし，それらを $\{\cdot\}$ で囲むことにより，1つの集合を記述できる．例えば，$\{a, e, i, o, u\}$ はアルファベットの母音からなる集合である．また，ある性質をみたす要素全体を考えて集合を定義することも可能である．例えば，

$$\{n \,|\, n \text{ は自然数であり，} n = 2k \text{ であるような自然数 } k \text{ が存在する }\}$$

は正の偶数（even number）全体のなす集合を表す．もっと一般に，要素 x に関する性質 $P(x)$ が与えられたとき，$\{x \mid P(x)\}$ は $P(x)$ をみたす x 全体のなす集合を表す．また，要素 x があらかじめ与えられた集合 A に属していることを強調する場合は，$\{x \in A \,|\, P(x)\}$ と記す．

本書では，数の集合を表わすのに次のような記号を用いる．

$\mathbb{N}$：自然数（正整数；positive integer）の集合

$\mathbb{Z}$：整数（integer）の集合

$\mathbb{Q}$：有理数（rational number）（正負の分数と 0）の集合

$\mathbb{R}$：実数（real number）の集合

一般に $a<b$ が与えられたとき，$a<x<b$ をみたす x の全体を**開区間**（open interval）といい．(a,b) により表す．$a \leq x \leq b$ をみたす x 全体は**閉区間**（closed interval）とよばれ，$[a,b]$ により表される．さらに，$a \leq x < b$ をみたす x 全体は $[a,b)$ と表され，これを**半開区間**という（$(a,b]$ も同様に定義する）．集合の言葉を使えば

$$(a,b) = \{x \in \mathbb{R} \mid a < x < b\}, \qquad [a,b] = \{x \in \mathbb{R} \mid a \leq x \leq b\},$$
$$[a,b) = \{x \in \mathbb{R} \mid a \leq x < b\}, \qquad (a,b] = \{x \in \mathbb{R} \mid a < x \leq b\}$$

である．さらに次の集合もひとまとめにして**区間**（interval）という．

$$(a,\infty) = \{x \in \mathbb{R} \mid x > a\}, \qquad [a,\infty) = \{x \in \mathbb{R} \mid x \geq a\},$$
$$(-\infty,a) = \{x \in \mathbb{R} \mid x < a\}, \qquad (-\infty,a] = \{x \in \mathbb{R} \mid x \leq a\},$$
$$(-\infty,\infty) = \mathbb{R}.$$

有限個の要素からなる集合は**有限集合**（finite set），無限個の要素からなる集合は**無限集合**（infinite set）とよばれる．有限集合 X に対して，それに属する要素の個数を $|X|$ により表す（絶対値の記号と紛らわしいが，文脈から混同しないであろう）．

x が集合 A の要素であるとき,「x は A に属す」あるいは「A は x を含む」などと言い，$x \in A$ により表す．x が A の要素でないときは，$x \notin A$ と表す．

もし A の要素が常に B の要素であるとき，A を B の**部分集合**（subset）といい，$A \subset B$ あるいは $B \supset A$ により表す．A が B の部分集合でないときは，$A \not\subset B$ により表わす．集合間のこのような関係を**包含関係**（inclusion relation）という．

$A \subset B$ かつ $B \subset A$ が成り立つとき，すなわち，A の要素たちと B の要素たちが完全に一致するとき，A と B は（集合として）等しいといい，$A=B$ と表す．これが集合の「相等」の定義である．$A \subset B$，かつ $A \neq B$ であるとき，A は B の**真部分集合**（proper subset）といわれ，$A \subsetneq B$ と記される．

2 つの集合 A, B の**和**（union）は，A または B に属す要素全体のなす集合のことであり，$A \cup B$ により表す．A かつ B に属す要素全体のなす集合は，A と B の**共通部分**（intersection）とよばれ，$A \cap B$ により表される．

3 つ以上の集合の和と共通部分も同様に定義される．この定義を言い表すのに，集合の集まりである**集合族**（family of sets）を考えると便利である．集合族に属す各集合に A_λ のように添え字を付けて，集合族を $\{A_\lambda\}_{\lambda\in\Lambda}$ などと記す．Λ を添字の集合という．$\{A_\lambda\}_{\lambda\in\Lambda}$ の和集合に x が属すというのは，x が あるA_λ に属しているということであり，$\{A_\lambda\}_{\lambda\in\Lambda}$ の共通部分に x が属すというのは，x がすべての A_λ に属しているということである．和集合は $\bigcup_{\lambda\in\Lambda} A_\lambda$，共通部分は $\bigcap_{\lambda\in\Lambda} A_\lambda$ と表される．

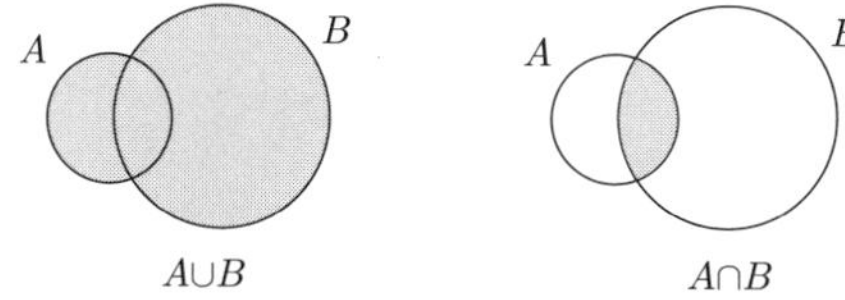

図 1.1　ベン図式

図 1.1 は，2 つの集合の和集合と共通部分を表現している．集合の演算を表すこのような図は**ベン図式**（Venn diagram）とよばれる[1]．ベン図式を用いれば，次の式は容易に確かめられる．

$$(A \cup B) \cap C = (A \cap C) \cup (B \cap C),\quad (A \cap B) \cup C = (A \cup C) \cap (B \cup C).$$

ベン図式については注意すべきことがある．集合演算に現れる集合の個数が少ない場合には，理解を助けるためにベン図式を利用するのは構わないが，個数が多い場合は却って混乱を招く恐れがあり，集合の「相等」の定義に戻って確かめるべきである（例えば課題 1-8）．

一般に共通の要素を持たない 2 つの集合 A, B の共通部分も集合の仲間に入れるには，要素を 1 つも持たない集合というものを考える必要がある．このような集合を**空集合**（empty set）といい，$\emptyset$ により表す[2]．

A に属し，B には属さない要素全体のなす集合は $A \setminus B$ により表し，これを A と

---

[1] ジョン・ヴェン（J. Venn；1834–1923）は，イギリスの論理学者・哲学者．

[2] $A \cap B \neq \emptyset$ であるとき，A と B は交わるということがある．

B の**差集合** (difference set) という．例えば，$\mathbb{R}\backslash\mathbb{Q}$ は無理数 (irrational number) 全体からなる集合である．また，固定された集合 X の中の部分集合 A に対して，$X\backslash A$ を A の**補集合** (complement) といい，A^c により表す．$(A^c)^c = A$ は明らかであろう．

A, B を X の部分集合とするとき，**ド・モルガンの法則**とよばれる式

$$(A \cup B)^c = A^c \cap B^c, \quad (A \cap B)^c = A^c \cup B^c$$

が成り立つ（ベン図式を用いて確かめよ）．X の部分集合族 $\{A_\lambda\}_{\lambda\in\Lambda}$ についても，次式が成り立つ（第2章の課題2-5参照）．

$$\left(\bigcup_{\lambda\in\Lambda} A_\lambda\right)^c = \bigcap_{\lambda\in\Lambda} {A_\lambda}^c, \qquad \left(\bigcap_{\lambda\in\Lambda} A_\lambda\right)^c = \bigcup_{\lambda\in\Lambda} {A_\lambda}^c. \tag{1.1}$$

集合 A の要素 a と集合 B の要素 b のすべての組 (a, b) からなる集合を $A \times B$ により表し，A, B の**直積** (direct product) という．ただし，

$$(a_1, b_1) = (a_2, b_2) \iff a_1 = a_2,\ b_1 = b_2$$

とする．有限集合 A, B については，$|A \times B| = |A| \cdot |B|$ が成り立つ．

同様に，n 個の集合 $A_1, \ldots, A_n$ の直積 $A_1 \times \cdots \times A_n$ も，組 $(a_1, \ldots, a_n)\,(a_i \in A_i)$ からなる集合として定義される．ここで $A_i = A$ $(i = 1, \ldots, n)$ のときは $A_1 \times \cdots \times A_n$ を A^n で表す．

座標系が与えられた平面，空間は，それぞれ $\mathbb{R}^2$ $(= \mathbb{R}\times\mathbb{R})$，$\mathbb{R}^3$ $(= \mathbb{R}\times\mathbb{R}\times\mathbb{R})$ と同一視できる．このことから，平面と同一視した $\mathbb{R}^2$ を**数平面**あるいは**座標平面**，空間と同一視した $\mathbb{R}^3$ を**数空間**あるいは**座標空間**という．直線と同一視した実数の集合 $\mathbb{R}$ は**数直線**とよばれる．この同一視の下で，数という代わりに**点** (point) ということがある．

問 1-1 次の集合を $\{x \in A \mid P(x)\}$ の形で表せ．

(i) 5次方程式 $x^5 - 3x^2 + x - 9 = 0$ の実数解の集まり（解を具体的に求める問題ではない）．

(ii) 数平面で，中心が $(-1, 2)$，半径が5の円の内部．

問 1-2 $\{(x, y) \in \mathbb{R}^2 \mid |x| + |y| \leq 1\}$ を図示せよ．

問 1-3 集合 $\{1, 2, 3\}$ のすべての部分集合を求めよ．

§1.2　関数と写像

高校で学ぶ関数（function）の定義は，次のようなものであった．

「2 つの変数 x, y があって，x を定めるとそれに対応して y がただ 1 つ定まるとき，y は x の関数であるといい，文字 f などを用いて $y = f(x)$ と表わす．また，この関数を，単に関数 $f(x)$ ともいう」

この定義では x, y は実数を表しているが，もっと一般に x を集合 A の要素，y を集合 B の要素としたときの f を，A から B への**写像**（map, mapping）といい，$f: A \to B$，$A \xrightarrow{f} B$，$a \mapsto f(a)$ などで表す（あるいは単に f により写像を表す）．A を写像 f の**定義域**（domain）といい，B を**値域**（range）という．定義域を区間 I，値域を $\mathbb{R}$ とする写像は，「I 上で定義された」関数という言い方をする（通常の関数の場合，定義域や値域を明確にしないこともあるが，ここでは定義域と値域は写像に自動的に付随するものと考える．）．

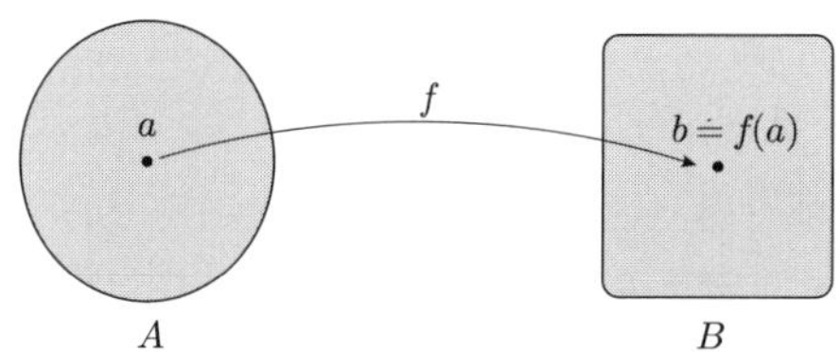

図 1.2　写像

例　**数列**(sequence)はある一定の規則に従って順に並べられた数の列 $a_1, a_2, \ldots, a_n, \ldots$ のことである．数列を表すのに $\{a_n\}_{n=1}^{\infty}$ と記すことが多い．集合論の観点からは，数列は写像である．すなわち数列 $\{a_n\}_{n=1}^{\infty}$ に対して，$f(n) = a_n$ とおくことにより $f: \mathbb{N} \to \mathbb{R}$ が得られ，逆に写像 $f: \mathbb{N} \to \mathbb{R}$ が与えられれば，$a_n = f(n)$ とおくことにより数列 $\{a_n\}_{n=1}^{\infty}$ が得られる[3)]．

写像 $f: A \to B$ と，A の部分集合 C が与えられたとき，$\{f(a) \,|\, a \in C\}$ を $f(C)$ により表して，C の f による**像** (image) という ($C = A$ の場合は単に像という)．また，B の部分集合 D に対して，D の f による**逆像**（inverse image）$f^{-1}(D)$

[3)] 数列を写像として捉えるのは，単なる言いかえではない．現時点で意味を理解するのは困難であろうが，「無限」というものに対する観点の重要な変更なのである．

を $f^{-1}(D)=\{a\in A\,|\,f(a)\in D\}$ により定義する．$D=\{b\}$ の場合は，$f^{-1}(D)$ を $f^{-1}(b)$ により表す．

高校までの数学で，関数のグラフ（graph）というものを学んだが，その一般化として写像 $f:A\to B$ のグラフは，直積集合 $A\times B$ の部分集合 $G(f)=\{(a,f(a))\,|\,a\in A\}$ のこととする．

写像に関連する概念をいくつか挙げておこう．

写像の相等　2つの写像 $f:A\to B$，$g:A\to B$ について，$f(a)=g(a)$ がすべての $a\in A$ に対して成り立つとき，f と g は等しいといい，$f=g$ と記す．

写像の制限と拡大　写像 $f:A\to B$，および A の部分集合 C が与えられたとき，$f\,|\,C:C\to B$ を $(f|\,C)\,(a)=f(a)$ $(a\in C)$ とおいて定義し，f の C への**制限** (restriction) という．C から B への写像 g に対して，$f|\,C=g$ となる写像 $f:A\to B$ は g の**拡大**（extension）とよばれる．

写像の合成　写像 $f:A\to B$，$g:B\to C$ に対して，$a\in A$ に $g(f(a))$ を対応させる写像を f,g の**合成写像**（composite map）といい，$g\circ f$，あるいは gf により表す．合成写像は**合成関数**の一般化である．

恒等写像　集合 A が与えられたとき，$I_A(a)=a$ により定義される写像 $I_A:A\to A$ は A の**恒等写像**（identity map）とよばれる．写像 $f:A\to B$ に対して，明らかに $I_B\circ f=f$，$f\circ I_A=f$ である．

全射と単射　写像 $f:A\to B$ について，$f(A)=B$ であるとき**全射**（surjection）という．また「$f(a_1)=f(a_2)$ $(a_1,a_2\in A)$ ならば，$a_1=a_2$」が成り立つとき**単射** (injection) という.「中への一対一の対応」ということもある．

全単射　全射かつ単射な写像を**全単射**（bijection）あるいは**一対一の対応**（one-to-one correspondence）という．

逆写像　$f:A\to B$ が 全単射のとき，$b\in B$ に対して $f(a)=b$ となる $a\in A$ がただ１つ存在するから，この a を $f^{-1}(b)$ により表す．写像 $b\mapsto f^{-1}(b)$ は B か

ら A への全単射であり，f に対する**逆写像** (inverse map) とよばれる．(逆写像と逆像を混同しないこと) $f^{-1}\circ f=I_A$，$f\circ f^{-1}=I_B$ が成り立つ．

もっと一般に，$f:A\to B$ が単射であるとき，f は A から像 $f(A)$ への全単射を与えるので，その逆写像（これも f^{-1} により表す）は $f(A)$ を定義域，A を値域とする写像になる．

逆写像は逆関数の一般化である．

例　$f(x)=x/(1+|x|)$ は $\mathbb{R}$ から $(-1,1)$ への全単射を与え，その逆写像 $g:(-1,1)\to\mathbb{R}$ は $g(y)=y/(1-|y|)$ により与えられる．

問 1-4　(1)　2 つの写像（関数）$f,g:\mathbb{R}\to\mathbb{R}$ を $f(x)=3x^2+2x+1$，$g(x)=x+1$ により定義するとき，合成写像 $f\circ g$，$g\circ f$ を求めよ．

(2)　$f:\mathbb{R}^2\to\mathbb{R}$ および $g:\mathbb{R}\to\mathbb{R}$ をそれぞれ $f(x,y)=\dfrac{1}{x^2+y^2+1}$，$g(x)=1-x$ により定義するとき，合成写像 $g\circ f$ を求めよ．

問 1-5　(1)　$f(x)=x^2-1$ により定義される写像 $f:\mathbb{R}\to\mathbb{R}$ について，逆像 $f^{-1}(\{0,1\})$ を求めよ．

(2)　$f(x)=(x,x^2)$ により定義される写像 $f:\mathbb{R}\to\mathbb{R}^2$ の像を求めよ．

§1.3　実数と有理数

自然数の集合 $\mathbb{N}$ と一対一の対応がある集合を**可算集合** (countable set, denumerable set) という．このような集合 X では，要素に番号をつけて，$X=\{x_1,x_2,\ldots\}$ のように表すことができるので，**可符番集合**という言い方もある．例えば，整数の集合 $\mathbb{Z}$ は $\{0,1,-1,2,-2,3,-3,\ldots\}$ と書けるから可算集合である．有限集合と可算集合を一括して**高々可算集合**という[4)]．可算でない無限集合は**非可算集合**とよばれる（後で実数の集合 $\mathbb{R}$ が非可算であることを見る）．

可算集合 $X=\{x_1,x_2,\ldots\}$ の部分集合 A は，高々可算である．実際，A が無限集合であるとき，A に含まれるすべての x_n の添え字である数 n を並べて $n_1<n_2<\cdots$ とすれば，$A=\{x_{n_1},x_{n_2},\ldots\}$ である．

集合 X が次の性質をみたす写像 $h:X\to\mathbb{N}$ を持つとき，X は高々可算集合で

4)「高々」は「どう多く見積もっても」という意味である．

ある．

$$「各\, n\in\mathbb{N}\, に対して，A_n=\{x\in X\mid h(x)\le n\}\, は有限集合」 \tag{1.2}$$

これを確かめるため，X を無限集合としよう．$B_n=\{x\in X\mid h(x)=n\}$ ($\subset A_n$) とおくと，B_n も有限集合である．$B_n\neq\emptyset$ であるような n は無限個あるから，それらを並べて $n_1<n_2<\cdots$ とする．$B_{n_i}=\{x_{i1},x_{i2},\ldots,x_{ik_i}\}$ と表したとき，

$$X=\{x_{11},x_{12},\ldots,x_{1k_1},x_{21},x_{22},\ldots,x_{2k_2},\ldots\}$$

であるから，X は可算集合である．

今述べた結果を適用すれば，有理数の集合 $\mathbb{Q}$ が可算であることが分かる．何故なら，0 と異なる有理数は，$|p|,q$ の最大公約数が 1 であるような整数 p と自然数 q により[5)]，ただ一通りの方法で p/q と表されるから，

$$h(x)=\begin{cases}1 & (x=0)\\ |p|+q & (x=p/q)\end{cases}$$

とおけば，$h:\mathbb{Q}\to\mathbb{N}$ は (1.2) で述べた性質をみたすからである．

例題 1-1

各 A_n が高々可算集合であり，$A_{n-1}\subset A_n$ $(n\ge 2)$ であるとき，$A=\bigcup_{n=1}^{\infty}A_n$ も高々可算集合である．

解 $B_1=A_1$, $B_n=A_n\backslash A_{n-1}$ $(n\ge 2)$ とおくとき，$B_i\cap B_j=\emptyset$ $(i\neq j)$, $\bigcup_{n=1}^{\infty}B_n=A$ である．A が無限集合であるときは，$B_n\neq\emptyset$ であるような n は無限個あるから，それらを並べて $n_1<n_2<\cdots$ とする．B_{n_i} は高々可算集合であるから $B_{n_i}=\{x_{i1},x_{i2},\ldots,x_{ik_i}\}$ あるいは $B_{n_i}=\{x_{i1},x_{i2},\ldots\}$ と表したとき，

$$A=\{x_{11},\ x_{12},x_{21},\ x_{13},x_{22},x_{31},\ \ldots,\ x_{1k},x_{2\,k-1},\ldots,x_{k1},\ \ldots\}$$

となる．ただし，$B_{n_i}=\{x_{i1},x_{i2},\ldots,x_{ik_i}\}$ の場合は，この右辺の要素から x_{ik} $(k>k_i)$ は除いておく． □

$\mathbb{Q}$ は $\mathbb{R}$ の中でどのような「入り方」をしているのだろうか．x を無理数，すなわち $x\in\mathbb{R}\backslash\mathbb{Q}$ としよう．m を自然数とするとき，$|mx-[mx]|<1$ なので（$[\cdot]$ は

[5)] 自然数 m,n は，最大公約数が 1 であるとき，互いに素 (coprime) と言われる．分子と分母の最大公約数が 1 であるような分数を**既約分数** (irreducible fraction) という．最大公約数で分母，分子を割ることにより，すべての分数は既約分数にすることができる．

ガウスの記号)，$|x-[mx]/m|<1/m$ が得られ，これは x にいくらでも近い有理数が見出せることを意味しており，有理数の集合 $\mathbb{Q}$ と実数の集合 $\mathbb{R}$ の間の，次のような「定性的」性質に導く．

「任意[6] の開区間 (a,b) は有理数を含む．すなわち，$\mathbb{Q}\cap(a,b)\neq\emptyset$」

実際，$x=(a+b)/2$ が有理数ならば，$\mathbb{Q}\cap(a,b)$ は有理数 x を含む．x が無理数のときは，$|x-c|<(b-a)/2$ をみたす有理数 c を選べば，$a=x-(b-a)/2<c<x+(b-a)/2=b$ であるから，$c\in(a,b)\cap\mathbb{Q}$ となる．

一般に，区間 I の部分集合 A は，I と交わる任意の開区間 (a,b) が A の点を含むとき，A は I において**稠密**（ちゅうみつ）(dense) と言われる．上で述べたことは，$\mathbb{Q}$ が $\mathbb{R}$ において稠密であることを意味している．

§1.4　初等関数

高校で学んだ具体的な関数について復習しておこう．後の章で，厳密な観点からこれらの関数の詳細な性質に踏み込む．

【多項式】　$f(X)=a_0X^m+a_1X^{m-1}+\cdots+a_{m-1}X+a_m$ ($m\geq 1$ のときは $a_0\neq 0$ とする）の形の式を**多項式** (polynomial) あるいは**整式**という．$a_0\neq 0$ であれば m を $f(X)$ の**次数** (degree) といい，$\deg f(X)$ と記す．本書では，係数 a_i は実数とし，文字 X を実変数 x に置き換えて，$f(x)$ を $\mathbb{R}$ 上の関数と考える．

【有理関数】　2 つの多項式 $f(x)$, $g(x)$ により，$f(x)/g(x)$ と表される式を**有理式**といい，これを x を変数とする関数と考えたものを**有理関数** (rational function) あるいは分数関数という．ただし，定義域は $\{x\in\mathbb{R}\,|\,g(x)\neq 0\}$ とする．

【三角関数】　本書では，角の大きさを表すのに**弧度法** (circular measure) を用いる．単位円の中心を頂点とする角の大きさを，それに対応する円弧の長さとして定義するのである (図 1.3)．π により円周率を表すとき，弧度法では全角は 2π であり，直角は $\pi/2$ である．

---

[6] 特別な選び方をしないこと．あらゆる場合，すべての場合というのと同義にも用いる（国語辞典）．以降，この用語は頻繁に使われる．

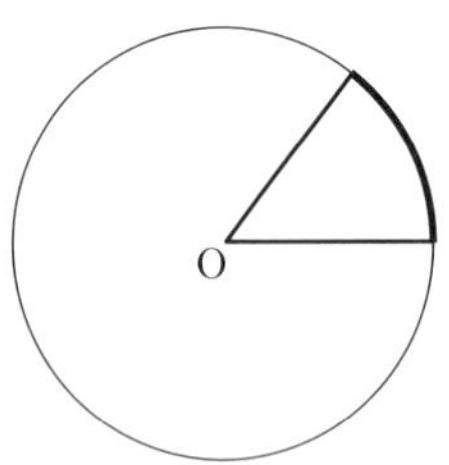

図 **1.3** 弧度法

数平面の原点 $\mathrm{O} = (0,0)$ を中心とする単位円周と，その上の点 $\mathrm{A} = (1,0)$ を考える．θ を $0 \le \theta < 2\pi$ であるような角度として，$\mathrm{P} = (x, y)$ を $\angle\mathrm{POA} = \theta$ となる単位円周上の点とする．**正弦関数** sin，**余弦関数** cos，**正接関数** tan をそれぞれ $\sin\theta = y$，$\cos\theta = x$，$\tan\theta = y/x \ (= \sin\theta/\cos\theta)$ により定義する．sin は sine (正弦)，cos は cosine (余弦)，tan は tangent (正接) の略である．これらを総称して**三角関数**（trigonometric function）とよぶ．この 3 種の三角関数以外に，余接（cotangent）関数 $\cot\theta = (\tan\theta)^{-1}$，正割（secant）関数 $\sec\theta = (\cos\theta)^{-1}$，余割（cosecant）関数 $\mathrm{cosec}\,\theta = (\sin\theta)^{-1}$ も三角関数という．$|\sin\theta| \le 1$，$|\cos\theta| \le 1$ であり，三平方の定理により $\sin^2\theta + \cos^2\theta = 1$ が従う (習慣により，$(\sin\theta)^n$，$(\cos\theta)^n$ の代わりに，$\sin^n\theta$，$\cos^n\theta$ と記している)．

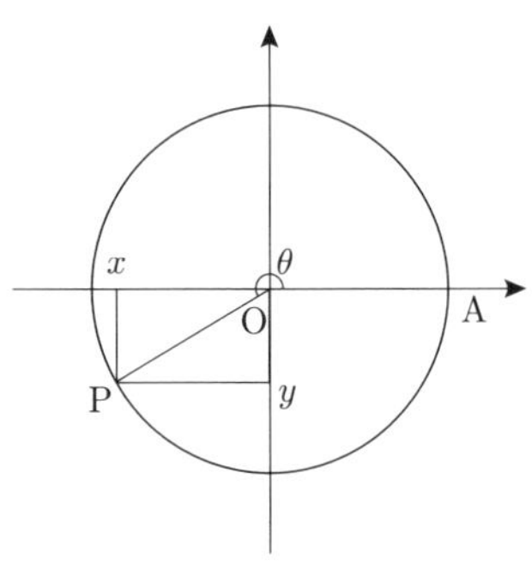

図 **1.4** 三角関数

sin，cos の定義域 $[0, 2\pi)$ を，次の性質をみたすように $\mathbb{R}$ まで拡張する．n を整数とするとき，

$$\sin(\theta + 2\pi n) = \sin\theta, \quad \cos(\theta + 2\pi n) = \cos\theta, \quad \tan(\theta + 2\pi n) = \tan\theta.$$

正確には，与えられた θ に対して条件 $0 \le \theta - 2\pi n < 2\pi$ で決まる整数 n を取り，$\sin\theta$ を $\sin(\theta - 2\pi n)$ として定義するのである (他のものも同様)．$\theta = \pm\pi/2 + 2\pi n$ であるような θ を除けば $\tan\theta$ は有限の値を取る．

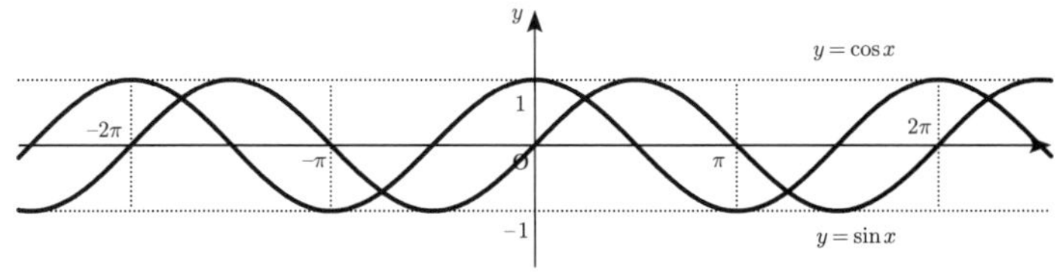

図 1.5　三角関数

三角関数は，次の**加法公式**（addition formula）を満足する．

$$\sin(\theta_1 + \theta_2) = \sin\theta_1 \cos\theta_2 + \cos\theta_1 \sin\theta_2,$$

$$\cos(\theta_1 + \theta_2) = \cos\theta_1 \cos\theta_2 - \sin\theta_1 \sin\theta_2,$$

$$\tan(\theta_1 + \theta_2) = \frac{\tan\theta_1 + \tan\theta_2}{1 - \tan\theta_1 \tan\theta_2}.$$

三角関数に関連して，平面と空間の**極座標（系）**（polar coordinate system）について簡単に触れておく．座標平面 $\mathbb{R}^2$ の点 $p = (x, y) \neq (0, 0)$ に対して，$x = r\cos\theta$, $y = r\sin\theta$ をみたす $r > 0$, $0 \leq \theta < 2\pi$ が一意に存在する．(r, θ) を p の極座標という．また，座標空間においても，点 $p = (x, y, z) \neq (0, 0, 0)$ に対して，$x = r\sin\theta\cos\varphi$, $y = r\sin\theta\sin\varphi$, $z = r\cos\theta$ をみたす $r > 0$, $0 \leq \theta \leq \pi$, $0 \leq \varphi < 2\pi$ が一意的に定まるので，(r, θ, φ) を p の極座標という．

問 1-6　極座標 (r, θ) を用いて $r = \ell/(1 + \varepsilon\cos\theta)$ $(\ell, \varepsilon > 0)$ により表される曲線は，$\varepsilon < 1$ のときは楕円（ellipse），$\varepsilon = 1$ のときは放物線（parabola），$\varepsilon > 1$ のときは双曲線（hyperbola）であることを確かめよ．

【逆三角関数】

グラフから読み取れるように，$x \mapsto \sin x$, $x \mapsto \cos x$, $x \mapsto \tan x$ はそれぞれ定義域を $[-\pi/2, \pi/2]$, $[0, \pi]$, $(-\pi/2, \pi/2)$ に制限すれば単射であり，像はそれぞれ $[-1, 1]$, $[-1, 1]$, $(-\infty, \infty)$ なので，$[-1, 1]$ を定義域とする sin および cos の逆関数 $\sin^{-1}$ と $\cos^{-1}$，$(-\infty, \infty)$ を定義域とする tan の逆関数 $\tan^{-1}$ が存在する．これらを**逆三角関数**（inverse trigonometric function）とよぶ．本書では，$\sin^{-1}$, $\cos^{-1}$, $\tan^{-1}$ の代わりに，それぞれ arcsin, arccos, arctan という記号を用いる．

【指数関数】　以下 $a \neq 1$ を正数とする．p/q $(p \in \mathbb{Z},\ q \in \mathbb{N})$ を有理数とするとき，$\sqrt[q]{a^p}$ を $a^{p/q}$ により表す（換言すれば，$a^{p/q}$ は方程式 $x^q = a^p$ の正数解である）．

ただし，$a^0 = 1$ とおく．こうして有理数の集合 $\mathbb{Q}$ 上の関数 $y = a^{p/q}$ が得られるが，この関数は $\mathbb{R}$ に拡張され[7)]，$y = a^x$ は**指数関数**（exponential function）とよばれる．a^x の肩にある x を**指数**（exponent）という．指数関数は，次の性質（**指数法則**）を有する（指数が整数の場合は既知として，有理数の場合は課題 1-4 参照）．

(i) $a^0 = 1$, (ii) $a^x a^y = a^{x+y}$, (iii) $(a^x)^y = a^{xy}$, (iv) $(ab)^x = a^x b^x$.

さらに，$y > 0$ に対して，$y = a^x$ となる $x \in \mathbb{R}$ がただ1つ存在する．言い換えれば，写像 $x \mapsto a^x$ は，$\mathbb{R}$ から $(0, \infty)$ への全単射である．

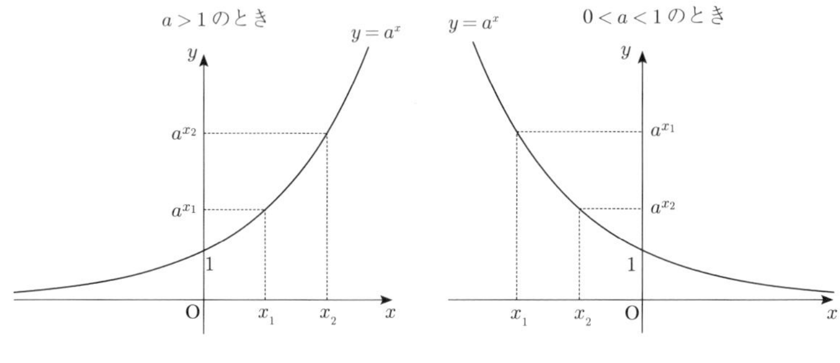

図 1.6　指数関数

【対数関数】　直前に述べたことから，指数関数は $(0, \infty)$ を定義域とする逆関数をもつ．これを $y = \log_a x$ により表し，a を底（base）とする**対数関数**（logarithmic function）という．したがって，

$$a^{\log_a x} = x, \quad \log_a a^x = x$$

が成り立つ．

上記の (i)〜(iii) から，次の公式が得られる．

(a)　$\log_a 1 = 0$.

(b)　$\log_a xy = \log_a x + \log_a y \quad (x, y > 0)$.

(c)　$\log_a x^y = y \log_a x \quad (x > 0)$.

---

7) 正確には「連続関数として」を付け加えるべきであるが，後の章で再説することになるので，ここでは詳細には立ち入らない．

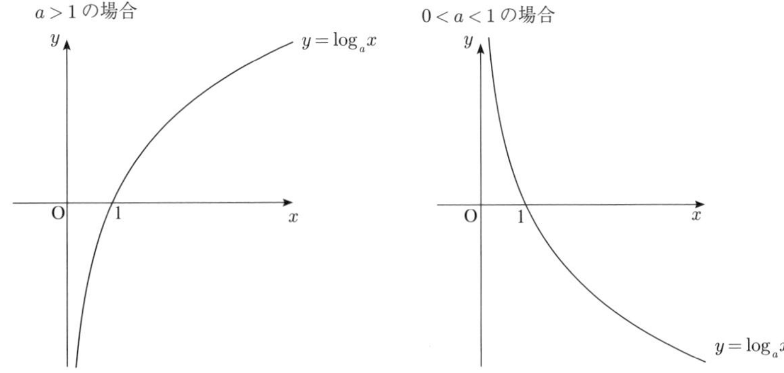

図 1.7　対数関数

§1.5　代表的証明法

数学における**証明**（proof）は，他の科学における実験や観測による検証と同じである．ある自然現象の物理的モデル（それは数学を使ったモデルでもある）を作ったとき，このモデルが現象を正確に説明しているかどうかを数多くの実験や観測を行うことで確かめるわけだが，数学では正しいと確信した数学的言明に証明を与えることで正しいことを確認するのである．計算は得意だが証明は苦手という人には，**「数学をする」**ことのコアにある**「証明」**というものに慣れてもらいたい，と言うより証明の「楽しみ」を味わってもらいたい．

素朴な形の証明は既に §1.3 に登場した．ここでは，本論へのウォーミングアップのため，いくつかの代表的証明方法を復習する．

1.5.1　数学的帰納法

$r \neq 1$ のとき，等比数列（geometric progression, geometric sequence）の和の公式

$$a + ar + ar^2 + \cdots + ar^{n-1} = a\frac{1-r^n}{1-r}$$

が成り立つことを示すのに，次のような方法がある[8]．

(i)　$n = 1$ のとき左辺は a，右辺も a であるから公式は正しい．

(ii)　$n = k$ のとき成り立つと仮定すれば，

$$a + ar + ar^2 + \cdots + ar^{(k+1)-1} = (a + ar + \cdots + ar^{k-1}) + ar^{(k+1)-1}$$

---

[8] 因数分解 $x^n - y^n = (x-y)(x^{n-1} + x^{n-2}y + \cdots + y^{n-1})$ からも直接導出される．

$$= a\frac{1-r^k}{1-r} + ar^k = a\left(\frac{1-r^k+r^k-r^{k+1}}{1-r}\right) = a\frac{1-r^{k+1}}{1-r}$$

が得られ，$n=k+1$ のときも正しいので，すべての n に対して正しい．

一般に，自然数 n に係る**命題**[9] (proposition) P_n について，すべての n について P_n が真であることを証明するために，

(1) P_1 は成り立つ．

(2) P_k が成り立つと仮定するならば，P_{k+1} も成り立つ．

を確かめればよいというのが，**数学的帰納法**（the method of mathematical induction）である．この証明が有効な理由は，自然数の集合 $\mathbb{N}$ が有する次の性質に由来する．

「$\mathbb{N}$ の部分集合 S に関して，『1 は S に属し，k が S に属せば $k+1$ も S に属す』という性質を持つとき，$S=\mathbb{N}$ である」

実際，上記の (1)，(2) を確かめられたならば，$S=\{k\in\mathbb{N}\,|\,P_k$が成り立つ$\}$ とおけば，S は今述べた性質をみたしている．

$(a+b)^n$ を展開したとき，$a^{n-k}b^k$ $(k=1,\ldots,n)$ の係数を**二項係数**（binomial coefficient）といい，$\binom{n}{k}$ により表す（${}_nC_k$ と表す流儀もある）：

$$(a+b)^n = \sum_{k=0}^{n}\binom{n}{k}a^{n-k}b^k$$

$$= \binom{n}{0}a^n + \binom{n}{1}a^{n-1}b + \binom{n}{2}a^{n-2}b^2 + \cdots + \binom{n}{n-1}ab^{n-1} + \binom{n}{n}b^n.$$

定理 1-1

(1) $\binom{n}{k-1} + \binom{n}{k} = \binom{n+1}{k}$ $\quad (k=1,\ldots,n)$.

(2) (**二項定理**；binomial theorem) $\binom{n}{k} = \dfrac{n!}{k!(n-k)!}$ $\quad (k=0,1,\ldots,n)$

[9] 命題とは，真または偽を問える数学的文章のことであり，必ずしも真とは限らない．

証明 (1) $(a+b)^{n+1}=(a+b)^n(a+b)$ を展開すると

$$\binom{n}{0}a^{n+1}+\binom{n}{1}a^nb+\binom{n}{2}a^{n-1}b^2+\cdots+\binom{n}{n-1}a^2b^{n-1}+\binom{n}{n}ab^n$$
$$+\binom{n}{0}a^nb+\binom{n}{1}a^{n-1}b^2+\binom{n}{2}a^{n-2}b^3+\cdots+\binom{n}{n-1}ab^n+\binom{n}{n}b^{n+1}$$

であり，この式から $(a+b)^{n+1}$ の展開における a^kb^{n+1-k} の係数 $\binom{n+1}{k}$ は $\binom{n}{k-1}+\binom{n}{k}$ に等しいことが分かる $(1\leq k\leq n)$.

(2) $n=1$ に対して，$\binom{1}{0}=\frac{1!}{0!1!}=1,\quad \binom{1}{1}=\frac{1!}{1!0!}=1$ であるから主張は正しい．n に対して正しいと仮定すると

$$\binom{n+1}{k}=\binom{n}{k-1}+\binom{n}{k}=\frac{n!}{(k-1)!(n-k+1)!}+\frac{n!}{k!(n-k)!}$$
$$=\frac{(n+1)!}{k!(n+1-k)!}\Big(\frac{k}{n+1}+\frac{n+1-k}{n+1}\Big)=\frac{(n+1)!}{k!(n+1-k)!}$$

を得る．よって，$n+1$ に対しても正しい． □

問 1-7 (1) $\binom{2n}{n}=\dfrac{2^n(2n-1)!!}{n!}$. (2) $\binom{n}{0}^2+\binom{n}{1}^2+\cdots+\binom{n}{n}^2=\binom{2n}{n}$.

次の定理は二項定理の一般化である．

定理 1-2（**多項定理**；multinomial theorem）
自然数 $n\geq 1$ に対して

$$(a_1+\cdots+a_d)^n=\sum_{\substack{n_1,\ldots,n_d\geq 0\\ n_1+\cdots+n_d=n}}\frac{n!}{n_1!\cdots n_d!}{a_1}^{n_1}\cdots{a_d}^{n_d}.$$

証明 $n=1$ のときは正しい．$n=k$ のとき正しいと仮定すると，

$$(a_1+\cdots+a_d)^{k+1}=\sum_{\substack{k_1,\ldots,k_d\geq 0\\ k_1+\cdots+k_d=k}}\frac{k!}{k_1!\cdots k_d!}{a_1}^{k_1}\cdots{a_d}^{k_d}(a_1+\cdots+a_d)$$
$$=\sum_{\substack{k_1,\cdots,k_d\geq 0\\ k_1+\cdots+k_d=k}}\frac{k!}{k_1!\cdots k_d!}{a_1}^{k_1+1}{a_2}^{k_2}\cdots{a_d}^{k_d}$$

$$
\begin{aligned}
&+ \sum_{\substack{k_1,\cdots,k_d \ge 0\\ k_1+\cdots+k_d=k}} \frac{k!}{k_1!\cdots k_d!} {a_1}^{k_1} {a_2}^{k_2+1} \cdots {a_d}^{k_d} + \cdots \\
&+ \sum_{\substack{k_1,\cdots,k_d \ge 0\\ k_1+\cdots+k_d=k}} \frac{k!}{k_1!\cdots k_d!} {a_1}^{k_1} \cdots {a_d}^{k_d+1} \\
&= \sum_{\substack{k_1,\cdots,k_d \ge 0\\ k_1+\cdots+k_d=k+1}} k!\left(\frac{k_1}{k_1!\cdots k_d!} + \cdots + \frac{k_d}{k_1!\cdots k_d!}\right) {a_1}^{k_1} \cdots {a_d}^{k_d} \\
&= \sum_{\substack{k_1,\cdots,k_d \ge 0\\ k_1+\cdots+k_d=k+1}} \frac{(k+1)!}{k_1!\cdots k_d!} {a_1}^{k_1} \cdots {a_d}^{k_d}.
\end{aligned}
$$

よって，$n=k+1$ のときも正しい． □

例題 1-2

(1) $\alpha>0$ とするとき，$(1+\alpha)^n \ge 1+n\alpha$ を数学的帰納法を使って確かめよ．特に，$2^n>n$ が成り立つ．

(2) $0<\alpha<1$ のとき，$(1-\alpha)^n \ge 1-n\alpha$ を数学的帰納法を使って確かめよ．

解 (1) $n=1$ のときは両辺ともに $1+\alpha$ であるから正しい．$n=k$ のとき正しいと仮定すると，

$$
\begin{aligned}
(1+\alpha)^{k+1} &= (1+\alpha)^k(1+\alpha) \ge (1+k\alpha)(1+\alpha) = 1+(k+1)\alpha+k\alpha^2 \\
&> 1+(k+1)\alpha
\end{aligned}
$$

となって，$n=k+1$ のときも正しい．よって，すべての n に対して $(1+\alpha)^n \ge 1+n\alpha$ が成り立つ．$\alpha=1$ とすれば，$2^n>n$ が得られる．

(2) については，$(1-n\alpha)(1-\alpha)=1-(n+1)\alpha+n\alpha^2$ であることを使えばよい． □

問 1-8 a_i $(i=1,\ldots,n)$ がすべて正数ならば $\prod_{i=1}^n(1+a_i) \ge 1+\sum_{i=1}^n a_i$ が成り立つことを n に関する帰納法で確かめよ．

数学的帰納法には次のような変形版がある．

(1) P_1 は真．

(2) n より小さいすべての k について P_k が真と仮定するならば，P_n が真，

よってすべての n について P_n は真．

実際，(1) により P_1 が真なので，(2) により P_2 が真．よって P_1, P_2 の双方が

正しいから，(2) により P_3 が真であり，P_1, P_2, P_3 のすべてが真．これを続ければすべての n について P_n が真になる．

上で説明した数学的帰納法の「出発点」は $n=1$ であった．しかし，出発点は 1 である必要はない．すなわち，例えば整数 n_0 以上のすべての n について P_n が真なことを証明するには，P_{n_0} から確かめ始めればよい．

注意　帰納法の「(P_1) が正しく，(P_n) が正しいと仮定して (P_{n+1}) が正しいことを示す」という簡略化した表現から，帰納法を誤解して，「n は任意であるから，この n のところに $n+1$ を代入したものも正しい．よって P_{n+1} が正しい」とする人がいるが，もちろんこれは間違いである．

数学的帰納法の考え方は，証明に使われるだけでなく，自然数により順序づけられた「無限のプロセス」を定義するときにも使われる．特に，n 番目の対象（「手続き」）が 1 つ手前の $n-1$ 番目の対象（「手続き」）に依存しているとき，**帰納的定義**（recursive definition, inductive definition）というものが行われるのである．場合によっては，n 番目がその前の k 個の対象に依存するときもある．このときには，1 番目から k 番目までの対象を予め与えておけば，$n \geq k+1$ に対して n 番目の対象が順次決まっていく．

例　条件 $x_n = x_{n-1} + x_{n-2}$ $(n \geq 3)$ をみたす数列 $x_1, x_2, \ldots$ を考える．これは対象 x_n の帰納的定義と考えられる．一般に数列を帰納的に定義する式を**漸化式**（recurrence formula, recurrence relation）ともいう．この例では，例えば $x_1 = x_2 = 1$ とすれば，数列 $1, 1, 2, 3, 5, 8, \ldots$ が得られる．この数列は**フィボナッチ数列**（Fibonacci sequence）とよばれる[10]．

例題 1-3

フィボナッチ数列の一般項は次式で与えられる．

$$x_n = \frac{1}{\sqrt{5}}\left[\left(\frac{1+\sqrt{5}}{2}\right)^n - \left(\frac{1-\sqrt{5}}{2}\right)^n\right]. \tag{1.3}$$

解　(1.3) の右辺を y_n とおけば，$\alpha = (1+\sqrt{5})/2$, $\beta = (1-\sqrt{5})/2$ は方程式

[10] フィボナッチ（Fibonacci；1170 年頃–1250 年頃）はイタリアの数学者．フィボナッチ数列の名称は，彼の著した『算盤の書』(1202 年) の中で扱われていたことに由来する（古くはインドの数学書にも記載されていた）．

$x^2 = x+1$ の解だから，$x^n = x^{n-1} + x^{n-2}$ $(n \geq 2)$ もみたし，$\{y_n\}$ がフィボナッチ数列と同じ漸化式 $y_n = y_{n-1} + y_{n-2}$ をみたすことは容易に確かめられる．さらに，$y_1 = y_2 = 1$ も簡単な計算で確かめられるから，帰納法によりすべての n について $y_n = x_n$ である． □

1.5.2 間接証明——背理法

背理法（proof by contradiction）は，定理の結論を導くのに，結論の内容の否定をして，定理の仮定あるいは既知の事実に反する（**矛盾**する）ことを論証し，結論が正しいことを確認する方法である．

例として，$\sqrt{2}$ が無理数であることを背理法を用いて示そう．有理数であるとすれば，既約分数により $\sqrt{2} = p/q$ と表せるが，このとき $2q^2 = p^2$ となるから，p は偶数でなければならない．そこで $p = 2k$ と表せば，$q^2 = 2k^2$ が得られるから，q も偶数となる．これは p/q が既約分数であることに反する．よって $\sqrt{2}$ は無理数である．

次の例題は，今述べた事実の一般化であり，「A ならば B」の証明を，その**対偶**[11)]（contraposition）である「B でなければ A でない」の証明に置き換える方法である．

例題 1-4

自然数 N が平方数[12)]でなければ，$\sqrt{N}$ は無理数である．

解　$\sqrt{N} \in \mathbb{Q}$ とする．$q\sqrt{N} \in \mathbb{N}$ となる $q \in \mathbb{N}$ が存在するので，q_0 をそのような q のうちで最小なものとする．ガウスの記号を使って $q_1 = q_0(\sqrt{N} - [\sqrt{N}])$ とおくと，$q_1 \in \mathbb{Z}$．他方，ガウス記号の定義から $0 \leq \sqrt{N} - [\sqrt{N}] < 1$ なのでよって $0 \leq q_1 < q_0$ であり，$q_1\sqrt{N} = q_0(\sqrt{N} - [\sqrt{N}])\sqrt{N} = q_0 N - [\sqrt{N}]q_0\sqrt{N} \in \mathbb{Z}$ となる．q_0 の最小性から $q_1 = 0$ となり，従って $\sqrt{N} = [\sqrt{N}]$ でなければならず，$N = [\sqrt{N}]^2$ は平方数になる． □

問 1-9　$\log_2 3$ は無理数であることを示せ．

問 1-10　区間 I において，その部分集合 A が稠密ならば，I と交わる任意の区間 (a, b)

---

11) 例えば $f : A \to B$ が単射であることを示したいとき，単射の定義の対偶「$a_1 \neq a_2$ ならば $f(a_1) \neq f(a_2)$」を示せばよい．

12) 自然数 n により $N = n^2$ と表される N を**平方数**（square number）という．

は A の点を無限個含むことを背理法を用いて示せ．

問 1-11　$A \cap B = \emptyset$, $A \cup B = \mathbb{R}$ をみたす $\mathbb{R}$ の空でない部分集合 A, B が,「$a \in A, b \in B$ ならば $a < b$」という性質を持つとき，任意の $a \in A$ に対して，$(-\infty, a] \subset A$ であることを示せ．

間接的証明の特殊な例を 2 つ挙げよう．

【抽斗（ひきだし）論法】　m 個ある抽斗の中に n 個の「もの」を入れたとする．もし $n > m$ ならば，少なくとも 1 つの抽斗には 2 つ以上の「もの」が入っている．

証明するまでもない「当たり前」なことだが，対偶を使って示しておこう．もし 2 つ以上の「もの」が入っている抽斗がなければ，各抽斗は「高々」1 つの「もの」しか入っていない．よって，「もの」の数は m 以下でなければならない．

今述べた事実は，「**抽斗論法**[13]」（Dirichlet's drawer principle）として，様々な形で応用される（本章の課題 1-8，第 3 章の課題 3-8，第 4 章の例題 4-2 参照）．1834 年，ディリクレ（P.G Dirichlet；1805–1859）は，この論法を用いて次の定理を証明した．

定理 1-3（ディリクレの定理）

a を正の無理数とする．このとき．$a > 1/N$ となる任意の自然数 N に対して $m \leq N$, $|ma - n| < 1/N$ をみたす自然数 m, n が存在する．

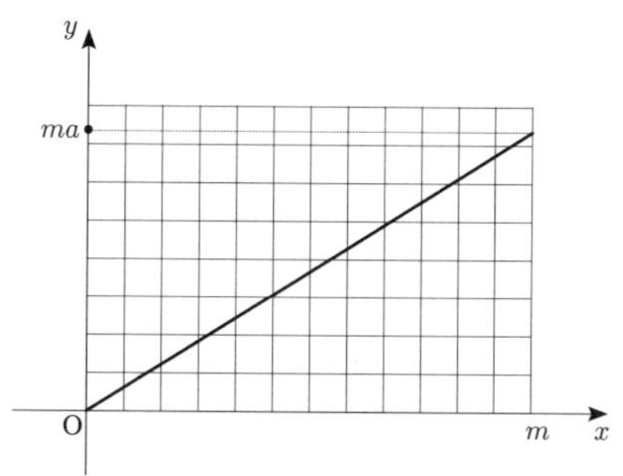

図 1.8　抽斗論法によるディリクレの定理の証明

この定理は，原点を通り傾きが無理数 a の直線 $y = ax$ に「いくらでも近い」整数座標を持つ点 $(m, n) \neq (0, 0)$ が存在することを意味している．

証明　抽斗の役割を果たす N 個の区間 $\left[0, \frac{1}{N}\right), \left(\frac{1}{N}, \frac{2}{N}\right), \ldots, \left(\frac{N-1}{N}, 1\right)$ を考え

[13] 鳩ノ巣論法（pigeonhole principle）ともよばれる．

る．各整数 k $(0 \leq k \leq N)$ に対して $n_k = [ka]$ とおくと，ka の小数部分 $ka - n_k$ は上のどれか1つの区間に属する（$k=0$ のときは $n_k = 0$．a は無理数と仮定したから，$1 \leq k \leq N$ のときは $ka - n_k$ は区間の端点である i/N $(i = 1, \ldots, N)$ とは一致しない）．$N+1$ 個の「もの」である $ka - n_k$ $(k = 0, 1, \ldots, N)$ が N 個の抽斗である区間たちに入ることになるから，ある区間の中に2つの「もの」$k_1 a - n_{k_1}$ と $k_2 a - n_{k_2}$ が属さなければならない（$k_1 > k_2$ とする）．これは，

$$|(k_1 - k_2)a - (n_{k_1} - n_{k_2})| = |(k_1 a - n_{k_1}) - (k_2 a - n_{k_2})| < \frac{1}{N}$$

であることを意味する．$m = k_1 - k_2$ 及び $n = n_{k_1} - n_{k_2}$ とおけば，定理の主張が得られる（$n \leq 0$ とすると，$1/N > |ma - n| \geq ma \geq a$ となってしまうから，$n > 0$ である）． □

§1.3 で述べたように，無理数 x に対して，$|x - n/m| < 1/m$ をみたす有理数 n/m が存在することは容易に分かるが，定理1-3を用いると，さらによい評価を持つ有理数の存在が示される（課題1-9）．次章で解説するように，無理数の有理数による近似は古代から現代に至る歴史の中で脈々と受け継がれてきた問題意識である（課題1-19も参照のこと）．

【対角線論法】 前に有理数の集合 $\mathbb{Q}$ が可算集合であることを見たが，実数の集合についてはどうだろうか？ 次の定理と証明のトリックはカントルによる．

> **定理 1-4**（カントルの定理）
> 実数の集合 $\mathbb{R}$ は非可算である．

証明 区間 $(0, 1]$ が非可算なことを示せばよい．$(0, 1]$ に属す実数 x を小数展開[14] (decimal expansion) で表し，

$$x = 0.a_1 a_2 a_3 a_4 \cdots$$

とする．ただし，途中から0が並ばないような展開を行う（たとえば，$1 = 0.999\cdots$）．このような展開は一意的である．区間 $(0, 1]$ が可算とすると，$(0, 1] = \{x_1, x_2, \ldots\}$ と表すことができる．それぞれの数 x_k を展開して

14) 小数展開については，ここでは既知と仮定する．後の章で一般的観点から学びなおすことになる．

$$
\begin{aligned}
x_1 &= 0.a_{11}\ a_{12}\ a_{13}\ \cdots\ a_{1n}\ \cdots\\
x_2 &= 0.a_{21}\ a_{22}\ a_{23}\ \cdots\ a_{2n}\ \cdots\\
x_3 &= 0.a_{31}\ a_{32}\ a_{33}\ \cdots\ a_{3n}\ \cdots\\
&\cdots\\
x_n &= 0.a_{n1}\ a_{n2}\ a_{n3}\ \cdots\ a_{nn}\ \cdots\\
&\cdots
\end{aligned}
$$

とする．

$$
b_n = \begin{cases} a_{nn}+1 & (a_{nn} \neq 9 \text{ のとき}) \\ 1 & (a_{nn} = 9 \text{ のとき}) \end{cases}
$$

とおいて，実数 x を $x = 0.b_1b_2b_3\cdots$ により定義する（x は上の網掛けの対角部分から作られたものである）．$x = x_n$ となる番号 n が存在するはずだが，x と x_n の展開の n 位を見ると，x の展開の n 位 b_n は x_n の展開の n 位 a_{nn} とは異なるから $x \neq x_n$．よって矛盾．□

上の証明はその方法に因んで，カントルの**対角線論法**（diagonal argument）といわれる．この論法に類似した証明法を一括して対角線論法という（本章の課題1-10，1-11，1-12 および第 3 章の課題 3-5 も参照）．

1.5.3　直接証明

背理法を使わない証明を**直接証明**という．多くの場合，計算により論証を進めていくことになる．例えば，n を自然数とするとき，正数 x, y について，$x^n = y^n$ ならば $x = y$ であり，$x > y \iff x^n > y^n$ であることは，因数分解 $x^n - y^n = (x-y)(x^{n-1} + x^{n-2}y + \cdots + y^{n-1})$ を使って直接証明できる．ここでは後の議論に関連する初等的な例を挙げておく．

定理 1-5

$\alpha > \beta > 0$ のとき，$\alpha^n - \beta^n > n\beta^{n-1}(\alpha - \beta)$.

証明　$\alpha^n - \beta^n = (\alpha-\beta)(\alpha^{n-1} + \alpha^{n-2}\beta + \cdots + \beta^{n-1}) > (\alpha-\beta)n\beta^{n-1}$　□

定理 1-6

$0<x<y$ に対して $x<\dfrac{2xy}{x+y}<\sqrt{xy}<\dfrac{x+y}{2}<y.$

証明 $(x+y)/2<y$ の部分は明らかであろう．$\sqrt{xy}<(x+y)/2$ は**相加平均・相乗平均の不等式**であり，$\left(\dfrac{x+y}{2}\right)^2-xy=\dfrac{1}{4}(x-y)^2$ から導かれる．他の不等式については，x^{-1},y^{-1} に証明済みの不等式を適用すればよい． □

n 個の正数 $x_1,\ldots,x_n$ に関して，$(x_1\cdots x_n)^{1/n}$ は $x_1,\ldots,x_n$ の**相乗平均**あるいは**幾何平均**（geometric mean），$(x_1+\cdots+x_n)/n$ は**相加平均**あるいは**算術平均**（arithmetic mean），$n/({x_1}^{-1}+\cdots+{x_n}^{-1})$ は**調和平均**（harmonic mean）とよばれる．調和平均は逆数の相加平均の逆数となっている．上の定理の $\dfrac{2xy}{x+y}=\dfrac{2}{x^{-1}+y^{-1}}$ は，x,y の調和平均である．

定理 1-7

$$\big||x|-|y|\big|\le|x-y|.$$

証明 x と $a>0$ について，$|x|\le a$ は $-a\le x\le a$ と同値であることに注意．不等式 $|x+y|\le|x|+|y|$ から，$|y|\le|y-x|+|x|$，及び $|x|\le|x-y|+|y|$ が導かれる．よって，$|y-x|=|x-y|$ を使えば $-|x-y|\le|x|-|y|\le|x-y|$ であり，$\big||x|-|y|\big|\le|x-y|$ が従う． □

問 1-12 $\max\{a,b\}=\big(a+b+|a-b|\big)/2,\ \ \min\{a,b\}=\big(a+b-|a-b|\big)/2.$

問 1-13 $a>0$ とするとき, 不等式 $1/\sqrt{a+1}<2/(\sqrt{a+1}+\sqrt{a})<1/\sqrt{a}$ を確かめよ．

次の定理は整数の性質を論じるための基礎となるものである．

定理 1-8（割り算定理；division algorithm）

自然数 a,b に対して，$a=qb+r\quad(0\le r<b)$ をみたす整数 $q\ge 0$（商；quotient）と整数 r（余り；remainder）が一意的に存在する．

証明 $q=[a/b]$ とおくと，$qb\le a<(q+1)b$ であるから $r=a-qb$ とおけば，$0\le r<b$ となり，$a=qb+r$ である．一意性については，$a=q_1b+r_1$ $(0\le r_1<b)$ とするとき，$a/b=q_1+r_1/b$ $(0\le r_1/b<1)$ から，$q_1=[a/b]$ となることから明

らかである．　□

例（b 進法）　自然数を表すために我々が通常使っている 10 進法の一般化を述べよう．$b>1$ を自然数とする．任意に与えられた自然数 a について，次のように b による割り算を繰り返す：

$$
\begin{aligned}
a &= q_1 b + r_1 \quad (0 \le r_1 < b),\\
q_1 &= q_2 b + r_2 \quad (0 \le r_2 < b),\\
q_2 &= q_3 b + r_3 \quad (0 \le r_3 < b),\\
&\cdots\cdots
\end{aligned}
$$

$a > q_1 > q_2 > q_3 > \cdots$ なので，初めて $q_n = 0$ となる番号 n がある．すなわち

$$q_{n-1} = 0 \cdot b + r_n \quad (0 < r_n < b)$$

上の式で下から順番に q_i を消去していけば，

$$a = r_n b^{n-1} + r_{n-1} b^{n-2} + \cdots + r_2 b + r_1$$

が得られることに注意しよう．a の b 進法による表示とは，a を $r_n r_{n-1} \cdots r_2 r_1$ と表す方法である．例えば 7 を 2 進法で表すと 111 である．実際

$$7 = 3 \cdot 2 + 1, \quad 3 = 1 \cdot 2 + 1, \quad 1 = 0 \cdot 2 + 1$$

であるから $7 = 1 \cdot 2^2 + 1 \cdot 2 + 1$.

問 1-14　$b-1$ の倍数を b 進法で表すとき，すべての桁の数の和は $b-1$ の倍数である．とくに 9 の倍数を 10 進法で表すとき，すべての桁の数の和は 9 の倍数である．

問 1-15　$r_n \cdots r_1$ を a の b 進法による表現とするとき，n を a の桁数という．桁数について $\log_b(a+1) \le n \le \log_b a + 1$ が成り立つことを示せ（ヒント：前半の不等式では等比数列の和の公式を使う）．

問 1-16　（抽斗論法の例）自然数 $a_1, a_2, \ldots, a_{n+1}$ に対して，差 $a_i - a_j$（$i \ne j$）のうちの少なくとも 1 つは n により割り切れる．これを抽斗論法を使って示せ（ヒント：a_i たちを n で割った余りを見る）．

□ 記数法

人類は自然数の概念を獲得した後，それを記号で表すことを始めた．古代文明における数の表し方は様々であり，各数に文字を割り当てたり，「もの」の個数を直接表現する |, ||, |||, ||||, ||||| のような記号を使っていた．しかし，原始的な物々交換から貨幣を使った高度の商業活動に発展すると当然大きな数を扱うことになるので，このような表記では不便である．そこで，古代バビロニアで行われていたように，「もの」の集まり |||||||||||| を5つの「もの」からなるグループ ||||| ||||| || に分け，このグループに別の記号（例えば⊢）を当てて⊢⊢ || で表すようにしたのである（これは，12を5で割ったときの商が2，余りが2であることを表す $12 = 2 \cdot 5 + 2$ に対応している）．さらにグループの集まりが5以上になれば，それらを再び一まとめにして，また別の記号を割り当てる．だがこの方法では次々に新しい記号を付け加えていかなければならないし，足し算でさえ容易ではない．この欠点は，インドで発明された記数法により克服された（紀元後600-800頃）．0（零）を含めた10個の記号（$0, 1, 2, 3, 4, 5, 6, 7, 8, 9$）ですべての数を表す10進法 (the decimal system) である．インドの記数法はアラビアにもたらされ，数の計算方法が整理され発展した．ヨーロッパにもインドの記数法が伝わったが（10世紀），それが定着するまでには時間が掛かった．しかしその利便性から結局はヨーロッパを越えて世界中で使われることになったのである．

第 1 章の課題

課題 1-1　$f : A \to B$, $g : B \to C$, $h : C \to D$ が与えられたとき，これらの写像の合成の仕方には $h \circ (g \circ f)$, $(h \circ g) \circ f$ の 2 通りあるが，実は $h \circ (g \circ f) = (h \circ g) \circ f$ であることを確かめよ．

課題 1-2　$X \xrightarrow{f} Y \xrightarrow{g} X$ において，$g \circ f = I_X$ であるとき，f は単射であり，g は全射である．

課題 1-3　(1)　自然数 n に対して，$\cos n\theta$ および $\sin(n+1)\theta/\sin\theta$ は $\cos\theta$ の n 次の多項式で表される．

(2)　自然数 n に対して，$\tan n\theta$ は $\tan\theta$ の有理式で表される．

課題 1-4（有理指数の場合の指数法則）(1)　有理数 $p/q \neq 0$ を指数とする $a^{p/q}$ を $x^q = a^p$ をみたす正数解 x として定義したが，$p_1/q_1 = p_2/q_2$ であるとき，$a^{p_1/q_1} = a^{p_2/q_2}$ となることを確かめよ．

(2)　指数が有理数の場合に，指数法則を確かめよ．

(3)　$x < y$ を有理数とするとき，$a \gtreqqless 1$ に応じて $a^x \lesseqqgtr a^y$.

課題 1-5 [難]**（相加平均・相乗平均の不等式）**$a_1, \ldots, a_n$ を 0 以上の実数とするとき $(a_1 \cdots a_n)^{1/n} \leq (a_1 + \cdots + a_n)/n$.

課題 1-6（コーシーの不等式）$\displaystyle\left(\sum_{k=1}^{n} a_k b_k\right) \leq \sum_{k=1}^{n} {a_k}^2 \cdot \sum_{k=1}^{n} {b_k}^2.$

課題 1-7　n 個の数 $a_1, \ldots, a_n$ はすべて等しいことが次のように証明されると主張する人がいる．どこに間違いがあるか．

「$n = 1$ のときは 1 つの数しかないから正しい．$n = k$ のとき正しいと仮定する．$a_1, \ldots, a_k, a_{k+1}$ において，そのうちの 1 つを取り去った k 個の数を考えると．帰納法の仮定からそれらはすべて等しい．よって．a_{k+1} を取り去ったときには，$a_1 = a_2 = \cdots = a_k$ となり，a_1 を取り去ったときには $a_2 = \cdots = a_{k+1}$ となる．よって $a_1, \ldots, a_k, a_{k+1}$ はすべて等しい」

課題 1-8　(1)　有限集合 $B = \{b_1, \ldots, b_n\}$ と写像 $f : A \to B$ が与えられたとき，$A = f^{-1}(b_1) \cup \cdots \cup f^{-1}(b_n)$ かつ $f^{-1}(b_i) \cap f^{-1}(b_j) = \emptyset \quad (i \neq j)$.

(2)（抽斗論法の一般化[15)]）A,B を有限集合とし，$f:A\to B$ を写像とするとき $|f^{-1}(b)|\geq |A|\,/\,|B|$ をみたす B の要素 b が存在する（とくに，$|A|>|B|$ であれば，$|f^{-1}(b)|\geq 2$ となる $b\in B$ が存在する）．A が無限集合，B が有限集合の場合は，$f^{-1}(b)$ が無限集合となる $b\in B$ が存在する．

課題 1-9 a を正の無理数とするとき，$|a-n/m|<1/m^2$ をみたす既約分数 n/m が無限個存在する．さらに，勝手に与えられた正数 K に対して，この性質を持つ既約分数 n/m で $m\geq K$ をみたすものが存在する．

課題 1-10（対角線論法の例）$\{X_i\}_{i\in\mathbb{N}}$ を $|X_i|\geq 2$ であるような有限集合の族とするとき，列 $(x_1,x_2,\ldots)$ $(x_i\in X_i)$ の全体からなる集合 $\prod_{i=1}^{\infty}X_i$ は非可算である．

課題 1-11（対角線論法の例） $\mathbb{N}$ の部分集合全体からなる集合が非可算なことを証明せよ．

課題 1-12 [やや難]（対角線論法の例；課題 1-11 の一般化） A を空でない集合とするとき，A の部分集合を要素として，それら全体からなる集合を A の**ベキ集合**という．A とそのベキ集合の間には一対一の対応が存在しないことを背理法を用いて証明せよ．

課題 1-13（ラッセルのパラドックス） 集合の定義によれば，X が X 自身の要素でないような集合 X の集まり $X_0=\{X\mid X\notin X\}$ も集合のはずであるが，もしこれが正しいとすると矛盾が起きることを確かめよ[16)]．

課題 1-14 自然数 ν で，それを b 進法で表わしたとき，数 r $(0\leq r<b)$ が現れないものを考える．$b^{\ell-1}\leq\nu<b^{\ell}$ である ν の個数は，$r=0$ のときは $(b-1)^{\ell}$ であり，$r\neq 0$ のときは，$(r-2)(r-1)^{\ell-1}$ である．

課題 1-15 (1) 平方数でない自然数 N について，$\mathbb{R}$ の部分集合 $K=\{a+b\sqrt{N}\,|\,a,b\in\mathbb{Q}\}$ は加減乗除で「閉じている」，すなわち，$\alpha,\beta\in K$ に対して，$\alpha\pm\beta,\alpha\beta,\alpha/\beta$ はすべて K に属す（α/β の場合は $\beta\neq 0$ とする）[17)]．

(2) $a+b\sqrt{N}\in K$ $(b\neq 0)$ の形の数は **2 次の無理数**（quadratic irrational number）とよばれる．2 次の無理数は整数係数の 2 次方程式の解であることを確かめよ．

課題 1-16 [やや難] 係数が整数である代数方程式

$$a_0x^n+\cdots+a_{n-1}x+a_n=0\quad(a_0\geq 1)$$

の実数解を**代数的数**（algebraic number）という（有理数 p/q は $qX-p=0$ の解であ

---

15) A を「もの」の集合，B を抽斗の集合，$f(a)$ を「もの」a を入れた抽斗と考える．

16) このパラドックスは，1903 年にイギリスの哲学者，論理学者ラッセル（B. A. W. Russell；1872–1970）により提出され，一時は数学を「危機」に陥らせた．

17) 加減乗除で閉じた代数系（代数的構造を持つ集合）を**体**（field）という．

るから代数的数であり，課題 1-15(2) により 2 次の無理数も代数的数である)[18]．代数的数でない数を**超越数**（transcendental number）という．

(1)　係数が整数の多項式 $f(x)=a_0x^n+\cdots+a_{n-1}x+a_n$ $(a_0\geq 1)$ に対して，$H(f)=n+a_0+|a_1|+\cdots+|a_n|$ とおくとき，任意の自然数 h に対して，$H(f)\leq h$ となる f は有限個である．

(2)（カントル）代数的数のなす集合は可算であり，超越数のなす集合は非可算である．とくに超越数が無限個存在する．

課題 1-17 [難] (1)（**多項式に対する割り算定理**）$f(X)$ と $g(X)$ を多項式とする．$g(X)\neq 0$ ならば

$$f(X)=q(X)g(X)+r(X),\qquad -\infty\leq \deg\, r(X)<\deg\, g(X)$$

をみたす多項式 $q(X), r(X)$ が存在し，$q(X)$（商）と $r(X)$（余り）は一意的に定まることを確かめよ．ここで $\deg 0=-\infty$ と約束する．

さらに，$f(X)$ と $g(X)$ が有理数を係数としていれば，$q(X), r(X)$ も有理数を係数としていることを確かめよ．

(2)（**剰余定理**；Remainder theorem）多項式 $f(X)$ と $a\in\mathbb{R}$ に対して，$f(X)=q(X)(X-a)+f(a)$ をみたす多項式 $q(X)$ が存在することを確かめよ．特に $f(a)=0$ ならば，$f(X)=q(X)(X-a)$ である．

課題 1-18　n 次以下の多項式 $F(X)$ が $n+1$ 個の異なる実数解を持つならば，$F(X)=0$ である．

課題 1-19 [難]（**リウヴィル**[19] **の定理**）α を代数的数とする．α を解とする有理数係数の代数方程式 $f(x)=0$ のうち，$f(X)$ の次数が最小となるものが存在するが，このような $f(X)$ を α の**最小多項式**といい，$\deg f(X)$ を α の次数という．次の事柄を確かめよ．

(1)　n 次の代数的数 α に対して，不等式

$$\left|\alpha-\frac{p}{q}\right|\geq\frac{c}{q^n}$$

がすべての有理数 p/q $(\neq\alpha)$ に対して成り立つような，α のみに依存する正定数 c が存在する（$n\geq 2$ なら，α は無理数であることに注意）．

(2)　x を実数とする．各自然数 m に対して不等式

$$\left|x-\frac{p}{q}\right|<\frac{1}{q^m}$$

が少なくとも 1 つの有理数解 p/q $(q>1)$ を持てば，x は超越数である．

---

[18] 代数的数は，有理数係数の代数方程式の実数解と言ってもよい．

[19] J. Liouville；1809–1882．フランスの数学者．

■第1章の補遺 —— 歴史から■

本章に登場した事柄の歴史的背景について，簡単に解説しよう．

【集合と写像】

集合概念を初めて導入したのはドイツのカントル（Georg Ferdinand Ludwig Phillip Cantor；1845–1918）[20]である．カントル自身による集合の定義を述べておく．

「集合という述語によって，我々はいかなる物であれ，我々の思惟または直観の対象であり，十分に確定され，かつ互いに区別される物 m の全体への総括 M を言うと理解する」

集合の概念は極めて単純であり，誰もその意味に疑問を挟まない．実際，カントル以前の数学者は，集合という名称こそ使いはしなかったが，集合概念を無意識に利用していたのである．それまで暗に使われていた概念をことさらにカントルが強調したのは，「無限」を直接数学の理論的対象として扱うことに理由があった．カントルの登場以前は，無限が数学に現れることはあっても，それは「限りがない」という意味として捉えられ，無限の対象を全体として把握することはしなかったのである．例えば自然数は $1, 2, 3, \ldots$ というように数え上げていくプロセスで把握され，このプロセスに限りがないという意味での無限であって[21]，自然数全体を集合 $\mathbb{N}$ という1つの対象としてしまうことに躊躇する保守的意識があった[22]．

一旦カントルの意味での無限を認めれば，「無限の種類」に関心を寄せるのは自然である．カントルは，一対一の対応を使うことによって，無限（集合）を類別することを考え，この類別による無限の種類は複数個（実際には無限個）あることを示した．例えば，カントルの定理1-4は，自然数の集合 $\mathbb{N}$ と実数の集合 $\mathbb{R}$ は異なる種類の無限集合であることを主張している（本章の課題1-11，1-12も参照のこと）．

カントルの集合論は現代数学の基盤となるものであるが，課題1-13にあるように，集合概念を無制限に用いると矛盾に陥る．この矛盾は集合論を「公理化」する

---

[20] ロシアのペテルスブルグ生まれのユダヤ人数学者．1856年にドイツに移住，チューリッヒとベルリン大学を卒業後ベルリンで学位を得た．1872年から1913年までHalle大学教授を勤めたが，晩年には研究による極度の緊張から精神を病み，1918年に病院で逝った．

[21] 本書でも数え上げていくプロセスが登場するが，これは「選択公理」とよばれる集合論の公理を設定することにより解消される．

[22] ドイツの数学者クロネッカー（Leopold Kronecker；1823–1891）は集合概念に強硬に反対した．

ことによって回避されるのであるが，本書で扱う集合に関してはそこまで立ち入って考察する必要はない．

【関数】

関数（function）を意味するラテン語の functio は，1670 年代に微分積分学の創始者の一人であるライプニッツ（Gottfried Wilhelm Leibniz；1646–1716）が使い始めたが，この用語を「変数と定数から組み立てられた量」として用いたのはヨハン・ベルヌーイ[23]である（1718 年）．さらにオイラー（Leonhard Paul Euler；1707–1783）は微分積分学の系統的著述である『無限解析序論』の中で，「ある量が他の量に依存し，後者（他の量）が変化するとき前者（ある量）も変化するとき，前者は後者の関数とよばれる」として，一般的な関数の定義を与えた．とは言え，これは「名目的」な定義であり，実際上は，変数や定数から構成される「解析的式」が関数なのであった（1748 年）．ここで解析的式とは，変数や定数を表す記号を，代数的演算（加法，減法，乗法，除法，べき，根号）と超越的演算（指数関数や対数関数など）により組合わせて得られる式のことである．

考察する関数のクラスが次第に大きくなるにつれ，関数概念は広がりを見せ始める．コーシー（Augustin Louis Cauchy；1789–1857）もオイラーと同じような「名目的」関数の定義を与え，次章で解説する ε-δ 論法を用いて連続関数の性質を研究した（1821 年）．しかし，オイラーと同様に，連続関数を表すには何らかの意味で「数学的式」が必要と考えていた．そして，ようやく 19 世紀中頃になって，ディリクレやリーマン（Georg Friedrich Bernhard Riemann；1826–1866）による一般の関数の概念が確立し，関数の極限に関する厳密な考察が行われるようになったのである．

【三角関数】

三角関数の起源は，天文学や測量の問題から派生した**三角法**（trigonometry）とよばれる実践的学問にある．三角法とは，図形の量的関係の研究や測量などにおいて，三角形の辺と角の関係を基礎に，問題を処理する手法をいう．その基礎には，三角形に関する相似（similarity）の理論があることは言うまでもない．エジプト，バビロニア，中国などの古代文明において，三角法の原始的な知識が知られていたが，その生みの親は，ギリシャのヒッパルコス[24]と言われている（紀元前 150 年頃）．その

[23] Johann Bernoulli；1667–1748．スイスの数学者．

[24] Hipparchus of Nicaea；前 190 頃–前 120 頃．

後，プトレマイオス[25]（Ptolemy；85頃–165），アラバータ[26]，アブルファ[27]，アルバタニ[28]により発展・整理された．ドイツのレギオモンタナス[29]（Johann Müller Regiomontanus；1436–1476）は『三角法全書』5巻を著して，三角法を数学の1部門として独立させたことで知られる．さらに，三角法の様々な結果がラエティクス[30]，ネピア（John Napier；1550–1617），ケプラー（Johannes Kepler；1571–1630）らにより確立された．そして，ほぼこの時期に三角関数の概念が誕生し，グレゴリー[31]やライプニッツの研究の後，解析学の1つの分野として三角関数を初めて扱ったのはオイラーである（1748年）．

ところで最初に sin, cos, tan という略式記号を用いたのは，17世紀のオランダの数学者ジラル[32]である（1626年）．なお，sin はラテン語の「折れ，曲り」を意味する sinus を語源としており，tan は印欧祖語の tag- に遡り，「触れる」を意味するラテン語の tango を語源とする[33]．

【指数関数と対数関数】

指数関数と対数関数を「天下り」に定義したが，これらの関数は掛け算を簡易化しようとする努力から誕生した（[7]）．

その前史に登場するのが，シュケ[34]，シュティフェル[35]，オランダのステヴィン（Simon Stevin；約1548–1620），そしてネピアである．シュケは等差数列と等比数列

$$1,\ 2,\ 3,\ \ldots,\ n,\ \ldots$$
$$a, a^2, a^3,\ \ldots,\ a^n,\ \ldots$$

を対応させ，後者の2つの積 $a^m \cdot a^n = a^{m+n}$ が前者の $m+n$ に対応することに注目し，シュティフェルは等比数列の数に対応する等差数列の数を指数と名づけた．ス

25) アレクサンドリアの数学者，天文学者．天動説で名高く，アラブと中世ヨーロッパの宇宙観に決定的な役割を果たすことになる『数学集成』を著した．
26) Aryabhatta；476–550．インドの天文学者．
27) Abûl Wafâ Al-Buzjani；940–998．アラブの天文学者．
28) AlBattani；850–929．メソポタミア（現トルコ）の天文学者．
29) ドイツの数学者．
30) Rhaeticus；1514–1574．オーストリアの数学者．
31) J.Gregory；1638–1675．スコットランドの数学者．
32) A. Girard；1595–1632．
33) スタンフォード大学の時枝正氏による．
34) N. Chuquet；1455–1488．
35) M. Stifel；1486–1567．

テヴィンは，小数記号を初めて用いたことでも有名であるが（第 2 章の補遺参照），それに関連して指数を分数（有理数）にまで拡張している．これらとは独立に，ネピアは対数概念を発見しそれを著書 "Mirifiei logarithmorum canonis descriptio" で公にした（1614 年）．なお，対数の英語の名称 logarithm は，ギリシャ語の $\lambda\acute{o}\gamma o\varsigma$（比）$\grave{\alpha}\rho\iota\theta\mu\acute{o}\varsigma$ に由来する．その後ネピアのアイディアに感銘を受けたブリッグス[36]により，$10^y = x$ の関係にある x, y の対応表が作られた（1624 年）．今日言うところの**常用対数** $\log_{10}$ の表である．この対数表を使えば，積の演算を和の演算に帰着させられる．すなわち，2 つの数 a, b の積を計算するのに，対数表を使って $\log_{10} a$, $\log_{10} b$ を求め，和 $\log_{10} a + \log_{10} b$ $(= \log_{10} ab)$ を計算して，再び対数表を逆に使うことにより ab を求めるのである．なお，ケプラーは対数の使用について，熱心な擁護者であった．

数値計算法から派生した指数，対数が関数として捉えられるようになったのは，微分積分学の誕生前後である．

これまで述べたように，三角関数と指数関数はまったく出所の異なる関数である．にも拘わらず，オイラーが発見したように，これら 2 つの関数は複素数の世界で「統一」されるのである．このことについては第 6 章で簡単に触れることになる．

【数学的帰納法】

古代ギリシャの哲学者プラトン[37]の『パルメニデス』の中で暗に数学的帰納法を使った議論が与えられている．ユークリッド（Euclid；前 3 世紀頃）の『原論』にも帰納法らしき証明が見られるが，現在使われているような形式にはなっていない．インドの数学者であり天文学者であったバスカラ[38]や，イタリアの数学者マウロリコ[39]は，数学的帰納法に近い証明法を持っていたが完全なものではなかった．最初に明確な形での帰納法を定式化したのは，二項係数の研究においてこの論法を使ったフランスの数学者・哲学者パスカル（Blaise Pascal；1623–1662）である（Traité du triangle arithmétique; 1665）．

一般に，少数の場合から一般的パターンを見つけ出す方法を帰納（的）方法という．この意味での帰納的方法（推理）は，アリストテレス（Aristotle；384–322）以

[36] H. Briggs；1561–1630．オックスフォードの初代のサヴィル教授．
[37] Plato；前 427–前 347.
[38] Bhaskara；1114–1185.
[39] F. Maurolico；1494–1575.

来認識されていた推理形式であって，ガリレオ・ガリレイ[40]やイギリスの神学者・哲学者フランシス・ベーコン[41]らによって，科学研究におけるその意義と価値が明らかにされた．帰納的方法は発見的方法としては威力を発揮するが，「検証」の過程では数学的帰納法と比較して完全なものとは言えない（数学的帰納法を完全帰納法ということがある）．

【背理法】

「弁証法 (dialectic)」という，背理法に密接に関連する哲学的論理があるが，これは論理的議論を通じて意見の異なる部分を明確にすることにより，真実を見出す方法である．その始祖はエレアのゼノン（Zeno of Elea；前 490 頃–430 頃）であり，ソクラテス[42]は弁証法の達人であった．

数学で最初に背理法を使ったのはヒポクラテス[43]と言われる．ユークリッドの『原論』では，背理法が至る所で有効に使われている．本書でも，背理法を駆使することになる．

背理法は帰謬法ともいわれ，ラテン語では “reductio ad absurdum” という．absurdum や背理法の英語名である proof by contradiction における contradiction に対応する「**矛盾**」という言葉は，中国の戦国時代末期の思想家韓非[44]が書いた「韓非子」の中に出てくる逸話に由来する．掻い摘んで言えば，これは，どんな矛でも突き通せない楯と，どんな楯も突き通す矛の両方を売るという武器商人が，「お前の持っているという矛で楯を突いたらどうなる？」と問われて答えに窮したという話である．

背理法の背景には，**排中律**（law of excluded middle）という論理上の法則がある．これは，「P であるか，または P でない」がすべての数学的言明 P に対して成り立つという法則である．

---

[40] Galileo Galilei；1564–1642.

[41] Francis Bacon；1561–1626.

[42] Socrates；前 469 頃–前 399.

[43] Hippocrates of Chios；前 470 頃–前 410 頃.

[44] 韓非（Han Fei；前 280 頃–前 233）の生涯は司馬遷の『史記』「老子韓非子列伝第三」および「李斯伝」で簡単に触れられている．

□ 存在証明

定理 1-3 と課題 1-9 の証明は，「存在しないとしたら矛盾だから存在する」という論法によっていた．しかし，存在する「もの」を具体的には見せてはいない．元々の抽斗の話でも，2 つ以上のものが入っている抽斗を特定していない．これは，背理法による「存在証明」の短所であり，存在物を具体的に見せるには，別の方法を用いなければならない（課題 1-9 については，第 3 章 §3.4 参照）．

背理法による存在証明は，ヒルベルト（David Hilbert；1862–1943）により多項式からなる代数系の研究において有効に用いられた．ある種の代数的対象の存在に関する未解決問題を背理法を適用して解決したのである．具体的な構成に依らない存在証明が，当時は「慣例に従わない」ものと受け取られ，この分野の泰斗であり特別な場合に計算を駆使して研究していた数学者は「この証明は神の成せる業」と言ったという．

一方，「$\sqrt{2}$ は無理数である」の証明は，「$\sqrt{2}$ に等しい有理数の存在を仮定すると矛盾が導かれるから，そのような有理数は存在しない」という「非存在証明」である．背理法は「**不可能性の証明**」にも使われる．すなわち，「あること」を行うのが不可能であることをいうのに，可能であることを仮定して矛盾が生じることを示すのである（例：作図による一般の角の三等分の不可能性）．存在や可能性は背理法に頼らなくても，具体的な対象を見せたり具体的に行うことで済むことだが，その否定を言うのは背理法に訴えざるを得ないという意味で，数学独自の検証法と言えよう（例えばある国に大量破壊兵器が存在することは，それを発見すれば証明されるが，存在しないことを証明するのはどうすればよいだろうか？）．

第2章　数列の収束

高校で学ぶ数列の「収束 (**convergence**)」，および「極限値 (**limit**)」の定義を思い出そう．

「数列 $\{a_n\}_{n=1}^{\infty}$ において，n が**限りなく大きくなる**につれて，a_n が一定の値 α に**限りなく近づくとき**，数列 $\{a_n\}_{n=1}^{\infty}$ は α に収束するといい，α を数列 $\{a_n\}$ の極限値といって，$\lim_{n\to\infty} a_n$ により表す.」

「限りなく大きくなる」，「限りなく近づく」という表現は直観的に理解できるし，高校までは，このような定義で十分であった．しかし数学では概念 (**concept, notion**) の意味，定義 (**definition**)，言葉遣い (**wording**) が大事であり，上のような定義では不十分なのである．例えば次のような事実を上の定義を用いて証明しようとすると，たちどころに困難に遭遇する（勇気ある読者は，試してみるとよい）．

> 「$\lim_{n\to\infty} a_n = \alpha$ とする．新たに数列 $\{s_n\}$ を n 項までの相加平均 $s_n = (a_1 + \cdots + a_n)/n$ により定義したとき，$\lim_{n\to\infty} s_n = \alpha$」（例題 **2-22**）

もう **1** つの例は，実数の集合の本質に関わることになる次の重要な事実の証明である．

> 「m, n の双方が限りなく大きくなるにつれて，$a_m - a_n$ が 0 に限りなく近づくとき，$\{a_n\}$ はある値に収束する」（定理 **3-10**）

この場合は，「ある値に収束する」というだけで，その値が特定されていないこともあって，収束の直観的定義を適用するのは難しい．

では，どうすればよいのか．これに答えるのが ε-δ 論法による収束の定義である．とは言え，ε-δ 論法を突然導入すれば，多くの読者は微分積分学の入り口で躓き，それに続く「解析学」という広大・荘厳な建物の内部に立ち入ることに躊躇するであろう．本章では，読者の便宜を考慮して，実践的な意味を持つ「精度保証付き近似 (**numerical validation**)[1]」の観点からこの論法を紹介し，「躓きの石」の高さを少しでも低くして，それを乗り越えられるようにしたい．

ただし，ε-δ 論法により収束の定義を行うまでは，高校までの「素朴な」定義を用いる．また，高校で扱われる無限級数や三角関数，指数関数，対数関数についての知識も仮定するが，ε-δ 論法に依拠したそれらの厳密な定義は後の章で改めて述べることになる．さらに本章では，実数についても，それらが有理数と無理数からなるという直観的理解の下で話を進める（「実数とは何か」についても，後の章で解説する）．

---

[1]「精度保証付き数値計算」という考え方があるが，これは数理科学に現れる関数方程式の近似解を，誤差評価込みで捉えることにより，厳密解の存在を確認する方法である．

§2.1 精度保証付き近似

収束という概念の背景には,「近似 (approximation)」という,遠く古代に遡る考え方がある.真の値が分からない数を,その代用となる数で大差がないように表すというのが近似の意味である.この代用となる数を,真の値に対する**近似値** (approximate value) という.

実験が伴う科学では,理論的に求めた数値(例えば重力定数や光の速度)の正しさを実験で確かめる必要がある.実験で得られた数値は,理論的数値と完全に一致することは滅多にない.特に,理論的数値が無理数の場合がそうである.何故なら実験的数値は有限小数 (finite decimal) すなわち分数 (fraction) で表されるからである.しかし,多くの実験を重ねて得られた実験的数値が,いつも理論的数値を**十分に近似しているの**なら,理論的数値を導いた理論そのものが「正しい」と期待できるだろう.

そこで問題となるのは,「十分に近似している」という意味である.例えば,無理数を有理数で近似しようと試みる.$x^2-2=0$ の解である $\sqrt{2}$ は無理数であり,1.414 はその近似値であることは誰もが知っている.

しかし,1.414 は $\sqrt{2}$ の近似値であるという言い方だけでは説得力を持たない.「どの程度」1.414 が $\sqrt{2}$ を近似しているのかを明示しなければ意味がない.「100 は $\sqrt{2}$ の近似値である」と誰かが主張しても,それに反駁できないからである.そこで,近似の「**精度** (accuracy)」というものを考える必要がある.このため,次のような言い方をしよう.実数 a が実数 α を「**高々 ε の精度で近似**」しているとは,

$$|\alpha - a| < \varepsilon \tag{2.1}$$

が成り立つこととする.ここで ε は正数である.(2.1) において,ε が小さければ小さいほど,a は α をよく近似している.

例 (1) m を自然数,x を無理数とする.$[mx]/m$ は x を高々 $1/m$ の精度で近似する(§1.3).

(2) 正の無理数 x を高々 $1/m^2$ の精度で近似する既約分数 n/m が無限個存在する(課題 1-9).

例題 2-1

正の無理数 α の小数展開を $k_0.k_1k_2\cdots k_n\cdots$ とするとき，小数点以下 n 桁目で打ち切って得られる有理数 $a=k_0.k_1k_2\cdots k_n$ は，α を高々 10^{-n} の精度で近似する．

解 小数展開 $\alpha=k_0.k_1k_2\cdots k_n\cdots$ の本来の意味は

$$\alpha=k_0+\frac{k_1}{10}+\frac{k_2}{10^2}+\cdots+\frac{k_n}{10^n}+\cdots$$

と言うことである[2)]．よって，$k_i\leq 9$ を使えば

$$\begin{aligned}|\alpha-a|=\alpha-a&=\frac{k_{n+1}}{10^{n+1}}+\frac{k_{n+2}}{10^{n+2}}+\cdots<\frac{9}{10^{n+1}}+\frac{9}{10^{n+2}}+\cdots\\&=\frac{9}{10^{n+1}}\left(1+\frac{1}{10}+\frac{1}{10^2}+\cdots\right)=\frac{1}{10^n}.\end{aligned}$$

この式の中での不等号“$<$”は，α が無理数であり，従って $k_i\neq 9$ となる i が無限個存在することによる． □

例題 2-2

a,b がそれぞれ α,β を高々 $\varepsilon_1,\varepsilon_2$ の精度で近似しているとする．

(1) $a\pm b$ は $\alpha\pm\beta$ を高々 $\varepsilon_1+\varepsilon_2$ の精度で近似している．

(2) ab は $\alpha\beta$ を高々 $\varepsilon_1|\beta|+\varepsilon_2|a|$ の精度で近似している．

解 不等式 $|x+y|\leq|x|+|y|$ を使う．

(1) $|(\alpha+\beta)-(a+b)|=|(\alpha-a)+(\beta-b)|\leq|\alpha-a|+|\beta-b|<\varepsilon_1+\varepsilon_2$,

$|(\alpha-\beta)-(a-b)|=|(\alpha-a)+(b-\beta)|\leq|\alpha-a|+|b-\beta|<\varepsilon_1+\varepsilon_2$.

(2) $|\alpha\beta-ab|=|(\alpha-a)\beta+a(\beta-b)|\leq|\alpha-a|\cdot|\beta|+|\beta-b|\cdot|a|\leq\varepsilon_1|\beta|+\varepsilon_2|a|$.

□

問 2-1 上の問題において，$\beta\neq 0,\ b\neq 0$ とする．a/b は α/β を高々 $|\beta|^{-1}\varepsilon_1+|a|\,|\beta b|^{-1}\varepsilon_2$ の精度で近似することを確かめよ．

§2.2 精度保証付き近似列

例題 2-1 を思い出そう．正の無理数 α の小数展開を $k_0.k_1k_2\cdots k_n\cdots$ とするとき，小数点以下 n 桁目で打ち切って得られる有理数 $a_n=k_0.k_1k_2\cdots k_n$ について

2) この右辺に現れる無限和（級数）については，第 4 章で一般的観点から学びなおす．

$|\alpha - a_n| < 1/10^n$ が成り立つ．これは，番号 n が大きくなるにつれて，α の近似 a_n の精度がよくなることを意味している．言い換えれば，正数 $\varepsilon < 1$ をどんなに小さく取っても，ある番号から先では，a_n は α を高々 ε の精度で近似している．実際，n_0 を十分大きくすれば，$10^{-n_0} \leq \varepsilon$ とできるから，$n \geq n_0$ のとき

$$|\alpha - a_n| < \frac{1}{10^n} \leq \frac{1}{10^{n_0}} \leq \varepsilon$$

となる．さらに，$10^{-n_0} \leq \varepsilon$ となる最小の自然数 n_0 を $n_0(\varepsilon)$ により表せば，$n \geq n_0(\varepsilon)$ のとき $|\alpha - a_n| < \varepsilon$ が成り立つ．ここで，$n_0(\varepsilon)$ の ε への依存性が具体的なことに注意しよう[3)]．実際，10 を底とする対数 $\log_{10}$ を使えば，$n_0(\varepsilon)$ は，不等式「$n_0 \geq \log_{10} \varepsilon^{-1}$」をみたす最小の自然数 n_0 として特徴づけられる．何故なら，$10^{-n_0} \leq \varepsilon$ は $\log_{10} 10^{-n_0} \leq \log_{10} \varepsilon$ と同値であり，これはさらに $-n_0 \leq \log_{10} \varepsilon$，すなわち $n_0 \geq -\log_{10} \varepsilon$ $(= \log_{10} \varepsilon^{-1})$ と同値だからである．ガウスの記号を使えば，次のように表現される．

$$n_0(\varepsilon) = \begin{cases} \log_{10} \varepsilon^{-1} & (\log_{10} \varepsilon^{-1} \text{ が整数である場合}) \\ \left[\log_{10} \varepsilon^{-1} + 1\right] & (\log_{10} \varepsilon^{-1} \text{ が整数でない場合}) \end{cases}$$

この例を念頭に入れて，次の定義を行う．

定義 2-1

数列 $\{a_n\}_{n=1}^{\infty}$ が，α の**精度保証付き近似列**とは，正数 ε に具体的な形で依存する自然数 $n_0(\varepsilon)$ があって，$n \geq n_0(\varepsilon)$ ならば，$|\alpha - a_n| < \varepsilon$ が成り立つことをいう．

さて，前に断りもなく 1.414 は $\sqrt{2}$ の近似値であると言ったが，この 1.414 はどのように求めたのだろうか．精度保証というからには，近似自身に何らかの具体的構成法がなければ意味をなさない．これから問題とするのは，一般の自然数 N の平方根 $\sqrt{N}$ の精度保証付き近似有理列[4)] を系統的に求める方法である（歴史的背景については本章の補遺参照）．

---

3) 「具体的に表される」というのは曖昧な言い方であるが，「よく知られた式による表現」とか，「計算が実行可能な表現」という意味である．

4) すべての項が有理数である数列を**有理列**という．

定理 2-1

$0 < a < b$ とする．数列 $\{a_n\}_{n=0}^{\infty}$, $\{b_n\}_{n=0}^{\infty}$ を次のように帰納的に定義するとき，下記の (i), (ii), (iii) が成り立つ．

$$a_0 = a,\ \ b_0 = b, \quad a_{n+1} = \frac{2a_nb_n}{a_n + b_n},\ \ b_{n+1} = \frac{a_n + b_n}{2}.$$

(i) 任意の n について $a_nb_n = ab$, $a_n < \sqrt{ab} < b_n$.

(ii) $\{a_n\}_{n=0}^{\infty}$ は $a_0 < a_1 < a_2 < \cdots$,　$\{b_n\}_{n=0}^{\infty}$ は $b_0 > b_1 > b_2 > \cdots$ をみたす．

(iii) 任意の n について $b_{n+1} - a_{n+1} < (b_n - a_n)/2$.

証明　(i)　$a_{n+1}b_{n+1} = \dfrac{2a_nb_n}{a_n + b_n} \cdot \dfrac{a_n + b_n}{2} = a_nb_n$ であるから，$a_nb_n = a_0b_0 = ab$ である（正式には帰納法による）．

$n = 0$ のとき定理 1-6 により $a_n < \sqrt{ab} < b_n$ は正しい．$n = k$ のとき正しいと仮定すると，a_k, b_k に定理 1-6 を適用すれば

$$a_{k+1} = \frac{2a_kb_k}{a_k + b_k} < \sqrt{a_kb_k} < \frac{a_k + b_k}{2} = b_{k+1}$$

であるから，$\sqrt{a_kb_k} = \sqrt{ab}$ により $n = k + 1$ のときも正しい．

(ii)　$a_n < b_n$ であるから，再び定理 1-6 を用いれば

$$a_n < \frac{2a_nb_n}{a_n + b_n} = a_{n+1}, \quad b_{n+1} = \frac{a_n + b_n}{2} < b_n.$$

(iii)　一般に $0 < a < b$ のとき $(b - a)/2(a + b) < 1/2$ であり，

$$\frac{a+b}{2} - \frac{2ab}{a+b} = \frac{(b-a)^2}{2(a+b)} < \frac{1}{2}(b-a)$$

であるから，

$$b_{n+1} - a_{n+1} = \frac{a_n + b_n}{2} - \frac{2a_nb_n}{a_n + b_n} < \frac{1}{2}(b_n - a_n).$$ □

さて，上の定理を用いて $\sqrt{N}$（N は 2 以上の平方数ではない整数）の精度保証付き近似列を構成しよう．$1 < \sqrt{N} < N$ なので，$a_0 = 1$, $b_0 = N$ とおき，上の定理で帰納的に定義された $\{a_n\}$, $\{b_n\}$ を考えれば，その双方が $\sqrt{N}$ の精度保証付き近似有理列である．実際，一般に a_0, b_0 が有理数であれば，すべての n について a_n, b_n も有理数であることが帰納法で確かめられる．さらに，定理 2-1 の (iii)

から $b_n - a_n < (b_0 - a_0)/2^n = (N-1)/2^n$ が導かれ,

$$|\sqrt{N} - a_n| \leq \sqrt{N} - a_n \leq b_n - a_n < \frac{1}{2^n}(N-1),$$

$$|\sqrt{N} - b_n| = b_n - \sqrt{N} \leq b_n - a_n < \frac{1}{2^n}(N-1)$$

が得られる．よって，$\{a_n\}$, $\{b_n\}$ は $\sqrt{N}$ の精度保証付き近似有理列である．

例題 2-3

$\sqrt{2}$ に対して，$a_1, b_1, a_2, b_2, a_3, b_3$ を計算せよ．

解 $a_1 = 4/3 = 1.33333\cdots$, $a_2 = 24/17 = 1.41176\cdots$, $a_3 = 816/577 = 1.41421143847487\cdots$, $b_1 = 3/2 = 1.5$, $b_2 = 17/12 = 1.41666\cdots$, $b_3 = 577/408 = 1.41421568627451\cdots$[5]. □

問 2-2 $\sqrt{3}$ に対して，$a_1, b_1, a_2, b_2, a_3, b_3$ を計算せよ．

$a_n = [n\sqrt{N}]/n$ とすると，$|\sqrt{N} - a_n| < 1/n$ をみたしているから，$\{a_n\}$ も $\sqrt{N}$ に対する精度保証付き近似有理列である．ここで $[n\sqrt{N}]$ は，$n^2N > m^2$ となる最大の自然数 m として具体的に求められる．例として，$\sqrt{2}$ について計算を行ってみると $a_1 = 1$, $a_2 = 1$, $a_3 = 4/3$, $a_4 = 5/4$, $a_5 = 7/5, \cdots$, $a_{10} = 7/5, \cdots$ となって，上で述べた近似列と比較すると精度がよくなる速度は極めて遅い．

§2.3 ε-δ 論法による収束の定義

精度保証付き近似列の定義を思い出そう．数列 $\{a_n\}_{n=1}^{\infty}$ が α の精度保証付き近似列とは，正数 ε に具体的な形で依存する自然数 $n_0(\varepsilon)$ があって，$n \geq n_0(\varepsilon)$ ならば，$|\alpha - a_n| < \varepsilon$ が成り立つことであった．

この定義において，「具体的な形で」という部分を取り去り，「正数 ε に依存する自然数 $n_0(\varepsilon)$ があり，$n \geq n_0(\varepsilon)$ ならば，$|\alpha - a_n| < \varepsilon$ が成り立つ」という性質を考える．$n_0(\varepsilon)$ はただ「存在する」というだけで，それが具体的に表現できるかどうかは問わない（従って，「定量的」概念である精度保証付き近似列から，「定性的」概念に移る）．ここで，ε には正数という以外に制約はないこと，および n についても，$n \geq n_0(\varepsilon)$ という条件のみが課せられていることに注意．すな

5) 近似分数 577/408 については本章の補遺参照．

わち，これらの制約を除いては例外なく成り立つから，少々くどくはなるが，上の文章を次のように言い換える．

「任意の正数 ε に対して，ε に依存するある自然数 $n_0(\varepsilon)$ が存在し，任意の自然数 n について，$n \geq n_0(\varepsilon)$ であれば，$|\alpha - a_n| < \varepsilon$ が成り立つ」

ここで「任意の A に対して，ある B が存在し」という言葉遣いが現れるが，これは「A を取るごとに，その A に依存する B が存在する」と理解すれば，ε に関する依存性を表す記号 $n_0(\varepsilon)$ から ε を取り除いて，

「任意の正数 ε に対して，ある自然数 n_0 が存在し，任意の自然数 n について，$n \geq n_0$ であれば，$|\alpha - a_n| < \varepsilon$ が成り立つ」

と表せる（とは言え，場合によっては n_0 の ε への依存性を強調するため，$n_0(\varepsilon)$ という表記を使うことが多い）．このようにして得られた文章が，**ε-δ 論法による収束の定義** ((ε, δ)-definition of convergence) に使われるのである．

定義 2-2

α を実数，$\{a_n\}_{n=1}^{\infty}$ を数列とする．$\{a_n\}$ が α に**収束する**とは，**任意の正数 ε に対して，ある自然数 n_0 が存在し，任意の自然数 n について，$n \geq n_0$ であれば，$|\alpha - a_n| < \varepsilon$ が成り立つ**ことである．

$\{a_n\}$ が α に収束するとき，$\alpha = \lim_{n\to\infty} a_n$，あるいは $a_n \to \alpha \ (n \to \infty)$ と表して，α を $\{a_n\}$ の**極限値**という．

$|\alpha - a_n| < \varepsilon$ は $\alpha - \varepsilon < a_n < \alpha + \varepsilon$，すなわち $a_n \in (\alpha - \varepsilon, \alpha + \varepsilon)$ と同値である．言うまでもなく α の精度保証付き近似列 $\{a_n\}$ は，当然 α に収束する．

先に進む前に，収束の定義にまつわる注意をいくつか述べておこう．

注意　(1)　上の定義の文章は日本語としては不自然な感が拭えない．「任意の自然数 n について $n \geq n_0(\varepsilon)$ であれば」の部分はとくにそうである．しかし，不自然さを厭わずに敢えてこのような言い方をしたのには理由がある．これは，譬えて言えば漢文の訓読のようなもので[6)]，次節で説明する「形式言語」で表さ

[6)] 正確に言えば訓読文を書き下したもの．例えば，「子曰學而時習之不亦説乎」を「子曰く，學びて時に之を習ふ，亦た説ばしからずや」と訳したもの．これをさらに意訳すれば「いにしえの良き教えを学びそれを常に実践する，それこそ喜びである」．

れた文章

$$\forall\varepsilon>0\ \exists n_0\in\mathbb{N}\ \forall n\in\mathbb{N}\ \ [n\geq n_0\ \rightarrow\ \ |\alpha-a_n|<\varepsilon]$$

の「直訳」なのである，英文の翻訳と同様に，慣れないうちはまずは直訳を行ったうえで「意訳」に進むのが誤訳を避ける方法の1つである．このことを念頭において，意訳を行うと次のような言い方になる．

「任意の正数εに対して，$n\geq n_0$ならば$|\alpha-a_n|<\varepsilon$が成り立つような自然数n_0が存在する」，あるいは

「勝手な正数εが与えられたとき，ある番号から先の自然数nについて$|\alpha-a_n|<\varepsilon$が成り立つ」

このほかにも様々な言い方がある．口頭で説明するときにはむしろこのような日常的言葉遣いで説明する方が望ましいのは言うまでもない．

(2) 上の定義の中にδは現れていないのに，何故ε-δ論法というのだろうか？実はδは，関数に関わる収束概念を扱うときに登場する．しかし，類似の論法という理由で，一括してε-δ論法という．また，文字εを使うのは習慣に過ぎず，別の文字を用いても一向に差し支えないが，歴史上定着した文字（記号）にはそれなりの「敬意」を払うべきで，本書でもこの習慣に従う．

(3) 「任意の正数εに対して」の代わりに，収束の感覚的理解から，「任意に小さい正数εに対しても」という言い方がされたりする（こうした理由から，εという文字は「小さい数」という語感を与えることになる）．また，εを小さく取るとき（すなわち，精度をよくしようとするとき），それに応じてn_0は大きくしなければならないから，「任意の<u>小さい</u>正数εに応じて，n_0を<u>十分大きく選べば</u>，$n\geq n_0$であるnについて，$|\alpha-a_n|<\varepsilon$とできる」というような言い方がされる．「小さい」，「大きい」という形容詞は論理的には余計なのであるが，雰囲気はよく伝わる[7]．

(4) 「任意の…に対して」や「ある…が存在し」などという言い回しを挟むのは，文章を正確に表現するためである．これを理解してもらうため，有名な「嘘つきのパラドックス」に関連する文章である「クレタ人は嘘つきである」と「クレタ人は嘘つきでない」を考えよう．

「クレタ人は嘘つきである」という文章の否定 (negation) は「クレタ人は嘘つきでない」になるだろうか．一見そう思えるが，実は正しくない．明確には述べていないが，「クレタ人は嘘つき」，「クレタ人は嘘つきでない」というのは，すべての（我々の言い方では「任意の」）クレタ人について語っているのであって，「任意のクレタ人は嘘つき」の否定が，「任意のクレタ人は嘘つきでない」とはならない．実際，「<u>任意の</u>クレタ人は嘘つき」の否定は，「<u>ある</u>クレタ人は嘘つきでない（嘘つきでないクレタ人がいる）」である．

この単純な例から学ぶべきは，我々が日常話したり書いたりする文章には曖昧さがあることである．もし論理的に正確を期そうとすれば，文章を分析し，それが意味することを明確にしなければならない．

---

[7]「選ぶ」とか「取る」という恣意的言葉も，論理上は不必要である．

□ 嘘つきのパラドックス

嘘つきのパラドックスは次のようなものである.「エピメニデスはクレタ人である. ある日, 彼は『クレタ人は嘘吐きである』と言った. これを聞いたある人が, エピメニデスの主張は奇妙であると考えた. 何故なら, もしエピメニデスの主張が正しければ（したがってエピメニデスが嘘つきでないなら）エピメニデス自身が嘘吐きであり, それゆえ彼の主張は嘘になる. また, もしエピメニデスの主張が正しくなければ（すなわち彼が嘘吐きならば), クレタ人は嘘つきでない. よってエピメニデスもまた嘘つきでないはずである. いずれの場合も矛盾になってしまう」. しかし, 上で述べたように,「クレタ人は嘘つきである」の否定は「あるクレタ人は嘘つきでない」なのであって,「あるクレタ人」とはエピメニデス以外のクレタ人かもしれないのであって, パラドックスは生じない.

なおこのパラドックスの背景には, 新約聖書「テトスへの手紙」第 1 章にあるクレタの預言者の言「クレタ人は, いつもうそつき, たちの悪いけもの, なまけ者の食いしんぼう」がある. この預言者が紀元前 500 年頃にクレタにいた賢人で詩人のエピメニデスである.

ε-δ 論法に慣れるために（少々辟易するかもしれないが), いくつか簡単な例と例題を挙げておこう.

例 $a_n = 1/n$ とするとき, 任意の $\varepsilon > 0$ に対して, $\varepsilon^{-1} < N$ となる自然数 N が存在し, $n \geq N$ ならば $|1/n - 0| = 1/n \leq 1/N < \varepsilon$ となるから, $\lim_{n\to\infty} 1/n = 0$.

例題 2-4

$$\lim_{n\to\infty} |\alpha - a_n| = 0 \iff \lim_{n\to\infty} a_n = \alpha.$$

解 $\lim_{n\to\infty} |\alpha - a_n| = 0$ は「任意の $\varepsilon > 0$ に対して, ある n_0 が存在し, 任意の n について $n \geq n_0$ ならば $\big|0 - |\alpha - a_n|\big| < \varepsilon$ が成り立つ」ことであり, $\big|0 - |\alpha - a_n|\big| = |\alpha - a_n|$ であるから, これは $\lim_{n\to\infty} a_n = \alpha$ であることに他ならない. □

例題 2-5

(1) $\lim_{n\to\infty} a_n = \alpha$ であるとき, $\lim_{n\to\infty} (-a_n) = -\alpha$.

(2) $\lim_{n\to\infty} a_n = \alpha$ であるとき, $\lim_{n\to\infty} |a_n| = |\alpha|$.

解 (1) $|(-\alpha) - (-a_n)| = |a_n - \alpha|$ から明らか.

(2)　任意の $\varepsilon > 0$ に対して，$n \geq n_0$ ならば $|\alpha - a_n| < \varepsilon$ となる n_0 が存在するから，不等式 $\big||\alpha| - |a_n|\big| \leq |\alpha - a_n|$（定理1-7）を使えば $\big||\alpha| - |a_n|\big| < \varepsilon$ が $n \geq n_0$ のとき成り立つことになり，$\lim_{n\to\infty} |a_n| = |\alpha|$. □

例題 2-6

k を自然数とする．$\{a_n\}_{n=1}^{\infty}$ が収束するとき，番号をずらした数列 $\{a_{n+k}\}_{n=1}^{\infty}$ も同じ値に収束する．

解　$\lim_{n\to\infty} a_n = \alpha$ とする．収束の定義により，任意の $\varepsilon > 0$ に対して，$|\alpha - a_n| < \varepsilon$ がすべての $n \geq n_0$ について成り立つような n_0 がある．$n \geq n_0$ なら $n + k \geq n_0$ なので，$|\alpha - a_{n+k}| < \varepsilon$．よって $\lim_{n\to\infty} a_{n+k} = \alpha$. □

次の定理は，後に様々な形で応用される．

定理 2-2（挟み撃ちの原理）

3つの数列 $\{a_n\}_{n=1}^{\infty}$，$\{b_n\}_{n=1}^{\infty}$，$\{c_n\}_{n=1}^{\infty}$ について，すべての n に対して $a_n \leq b_n \leq c_n$ であり，$\{a_n\}_{n=1}^{\infty}$，$\{c_n\}_{n=1}^{\infty}$ が収束し，$\lim_{n\to\infty} a_n = \lim_{n\to\infty} c_n = \alpha$ ならば，$\{b_n\}_{n=1}^{\infty}$ も収束して，$\lim_{n\to\infty} b_n = \alpha$.

証明　任意の正数 ε に対して，「$n \geq n_1$ ならば $|a_n - \alpha| < \varepsilon$，かつ，$n \geq n_2$ ならば $|c_n - \alpha| < \varepsilon$」という性質を持つ自然数 n_1, n_2 が存在する．$n_0 = \max\{n_1, n_2\}$ とするとき，$n \geq n_0$ ならば $\alpha - \varepsilon < a_n \leq b_n \leq c_n < \alpha + \varepsilon$，すなわち $|b_n - \alpha| < \varepsilon$ となり，$\lim_{n\to\infty} b_n = \alpha$. □

定義 2-3

数列 $\{a_n\}_{n=1}^{\infty}$，および自然数からなる列 $n_1 < n_2 < \cdots$ が与えられたとき，$b_k = a_{n_k}$ とおくことにより得られる数列 $\{b_k\}_{k=1}^{\infty}$ を $\{a_n\}_{n=1}^{\infty}$ の**部分列** (subsequence) という．

定理 2-3

(1)　収束する数列の任意の部分列は同じ極限値に収束する．

(2)　数列 $\{a_n\}_{n=1}^{\infty}$ の2つの部分列 $\{a_{n_k}\}_{k=1}^{\infty}$，$\{a_{m_k}\}_{k=1}^{\infty}$ が同じ α に収束し，$\mathbb{N} = \{n_1, n_2, \ldots\} \cup \{m_1, m_2, \ldots\}$ であるとき，$\lim_{n\to\infty} a_n = \alpha$.

証明 (1) は明らか．(2) を証明するために，ε を任意の正数とする．$\{a_{n_k}\}_{k=1}^{\infty}$, $\{a_{m_k}\}_{k=1}^{\infty}$ は α に収束するので，ある h で $|\alpha - a_{n_k}| < \varepsilon$, $|\alpha - a_{m_k}| < \varepsilon$ が任意の $k \geq h$ に対して成り立つものが存在する．$n_0 = \max\{n_h, m_h\}$ とおこう．$n \geq n_0$ であるとき，仮定により $n = n_i$ あるいは $n = m_i$ となる i がある．$n = n_i \geq n_h$, すなわち $i \geq h$ なので $|\alpha - a_n| < \varepsilon$. $n = m_i$ の場合も同様に $|\alpha - a_n| < \varepsilon$. よって $\lim_{n\to\infty} a_n = \alpha$. □

例題 2-7

I を閉区間とする．すべての n について $a_n \in I$ が成り立つような数列 $\{a_n\}_{n=1}^{\infty}$ が収束するとき，$\lim_{n\to\infty} a_n \in I$ を確かめよ．

解 $I = [a, b]$ とする．$\alpha = \lim_{n\to\infty} a_n$ とおき，$\alpha > b$ と仮定してみる．$\varepsilon = \alpha - b$ とおくと $\varepsilon > 0$ であり，収束の定義から $\alpha - \varepsilon < a_n$ となる n が存在する．$a_n \leq b$ なので $\alpha - \varepsilon < a_n \leq b$ が得られ，$\alpha - \varepsilon = b$ に矛盾．よって，$\alpha \leq b$. 同様に，$a \leq \alpha$ が確かめられるから，$\alpha \in I$. □

上の例題は，「実数 x は $[a, b]$ の要素である」という性質が，「極限操作」に関して「閉じている」と言っている．「閉区間」という言葉に含まれる「閉」は，このことを言い表しているのである．他方，「実数 x は (a, b) の要素である」という性質は極限操作に関して閉じていない（(a, b) 内の数列で a に収束するものがある）．

□ 円積問題 (Squaring the circle)

古代ギリシャの三大作図問題の 1 つに，定規とコンパスのみを用いて「与えられた円と同じ面積の正方形を作図せよ」という問題（円積問題）がある．アンティフォン（Antiphon；前 480–前 411）は多角形と同面積の正方形が作図できるという事実に基づいて，円積問題が肯定的に解けると主張した．その証明は，「円に内接する正方形を作り，その辺を底辺とし，頂点を円周上にもつような二等辺三角形を作る．さらにその辺上に二等辺三角形を作って以下これを繰り返す．こうして，正多角形の列ができるが．その辺の数が多くなるにつれて．円周に近づいていく．一方，多角形と面積が等しい正方形が作図できるから，結局，円と同じ面積をもつ正方形が作図できる」というものである．確かに今構成した正多角形の列の「極限」は円周であるが，実は「作図可能」という性質は極限操作で閉じていない．実際，ドイツの数学者リンデマン（von Lindemann；1852–1939）が，円周率が超越数であることを証明して，円積問題は否定的に解かれたのである．

§2.4　形式言語

言語表現の豊かさは1つの事象を説明するのに様々な言い方があることに由来する．数学でも，人に理解をしてもらおうとすれば，日常言語の豊かさを利用しなければならない．他方，「嘘つきのパラドックス」の例が示すように，この豊かさは却って曖昧さを引き起こしかねず，場合によっては誤解を生じかねない．そこで，豊かさを減じさせはするものの，数学的文章に向いた独自の言語によって，曖昧さを避けようとするのは自然な考え方である．このような言語は「形式言語」とよばれる．

前節の収束の定義に登場した文章

「任意の正数 ε に対して，ある自然数 n_0 が存在し，任意の自然数 n について $n \geq n_0$ であれば，$|\alpha - a_n| < \varepsilon$ が成り立つ」 (2.2)

を考えよう．「任意の ε」を $\forall\varepsilon$，「ある n_0」を $\exists n_0$，「$\cdots$ならば」を $\rightarrow$ で表し，「$n \geq n_0$ であれば，$|\alpha - a_n| < \varepsilon$ が成り立つ」の部分を $[\cdots]$ 内に入れれば，上の文章は

$$\forall\varepsilon > 0\ \exists n_0 \in \mathbb{N}\ \forall n \in \mathbb{N}\ \ [n \geq n_0 \ \rightarrow\ \ |\alpha - a_n| < \varepsilon] \tag{2.3}$$

と表される．あるいは，文脈から ε, n_0, n の範囲が明白と考えれば

$$\forall\varepsilon\ \exists n_0\ \forall n\ \ [n \geq n_0\ \rightarrow\ \ |\alpha - a_n| < \varepsilon]$$

と記される．これを文章 (2.2) に対する「**形式的表現**」，「**形式言語 (formal language) による表現**」，「**論理式による表現**」などという．他方，元の文章 (2.2) は，形式的表現 (2.3) を**中間言語** (intermediate language) により「読み下した（あるいは書き下した）」文章という．さらにこれを自然な文章にしたものは，**日常言語** (ordinary language) による表現という．

あまり拘る必要はないが，$\forall A$ の直後に $\exists B$ がある場合は，「任意の A に対して，ある B が存在し」と読み下し，$\forall A$ の直後に $\exists$ がない場合は，「任意の A について」としていることに注意しておく．すなわち，前に述べたように，「$\cdots$に対して」という言葉遣いは，「存在する B」の A への依存性を明らかにするために使うのである．

上で,「P ならば Q」を記号「$P \to Q$」で表したが[8], 形式的表現では, この他に「P かつ Q」を表す $P \land Q$ (論理積),「P または Q」を表す $P \lor Q$ (論理和),「P でない」(P の否定) を表す $\neg P$ が使われる. $\to, \land, \lor, \neg$ を**命題論理** (propositional logic) における論理記号という. また, $\forall$ は**全称記号** (universal quantifier), $\exists$ は**存在記号** (existential quantifier) とよばれ, 合わせて**限定子** (quantifier) とよばれる. 限定子 $\forall, \exists$ と $\to, \land, \lor, \neg$ を一緒にして, **述語論理** (predicate logic) における論理記号という.

(2.3) に現れる文字 $\varepsilon, n_0, n, a_n, \alpha$ において, 限定子は最初の 3 文字 ε, n_0, n のみに付いていて, a_n, α には付いていない. その理由は, a_n, α については, この式が現れる前に既に説明がなされているからである. 換言すれば, 前に説明がなされていない文字に対しては限定子が付く.

形式的表現は日常言語による表現の自由度を減じさせる効果があるばかりでない. 限定子が多い数学的文章は, そもそも自然な日常言語で言い表すのが困難になり, 形式的表現, あるいはその直訳である読み下し文の方が適切な場合がある. しかし, 本書では形式的表現を多用しないし, すべての数学的文章を形式言語で表そうなどとは考えない. とは言え, 役に立つこともあるので, 必要に応じて形式的表現を使う[9].

集合に関する次の例題は, 数列とは直接的関連はないが,「任意の…」,「ある…」の言い回しに慣れるために提出しておく.

例題 2-8

(1) 2 つの集合 A, B についての形式言語による言明「$\forall x \ \ [x \in A \ \to \ x \in B]$」を読み下し, A, B について何を語っているかを説明せよ.

(2) A が B の部分集合でないことを形式言語で表現せよ.

解 (1)「任意の x について, $x \in A$ ならば $x \in B$ である」, すなわち, A の任意の要素は B の要素であるから, $A \subset B$ を意味している.

(2) $A \not\subset B$ は, A の要素 x で B の要素ではないものが存在するということだから,「ある要素 x が存在して, $x \in A$ かつ $x \notin B$ が成り立つ」と表され, これを形式言語で表せば $\exists x \ [x \in A \ \land \ x \notin B]$ となる. □

---

[8] 論理式では記号 $\to$ を使うが, 通常の文章の中では, $\Longrightarrow$ を用いることがある.

[9] 形式言語は, 数学の基礎を論じる「数学基礎論」で重要な役割を果たす. もっと言えば, 形式言語で表現可能な言明のみが数学的に「真正」と言える.

問 2-3 写像 $f: A \to B$ が全射とは，$f(A) = B$ が成り立つことであった．これは，「任意の $b \in B$ に対して，$f(a) = b$ となる $a \in A$ が存在する」と言い換えられる．このことの形式言語による表現を与えよ．

次の例題は，「任意 $\forall$」と「ある $\exists$」の順番を逆にしたら異なる意味になることを言っている．

例題 2-9

A, B を実数からなる集合とする．次の 2 つの形式的表現が意味する内容の違いは何か？

$$\forall x \in A \ \exists y \in B \ \ [x \leq y], \qquad \exists y \in B \ \forall x \in A \ \ [x \leq y].$$

解 中間言語で書き下すと，「$\forall x \in A \ \exists y \in B \ \ [x \leq y]$」は「任意の $x \in A$ に対して，ある $y \in B$ が存在して，$x \leq y$ となる」，すなわち，「各（それぞれの）$x \in A$ ごとに，$x \leq y$ となる $y \in B$ が存在する」ということである．**この場合の y は x に依存している．**他方，「$\exists y \in B \ \forall x \in A \ \ [x \leq y]$」は，「ある $y \in B$ が存在して，任意の $x \in A$ について $x \leq y$ が成り立つ」となり，さらにこれは「$x \leq y$ がすべての $x \in A$ に対して成り立つような $y \in B$ が存在する」と書き下せ，**この場合の y は x に依存していない．** □

問 2-4 「どんな矛でも突き通せない楯がある」，「どんな楯も突き通す矛がある」を形式言語で表現せよ．ただし，楯は T，矛は H，$H \rightrightarrows T$ により「矛 H は楯 T を突き通す」，$H \not\rightrightarrows T$ により「矛 H は楯 T を突き通せない」を表す．

これまで，概念の定義に現れる「任意 $\forall$」，「ある $\exists$」について述べてきたが，証明の中でもこれらの語句は使われる．例えば，写像 $f: X \to Y$ と，Y の部分集合 $A \neq \emptyset$ について，$f\bigl(f^{-1}(A)\bigr) \subset A$ を証明するのに，（任意の）$y \in f\bigl(f^{-1}(A)\bigr)$ を取る．すると，像の定義により（ある）$x \in f^{-1}(A)$ で，$y = f(x)$ となるものが存在するが，逆像の定義により $x \in f^{-1}(A)$ は $f(x) \in A$ を意味しているから，$y \in A$．よって，$f\bigl(f^{-1}(A)\bigr) \subset A$.

問 2-5 f が全射であれば，$f\bigl(f^{-1}(A)\bigr) = A$ を示せ．

問 2-6 (1) α を実数とする．任意の $\varepsilon > 0$ に対して，$|\alpha| < \varepsilon$ が成り立っているとすると，$\alpha = 0$ である．

(2) a, b を実数とする，$a \leq b + \varepsilon$ が任意の $\varepsilon > 0$ に対して成り立てば，$a \leq b$ である．

論理記号 $\rightarrow$, $\wedge$, $\vee$ に関連して述べておく事柄がある．$P \rightarrow Q$ が正しい（真な）命題であるとき，Q を P であるための**必要条件** (necessary condtion) といい，P を Q であるための**十分条件** (sufficient condition) という．$P \rightarrow Q$ と同時にその**逆** (converse) $Q \rightarrow P$ が正しい命題であるとき，Q は P であるための**必要十分条件**といい，P と Q は**同値** (equivalent) という（記号では $P \Leftrightarrow Q$）．命題 $P \rightarrow Q$ の**対偶**は $\neg Q \rightarrow \neg P$ である．

例　(1)　$-b < a < b$ なら $a^2 < b^2$ であるから，$-b < a < b$ は $a^2 < b^2$ であるための十分条件だが，必要条件ではない．実際，$-b > a > b$ のときも $a^2 < b^2$ が成り立つ．

(2)　$a > 0$ とする．$b^2 - 4ac < 0$ は，すべての x に対して $ax^2 + bx + c > 0$ が成り立つための必要十分条件である．

問 2-7　自然数 n に関する正しい命題「n^2 が偶数ならば n は偶数である」において，必要条件，十分条件を明示せよ．

§2.5　数列の定発散と有界性

有限の値に収束しない数列 $\{a_n\}$ は**発散** (diverge) するという．発散の仕方の中には，次の特殊な場合がある．

定義 2-4

任意の実数 M に対して，ある $n_0 = n_0(M)$ が存在し，任意の n について $n \geq n_0$ ならば $a_n \geq M$ が成り立つとき，「$\{a_n\}$ は正の無限大に**発散**する」といい，$\lim_{n \to \infty} a_n = \infty$，あるいは $a_n \to \infty$ $(n \to \infty)$ と表す．同様に，任意の実数 M に対して，ある $n_0 = n_0(M)$ が存在し，任意の n について $n \geq n_0$ ならば $a_n \leq M$ が成り立つとき，「$\{a_n\}$ は負の無限大に発散する」といい，$\lim_{n \to \infty} a_n = -\infty$，あるいは $a_n \to -\infty$ $(n \to \infty)$ と表す．双方を一括して，$\{a_n\}$ は**定発散** (definite divergence) するという．

明らかに，定発散する数列の任意の部分列は定発散する．

問 2-8　$\lim_{n\to\infty} a_n = \infty$ の形式的表現と自然な文章表現を与えよ．

以後，すべての n について $a_n \geq 0$ である数列 $\{a_n\}$ を**非負数列**，$a_n > 0$ である数列 $\{a_n\}$ を**正数列**という．

例題 2-10

正数列 $\{a_n\}$ について，$\lim_{n\to\infty} a_n = 0$ であれば $\lim_{n\to\infty} 1/a_n = \infty$.

解　任意の実数 M に対して，$\varepsilon = 1/(|M|+1)$ とすれば，ある番号から先の n に対して，$a_n < \varepsilon$ であるから，$1/a_n > \varepsilon^{-1} = |M|+1 > M$. □

問 2-9　(1)　$c > 0$ を定数とし，数列 $\{a_n\}_{n=1}^{\infty}$ が $a_{n+1} - a_n > c$ $(n = 1, 2, \ldots)$ をみたしているとする．このとき $\lim_{n\to\infty} a_n = \infty$ を示せ．

(2)　$c > 1/4$ とする．数列 $\{a_n\}$ を $a_1 = 0$，$a_{n+1} = a_n^2 + c$ $(n = 1, 2, \ldots)$ により定義するとき，$\lim_{n\to\infty} a_n = \infty$ を示せ．

中間言語を使った数列の有界性の定義を与えよう．

定義 2-5

数列 $\{a_n\}$ が**上に有界** (bounded from above) とは，ある M が存在して，任意の n について $a_n \leq M$ が成り立つことである．**下に有界** (bounded from below) であることも同様に定義される．上と下に有界なときには，単に**有界** (bounded) という．

形式言語では，「上に有界」は $\exists M\ \forall n\ [a_n \leq M]$，「下に有界」は $\exists M\ \forall n\ [a_n \geq M]$，「有界」は $\exists M\ \forall n\ [|a_n| \leq M]$ となる．

例題 2-11

収束する数列は有界である．

解　数列 $\{a_n\}_{n=1}^{\infty}$ が a に収束するとする．任意の $\varepsilon > 0$ に対して，$n \geq n_0$ ならば $|a_n - a| < \varepsilon$ となる n_0 が存在するから，特に $\varepsilon = 1$ とすれば，$n \geq n_0$ ならば $|a_n - a| < 1$ となる n_0 が存在する．したがって，$n \geq n_0$ ならば $|a_n| = |(a_n - a) + a| \leq |a_n - a| + |a| < 1 + |a|$ であるから，すべての n について $|a_n| \leq \max\{|a_1|, |a_2|, \ldots, |a_{n_0-1}|, 1 + |a|\}$ となって有界である． □

例題 2-12

$\lim_{n\to\infty} a_n < c$ であるとき，ある n_0 が存在して，$n \geq n_0$ ならば $a_n < c$ が成り立つ．また，$\lim_{n\to\infty} a_n > c$ であるとき，ある n_0 が存在して，$n \geq n_0$ ならば $a_n > c$ が成り立つ．

解 $\alpha = \lim_{n\to\infty} a_n$ とおく．$\varepsilon = c - \alpha\ (>0)$ とすると，収束の仮定から，ある番号 n_0 が存在し，$n \geq n_0$ ならば $a_n < \alpha + \varepsilon = c$ が成り立つ．後半は $\lim_{n\to\infty}(-a_n) = -\lim_{n\to\infty} a_n < -c$ なので前半に帰着される． □

例題 2-13

収束する数列 $\{a_n\}_{n=1}^{\infty}$ において，すべての n について $a_n \neq 0$ であり，さらに $\lim_{n\to\infty} a_n \neq 0$ とする．このとき，ある正数 a で，すべての n に対して $|a_n| \geq a$ となるものが存在する．

解 $\alpha = \lim_{n\to\infty} a_n \neq 0$ とおく．$|\alpha|/2 < |\alpha| = \lim_{n\to\infty} |a_n|$ だから（例題 2-5），ある n_0 が存在し，$n \geq n_0$ ならば $|a_n| > |\alpha|/2$ である（上の例題の後半）．$a = \min\{|a_1|, \ldots, |a_{n_0-1}|, |\alpha|/2\}$ とおけば，すべての n について $|a_n| \geq a$． □

§2.6 収束についての基本的事柄

高校レベルの収束の理解で十分ないくつかの事柄を，ε-δ 論法を用いて確かめよう．その前に簡単な注意をしておく．

数列 $\{a_n\}$ が α に収束することを証明するのに，元の収束の定義と少々異なる形の結論「任意の正数 ε に対して，ある n_0 が存在し，任意の n について $n \geq n_0$ ならば $|\alpha - a_n| < C\varepsilon$ が成り立つ」が得られる場合がよく起きる．ここで C は ε に依存しない正定数である．実は，このような結論でも収束性は保証されている．実際，任意に $\varepsilon' > 0$ を取ったとき，$\varepsilon = C^{-1}\varepsilon'$ とおいて，この ε に上の言明を適用すれば，「任意の正数 ε' に対して，ある n_0 が存在し，任意の n について $n \geq n_0$ ならば $|\alpha - a_n| < \varepsilon'$ が成り立つ」ことになるからである．

しかし，証明を「上手」に行えば（言い換えれば一種の「補正」を行うことにより），結論に定数 C を登場させないようにできる（正数 ε を出発点として証明を始めて，結論が $|\alpha - a_n| < C\varepsilon$ となったとき，証明を見直して結論が $|\alpha - a_n| < \varepsilon$ となるようにするのである）．

例　収束する数列 $\{a_n\}_{n=1}^{\infty}$，$\{b_n\}_{n=1}^{\infty}$ に対して，$\lim_{n\to\infty}(a_n \pm b_n) = \lim_{n\to\infty} a_n \pm \lim_{n\to\infty} b_n$（複号同順）が成り立つことを証明しよう．$\alpha = \lim_{n\to\infty} a_n$，$\beta = \lim_{n\to\infty} b_n$ とおく．収束の定義から，任意の $\varepsilon > 0$ に対して

$$n \geq n_1 \text{ ならば } |\alpha - a_n| < \varepsilon, \qquad n \geq n_2 \text{ ならば } |\beta - b_n| < \varepsilon$$

をみたす n_1, n_2 が存在する．$n_0 = \max\{n_1, n_2\}$ とすれば，$n \geq n_0$ ならば $|\alpha - a_n| < \varepsilon$ かつ $|\beta - b_n| < \varepsilon$ が成り立つから，$n \geq n_0$ のとき

$$|(\alpha \pm \beta) - (a_n \pm b_n)| = |(\alpha - a_n) \pm (\beta - b_n)| \leq |\alpha - a_n| + |\beta - b_n| < \varepsilon + \varepsilon = 2\varepsilon$$

となる．よって $\lim_{n\to\infty}(a_n \pm b_n) = \lim_{n\to\infty} a_n \pm \lim_{n\to\infty} b_n$ である．

今の証明において，ε の代わりに $\varepsilon/2$ を考えれば，

$$n \geq n_1 \text{ ならば } |\alpha - a_n| < \frac{\varepsilon}{2}, \qquad n \geq n_2 \text{ ならば } |\beta - b_n| < \frac{\varepsilon}{2}$$

となる n_1, n_2 を取ることにより，定数2を登場させないようにできる：

$$|(\alpha \pm \beta) - (a_n \pm b_n)| \leq |\alpha - a_n| + |\beta - b_n| < \frac{\varepsilon}{2} + \frac{\varepsilon}{2} = \varepsilon \quad (n \geq \max\{n_1, n_2\}).$$

問 2-10　$\{a_n\}$ が収束するとき，その極限値はただ1つに決まることを確かめよ．

例題 2-14

$\{a_n\}_{n=1}^{\infty}$，$\{b_n\}_{n=1}^{\infty}$ を収束列とする．

(1)　$\lim_{n\to\infty} a_n b_n = (\lim_{n\to\infty} a_n)(\lim_{n\to\infty} b_n)$．特に，$\lim_{n\to\infty} a b_n = a \cdot \lim_{n\to\infty} b_n$.

(2)　任意の n について $b_n \neq 0$，かつ $\lim_{n\to\infty} b_n \neq 0$ であれば，$\lim_{n\to\infty} a_n/b_n = \lim_{n\to\infty} a_n / \lim_{n\to\infty} b_n$.

解　(1)　$\alpha = \lim_{n\to\infty} a_n$, $\beta = \lim_{n\to\infty} b_n$ とおく．次の等式に注意（例題2-2参照）．

$$a_n b_n - \alpha\beta = (a_n b_n - a_n\beta) + (a_n\beta - \alpha\beta) = a_n(b_n - \beta) + (a_n - \alpha)\beta.$$

まず，任意の $\varepsilon > 0$ に対して「$n \geq n_0$ ならば $|\alpha - a_n| < \varepsilon$ かつ $|\beta - b_n| < \varepsilon$」となる n_0 を取る．すべての n について，$|a_n| \leq M$ となる正数 M が存在するから（例題2-11），$n \geq n_0$ ならば

$$|a_n b_n - \alpha\beta| \leq |a_n(b_n - \beta)| + |(a_n - \alpha)\beta| \leq M|b_n - \beta| + |a_n - \alpha||\beta| < \varepsilon(M + |\beta|).$$

よって，$\lim_{n\to\infty} a_n b_n = \alpha\beta$ である．

(2)　$a_n/b_n-\alpha/\beta=\{a_n(\beta-b_n)+(a_n-\alpha)b_n\}/\beta b_n$ を使う．すべての n について $|b_n|\le M'$ となる正数 M' を取ると，例題 2-13 により $|b_n|\ge b$ をみたす正数 b が存在するから，$n\ge n_0$ ならば

$$\left|\frac{a_n}{b_n}-\frac{\alpha}{\beta}\right|\le\frac{|a_n||\beta-b_n|+|a_n-\alpha||b_n|}{|\beta||b_n|}<\frac{M+M'}{|\beta|b}\varepsilon.$$

よって $\lim_{n\to\infty}a_n/b_n=\alpha/\beta$ である．　□

定理 2-4

(1)　$f(x)$ を多項式とするとき，$\lim_{n\to\infty}a_n=a$ となる数列 $\{a_n\}$ に対して，$\lim_{n\to\infty}f(a_n)=f(a)$.

(2)　多項式 $f(x),g(x)$ により表される有理関数 $F(x)=f(x)/g(x)$ に対しても，$g(a_n)\neq 0$, $g(a)\neq 0$ であれば $\lim_{n\to\infty}F(a_n)=F(a)$.

証明　(1)　$f(x)=A_0x^k+A_1x^{k-1}+\cdots+A_{k-1}x+A_k$ とするとき，例題 2-14 の (1) と直前の例で述べたことを使えば，

$$\begin{aligned}\lim_{n\to\infty}f(a_n)&=\lim_{n\to\infty}\left(A_0a_n^k+A_1a_n^{k-1}+\cdots+A_{k-1}a_n+A_k\right)\\&=A_0\lim_{n\to\infty}a_n^k+A_1\lim_{n\to\infty}a_n^{k-1}+\cdots+A_{k-1}\lim_{n\to\infty}a_n+A_k\\&=A_0a^k+A_1a^{k-1}+\cdots+A_{k-1}a+A_k=f(a).\end{aligned}$$

(2)　例題 2-14 の (2) と，今示した (1) を適用すればよい．　□

問 2-11　$\{a_n\}$ を 0 に収束する数列，$\{b_n\}$ を有界な数列とするとき，$\{a_nb_n\}$ は 0 に収束する．

例題 2-15

$\lim_{n\to\infty}a_n$ が存在し，$\lim_{n\to\infty}|a_n-b_n|=0$ であれば，$\lim_{n\to\infty}b_n$ も存在して，$\lim_{n\to\infty}b_n=\lim_{n\to\infty}a_n$ が成り立つ．

解　$\lim_{n\to\infty}a_n=\alpha$ とおいて，$|b_n-\alpha|\le|b_n-a_n|+|a_n-\alpha|$ を使う．任意の $\varepsilon>0$ に対して n_0 を十分大きくとれば，$n\ge n_0$ のとき，$|b_n-a_n|<\varepsilon/2$, $|a_n-\alpha|<\varepsilon/2$ とできるので，$|b_n-\alpha|<\varepsilon\ \ (n\ge n_0)$.　□

例題 2-16

(1) $a > 1$ のとき，$\lim_{n\to\infty} a^n = \infty$.

(2) $|a| < 1$ のとき，$\lim_{n\to\infty} a^n = 0$.

解 (1) $a = 1 + \alpha$ $(\alpha > 0)$ と表すと，二項定理（定理1-1）あるいは例題1-2により $a^n = (1+\alpha)^n \geq 1 + n\alpha$ である．任意の M を考えたとき，ある番号から先の n について $1 + n\alpha \geq M$ が成り立つから，$\lim_{n\to\infty} a^n = \infty$.

(2) $a = 0$ のときは自明．$a \neq 0$ とすると，$1/|a| > 1$ となるから，$\lim_{n\to\infty} |a^n| = \lim_{n\to\infty} 1/(1/|a|)^n = 0$ であり，例題2-4により $\lim_{n\to\infty} a^n = 0$. □

これまで，当たり前に見える事実を回りくどい方法で確かめてきたが，以下では少々工夫が必要な例を扱おう．

定理 2-5

正数からなる数列 $\{a_n\}_{n=1}^{\infty}$ に対して $\left\{\dfrac{a_{n+1}}{a_n}\right\}_{n=1}^{\infty}$ が収束し $\lim_{n\to\infty} \dfrac{a_{n+1}}{a_n} < 1$ であるとき，$\lim_{n\to\infty} a_n = 0$ である．

証明 $\lim_{n\to\infty} a_{n+1}/a_n < c < 1$ となる c をとれば，例題2-12の前半で示したことから，十分大きい自然数 N に対して，$a_{n+1}/a_n < c$ $(n = N, N+1, N+2, \ldots)$ が成り立つ．このとき，$n > N$ となる任意の n に対して

$$a_n = a_N \cdot \underbrace{\frac{a_{N+1}}{a_N} \cdot \frac{a_{N+2}}{a_{N+1}} \cdots \frac{a_{n-1}}{a_{n-2}} \cdot \frac{a_n}{a_{n-1}}}_{n-N} < a_N c^{n-N} = \frac{a_N}{c^N} c^n.$$

ここで a_N/c^N は定数であるからこれを k とおけば $a_n < kc^n$ $(n > N)$ を得る．$0 < c < 1$ であるから，例題2-16(2)により $\lim_{n\to\infty} a_n = 0$ である． □

例題 2-17

(1) x を任意の実数とするとき，$\lim_{n\to\infty} x^n/n! = 0$.

(2) k を自然数，$a > 1$ とするとき $\lim_{n\to\infty} n^k/a^n = 0$.

(3) $a > 1$ とするとき，ある定数 $C > 0$ で，すべての n について $\log_a n < Cn$ が成り立つようなものが存在する．

解 (1) $x = 0$ のときは明らかだから $x \neq 0$ とする．$a_n = |x^n/n!|$ とおくと $a_{n+1}/a_n = |x|/(n+1)$ であるから，定理2-5に帰着．

(2)　$a_n = n^k/a^n$ とおくと $a_{n+1}/a_n = a^{-1}(1+1/n)^k$ であり，これは $1/a\ (<1)$ に収束するから定理 2-5 に帰着．

(3)　(2) により，収束列の有界性からすべての n について $n < Ma^n$ が成り立つような $M > 1$ が存在する．両辺の対数を取れば $\log_a n < n + \log_a M$ が得られ，$C = 1 + \log_a M$ とおけば $\log_a n < Cn$ となる．　□

注意　上の例題の (1) において，$x > 1$ とすれば $\lim_{n\to\infty} x^n = \infty$ であるから，$x^n/n!$ の分母 $n!$，分子 x^n 双方とも ∞ に発散している．極限 $\lim_{n\to\infty} x^n/n!$ が 0 であるのは，$n!$ の定発散の仕方が x^n の発散の仕方より「速い」ことを意味している．(2) についても同様に，a^n の ∞ への発散の仕方が n^k のそれより速いことを意味している．

例題 2-18

$\{a_n\}$ を正数列とする．$\lim_{n\to\infty} a_{n+1}/a_n = \alpha > 1$ であるとき，$1 < \beta < \alpha$ をみたす β に対して，$a_n > c\beta^n$ がすべての n について成り立つ正定数 c が存在する．

解　例題 2-12 の後半および定理 2-5 の証明から，十分大きい自然数 N を選べば，$n \geq N$ のとき $a_n > (a_N\beta^{-N})\beta^n$ である．$a_N\beta^{-N}$ より小さい正数 c を，$a_n > c\beta^n$ が $n = 1, 2, \ldots, N$ に対して成り立つように選べば，すべての n に対して $a_n > c\beta^n$ が成り立つ．　□

以下述べる 2 つの例題は，関数 $y = x^a\ \ (x > 0)$ および $y = a^x$ の「連続性」を知っていれば，それから導かれる事実であるが，実指数に対する x^a, a^x はまだ定義されていないとの仮定の下で話を進める．

例題 2-19

正の有理数 p/q と，収束非負列 $\{a_n\}$ に関して，$\lim_{n\to\infty} a_n^{p/q} = \left(\lim_{n\to\infty} a_n\right)^{p/q}$ である．

解　$p = 1$ の場合に示せば十分．$\alpha = \lim_{n\to\infty} a_n$ とおくと，

$$\begin{aligned}\alpha - a_n &= (\alpha^{1/q})^q - (a_n^{1/q})^q \\ &= (\alpha^{1/q} - a_n^{1/q})\left\{(\alpha^{1/q})^{q-1} + \cdots + (a_n^{1/q})^{q-1}\right\}.\end{aligned}$$

ここで $\{\cdots\}$ 内の各項は 0 以上であることに注意．

$\alpha > 0$ のときは $(\alpha^{1/q})^{q-1} + \cdots + (a_n^{1/q})^{q-1} \geq (\alpha^{1/q})^{q-1}$ なので，$|\alpha^{1/q} - a_n^{1/q}| \leq (\alpha^{1/q})^{-(q-1)}\,|\alpha - a_n|$ が得られ，$\lim_{n\to\infty} a_n^{1/q} = \alpha^{1/q}$ が結論される．

$\alpha = 0$ のときは，任意の $\varepsilon > 0$ に対して，ある n_0 が存在して，$n \geq n_0$ ならば $a_n < \varepsilon^q$，すなわち $a_n^{1/q} < \varepsilon$ が成り立つから $\lim_{n\to\infty} a_n^{1/q} = 0$. □

例題 2-20

$a > 0$ とする.

(1) $\lim_{n\to\infty} a^{1/n} = 1$.

(2) $\lim_{n\to\infty} x_n = 0$ となる有理数列 $\{x_n\}$ に対して，$\lim_{n\to\infty} a^{x_n} = 1$.

解 (1) $a = 1$ のときは自明. $a > 1$ のときは，$a^{1/n} = 1 + h_n$ $(h_n > 0)$ とおけば $a = (1+h_n)^n > 1 + nh_n > nh_n$ であるから，$0 < h_n < a/n$ となって，$h_n \to 0$ $(n \to \infty)$. よって $\lim_{n\to\infty} a^{1/n} = 1$. $a < 1$ のときは，$a^{1/n} = ((a^{-1})^{1/n})^{-1}$ を使えばよい.

(2) $a > 1$ としよう. ε を任意の正数として，$|a^{\pm 1/N} - 1| < \varepsilon$ となる自然数 N を選び，$|x_n| < 1/N$ $(n \geq n_0)$ とする. $x_n \geq 0$ のとき，$0 \leq a^{x_n} - 1 < a^{1/N} - 1 < \varepsilon$ であり，$x_n < 0$ のとき $0 < 1 - a^{x_n} < 1 - a^{-1/N} < \varepsilon$ であるから，$|a^{x_n} - 1| < \varepsilon$ $(n \geq n_0)$ となる. $a < 1$ のときも同様. □

これまでの基本的結果を踏まえれば，極限に関する多くの問題は計算に帰着する.

例題 2-21

$\{x_n\}_{n=1}^{\infty}$ をフィボナッチ数列とするとき（1.5.1 項），$\lim_{n\to\infty} x_{n+1}/x_n = (1+\sqrt{5})/2$.

解 例題 1-3 を使う. $\alpha = (1+\sqrt{5})/2$, $\beta = (1-\sqrt{5})/2$ とおけば，$|\beta/\alpha| < 1$ なので

$$\frac{x_{n+1}}{x_n} = \frac{\alpha^{n+1} - \beta^{n+1}}{\alpha^n - \beta^n} = \frac{\alpha - \beta(\beta/\alpha)^n}{1 - (\beta/\alpha)^n} \to \alpha \quad (n \to \infty). \qquad \square$$

問 2-12 次の極限を求めよ.

(1) $\lim_{n\to\infty} (\sqrt{n^2+1} - n)$,　(2) $\lim_{n\to\infty} \sqrt{n}(\sqrt{n+1} - \sqrt{n})$,　(3) $\lim_{n\to\infty} \dfrac{5^n - 3^n}{5^n + 3^n}$.

いよいよ本章の冒頭で述べた問題の 1 つに解答を与えよう.

例題 2-22

数列 $\{x_n\}_{n=1}^{\infty}$ が α に収束するとき，$s_n = (x_1 + \cdots + x_n)/n$ として定義した数

列 $\{s_n\}_{n=1}^{\infty}$ も α に収束する.

解 任意の $\varepsilon>0$ に対して, $|s_n-\alpha|<\varepsilon$ がすべての $n\geq N$ に対して成立するような N が存在することを示したい. $\{x_n\}_{n=1}^{\infty}$ が収束列なので, $x_n-\alpha$ は有界, すなわちすべての n について $|x_n-\alpha|<K$ となる正数 K が存在する. 次に $\{x_n\}$ は α に収束しているので $|x_n-\alpha|<\varepsilon/2\ (n>N_0)$ となる N_0 を選べる. この N_0 に対して $KN_0/N<\varepsilon/2$ となるような $N\ (>N_0)$ を取る. K は ε には依存せず, N_0 は ε のみに依存するから, 条件 $KN_0/N<\varepsilon/2$ で特徴づけられる N は ε のみに依存していることに注意しよう. $n\geq N$ のとき, $KN_0/n\leq KN_0/N<\varepsilon/2$, $(n-N_0)/n<1$ であるから, $\left|(x_1+\cdots+x_n)/n-\alpha\right|$ は次のように評価される.

$$
\begin{aligned}
&\left|\frac{1}{n}(x_1+\cdots+x_{N_0}+x_{N_0+1}+\cdots+x_n)-\alpha\right|\\
&=\left|\frac{1}{n}\{(x_1-\alpha)+\cdots+(x_{N_0}-\alpha)\}+\frac{1}{n}\{(x_{N_0+1}-\alpha)+\cdots+(x_n-\alpha)\}\right|\\
&\leq\frac{1}{n}(|x_1-\alpha|+\cdots+|x_{N_0}-\alpha|)+\frac{1}{n}(|x_{N_0+1}-\alpha|+\cdots+|x_n-\alpha|)\\
&\leq\frac{KN_0}{n}+\frac{n-N_0}{n}\frac{\varepsilon}{2}<\varepsilon/2+\varepsilon/2=\varepsilon.
\end{aligned}
$$

途中に現れる式を省略して最初と最後を見れば,「$n\geq N$ をみたす任意の n について $|s_n-\alpha|<\varepsilon$ が成り立つような, ε のみに依存する N が存在する」ので, $\lim_{n\to\infty}s_n=\alpha$. □

上の証明に戸惑う読者もいるだろう. 議論の途中で, K, N_0 が現れるのに, 最後は「消えて無くなって」しまうのだから. この「魔法」のように思える議論はこれから度々登場する.

例 $\lim_{n\to\infty}(1+1/2+\cdots+1/n)/n=0$.

§2.7 「収束しない」ということ——「否定」の法則

これまで,「$\{a_n\}$ は α に収束する」という状況を考えてきたが, これの否定, すなわち「$\{a_n\}$ は α に収束しない」という表現を分析してみよう. 一般に, 背理法による証明では, 結論の否定の明確な表現が必要となる.

例 数列 $1,\ 1/2,\ 1,\ 1/2^2,\ 1,\ 1/2^3, \cdots$ の一般項を a_n とすると，$\{a_n\}_{n=1}^{\infty}$ は，「任意の正数 ε に対して，<u>ある番号 n_0 が存在し</u>，$|0-a_{n_0}|<\varepsilon$ が成り立つ」をみたしているが，奇数 n に対しては $a_n=1$ なので，$\{a_n\}$ は 0 に収束しない．

この例から理解されるように，「数列 $\{a_n\}_{n=1}^{\infty}$ が α に収束しないというのは，α の近似の精度には限界があり，番号 n をどんなに大きくしても精度がよくならないということである．部分列の概念を使えば，「数列 $\{a_n\}_{n=1}^{\infty}$ が α に収束しない」というのは，「ある正数 ε と，ある部分列 $\{a_{n_k}\}$ で，すべての k について $|\alpha-a_{n_k}|\geq\varepsilon$ となるものが存在する」ことになる．さらに ε-δ 論法により，これを次のように定式化できる．

補題 2-6

「数列 $\{a_n\}_{n=1}^{\infty}$ が α に収束しない」というのは，「ある正数 ε が存在し，任意の n_0 に対して，ある n で，$n\geq n_0$ かつ $|\alpha-a_n|\geq\varepsilon$ となるものが存在する」と同値である．形式的表現では $\exists\varepsilon\ \forall n_0\ \exists n\ \ [n\geq n_0\ \wedge\ |\alpha-a_n|\geq\varepsilon]$.

証明 「ある正数 ε と，ある部分列 $\{a_{n_k}\}$ で，すべての k について $|\alpha-a_{n_k}|\geq\varepsilon$ となるものが存在する」と仮定しよう．任意に n_0 を取ったとき，$n_k\geq n_0$ となる n_k が存在するから，$|\alpha-a_{n_k}|\geq\varepsilon$ が成り立ち，「ある正数 ε が存在し，任意の n_0 に対して，ある $n\geq n_0$ で $|\alpha-a_n|\geq\varepsilon$ となるものが存在する」ことが示された．

逆を示す．確かめるべきは，「$|\alpha-a_n|\geq\varepsilon$ となる n が無限個存在する」ことである（実際，このような n を並べて $n_1<n_2<\cdots$ とすれば，部分列 $\{a_{n_k}\}$ は「すべての k について $|\alpha-a_{n_k}|\geq\varepsilon$」をみたす）．もし有限個なら，ある番号 n_0 から先の n では $|\alpha-a_n|<\varepsilon$．これは，仮定「ある n で，$n\geq n_0$ かつ $|\alpha-a_n|\geq\varepsilon$ となるものが存在する」に反する． □

元の文とその否定の間の関係は形式言語を用いると見易くなる．「$\{a_n\}$ が α に収束する」，「$\{a_n\}$ が α に収束しない」の形式的表現はそれぞれ

$$\forall\varepsilon\ \exists n_0\ \forall n\ \ [n\geq n_0\ \rightarrow\ |\alpha-a_n|<\varepsilon],$$

$$\exists\varepsilon\ \forall n_0\ \exists n\ \ [n\geq n_0\ \wedge\ |\alpha-a_n|\geq\varepsilon]$$

であった．この 2 つの形式的表現を比較してみると，次の事実に気付く．

(i) ε, n_0, n の順番は変わっていない.

(ii) しかし, $\forall$ と $\exists$ は入れ替わっている.

(iii) $[n \geq n_0 \ \to \ |\alpha - a_n| < \varepsilon]$ と $[n \geq n_0 \ \wedge \ |\alpha - a_n| \geq \varepsilon]$ の部分を見ると, $P \to Q$ の形の式が, $P \wedge (\neg Q)$ に変わっている.

(iii) に注目しよう. $P \wedge (\neg Q)$ を読み下すと「P かつ Q でない」, すなわち「P であるにも関わらず Q でない」になって, これは「P ならば Q である」の否定になっている. すなわち, $\neg(P \to Q)$ は $P \wedge (\neg Q)$ と同じ意味（同値）である.

(i), (ii), (iii) をまとめて言えば, $[\cdots]$ の前にある限定子付きの部分は順番は変えずに $\forall$ と $\exists$ を入れ替え, 今述べたことから $[\cdots]$ の部分は, その否定に変えることで, 否定文が得られる. **この「否定」の法則は, 形式言語で表現された一般の文にも適用される.**

例 (1) $\forall x \ [x \in A \ \to \ x \in B]$ の否定は, $\exists x \ [x \in A \ \wedge \ x \notin B]$ である.

(2) 写像 $f : A \to B$ に関して, f の全射性を表す「$\forall b \in B \ \exists a \in A \ [f(a) = b]$」の否定は「$\exists b \in B \ \forall a \in A \ [f(a) \neq b]$」であり, これは像 $f(A)$ に属さない B の要素があるということである.

ついでに, 命題論理における否定の法則を記しておこう.

$P \vee Q$（P または Q）の否定 $\neg(P \vee Q)$ は $\neg P \wedge \neg Q$（P でなく, かつ Q でない）と同値, $P \wedge Q$（P かつ Q）の否定は $\neg P \vee \neg Q$（P でないか, または Q でない）と同値である. 二重否定 $\neg(\neg P)$ は P と同値である.

□ 二重否定は肯定か？

「好きでないことはない」は「好きでない」という否定文をさらに否定しているが, だからと言って「好きである」という肯定的意味合いにはならない. ところが, 数学では命題 P の二重否定 $\neg(\neg P)$ は P と同じ意味（同値）になると考える. その理由は, 数学的文章ではその真偽のみが考察の対象となるからである. このような日常論理と数学的論理の間の差異は, $P \to Q$（P ならば Q）が $\neg P \vee Q$（P でないか, または Q である）と同値であるという事実にも見られる.「雨が降れば傘をさす」が「雨が降らないか, または傘をさす」と同じ意味であるとは承服しがたいであろう. しかし, $P \to Q$ の否定が $P \wedge \neg Q$ であることを認めれば, $P \wedge \neg Q$ の否定が $\neg P \vee \neg(\neg Q)$, すなわち $\neg P \vee Q$ となるから, $P \to Q$ と $\neg P \vee Q$ は同値になるのである.

問 2-13 数列 $a_1, \ldots, a_n$ に関する性質「$a_1 \leq a_2 \leq \cdots \leq a_n$」，およびその否定を形式言語で表せ．

問 2-14 数列 $\{a_n\}$ が上に有界であるのは，「ある M が存在して，任意の n に対して $a_n \leq M$ が成り立つ」ことであった．この文章の否定は何か？ また，その形式言語による表現を与えよ．

問 2-15 数列 $\{a_n\}_{n=1}^{\infty}$ に対して，$(a_1 + \cdots + a_n)/n$ が収束するとき，$\{a_n\}_{n=1}^{\infty}$ は収束するか？

次の概念は後で頻繁に登場する．

定義 2-6

$\{a_n\}_{n=1}^{\infty}$ は，任意の i について $a_i \leq a_{i+1}$ であるとき，**単調増加列** (monotonically increasing sequence) とよばれ，任意の i について $a_i \geq a_{i+1}$ であるとき**単調減少列** (monotonically decreasing sequence) とよばれる．これらの定義において，不等号 $\leq, \geq$ の代わりに $<, >$ が使われる場合は，**狭義**という形容詞をつける．

定理 2-7

数列 $\{a_n\}$ が上に有界でないならば，その狭義単調増加な部分列 $\{a_{n_k}\}_{k=1}^{\infty}$ で，$\lim_{k\to\infty} a_{n_k} = \infty$ となるものが存在する（とくに任意の M に対して，$a_n > M$ となる n は無限個存在する）．同様に，数列 $\{a_n\}$ が下に有界でないならば，その狭義単調減少な部分列 $\{a_{n_k}\}_{k=1}^{\infty}$ で，$\lim_{k\to\infty} a_{n_k} = -\infty$ となるものが存在する．

証明 $\{a_n\}$ が上に有界でないとしよう．$n_1 < n_2 < \cdots$ を次のように帰納的に構成する．まず $a_{n_1} > 1$ となる n_1 を選び，次に $n_1 < \cdots < n_k$ まで選び終えたとする．$a_n > \max\{k+1, a_{n_k}\}$ となる n が存在するから，この n を n_{k+1} とおく．この構成法から，明らかに $\{a_{n_k}\}_{k=1}^{\infty}$ は狭義単調増加，$\lim_{k\to\infty} a_{n_k} = \infty$ である．下に有界な場合も同様． □

第 2 章の課題

課題 2-1　(1)「男の子は，ある点数以上の成績を収めた女の子を好ましく思う」という文章の意味には曖昧さがある．すなわち，「ある点数以上」というのが，それぞれの男の子によって異なるのか，それともすべての男の子に共通なのか，この文章では不明である．そこで，これら 2 通りの意味を明確化するような文章を「任意の」と「ある…が存在する」を使って表現せよ．ただし，男の子は B，女の子は G，女の子 G の点数は $p(G)$ で表す．
(2)　中間言語で表した上の 2 つの文章を形式言語で表現せよ．ただし，「男の子 B は女の子 G を好ましく思う」を $B \rightrightarrows G$ で表す．

課題 2-2　P を集合 A の要素に関する性質として，$P(x)$ により「x は性質 P を持つ」を表すとき，$\forall x \in A\ [P(x)]$，$\exists x \in A\ [P(x)]$ を日常使われている言葉で表せ（答は一通りではない）．

課題 2-3　写像 $f: X \to Y$ について，次の事柄を「任意 $\forall$」，「ある $\exists$」を意識しながら証明せよ．
(1)　f が単射ならば，X の部分集合 $A \neq \emptyset$ について，$f^{-1}\bigl(f(A)\bigr) = A$.
(2)　Y の部分集合 $B \neq \emptyset$ について，$B \cap f(X) = f\bigl(f^{-1}(B)\bigr)$.

課題 2-4　「ある…が存在する」を表す記号は $\exists$ であったが，「ある…がただ **1** つ存在する」という場合には，記号 $\exists^1$ を使うことがある．たとえば，直積 $A \times B$ の部分集合 G の性質「任意の $a \in A$ に対して，$(a, b) \in G$ となる $b \in B$ がただ 1 つ存在する」は次のように表せる[10]．

$$\forall a \in A\ \exists^1 b \in B\ [(a, b) \in G]. \tag{2.4}$$

集合 A から B への写像を与えることと，直積 $A \times B$ の部分集合 G で性質 (2.4) を持つものを与えることは同値である．これを確かめよ[11]．

課題 2-5　ド・モルガンの法則 (1.1) を形式言語を使って証明せよ．

課題 2-6　$N > 1$ および k を平方因子を持たない自然数とする[12]．m, n を方程式 $n^2 - m^2 N = \pm k$ をみたす自然数とするとき m, n は互いに素であり，$|\sqrt{N} - n/m| < |k|/m^2$ である．

---

[10]「ただ 1 つ」を「一意的」と言い表すことがある．

[11] 集合論の観点からは，このような G を写像というのである．

[12] $N = a^2 b$ となる自然数 $a > 1, b$ が存在するとき，N は平方因子を持つと言われる．

課題 2-7 $\{p_n\}_{n=1}^{\infty}, \{q_n\}_{n=1}^{\infty}$ を，$p_1 = 3,\ q_1 = 2,\ p_{n+1} = 2p_n^2 - 1\ (n \geq 1),\ q_{n+1} = 2p_n q_n\ (n \geq 1)$ により帰納的に定義する．$p_n^2 - 2q_n^2 = 1$ を確かめ，$\lim_{n\to\infty} p_n/q_n$ を求めよ．

課題 2-8 m, n を自然数とし，n を m で割ったときの商を $q_m(n)$ とするとき $\lim_{n\to\infty} q_m(n)/n$ を求めよ．

課題 2-9 n を自然数とする．n 以下の自然数 ν で，それを b 進法で表わしたとき，数 $r\ (0 \leq r < b)$ が現れないものの個数を $N(n)$ とするとき，

$$\lim_{n\to\infty} \frac{1}{n} N(n) = 0.$$

課題 2-10 (1) $\lim_{n\to\infty} n^{1/n} = 1$, (2) $\lim_{n\to\infty} \frac{1}{\sqrt{n}} \sum_{k=1}^{n} \frac{1}{\sqrt{k}} = 2.$

課題 2-11（例題 2-22 の一般化） $\lim_{n\to\infty} a_n = \alpha,\ \lim_{n\to\infty} b_n = \beta$ であるとき

$$\lim_{n\to\infty} \frac{1}{n}(a_1 b_n + a_2 b_{n-1} + \cdots + a_n b_1) = \alpha\beta.$$

課題 2-12 x を無理数とするとき，$a_n = nx - [nx]$ とおいて定義される数列 $\{a_n\}$ は収束しない．

課題 2-13 実数 x に対して，$0 < |q_n x - p_n| \to 0\ (n \to \infty)$ をみたす整数列 $\{p_n\}, \{q_n\}$ が存在すれば，x は無理数である．

課題 2-14 (1) $\mathbb{R}$ の部分集合 A が稠密であるための必要十分条件は，任意の $x \in \mathbb{R}$ および任意の $\varepsilon > 0$ に対して，$|x - a| < \varepsilon$ をみたす $a \in A$ が存在することである．

(2) 0 に収束する正数列 $\{a_n\}_{n=1}^{\infty}$ が与えられたとき，和集合 $\bigcup_{n=1}^{\infty} \mathbb{Z} a_n$ は $\mathbb{R}$ において稠密である ($\mathbb{Z}a = \{ka \mid k \in \mathbb{Z}\}$)．

■第2章の補遺 —— 歴史から■

本章の出発点であった無理数近似と ε-δ 論法の歴史について述べておく．

【無理数近似】

無理数の有理数による近似を求めることは古代文明以来の問題意識である．例えば，紀元前2千年のものと推定される古代バビロニアの粘土板には $\sqrt{2}$ の近似値として60進法の小数展開を楔型文字 (cuneiform character) で表した数値が与えられているが，これを現代表記すると

$$1+\frac{24}{60}+\frac{51}{60^2}+\frac{10}{60^3}=\frac{30547}{21600}=1.41421296\cdots$$

である．これは $\sqrt{2}=1.41421356237\cdots$ と較べて小数点以下5桁まで一致している．

粘土板には正方形とその対角線が描かれているから，直角二等辺三角形の斜辺と他の辺の比の値を三平方の定理を用いて求めようとしていると考えられる．驚くべきは，特別な場合とはいえ，彼らが三平方の定理を知っていた事実と[13)]，さらに自然数の平方根の近似値を求める方法ばかりでなく，(60進法による) 小数展開を知っていたことである．

ヨーロッパにおける小数の導入は16世紀になってからである．ステヴィン（前出）が1585年に出版した『小数論 (La disme)』のなかで，はじめて小数のアイディアを発表した．彼は，分数の分母を10の累乗に固定した場合に，計算が極めて容易になる事実を発見し，それが小数の発明となったのである．なお，ステヴィンの提唱した小数の表記法は，現代表記の「3.142」であれば，これを「3⓪1①4②2③」と記す．現代のような小数点による表記となったのは，20年ほど後にネイピア（前出）の提唱による．小数の考え方は，その表現を通して実数の実相を把握し始めたという意味で大きな意義がある．

前述の問題意識に戻る．バビロニアの人々は，どのようにして $\sqrt{2}$ の近似値を得たのだろうか．数学史の研究者は，定理2-1で述べた，相加平均と調和平均による近似法を使ったのではないかと推測している．実際，例題2-3で求めた近似値 $b_3=577/408$ を60進法で展開したものが，上にあげた数値と考えられるのである．

577/408は興味深い分数である．と言うのも，紀元前6世紀頃に著されたインドの最古の数学書と言われるシュルバスートラ (Shulba Sutras，祭壇経) が，$\sqrt{2}$ の近似

13) 三平方の定理はピタゴラスの定理ともよばれるように，ピタゴラス，あるいは彼の学派が証明したと言われるが，証明は別としてバビロニア数学から知ることになったと考えられている．

分数として，上記と同じ 577/408 を与えているからである．インドの数学者がこの近似分数をどのように求めたのか不明であるが，$557^2-2\cdot408^2=1$ および，これから得られる不等式 $|\sqrt{2}-577/408|<1/408^2$ に依拠したのではないかと言われている．

一般に，$|k|$ が小さく，m が大きければ，$n^2-m^2N=k$ の自然数解 m,n を使った分数 n/m は $\sqrt{N}$ の良い近似を与える（課題 2-6）．例えば，シシリー島のシラクサ出身のアルキメデス（Archimedes；前 287–前 212）は $\sqrt{3}$ の近似値として，265/153, 1351/780 を与えており，エウトキウス[14] によるアルキメデスの著作への注釈には，その有効性を $265^2-3\cdot153^2=-2$，$1351^2-3\cdot780^2=1$ と記すことで言い表している．

N を平方因子を持たない自然数とするとき，自然数 x,y を未知数とする方程式 $x^2-Ny^2=\pm1$ をペル[15] の**方程式** (Pell's equation) という．3 世紀のディオファントス[16] は $x=2m^2+1$，$y=2m$ が $x^2-(m^2+1)y^2=1$ の解となることを述べている．1657 年，ブランカー[17] は，具体的なペルの方程式を解く方法を見出し，それを $x^2-313y^2=1$ に適用して，その最小解[18] $x=32188120829134849$，$y=1819380158564160$ を発見した．ブランカーの方法は，ウォリス[19] の本で紹介され，彼とフェルマー[20] はペルの方程式が常に自然数解を持つと主張，次章で解説する連分数の理論の応用としてラグランジュ[21] によって一般解が与えられた．

【ε-δ 論法】

最初に ε-δ 論法を考案したのはコーシーである．1823 年に出版された『微分積分学要論』の中で，コーシーは「限りなく小さい（無限小）」という概念を明確にするため，「1 つの変数の絶対値が限りなく減少し，どのような値を与えても，それよりは小さくなるときには，無限小であるという」と定義した．オイラー以来，「h が限りなく 0 に近づく」ということと，計算上では $h=0$ とおくこととの違いが意識さ

---

[14] Eutocius；約 480–約 540．アレキサンドリアの数学者．

[15] J. Pell；1611–1685．イギリスの数学者．彼自身はこのような方程式を扱ってはいない．ペルの名称があるのは，ウォリスの本で紹介された方法を，オイラーがペル（と英国のもう 1 人の数学者）によるものと誤解したことにある．この誤解にも関らず，今日ではペルの方程式という名が定着している．

[16] Diophantus of Alexandria；生没年不詳．3 世紀のアレキサンドリアの数学者．幾何学が主流であったギリシャ数学の中で，不定方程式の代数的手法を用いた研究を行い，後世の数論の発展に影響を与えた．

[17] W. Brouncker；1620 頃–1684．イギリスの数学者．

[18] x が最小であるような解．

[19] J. Wallis；1616–1703．イギリスの数学者．

[20] Pierre de Fermat；1607–1665．フランスの数学者．

[21] J-L. Lagrange；1736–1813．フランスの数学者．

れていなかった「無限小」の理解に異議を申し立てたのである．しかし，その萌芽となる考えは既に古代ギリシャに見られる．それは「取り尽しの方法（積尽法）」とよばれる手法であり，哲学者プラトンと同時代のユードクソス（Eudoxos；前 408 年–前 355 年）により初めて用いられた次の言明である．

「1 つの量を考える（たとえば，長さや面積・体積のような幾何学的「量」）．この量の半分，または半分より大きい量を取り去り，残りから，さらにその半分または半分より大きい量を取り去る．あらかじめ（任意に）指定した量を考えると，上のプロセスを繰り返すことにより，残りの量はついにはこの指定した量より小さくなるだろう」

このような論法を考案した背景には，円積問題に対するアンティフォンによる間違った証明のように（§2.3 の囲み参照），無限の安易な理解が誤謬に導くことへの反省があったと考えられる．ユードクソスは「取り尽くしの方法」と背理法を巧みに組み合わせて，円の面積や三角錐の体積を求めた．その後，彼のアイディアはアルキメデスにより発展され，球面や放物線の研究に使われたが，無限小解析（微分積分）が勃興する 17 世紀まで，ヨーロッパでは彼らの業績は忘れ去られたのである．ユードクソスの観点を再発見したのはダランベール[22)] が最初と考えられる．彼は言う．「無限とは有限なものが限りなく近づくが，決して到達しない 1 つの極限に過ぎない．例えば $1+2+4+8+\cdots$ が無限大ということは，項の数を十分にたくさん取って加えると，その結果が任意に与えられた数よりも大きくなることを意味する」．無限小と無限大の違いはあるが，このような考え方は「取り尽くしの方法」と同じ思想圏に属することは明らかであろう．

ε-δ 論法のみを使って微分積分学を再構成したのはドイツの数学者ワイエルシュトラス（K. T. W. Weierstrass；1815-1887）である．1850 年代にベルリン大学で行われた彼の講義を嚆矢として，19 世紀後半には微分積分を基礎とする数学分野は厳密化の道を辿ることになる．さらにカントルの集合概念が普及するにつれて，20 世紀には数学全体が大きく様変わりしたのである．また，取り尽くしの方法に見られるアイディアは，無限のプロセス，あるいは無限そのものが現れる数学の事柄を有限の言葉でいい表そうとする「有限主義」として装いを変え，さらにはフレーゲ（F. L. G. Frege；1848–1925）を先駆者とする数学の形式化にも大きな影響を与えることとなった．

[22)] J. L. R. d'Alembert；1717–1783．フランスの数学者．

第3章　実数の「実相」

第 **2** 章の冒頭で述べたように，科学実験で得られる数値は常に有理数である．実際，無理数は実験では捉えられない．極端な観点に立てば，無理数が現れるのは科学理論上の「絵空事」とも言える．しかし，完全な理論体系を構築するには，極限操作で閉じた数系である実数の集合を考え，この絵空事を「実在」のものと考える必要がある．そして，実数を用いた「数理モデル」により，世界の事象を説明するのである．とくに物理現象に関するモデルでは，ニュートンの運動法則を嚆矢とするように，実数を基礎とする微分積分が必須なものとなる．

では，そもそも実数とは何だろうか？「実数の集合は有理数と無理数を併せたものである」というのでは答にならない．実はこの問いは想像以上に深い意味を持っており，この意味を探るのが本章の目的である．しかし，本文では実数系の特徴は既知として話を進めることにして，実数の実相に興味を持つ読者のために本章の補遺において実数の論理的構成を行う．

前章で学んだ ε-δ 論法は，本章でも必須な手法として度々顔を出す．

§3.1　上限と下限

微分積分学において，最も基本的な事柄は「上限，下限」の存在である．この実数の集合の本質的性質を詳らかにする前に，まず，実数の集合 $\mathbb{R}$ の部分集合 S の最大・最小について論じよう．

前に，数列に対する有界性の定義を述べたが，部分集合 S に対しても有界性が同様に定義される．

S に属するすべての a について，$a \leq m$ が成り立つような数 m が存在するとき，S は上に有界であると言われる．この場合，m を S の上界（upper bound）という．下に有界であること，および下界（lower bound）も同様に定義される．上と下に有界なときには，単に有界であるという．

定義 3-1

(1) 「S に属すある実数 x_0 で，S に属す任意の実数 x について，$x \leq x_0$ が成り立つようなものが存在する」ならば，x_0 を S の**最大値** (maximum) といい，$\max S$ と表す，

(2) 「S に属すある実数 x_0 で，S に属す任意の実数 x について，$x \geq x_0$ が成り立つようなものが存在する」ならば，x_0 を S の**最小値** (minimum) といい，$\min S$ と表す．

数列 $\{a_n\}$ について，a_n 全体から異なるものを集めた集合 S が最大値(あるいは最小値)をもつときは $\max\{a_n\} = \max S$ (あるいは $\min\{a_n\} = \min S$)とおく．

S の最大値が存在すれば，S は上に有界であり，最小値が存在すれば下に有界である．S が有限集合であれば，S は最大値，最小値を持つ．しかし，S が無限集合の場合は，それが有界であってもそうとは限らない．

例 (1)　$S = [1, 3]$ のとき，$\max S = 3$，$\min S = 1$．

(2)　$S = (1, 3]$ のとき，$\max S = 3$ であるが，最小値は存在しない．

問 3-1 次の集合の最大値，最小値があれば，それは何か？
(1) $S = \{1, 1/2, \ldots, 1/n, \ldots\}$，(2) $S = (-1, 1)$，(3) $S = \{(-1)^n \mid n = 1, 2, \ldots\}$．

問 3-2 $a < b$ を実数とし，S を $a \leq x \leq b$ をみたす有理数 x からなる集合とするとき，S の最大値，最小値は存在するか？

例題 3-1

S, T を実数からなる集合として，双方とも最大値，最小値を持つとする．$S \subset T$，すなわち S が T の部分集合であるとき，

$$\min T \leq \min S \leq \max S \leq \max T.$$

解　$\min S \leq \max S$ は当たり前．S の要素は T の要素であるから，とくに $\min S$ は T の要素である．よって $\min T \leq \min S$ が成り立つ．$\max S \leq \max T$ も同様に確かめられる．□

$-S=\{-x \mid x\in S\}$ とおこう．明らかに $-(-S)=S$ である．S が最大値を持てば $-S$ は最小値を持ち，$\min -S=-\max S$ であり，S が最小値を持てば $-S$ は最大値を持ち，$\max -S=-\min S$ が成り立つ．

有界な集合の最大値，最小値は存在するとは限らないのだが，それに類似な概念である「上限，下限」は常に存在する．これを述べるために，次のような記号を導入する．

$U(S)$：上に有界な S の上界全体からなる集合（U は upper の頭文字）．

$L(S)$：下に有界な S の下界全体からなる集合（L は lower の頭文字）．

例えば，$S=(-\infty,a)$，および $S=(-\infty,a]$ の双方で，$U(S)=[a,\infty)$ である．

S が下に有界なことと，$-S$ が上に有界なことは同値である．また，a が S の下界であることと，$-a$ が $-S$ の上界であることは同値であるから，S が下に有界なときは $U(-S)=-L(S)$ となる．同様に，S が上に有界なときは $L(-S)=-U(S)$ が成り立つ．

上に有界な S に対して，$U(S)$ はどのような集合だろうか？ $a\in U(S)$ で，$a\leq b$ ならば $b\in U(S)$ であるから，$U(S)$ の形として考えられるのは，$(\alpha,-\infty)$，あるいは $[\alpha,-\infty)$ という半区間であろう．もし後者であれば $U(S)$ は最小値 α を持つ．実際，次の定理が言うように，これは正しい．

定理 3-1（上限，下限の存在）

(1) S が上に有界なとき，集合 $U(S)$ には**最小値が存在**し，この最小値を α とすれば，$U(S)=[\alpha,\infty)$ である．

(2) S が下に有界なとき，$L(S)$ には**最大値が存在**し，この最大値を α とすれば，$L(S)=(-\infty,\alpha]$ である．

定義 3-2

上の定理の (1) で存在が保証される $\min U(S)$ を S の**上限**（superimum）といい，$\sup S$ により表す．同様に，(2) で存在が保証される $\max L(S)$ を S の**下限**（infimum）といい，$\inf S$ により表す．

S が上に有界でないときは，$\sup S=\infty$ とおく．下に有界でないときには $\inf S=-\infty$ とおく．

上の定理は実数の「成り立ち」に依存しており,「実数とは何か?」という問いに答えなければ証明はできない. 本章の補遺でこの問いに答えるが, 以下, 上限, 下限の存在は「大前提」として認めることにする.

$\max S$ が存在するときは, $\sup S = \max S$ であり, $\sup S$ が S に属すときは, $\sup S = \max S$ である. 上の定理において, 上限の存在が保証されていれば, 下限の存在はその帰結となる. 実際, 上限の存在から $\min U(-S)$ が存在して, $\min(-L(S)) = -\max L(S)$ により, $\inf S = \max L(S)$ が存在する. また, この議論から $\sup(-S) = -\inf S$ が得られる.

例 $S = \{1, 1/2, 1/3, \ldots, 1/n, \ldots\}$ のとき, $\sup S = 1$, $\inf S = 0$.

問 3-3 次の集合の上限, 下限を求めよ.

(1) $S = \{1, -1/2, 1/3, -1/4, \ldots, (-1)^{n-1}/n, \ldots\}$, (2) $S = (-1, 1)$,
(3) $S = \{(-1)^n \mid n = 1, 2, \ldots\}$.

例題 3-2

$S \subset T$ のとき, $\inf T \leq \inf S \leq \sup S \leq \sup T$.

解 仮定 $S \subset T$ により, T の上界は S の上界であるから, $U(T) \subset U(S)$. T の下界は S の下界であるから, $L(T) \subset L(S)$ である. よって

$$\sup S = \min U(S) \leq \min U(T) = \sup T,$$
$$\inf T = \max L(T) \leq \max L(S) = \inf S. \qquad \square$$

定理 3-2(ε-δ 論法による上限, 下限の特徴づけ)

(1) 上に有界な S について, $a = \sup S$ であることは, 次の2条件が成り立つことと同値.

(1-i) S に属す任意の x に対して $x \leq a$,

(1-ii) 任意の $\varepsilon > 0$ に対して, $a - \varepsilon < x$ となる S に属す x が存在する.

(2) 下に有界な S について, $a = \inf S$ であることと, 次の2条件が成り立つことと同値.

(2-i) S に属す任意の x に対して $a \leq x$,

(2-ii) 任意の $\varepsilon > 0$ に対して, $x < a + \varepsilon$ となる S に属す x が存在する.

証明　(1) 上限の定義から，$x \leq a$ $(x \in S)$ が成り立つ．再び上限の定義から，$a-\varepsilon$ は上界ではないから，$a-\varepsilon < x$ となる $x \in S$ が存在する．

逆に，a を (1-i),(1-ii) をみたす数とする．(1-i) により a は S の上界である．a が上限でないと仮定すると，S の上界 b で，$b<a$ となるものが存在する．$\varepsilon = a-b$ とおくと，任意の $x \in S$ について $x \leq b = a-(a-b) = a-\varepsilon$ となって，これは (1-ii) に反する．よって，a は上限でなければならない．

(2) 下限についても同様に証明される．□

例題 3-3

上（下）に有界な集合 S が最大値（最小値）を持たないとき，$\lim_{n\to\infty} x_n = \sup S$ をみたす S の中の狭義単調増加（減少）列 $\{x_n\}$ が存在．

解　上に有界な場合を扱う．$\alpha = \sup S$ とおこう．仮定から $\alpha \notin S$．$x_n \in S$ かつ $\alpha - 1/n < x_n < \alpha$ をみたす狭義単調増加列 $\{x_n\}$ を構成すればよい．まず，上の定理により $\alpha - 1 < x_1 < \alpha$ をみたす $x_1 \in S$ が存在する．$\alpha - 1/n < x_n < \alpha$, $x_1 < \cdots < x_n$ をみたす $\{x_k\}_{k=1}^n$ が構成されたとして，$\varepsilon = \min\{\alpha - x_n, 1/(n+1)\}$ とおくと，再び上の定理により，$\alpha - \varepsilon < x_{n+1} < \alpha$ をみたす $x_{n+1} \in S$ が存在するが，$\varepsilon \leq 1/(n+1)$ だから $\alpha - 1/(n+1) \leq \alpha - \varepsilon < x_{n+1} < \alpha$，かつ $\varepsilon \leq \alpha - x_n$ だから $x_n = \alpha - (\alpha - x_n) \leq \alpha - \varepsilon < x_{n+1}$ が成り立っている．こうして得られた $\{x_n\}$ が求める列である．□

定理 3-3

$a > 0$ と自然数 n が与えられたとき，$x^n = a$ をみたす実数 $x > 0$ が（ただ1つ）存在する．

証明　$S = \{x > 0 \mid x^n \leq a\}$ とおくと，S は上に有界であり，$\alpha = \sup S$ は有限の値である．$\alpha^n = a$ を示そう．まず $\alpha^n \leq a$ である．実際，もし $\alpha^n > a$ ならば，$\varepsilon > 0$ を十分小さく取れば $(\alpha - \varepsilon)^n > a$ とできて，他方上限の特徴づけから $x > \alpha - \varepsilon$ となる $x \in S$ が存在し，$x^n > a$ となって矛盾．次に $\alpha^n \geq a$ である．実際，もし $\alpha^n < a$ ならば，$\varepsilon > 0$ を十分小さく取れば $(\alpha + \varepsilon)^n < a$ とできて，$\alpha + \varepsilon \in S$ となって α が S の上限であることに反する．□

□ $\sqrt{2}$ とは？

定理 3-3 が主張している事実に，これまで何の疑問も持たずにいた．どうして疑わなかったのか反省してみると，例えば $\sqrt{2}$ は辺の長さが 1 の正方形の対角線の長さとして「実現」されるとか，$\sqrt[n]{a}$ は関数 $y=x^n$ のグラフと直線 $y=a$ の交点（の x 座標）として「可視化」できるというような直観的理由づけを行っていたからである．

直観は数学を理解するのに重要な役割を果たすが，一方で直観に頼らずに，論理的理由を見出す努力が必要なのである．$a^{1/n}$ が存在する理由は，定理 3-3 の証明が示しているように，上限（下限）の存在が保障されていることによる．

関数 $y=x^n$ のグラフと直線 $y=a$ が交わるという事実は，連続関数に関する「中間値の定理」の特別な場合として，第 5 章でもっと一般的観点から証明する．

数列 $\{a_n\}$ に対して，異なる項を集めて得られる集合の上限，下限をそれぞれ $\{a_n\}$ の上限，下限といい，$\sup\{a_n\}, \inf\{a_n\}$ により表す．

例題 3-4

(1)　$\sup\{a_n+b_n\} \leq \sup\{a_n\}+\sup\{b_n\}$.

(2)　$\inf\{a_n+b_n\} \geq \inf\{a_n\}+\inf\{b_n\}$.

解　(1) については，任意の k について $a_k \leq \sup\{a_n\}$, $b_k \leq \sup\{b_n\}$ であるから，$a_k+b_k \leq \sup\{a_n\}+\sup\{b_n\}$ から従う．(2) についても同様．　□

以下，上限，下限の存在から導かれる結果をいくつか挙げる．

定理 3-4

上に有界な単調増加列 $\{a_n\}_{n=1}^{\infty}$ は $a=\sup\{a_n\}$ に収束する．下に有界な単調減少列 $\{a_n\}$ は $a=\inf\{a_n\}$ に収束する．

証明　上限の定義から，任意の $\varepsilon>0$ に対して，$a-\varepsilon<a_{n_0} \leq a$ をみたす a_{n_0} が存在する．$\{a_n\}$ は単調増加であるから，任意の $n \geq n_0$ に対して，$a-\varepsilon<a_{n_0} \leq a_n \leq a$ が成り立つ．よって $a-\varepsilon<a_n \leq a$．これを書き直せば，$-\varepsilon<a_n-a \leq 0$，両辺に -1 をかければ，$0 \leq a-a_n<\varepsilon$．よって $|a_n-a|<\varepsilon$ となるから，$\{a_n\}$

は a に収束する．

単調減少の場合も同様（あるいは，単調減少列 $\{a_n\}$ に対して，$\{-a_n\}$ が単調増加列であるから，上の証明に帰着させる）． □

例題 3-5

数列 $a_n=(1+1/n)^n$ は有界な単調増加列である．

解　右辺を展開して整理する．

$$\begin{aligned}
a_n &= 1+n\cdot\frac{1}{n}+\frac{n(n-1)}{2!}\cdot\frac{1}{n^2}+\frac{n(n-1)(n-2)}{3!}\cdot\frac{1}{n^3}+\cdots+\frac{n!}{n!}\cdot\frac{1}{n^n}\\
&= 1+1+\frac{1}{2!}\Bigl(1-\frac{1}{n}\Bigr)+\frac{1}{3!}\Bigl(1-\frac{1}{n}\Bigr)\Bigl(1-\frac{2}{n}\Bigr)+\cdots\\
&\quad+\frac{1}{n!}\Bigl(1-\frac{1}{n}\Bigr)\Bigl(1-\frac{2}{n}\Bigr)\cdots\Bigl(1-\frac{n-1}{n}\Bigr)\\
&< 1+1+\frac{1}{2!}\Bigl(1-\frac{1}{n+1}\Bigr)+\frac{1}{3!}\Bigl(1-\frac{1}{n+1}\Bigr)\Bigl(1-\frac{2}{n+1}\Bigr)+\cdots\\
&\quad+\frac{1}{n!}\Bigl(1-\frac{1}{n+1}\Bigr)\Bigl(1-\frac{2}{n+1}\Bigr)\cdots\Bigl(1-\frac{n-1}{n+1}\Bigr)\\
&\quad+\frac{1}{(n+1)!}\Bigl(1-\frac{1}{n+1}\Bigr)\Bigl(1-\frac{2}{n+1}\Bigr)\cdots\Bigl(1-\frac{n}{n+1}\Bigr)=a_{n+1}.
\end{aligned}$$

従って，$\{a_n\}$ は単調増加列である．

次に有界性を示すために上式の 2 行目に着目し，$k!=k(k-1)\cdots2\cdot1>2^{k-1}$ を使えば

$$\begin{aligned}
a_n &< 1+1+\frac{1}{2!}+\frac{1}{3!}+\cdots+\frac{1}{n!}\\
&< 1+1+\frac{1}{2}+\frac{1}{2^2}+\cdots+\frac{1}{2^{n-1}}=1+\frac{1-2^{-n}}{1-2^{-1}}=1+2\Bigl(1-\frac{1}{2^n}\Bigr)<3
\end{aligned}$$

となるから $\{a_n\}$ は有界である． □

$e=\lim_{n\to\infty}(1+1/n)^n$ を**自然対数の底**という．数値的には $e=2.718281828459\cdots$ である．これは「自然な」指数関数や対数関数を考えるときに重要になる（第 6 章 §6.3）．

問 3-4　$\lim_{n\to\infty}(1-1/n)^n=e^{-1}$.

定理 3-5（「抜きつ抜かれつ」の原理）

2つの単調増加列 $\{a_n\}_{n=1}^{\infty}, \{b_m\}_{m=1}^{\infty}$ について，次のことが成り立つ．

(1) 次の条件 (i), (ii) の下で，$\lim_{n\to\infty} a_n = \lim_{m\to\infty} b_m$（ただし，定発散する場合も込める）：

(i) 任意の n に対して，$a_n \leq b_m$ となる m が存在する．

(ii) 任意の m に対して，$b_m \leq a_n$ となる n が存在する．

(2) $\lim_{n\to\infty} a_n = \lim_{m\to\infty} b_m$, かつ任意の k について $a_k < \lim_{n\to\infty} a_n$, $b_n < \lim_{m\to\infty} b_m$ をみたすとき，(i), (ii) が成り立つ．

単調減少列の場合も同様のことが言える．

証明 (1) $\alpha = \lim_{n\to\infty} a_n$，$\beta = \lim_{m\to\infty} b_m$ とおこう．$\beta < \infty$ の場合，$b_m \leq \beta$ であるから，(i) により任意の n について $a_n \leq \beta$．よって $\alpha \leq \beta$（例題 2-7 の証明参照）．まったく同様に (ii) により $\beta \leq \alpha$ が示されるから，$\alpha = \beta$．

$\beta = \infty$ の場合は，任意の M に対して，$M < b_m$ となる m が存在し，(ii) により $M < a_n$ となる n が存在する．$\{a_n\}_{n=1}^{\infty}$ は単調増加列であるから，$h \geq n$ ならば $M < a_h$ となって，$\{a_n\}_{n=1}^{\infty}$ は定発散し，$\alpha = \infty$．

(2) $\alpha = \lim_{n\to\infty} a_n = \lim_{m\to\infty} b_m$ とする．仮定から，任意の n について $a_n < \alpha$ であり，$\{b_m\}$ は α に収束するから $a_n < b_m < \alpha$ となる m が存在．同様に任意の m について $b_m < a_n < \alpha$ となる n が存在する． □

関数 $f(x)$ を使って，漸化式 $a_{n+1} = f(a_n)$ により帰納的に定義される数列 $\{a_n\}$ の極限値を求める問題がよく登場する．アイディアとしては，もし任意の収束列 $\{x_n\}$ に対して，$\lim_{n\to\infty} f(x_n) = f(\lim_{n\to\infty} x_n)$ が成り立つことが知られていれば[1]，$\lim_{n\to\infty} a_n = f(\lim_{n\to\infty} a_n)$ となるから，$\alpha = \lim_{n\to\infty} a_n$ は，方程式 $\alpha = f(\alpha)$ をみたしていなければならない．換言すれば，方程式 $x = f(x)$ の実数解が極限値の「候補」となる．また，$x = f(x)$ が実数解を持たなければ，$\{a_n\}$ は有限の値には収束しないことも分かる．

ただし，この方法では，すべての a_n が f の定義域に属すことを確かめるとともに，$\{a_n\}$ が収束列であること示し，さらに複数ありうる候補から実際の極限

[1] f に関するこの性質は，f が「連続」ということである（第5章）．

値を見出さなければならない.

例題 3-6

$a_1=1,\quad a_{n+1}=\sqrt{a_n+1}$ により定義される数列 $\{a_n\}$ は有界で単調増加なことを示し，極限を求めよ.

解　(1)　a_n が収束するとして，その極限値 x の見当をつけるため，$a_{n+1}=\sqrt{a_n+1}$ の両辺の極限を取ると $x=\sqrt{x+1}$，すなわち $x^2-x-1=0$ となるから，$x=(1\pm\sqrt{5})/2$ となる．明らかに $x\geq 0$ でなければならないから，極限値の候補は $(1+\sqrt{5})/2$ である.

そこで，$1\leq a_n\leq(1+\sqrt{5})/2$ を期待して，帰納法を用いてこれを確かめよう．$a_n\geq 1$ は確かめるまでもない．$a_n\leq(1+\sqrt{5})/2$ については，$n=1$ のときはもちろん正しい．$n=k$ に対して正しいと仮定する.

$$a_{k+1}^2=a_k+1\leq\frac{1+\sqrt{5}}{2}+1=\frac{3+\sqrt{5}}{2}=\left(\frac{1+\sqrt{5}}{2}\right)^2$$

であるから $a_{k+1}\leq(1+\sqrt{5})/2$ が得られ，$n=k+1$ のときも正しい.

次に単調増加なこと，すなわち，$a_{n+1}\geq a_n$ を示す．このため，区間 $[1,(1+\sqrt{5})/2]$ において，$x^2-x-1\leq 0$ に注意．これを使えば $a_{n+1}^2=a_n+1\geq a_n^2$ が得られるから，$a_{n+1}\geq a_n$ が成り立つ.

よって，定理 3-4 により $\lim_{n\to\infty}a_n=(1+\sqrt{5})/2$ が示された.　□

問 3-5　漸化式 $x_1=1,\ x_{n+1}=(3x_n+4)/(2x_n+3)$ をみたす数列は有界かつ単調増加なことを示し，極限を求めよ.

定義 3-3

閉区間の列 $I_n=[a_n,b_n]\quad(n=1,2,\ldots)$ は，$I_1\supset I_2\supset I_3\supset\cdots$，および $\lim_{n\to\infty}(b_n-a_n)=0$ をみたしているとき，**縮小区間列**（sequence of nested intervals）とよばれる．$\{a_n\}$ は単調増加，$\{b_n\}$ が単調減少なことに注意.

定理 3-6（縮小区間法の原理）

縮小区間列 $\{I_n\}$ の共通部分 $\bigcap I_n$ は 1 つの点（数）からなる.

証明　$a_1 \leq a_2 \leq \cdots \leq a_n \leq \cdots \leq b_n \leq \cdots \leq b_2 \leq b_1$ であるから，$\alpha = \lim_{n\to\infty} a_n$ および $\beta = \lim_{n\to\infty} b_n$ が存在．仮定 $\lim_{n\to\infty}(b_n - a_n) = 0$ から $\alpha = \beta$.

任意の n について，$a_n \leq \alpha \leq b_n$ であるから，$\alpha \in \bigcap I_n$．また，$x \in \bigcap I_n$ ならば，$a_n \leq x \leq b_n$ がすべての n に対して成立するから，$x = \alpha$. □

実数の集合 $\mathbb{R}$ の特徴を反映している2つの定理に言及しておこう．

定理 3-7（ボルツァノ[2)]・ワイエルシュトラス）

A を $\mathbb{R}$ の有界な無限集合とするとき，性質（$*$）「任意の $\varepsilon > 0$ に対して，$0 < |a - \alpha| < \varepsilon$ をみたす $a \in A$ がある」をみたす点 $\alpha \in \mathbb{R}$ が存在する．

（$*$）をみたす点 α を A の**集積点**（accumulation point）という．α が A の集積点であれば，実は任意の ε に対して，$0 < |a - \alpha| < \varepsilon$ をみたす $a \in A$ は無限個存在する．実際，有限個しかなければ，それらを $a_1, \ldots, a_n$ とするとき，$\varepsilon' > 0$ を $\varepsilon' < \min_i |a_i - \alpha|$ をみたすように取れば，$0 < |a - \alpha| < \varepsilon'$ をみたす $a \in A$ は存在しない．

集積点でない $a \in A$ は，A の**孤立点**（isolated point）とよばれる．

定理 3-7 の証明　閉区間の減少列 $\{I_n\}_{n=1}^{\infty}$ で，各 $I_n = [a_n, b_n]$ が無限個の A の点を含むように，帰納的に定義する．まず，$A \subset I_1$ となる閉区間 I_1 を選ぶ．$I_n = [a_n, b_n]$ まで選んだとき，I_n をその中点で2等分し，それらを $J = [a_n, c_n]$, $K = [c_n, b_n]$（$c_n = (a_n + b_n)/2$）とするとき，少なくともどちらか一方は無限個の A の点を含むから，無限個の点を含む方を選んで I_{n+1} とする．

明らかに，$\lim_{n\to\infty}(b_n - a_n) = 0$ なので，$\bigcap I_n = \{\alpha\}$ となる α がある．この α は A の集積点である．実際，任意の $\varepsilon > 0$ に対して，$b_n - a_n < \varepsilon$ となる n が存在し，$x \in I_n$ について

$$|x - \alpha| = \begin{cases} x - \alpha \leq b_n - \alpha \leq b_n - a_n & (x \geq \alpha) \\ \alpha - x \leq \alpha - a_n \leq b_n - a_n & (x > \alpha) \end{cases}$$

なので，$I_n \subset \{x \in \mathbb{R} \mid |x - \alpha| < \varepsilon\}$ である．I_n は無限個の A の点を含むから，とくに $0 < |a - \alpha| < \varepsilon$ をみたす $a \in A$ を含む． □

解析学において一般化される定理をもう1つ述べよう．

[2)] B. P. J. N. Bolzano; 1781–1848．チェコの哲学者，数学者，論理学者，宗教学者．

定理 3-8（ワイエルシュトラス）
有界な数列は収束する部分列をもつ．

証明　$\{a_n\}_{n=1}^{\infty}$ から異なるものを集めて作った集合が有限集合の場合は明らか．無限集合になる場合は，その集積点を α として，$\{a_{n_k}\}_{k=1}^{\infty}$ を次のようにして帰納的に定義する，n_1 は $0 < |a_{n_1} - \alpha| < 1$ となるものとする．$n_1 < \cdots < n_k$ までを $|a_{n_i} - \alpha| < 1/i \quad (i = 1, \ldots, k)$ となるように選んだとき，$n_{k+1} > n_k$ を $|a_{n_{k+1}} - \alpha| < 1/(k+1)$ となるように選ぶ（$|a_n - \alpha| < 1/(k+1)$ をみたす n が無限個存在することを使う）．明らかに $\{a_{n_k}\}_{k=1}^{\infty}$ は α に収束する．□

本節を閉じる前に，上限・下限の存在の幾何学的意味を述べておこう．

直観的には，直線には「隙間」がないように思われる．その意味は，（理想的）鋏で直線 $\mathbb{R}$ を切断しようとすると，鋏の刃が必ず直線上の点に当たるということである（図 3.1）．この観察を以て，直線を「連続体（continuum）」という．

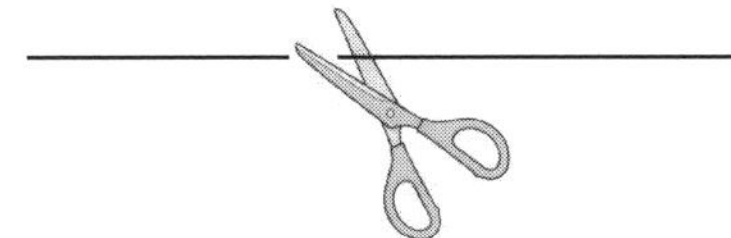

図 3.1　切断

鋏による切断は，数学的には，次の性質を持つ $\mathbb{R}$ の 2 つの部分集合 $A, B \neq \emptyset$ を与えることと考えられる．

(i)　$A \cap B = \emptyset$，$A \cup B = \mathbb{R}$（すなわち $B = A^c$）．

(ii)　任意の $a \in A$，$b \in B$ について，$a < b$．

対 (A, B) を数直線 $\mathbb{R}$ の**切断**（cutting）とよぶことにする．

仮に鋏の刃が直線 $\mathbb{R}$ に触らずに切断できたとすると，実数ではない「数もどき」に刃が当たると考えられる．すなわち，我々が直線と思っているものは $\mathbb{R}$ ではなくて，実数と「数もどき」からなる集合 $\widehat{\mathbb{R}}$ とするのである．だとすれば，$\widehat{\mathbb{R}}$ の要素 ω_1, ω_2 について，「ω_1 は ω_2 の左にある」という言い方に意味があり，これを $\omega_1 < \omega_2$ と記すことによって，$\mathbb{R}$ における通常の大小関係が $\widehat{\mathbb{R}}$ に拡張されるはずである．さらに，$\mathbb{R}$ には「大きな隙間」はないという意味で，任意の $\omega_1 < \omega_2$ に対して，必ず $\omega_1 < x < \omega_2$ となる実数 x の存在を仮定するのは自然であろう（$\widehat{\mathbb{R}}$ の中での $\mathbb{R}$ が稠密性）．そして，切断 (A, B) を生じる鋏の刃の当たる点が「数も

どき」ω ということは，$A=\{a\in\mathbb{R}\mid a<\omega\}$，$B=\{b\in\mathbb{R}\mid b>\omega\}$ と表されると考えてよい．

今，上限・下限の存在を仮定すると，A は上に有界であり，B は下に有界だから A の上限 $\sup A$ と B の下限 $\inf B$ が存在し，$\sup A=\inf B$ である．$\sup A\in A$ の場合は $\sup A<\omega$ であり，$\mathbb{R}$ の稠密性により $\sup A<x<\omega$ をみたす $x\in\mathbb{R}$ が存在する．ところが $\inf B<x$ なので $x\in B$ となって矛盾．$\sup A\notin A$ の場合は，$\inf B\in B$ であるから，やはり矛盾．

すなわち，上限・下限の存在は「数もどき」が存在しないことを意味しており，したがって $\mathbb{R}$ の連続性が言えたことになる．

今の議論で観察した事柄は，次の定理に言い換えられる．

定理 3-9

任意の切断 (A,B) に対して，$A=(-\infty,\alpha]$ または $A=(-\infty,\alpha)$ となる $\alpha\in\mathbb{R}$ が存在する（それぞれに応じて $B=(\alpha,\infty)$ または $B=[\alpha,\infty)$ である）．

§3.2 コーシー列

これまで数列の収束を論じてきたとき，極限値を指定，あるいは推定したが，一般には予め極限値（の候補）が知られていることは滅多にない．極限値を指定（推定）せずに，数列のみの性質から，それが収束するかどうかを判定する方法を見出そう．

本章の冒頭で言及した次の定理を思い出そう．その証明は ε-δ 論法による証明の代表例であり，上限（下限）の存在が本質的役割を果たす．

定理 3-10（コーシーの収束条件）

数列 $\{a_n\}_{n=1}^{\infty}$ について，次の条件が成り立てば $\{a_n\}_{n=1}^{\infty}$ は収束する．

「任意の $\varepsilon>0$ に対して，$m\geq n_\varepsilon$ かつ $n\geq n_\varepsilon$ ならば $|a_m-a_n|<\varepsilon$ をみたす n_ε が存在する[3)]」．

[3)] ここでは，ε に対する依存性を強調するため n_ε という書き方をしているが，前に注意したように「任意の $\varepsilon>0$ に対して……をみたす n_0 が存在する」という書き方でも構わない．

定理 3-10 の条件をみたす数列を**コーシー列** (Cauchy sequense) という.

証明　先ず, コーシー列は有界なことを示す. 条件において, $\varepsilon = 1$ とすると, $n \geq n_1$ であれば, $|a_n - a_{n_1}| < 1$. 従って, $|a_n| < |a_{n_1}| + 1$. よって任意の n に対して $|a_n| \leq \max\{|a_1|, |a_2|, \cdots, |a_{n_1-1}|, |a_{n_1}| + 1\}$ となるから, 有界である.

次に新しい 2 つの数列 $\{\alpha_n\}$ と $\{\beta_n\}$ を

$$\alpha_n = \inf\{a_k \mid k \geq n\}, \quad \beta_n = \sup\{a_k \mid k \geq n\}$$

とおいて定義する. このとき, $\alpha_n \leq a_n \leq \beta_n$ および $\alpha_1 \leq \alpha_2 \leq \cdots \leq \alpha_n \leq \beta_n \leq \cdots \leq \beta_2 \leq \beta_1$ が成り立つ (例題 3-2). よって, $\{\alpha_n\}$ は上に有界な単調増加列, $\{\beta_n\}$ は下に有界な単調減少列となって収束する (定理 3-4). コーシー列の条件を書き換えれば,「$m, n \geq n_\varepsilon$ ならば $a_n - \varepsilon < a_m < a_n + \varepsilon$」であるから, $n \geq n_\varepsilon$ である n を固定して考えると, $a_n - \varepsilon < a_m$ が任意の $m \geq n_\varepsilon$ について成り立つ. よって, $a_n - \varepsilon$ は $\{a_m, a_{m+1}, \ldots\}$ の下界であり, 下限の定義から $a_n - \varepsilon \leq \inf\{a_m, a_{m+1}, \cdots\} = \alpha_m$ が任意の $m \geq n_\varepsilon$ について成り立つ. 同様に, $\beta_m \leq a_n + \varepsilon$ である. こうして $m \geq n_\varepsilon$ ならば

$$0 \leq \beta_m - \alpha_m \leq (a_n + \varepsilon) - (a_n - \varepsilon) = 2\varepsilon$$

が成り立ち, $\lim_{n\to\infty}(\beta_m - \alpha_m) = 0$. よって $\lim_{m\to\infty} \alpha_m = \lim_{m\to\infty} \beta_m$ となり, $\alpha_n \leq a_n \leq \beta_n$ を使えば $\{a_n\}$ が収束することが分かる (定理 2-2). □

定理 3-11

収束列はコーシー列である.

証明　$\lim_{n\to\infty} a_n = a$ とおくと, 任意の $\varepsilon > 0$ に対して, $|a_n - a| < \varepsilon/2$ がすべての $n \geq n_0$ について成り立つような n_0 が存在するから, $m, n \geq n_0$ とすると,

$$|a_m - a_n| = |(a_m - a) - (a_n - a)| \leq |a_m - a| + |a_n - a| < \varepsilon$$

となるから, $\{a_n\}$ はコーシー列である. □

問 3-6　コーシー列の条件およびその否定を形式言語で表せ.

応用として, 実指数 x に対する a^x を定義する方法を与えよう.

例題 3-7

実数 x に対して，$\lim_{n\to\infty} x_n = x$ となる有理数列 $\{x_n\}$ を選ぶ．

(i) $\{a^{x_n}\}$ はコーシー列である．

(ii) $\lim_{n\to\infty} x'_n = x$ をみたす別の有理数列 $\{x'_n\}$ に対して $\lim_{n\to\infty} a^{x'_n} = \lim_{n\to\infty} a^{x_n}$.

解 (i) $|a^{x_m} - a^{x_n}| = |a^{x_n}|\,|a^{x_m - x_n} - 1|$ において，$|a^{x_n}|$ は有界なので，例題 2-20 を適用すれば，$\{a^{x_n}\}$ がコーシー列となることがわかる．よって $\lim_{n\to\infty} a^{x_n}$ が存在する．

(ii) $|a^{x_n} - a^{x'_n}| = |a^{x'_n}|\,|a^{x_n - x'_n} - 1|$ に再び例題 2-20 を適用． □

上の例題に鑑みて，a^x を $\lim_{n\to\infty} a^{x_n}$ として定義する．x が有理数のとき，$a_n = x$ とおいて定められる定数列を考えれば，今定義した a^x は既知の a^x に一致することがわかる（第6章で，a^x のまったく異なる定義を与える）．

§3.3 上極限，下極限

一般に，（有界な）数列が収束する（極限値を持つ）とは限らないが，これは数列が「振動」する場合に起きる現象である．この振動の様子を「定量化」したものが，上極限，下極限の概念である．定理 3-10 の証明の中で使われた数列 $\{\alpha_n\}, \{\beta_n\}$ が定義の中で使われる．

まず下極限の定義から始めよう．$\{a_n\}_{n=1}^{\infty}$ を下に有界な数列とする．

$$\alpha_k = \inf\{a_n \mid n \geq k\} \tag{3.1}$$

とおいて，新しい数列 $\{\alpha_k\}_{k=1}^{\infty}$ を考える．この数列は単調増加だから，収束するか，正の無限大に発散する．そこで，この数列の極限値（∞ を含める）を $\varliminf_{n\to\infty} a_n$ あるいは $\liminf_{n\to\infty} a_n$ と表して，$\{a_n\}_{n=1}^{\infty}$ の**下極限**（lower limit）という．すなわち $\varliminf_{n\to\infty} a_n = \sup_k \inf\{a_n \mid n \geq k\}$ である．$\{a_n\}_{n=1}^{\infty}$ が下に有界でない場合は $\varliminf_{n\to\infty} a_n = -\infty$ とおく．

次に上極限の定義を与える．$\{a_n\}_{n=1}^{\infty}$ を上に有界な数列とする．

$$\beta_k = \sup\{a_n \mid n \geq k\} \tag{3.2}$$

とおいて，新しい数列 $\{\beta_k\}_{k=1}^{\infty}$ を考える．この数列は単調減少だから，収束するか，負の無限大に発散する．そこで，この数列の極限値（$-\infty$ を含める）を

$\overline{\lim_{n\to\infty}}\, a_n$ あるいは $\limsup_{n\to\infty} a_n$ と表して，$\{a_n\}_{n=1}^{\infty}$ の**上極限**（upper limit）という．すなわち，$\overline{\lim_{n\to\infty}}\, a_n = \inf_k \sup\,\{a_n \mid n \geq k\}$ である．$\{a_n\}_{n=1}^{\infty}$ が上に有界でない場合は $\overline{\lim_{n\to\infty}}\, a_n = \infty$ とおく．

例　$a_n = (-1)^n\left(1+\dfrac{1}{n}\right)$ とする．書き下せば $-2,\ \dfrac{3}{2},\ -\dfrac{4}{3},\ \dfrac{5}{4},\ -\dfrac{6}{5}, \ldots$ である．

$$\alpha_k = \inf\{a_n \mid n \geq k\} = \begin{cases} -\left(1+\dfrac{1}{k}\right) & (k\ \text{は奇数}) \\ -\left(1+\dfrac{1}{k+1}\right) & (k\ \text{は偶数}) \end{cases}$$

$$\beta_k = \sup\{a_n \mid n \geq k\} = \begin{cases} 1+\dfrac{1}{k+1} & (k\ \text{は奇数}) \\ 1+\dfrac{1}{k} & (k\ \text{は偶数}) \end{cases}$$

よって $\overline{\lim_{n\to\infty}}\, a_n = 1,\ \underline{\lim_{n\to\infty}}\, a_n = -1.$

定理 3-12

(1)　$\underline{\lim_{n\to\infty}}\, a_n \leq \overline{\lim_{n\to\infty}}\, a_n,\quad \underline{\lim_{n\to\infty}}\,(-a_n) = -\overline{\lim_{n\to\infty}}\, a_n.$

(2)　$\underline{\lim_{n\to\infty}}\,(a_n+b_n) \geq \underline{\lim_{n\to\infty}}\, a_n + \underline{\lim_{n\to\infty}}\, b_n.$

(3)　$\overline{\lim_{n\to\infty}}\,(a_n+b_n) \leq \overline{\lim_{n\to\infty}}\, a_n + \overline{\lim_{n\to\infty}}\, b_n.$

ただし (2), (3) においては，右辺が $\infty-\infty$, $-\infty+\infty$ となる場合は除外する．

証明　(1) は $\inf\{a_n \mid n \geq k\} \leq \sup\{a_n \mid n \geq k\}$ および $\sup(-S) = -\inf S$ から明らか．(2) については，$\alpha_k = \inf\{a_n \mid n \geq k\}$, $\alpha'_k = \inf\{b_n \mid n \geq k\}$, $\gamma_k = \inf\{a_n+b_n \mid n \geq k\}$ とおくと，例題 3-4 により $\gamma_k \geq \alpha_k + \alpha'_k$ が得られるから，この両辺の極限を取ればよい．(3) についても同様．□

次の定理 3-13 は明らかであろう．

定理 3-13

すべての n について $a_n \leq b_n$ ならば，$\overline{\lim_{n\to\infty}}\, a_n \leq \overline{\lim_{n\to\infty}}\, b_n$ ，$\underline{\lim_{n\to\infty}}\, a_n \leq \underline{\lim_{n\to\infty}}\, b_n.$

定理 3-14

数列 $\{a_n\}$ に関して，次の2つの条件は同値である．

(i) $\{a_n\}$ は収束する．

(ii) $\varliminf_{n\to\infty} a_n$，$\varlimsup_{n\to\infty} a_n$ はともに有限値であり，しかも $\varliminf_{n\to\infty} a_n = \varlimsup_{n\to\infty} a_n$.

さらに，収束列 $\{a_n\}$ については，$\varliminf_{n\to\infty} a_n = \varlimsup_{n\to\infty} a_n = \lim_{n\to\infty} a_n$.

定理 3-14 の証明 一般に，(3.1) および (3.2) の記号を使えば，

$$(-\infty =)\ \alpha_1 \le \cdots \le \alpha_n \le a_n \le \beta_n \le \cdots \le \beta_1\ (=\infty)$$

が成り立っていることに注意．

$\{a_n\}$ が収束列であれば，定理 3-11 によりコーシー列であり，定理 3-10 の証明を見れば，$\varliminf_{n\to\infty} a_n = \lim_{n\to\infty} \alpha_n = \lim_{n\to\infty} a_n = \lim_{n\to\infty} \beta_n = \varlimsup_{n\to\infty} a_n$.

条件 (ii) を仮定すると，$\lim_{n\to\infty} \alpha_n = \varliminf_{n\to\infty} a_n = \varlimsup_{n\to\infty} a_n = \lim_{n\to\infty} \beta_n$ であるから，$\{a_n\}$ は収束する（挟み撃ちの原理；定理 2-2）． □

上（下）極限を ε-δ 論法で特徴付けよう．

定理 3-15

(1) 上に有界な列 $\{a_n\}$ の上極限 λ は，$\lambda \neq \pm\infty$ のとき，次の2条件により特徴づけられる．

(1-i) 任意の正数 ε に対して，$a_n > \lambda - \varepsilon$ となる n が無限個存在する．

(1-ii) 任意の正数 ε に対して，ある n_0 が存在して $n \ge n_0$ なる n について $a_n < \lambda + \varepsilon$ である（$\forall\varepsilon > 0\ \exists n_0\ \forall n\ [n \ge n_0 \to a_n < \lambda + \varepsilon]$）．

(2) 下に有界な列 $\{a_n\}$ の下極限 λ は，$\lambda \neq \pm\infty$ のとき，次の2条件により特徴づけられる．

(2-i) 任意の正数 ε に対して，$a_n < \lambda + \varepsilon$ となる n が無限個存在する．

(2-ii) 任意の正数 ε に対して，ある n_0 が存在して $n \ge n_0$ なる n について $a_n > \lambda - \varepsilon$ である（$\forall\varepsilon > 0\ \exists n_0\ \forall n\ [n \ge n_0 \to a_n > \lambda - \varepsilon]$）．

証明 λ を上極限とすると，$\lambda = \lim_{k\to\infty} \sup\{a_n \mid n \ge k\}$ であるから，任意の $\varepsilon > 0$ に対して，$k \ge k_0$ ならば $\lambda - \varepsilon < \sup\{a_n \mid n \ge k\} < \lambda + \varepsilon$ となるような k_0 が存在

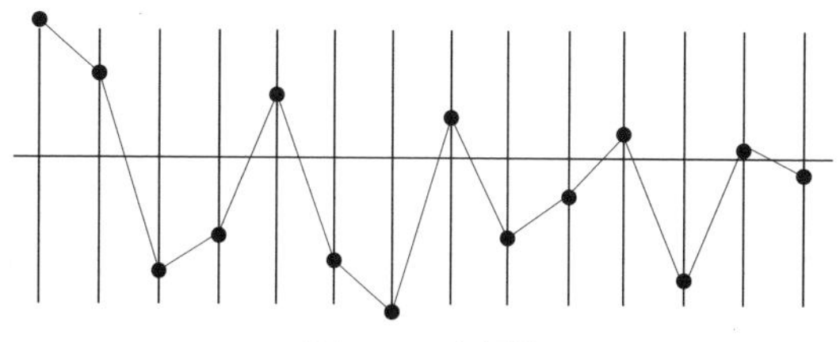

図 **3.2**　上極限

する．右側の不等式から，すべての $n \geq k_0$ に対して $a_n < \lambda+\varepsilon$ が成り立つ (よって k_0 を改めて n_0 とおけばよい).

一方,「無限に多くの n について，$a_n > \lambda - \varepsilon$ が成り立つ」を否定してみよう．すると，有限個の n についてしか $a_n > \lambda - \varepsilon$ が成り立たないから，ある番号から先は $a_n \leq \lambda - \varepsilon$ でなければならない．すなわち，ある n_0 が存在して，$n \geq n_0$ ならば $a_n \leq \lambda - \varepsilon$ である．ところが，$\lambda \leq \sup\{a_n \mid n \geq n_0\} \leq \lambda - \varepsilon$ となるからこれは矛盾である．よって無限に多くの n について，$a_n > \lambda - \varepsilon$ が成り立つ.

逆に λ を (1-i), (1-ii) により特徴付けられる数とする．$\beta = \varlimsup_{n\to\infty} a_n$ とおく．(1-i) により $a_k > \lambda - \varepsilon$ となる k が無限個存在するから，そのような k を $k_1 < k_2 < \cdots$ とする．任意の k に対して $k < k_i$ となる k_i を選べば，$\beta_k (= \sup\{a_n \mid n \geq k\}) \geq \beta_{k_i} \geq a_{k_i} > \lambda - \varepsilon$ である．よって，$\beta (= \lim_{k\to\infty} \beta_k) \geq \lambda - \varepsilon$ を得る．ε は任意であったから，$\beta \geq \lambda$ となる（演習問題 2-6)．次に，(1-ii) から $\beta_N \leq \lambda + \varepsilon$ が導かれ，$\beta \leq \beta_N \leq \lambda + \varepsilon$ となるから，ε の任意性により $\beta \leq \lambda$ が得られる．よって，上で述べたことを併せれば，$\lambda = \beta$ となる.

下極限についても同様である.　□

上極限ないしは下極限が有限値でない場合は，次の定理が成り立つ.

定理 3-16

(1-i)　$\varlimsup_{n\to\infty} a_n = \infty \iff \{a_n\}$ は上に有界ではない.

(1-ii)　$\varlimsup_{n\to\infty} a_n = -\infty \iff \lim_{n\to\infty} a_n = -\infty$

(2-i)　$\varliminf_{n\to\infty} a_n = -\infty \iff \{a_n\}$ は下に有界ではない.

(2-ii)　$\varliminf_{n\to\infty} a_n = \infty \iff \lim_{n\to\infty} a_n = \infty$

証明　(1-i), (2-i) は上限・下限の定義そのものである.

(1-ii) については，$\overline{\lim_{n\to\infty}}\, a_n = -\infty$ と，単調減少列 $\{\sup\{a_n \mid n \geq k\}\}_{k=1}^{\infty}$ が下に有界でないことが同値であるから，任意の M に対して，$\sup\{a_n \mid n \geq n_0\} < M$ となる n_0 が存在することと同値であり，これは，任意の n について，$n \geq n_0$ ならば $a_n < M$ であることと同じである．

(2-ii) の証明も同様である． □

次の定理は，後でベキ級数の収束理論で使われることになる．

定理 3-17

正数列 $\{a_n\}$ に対して

$$\underline{\lim_{n\to\infty}}\, a_{n+1}/a_n \leq \underline{\lim_{n\to\infty}}\, \sqrt[n]{a_n} \leq \overline{\lim_{n\to\infty}}\, \sqrt[n]{a_n} \leq \overline{\lim_{n\to\infty}}\, a_{n+1}/a_n. \tag{3.3}$$

証明 (3.3) の両端をそれぞれ $\underline{\alpha}, \overline{\alpha}$ とすると $0 \leq \underline{\alpha} \leq \overline{\alpha}$．まず $0 < \underline{\alpha} \leq \overline{\alpha} < \infty$ とすれば, $0 < \varepsilon < \underline{\alpha}$ をみたす ε に対して適当な n_0 を選べば, $\nu \geq n_0$ のとき, $\underline{\alpha} - \varepsilon < a_{\nu+1}/a_\nu < \overline{\alpha} + \varepsilon$ であり，$n > n_0$ のとき $(\underline{\alpha} - \varepsilon)^{n-n_0} < a_n/a_{n_0} < (\overline{\alpha} + \varepsilon)^{n-n_0}$ である（定理 2-5 の証明参照）．したがって

$$(\underline{\alpha} - \varepsilon)\{a_{n_0}(\underline{\alpha} - \varepsilon)^{-n_0}\}^{1/n} < \sqrt[n]{a_n} < (\overline{\alpha} + \varepsilon)\{a_{n_0}(\overline{\alpha} + \varepsilon)^{-n_0}\}^{1/n}$$

が得られるから例題 2-20 により $\underline{\alpha} - \varepsilon \leq \underline{\lim_{n\to\infty}}\, \sqrt[n]{a_n} \leq \overline{\lim_{n\to\infty}}\, \sqrt[n]{a_n} \leq \overline{\alpha} + \varepsilon$．$\varepsilon > 0$ の任意性により (3.3) がしたがう．$\underline{\alpha} = 0$ のとき, (3.3) の左半は自明．$\infty > \overline{\alpha} \geq 0$ のとき，(3.3) の右半は上の議論を適用できる．最後に $\overline{\alpha} = \infty$ ならば，右半は自明であり，$0 < \underline{\alpha} < \infty$ のときは左半には上の議論が適用できる．$\underline{\alpha} = \infty$ ならば，任意の $K > 0$ に対して適当な n_0 を選べば，$\nu \geq n_0$ のとき $a_{\nu+1}/a_\nu > K$．よって $n > n_0$ のとき $a_n/a_{n_0} > K^{n-n_0}$ であり，$\sqrt[n]{a_n} > K(a_{n_0}K^{-n_0})^{1/n}$ が得られるから，$\underline{\lim_{n\to\infty}}\, \sqrt[n]{a_n} = \infty$． □

証明の中で上極限，下極限を使う例題を挙げておく．

例題 3-8

$a_{m+n} \leq a_m + a_n$ をみたす数列 $\{a_n\}_{n=1}^{\infty}$ について，極限 $\lim_{n\to\infty} a_n/n$ が存在することを示せ[4)]．ただし，$\lim_{n\to\infty} a_n/n = -\infty$ の場合も含める．

[4)] この性質を満足する数列は**劣加法的** (subadditive) と言われる．

解 n を任意の自然数として固定しておく．任意の自然数 m について，m を n で割ったときの商を $q(n)$，余りを $r(n)$ とする（割り算定理）．$a_m = a_{q(n)n+r(n)} \leq q(n)a_n + a_{r(n)}$ の両辺を m で割って

$$\frac{a_m}{m} \leq \frac{nq(n)}{m} \cdot \frac{a_n}{n} + \frac{r(n)}{m} = \left(1 - \frac{r(n)}{m}\right)\frac{a_n}{n} + \frac{r(n)}{m}$$

を得る．$0 \leq r(n) < n$ に注意すれば $\lim_{m\to\infty} r(n)/m = 0$ であるから

$$\varlimsup_{m\to\infty} \frac{a_m}{m} \leq \frac{a_n}{n} \tag{3.4}$$

となる．$\varlimsup_{m\to\infty} a_m/m = -\infty$ のときは $\lim_{n\to\infty} a_m/m = -\infty$ であるから（定理 3-16 (1-ii)），$\varlimsup_{m\to\infty} a_m/m$ を有限値としよう．

(3.4) において $n \to \infty$ とすれば $\varlimsup_{m\to\infty} a_m/m \leq \varliminf_{n\to\infty} a_n/n$ が得られ，これと定理 3-12 の (1) を併せれば，$\varlimsup_{m\to\infty} a_m/m = \varliminf_{n\to\infty} a_n/n$ となるから，定理 3-14 を適用すればよい． □

§3.4 応用——連分数（∗）

コーシー列に関する定理 3-10 の応用を与えよう．

第 1 章の課題 1-9 で述べた結果によれば，正の無理数 x を高々 $1/m^2$ の精度で近似する既約分数 n/m が無限個存在する．しかし，これは「存在する」というだけで，どのように n/m を求めるかについては何も言っていない．この不備を埋めるのが「連分数展開」という方法である．

一般に，$a_0 \geq 0$，および正数列 $a_1, \ldots, a_n, \ldots$ が与えられたとき

$$a_0 + \cfrac{1}{a_1 + \cfrac{1}{a_2 + \cfrac{1}{a_3 + \cfrac{1}{\cdots a_{n-1} + \cfrac{1}{a_n}}}}}$$

を $[a_0; a_1, \ldots, a_n]$ により表し，これを（正則）**連分数**（continued fraction）とよぶ．

補題 3-18

数列 $p_0, p_1, \ldots, p_n, \ldots$ 及び $q_0,\ q_1,\ \ldots,\ q_n,\ \ldots$ を

$$p_0 = a_0,\quad p_1 = a_0a_1 + 1,\quad p_{n+1} = a_{n+1}p_n + p_{n-1} \quad (n \geq 1)$$

$$q_0 = 1,\quad q_1 = a_1,\quad q_{n+1} = a_{n+1}q_n + q_{n-1} \quad (n \geq 1)$$

により定義するとき，次の (1), (2), (3) が成り立つ．

(1) $[a_0; a_1, \ldots, a_{n+1}] = [a_0; a_1, \ldots, a_{n-1}, a_n + \dfrac{1}{a_{n+1}}]$.

(2) $p_nq_{n-1} - p_{n-1}q_n = (-1)^{n+1} \quad (n \geq 1)$.

(3) $p_n/q_n = [a_0; a_1, \ldots, a_n]$.

証明 (1) 連分数の最後尾 $a_{n-1} + \dfrac{1}{a_n + 1/a_{n+1}}$ を見れば明らか．

(2) $n = 1$ のとき $p_1q_0 - p_0q_1 = (a_0a_1 + 1) - a_0a_1 = 1 = (-1)^2$ であるから正しい．$n = k$ のとき正しいと仮定するとき

$$\begin{aligned} p_{k+1}q_k - p_kq_{k+1} &= (a_{k+1}p_k + p_{k-1})q_k - p_k(a_{k+1}q_k + q_{k-1}) \\ &= -(p_kq_{k-1} - p_{k-1}q_k) = (-1)^{k+2} \end{aligned}$$

が得られるから，$n = k + 1$ の場合も正しい．

(3) $n = 0$ のときは明らかに正しい．$n = k$ のとき正しいと仮定する．$a'_k = (a_ka_{k+1} + 1)/a_{k+1}$ 及び $p'_k = a'_kp_{k-1} + p_{k-2}$，$q'_k = a'_kq_{k-1} + q_{k-2}$ とおくと，数列 $a_0, a_1, \ldots, a_{k-1}, a'_k$ から (1) に述べた方法で定まる列は，$p_0, p_1, \ldots, p_{k-1}, p'_k$ 及び $q_0, q_1, \ldots,\ q_{k-1}, q'_k$ である．帰納法の仮定から

$$[a_0; a_1, \ldots, a_{k+1}] = [a_0; a_1, \ldots, a_{k-1}, a'_k] = \frac{p'_k}{q'_k}$$

が成り立つ．

$$\begin{aligned} p'_k &= \frac{a_ka_{k+1} + 1}{a_{k+1}}p_{k-1} + p_{k-2} = \frac{1}{a_{k+1}}\left(a_{k+1}(a_kp_{k-1} + p_{k-2}) + p_{k-1}\right) \\ &= \frac{1}{a_{k+1}}(a_{k+1}p_n + p_{k-1}) = \frac{1}{a_{k+1}}p_{k+1} \end{aligned}$$

であり，同様に $q'_k = (1/a_{k+1})q_{k+1}$ であるから，$p'_k/q'_k = p_{k+1}/q_{k+1}$ となって，$n = k + 1$ のときもが正しい． □

連分数 $[1; 1, \ldots, 1]$ に付随する数列 $\{p_n\}_{n=0}^{\infty}$，$\{q_n\}_{n=0}^{\infty}$ とフィボナッチ数列

$\{x_n\}_{n=1}^{\infty}$ の間には関係がある．$\{x_n\}_{n=1}^{\infty}$ は，漸化式 $x_n = x_{n-1} + x_{n-2}$, $x_1 = x_2 = 1$ により特徴づけられる数列であった．$p_0 = 1$, $p_1 = 2$, $p_n = p_{n-1} + p_{n-2}$ $(n \geq 2)$ により，$p_n = x_{n+2}$ であり，$q_0 = q_1 = 1$, $q_n = q_{n-1} + q_{n-2}$ $(n \geq 2)$ により $q_n = x_{n+1}$ である．

以下，$\{a_n\}_{n=0}^{\infty}$ は $a_0 \geq 0$, $a_n > 0$ $(n \geq 1)$ であるような整数列とする．このとき，$\{p_n\}, \{q_n\}$ を定義する漸化式から，これらは狭義単調増加な自然数列である．

補題 3-19

$p_n \geq x_{n+2}$, $q_n \geq x_{n+1}$ がすべての $n \geq 0$ に対して成り立つ．

証明　帰納法による．$p_0 = a_0 \geq 1 = x_2$, $p_1 = a_0 a_1 + 1 \geq 2 = x_3$ である．$p_k \geq x_{k+2}$ が $k \leq n$ のとき正しいと仮定．

$$p_{n+1} = a_{n+1} p_n + p_{n-1} \geq p_n + p_{n-1} \geq x_{n+2} + x_{n+1} = x_{n+3}$$

であるから，$k \leq n+1$ のときも正しい．q_n についても同様．□

例題 2-21，2-18 を使えば，$\lim_{n\to\infty} x_{n+1}/x_n > 1$ から，$x_n \geq ca^n$ がすべての n について成り立つ $c > 0$, $a > 1$ が存在する．よって，$p_n \geq ca^{n+2}$, $q_n \geq ca^{n+1}$ が得られる．

定理 3-20

任意の $\{a_n\}_{n=0}^{\infty}$ に対して，$\lim_{n\to\infty} [a_0; a_1, a_2, \ldots, a_n]$ が存在する．

証明　補題 3-18 の (2) により $|q_n/p_n - q_{n-1}/p_{n-1}| = 1/q_n q_{n-1} \leq 1/c^2 a^{2n+1}$. よって，$n > m$ のとき

$$\begin{aligned}\left|\frac{q_n}{p_n} - \frac{q_m}{p_m}\right| &\leq \left|\frac{q_n}{p_n} - \frac{q_{n-1}}{p_{n-1}}\right| + \left|\frac{q_{n-1}}{p_{n-1}} - \frac{q_{n-2}}{p_{n-2}}\right| + \cdots + \left|\frac{q_{m+1}}{p_{m+1}} - \frac{q_m}{p_m}\right| \\ &= \frac{1}{c^2}\left(\frac{1}{a^{2n+1}} + \frac{1}{a^{2n-1}} + \cdots + \frac{1}{a^{2m+3}}\right) \\ &= \frac{1}{c^2 a^{2m+3}}\left(1 + \frac{1}{a^2} + \cdots + \frac{1}{a^{2(n-m-1)}}\right) < \frac{1}{c^2 a^{2m+3}} \frac{1}{1 - 1/a^2}.\end{aligned}$$

したがって $\varepsilon > 0$ を任意に与えたとき，$\left(c^2 a^{2N+3}(1 - 1/a^2)\right)^{-1} < \varepsilon$ となる自然数 N を選べば，$|q_n/p_n - q_m/p_m| < \varepsilon$ が $n > m \geq N$ をみたす任意の n, m に対して成り立つ．よって $\lim_{n\to\infty} q_n/p_n$ が存在する（定理 3-10）．こうして補題 3-18 の (3) により，$\lim_{n\to\infty} [a_0; a_1, a_2, \ldots, a_n]$ が存在する．□

以下，$\lim_{n\to\infty}[a_0; a_1, a_2, \ldots, a_n]$ を $[a_0; a_1, a_2, \ldots]$ により表し，これを**無限連分数** (infinite continued fraction) という．これから問題とするのは，与えられた正数を連分数ないしは無限連分数により表すことである．

正数 x に対して整数列 $a_0, a_1, a_2, \ldots$ と数列 $\theta_0, \theta_1, \theta_2, \ldots$ を帰納的に

$$x = a_0 + \theta_0, \quad \theta_{k-1}^{-1} = a_k + \theta_k \quad (n \geq 1), \quad 0 < \theta_k < 1 \tag{3.5}$$

をみたすように定める（a_k は θ_{k-1}^{-1} を小数展開したときの整数部分 $\theta_{k-1}^{-1} - [\theta_{k-1}^{-1}]$ である）．上の漸化式は $\theta_k > 0$ である限り続け，もし $\theta_n = 0$ となった場合は，そこで止める．$a_0 \geq 0$, $a_k > 0$ $(1 \leq k \leq n)$ に注意しよう．

補題 3-21

任意の $n \geq 1$ に対して，$x = [a_0; a_1, \ldots, a_{n-1}, a_n + \theta_n]$.

証明　$x = a_0 + \theta_0 = a_0 + \dfrac{1}{a_1 + \theta_1}$ および，補題 3-18 の (2) を適用して得られる次式を使えばよい．

$$[a_0; a_1, \ldots, a_n, a_{n+1} + \theta_{n+1} = [a_0; a_1, \ldots, a_{n-1}, a_n + \frac{1}{a_{n+1} + \theta_{n+1}}]$$
$$= [a_0; a_1, \cdots, a_{n-1}, a_n + \theta_n].$$
□

定理 3-22

$x \in \mathbb{Q}$ のとき，$\theta_n = 0$ となる n があり，$x = [a_0;\ a_1,\ \ldots,\ a_n]$.

証明　$x = b/a$ としよう（b/a は既約である必要はない）．余りが 0 になるまで次のような割り算を続けて行う．

$$b = q_0 a + r_0 \quad (0 < r_0 < a)$$
$$a = q_1 r_0 + r_1 \quad (0 < r_1 < r_0)$$
$$r_0 = q_2 r_1 + r_2 \quad (0 < r_2 < r_1)$$
$$\cdots$$
$$r_{n-3} = q_{n-1} r_{n-2} + r_{n-1} \quad (0 < r_{n-1} < r_{n-2})$$
$$r_{n-2} = q_n r_{n-1}$$

実際，$r_0 > r_1 > r_2 > \cdots$ であるから，$r_n = 0$ となる n が存在する．そこで，$\omega_0 = r_0/a, \omega_k = r_k/r_{k-1}$ $(1 \leq k \leq n)$ とおいて書き直すと

$$
\begin{aligned}
x &= \frac{b}{a} = q_0 + \omega_0 \quad (0 < \omega_0 < 1) \\
\omega_0^{-1} &= \frac{a}{r_0} = q_1 + \omega_1 \quad (0 < \omega_1 < 1) \\
\omega_1^{-1} &= \frac{r_0}{r_1} = q_2 + \omega_2 \quad (0 < \omega_2 < 1) \\
&\cdots\cdots \\
\omega_{n-2}^{-1} &= \frac{r_{n-3}}{r_{n-2}} = q_{n-1} + \omega_{n-1} \quad (0 < \omega_{n-1} < 1) \\
\omega_{n-1}^{-1} &= q_n
\end{aligned}
$$

これと (3.5) を見比べれば，$q_k = a_k, \omega_k = \theta_k$ $(k = 1, \ldots, n)$ である． □

注意 上の証明で使われた割り算の列は，a, b の最大公約数を求めるためのユークリッドの互除法（Euclidean algorithm）に登場する（r_{n-1} が a, b の最大公約数となっている）．

定理 3-23

(1) x が無理数であれば，$a_1, a_2, \ldots$ は自然数列であり，$\{p_n\}, \{q_n\}$ は狭義増加列である．さらに q_n/p_n は既約分数である．

(2) $\left|x - \dfrac{p_n}{q_n}\right| < \dfrac{1}{q_n^2}$.

(3) $x = [a_0; a_1, \ldots, a_n, \ldots]$.

証明 (1) $\{\theta_k\}$ の定義からは θ_k はすべて無理数であり，$0 < \theta_k < 1$ であるから，すべての $k \leq 1$ に対して $a_k \geq 1$.

$p_{n+1} = a_{n+1}p_n + p_{n-1}$, $q_{n+1} = a_{n+1}q_n + q_{n-1}$ から，$\{p_n\}, \{q_n\}$ が狭義増加なことが分かる．さらに，$p_n q_{n-1} - p_{n-1} q_n = (-1)^{n+1}$ から，p_n, q_n の最大公約数は 1 である．

(2) $x = [a_0; a_1, \ldots, a_n, a_{n+1} + \theta_{n+1}]$ から，

$$
p'_{n+1} = (a_{n+1} + \theta_{n+1})p_n + p_{n-1}, \qquad q'_{n+1} = (a_{n+1} + \theta_{n+1})q_n + q_{n-1}
$$

とおけば，$x = p'_{n+1}/q'_{n+1}$ であるから

$$x - \frac{p_n}{q_n} = \frac{p'_{n+1}}{q'_{n+1}} - \frac{p_n}{q_n} = (-1)^n \frac{1}{q_n q'_{n+1}}.$$

$a_{n+1} \geq 1$ であるから，$q'_{n+1} \geq q_n$ となり $|x - p_n/q_n| < 1/q_n^2$ が導かれる．

(3) $\{q_n\}$ は自然数の狭義増加列であるから，任意の $\varepsilon > 0$ に対して $1/q_n^2 < \varepsilon$ が任意の $n \geq n_0$ について成り立つ n_0 が存在する．よって，$n \geq n_0$ ならば $|x - p_n/q_n| < \varepsilon$，すなわち $x = \lim_{n\to\infty} p_n/q_n = \lim_{n\to\infty} [a_0; a_1, \ldots, a_n]$. □

□ 連分数の歴史

連分数の歴史はピタゴラス（Pythagoras；前581頃-507頃）の「協和音」の理論に遡り，その後，ユークリッドの『原論』にあるように，線分の（長さの）比を求める実用的方法（アンティファイレシス anthyphairesis）として発展した．なおギリシャ語のアンティファイレシスは「次々に引き去る」という意味であり，「テアイテトスの引き算アルゴリズム」ともよばれる．それは，2つの線分 α, β の比の値 α/β に対する連分数展開を求める方法に他ならない．本文でも述べたように，ユークリッドの互除法も連分数の概念に密接に関係している．

ピタゴラスの時代まで，線分の比の値は常に有理数（すなわち，$m\alpha = n\beta$ となる自然数 m, n が存在する）と信じられていたのだが，彼の学派に属す数学者が直角三角形の斜辺と他の辺の比の値（$\sqrt{2}$）が有理数とはならないことを発見した．その理由づけには，アンティファイレシスのアイディアが使われたと考えられている．

その後，イタリアの数学者ボンベリ（R. Bombelli；1526–1572）が，自然数 N の平方根 $\sqrt{N}$ を求めるのに連分数展開を使い (1572年)，ラグランジュ（前出）により，2次の無理数は周期的な連分数展開を持つことが証明された（1770年；本章の課題3-7，3-8）．

例 $\sqrt{2}$ の連分数展開を求めてみよう．

$$\sqrt{2} = 1 + (\sqrt{2} - 1) \quad (a_0 = 1,\ \theta_0 = \sqrt{2} - 1)$$

$$\frac{1}{\sqrt{2} - 1} = 2 + (\sqrt{2} - 1) \quad (a_1 = 2,\ \theta_1 = \sqrt{2} - 1)$$

$$\frac{1}{\sqrt{2} - 1} = 2 + (\sqrt{2} - 1) \quad (a_2 = 2,\ \theta_2 = \sqrt{2} - 1)$$

であるから，$\sqrt{2}=[1;2,2,2,\dots]$．よって $\sqrt{2}$ は無理数である．興味深い事実は，$\sqrt{2}$ の古代の近似値 577/408 が $\sqrt{2}$ の連分数展開を途中で打ち切った $[1;2,2,2,2,2,2,2]$ に等しいことである．

問 3-7　$\sqrt{3}$ の連分数展開を求めよ．

第 3 章の課題

課題 3-1 [やや難] この課題では，上限，下限の存在は仮定しないでおく．$A \subset \mathbb{R}$ を上に有界な集合として，$\underline{A} = \bigcup_{a \in A}(-\infty, a]$ とおくとき，次のことが成り立つことを示せ（$U(A)$ は A の上界からなる集合）．

(1) $U(\underline{A}) = U(A)$.

(2) $\underline{A} \cup U(A) = \mathbb{R}$.

(3) $\underline{A} \cap U(A)$ は空，あるいは高々 1 点からなる．

(4) 任意の $\varepsilon > 0$ に対して，$(0 \leq)\ y - x < \varepsilon$ となる $x \in \underline{A}$, $y \in U(A)$ が存在する．

課題 3-2 [難] 下に有界な単調減少列（上に有界な単調増加列）が常に収束するという仮定の下で，上に有界な集合が上限（下に有界な集合が下限）を持つことを示せ（ヒント：課題 3-1 の (4) を使う）．

課題 3-3 $a, b, c, d > 0$, $ad - bc = 1$ として，$x_{n+1} = (ax_n + b)/(cx_n + d)$ をみたす実数列 $\{x_n\}_{n=1}^{\infty}$ を考える．

(1) $|a + d| < 2$ のとき，$\{x_n\}_{n=1}^{\infty}$ は収束しないことを示せ．

(2) $|a + d| > 2$ のとき，$0 < x_1 < \{a - d + \sqrt{(a+d)^2 - 4}\}/2c$ とすれば，$\{x_n\}_{n=1}^{\infty}$ は有界かつ単調増加なことを示せ．
（注意：$\{a - d + \sqrt{(a+d)^2 - 4}\}/2c$ は $cx^2 + (d-a)x - b = 0$ の正数解である）

課題 3-4 $0 < a < b$ に対して数列 $\{a_n\}_{n=0}^{\infty}, \{b_n\}_{n=0}^{\infty}$ を次のように帰納的に定義するとき，(1), (2) が成り立つ．

$$a_0 = a,\ b_0 = b, \quad a_{n+1} = \sqrt{a_n b_n}, \quad b_{n+1} = \frac{a_n + b_n}{2}.$$

(1) $0 < a_0 < a_1 < \cdots < a_n < \cdots < b_n < \cdots < b_1 < b_0$.

(2) $\{a_n\}_{n=0}^{\infty}, \{b_n\}_{n=0}^{\infty}$ は共通の極限を持つ（この極限を $M(a, b)$ で表し，a, b の算術幾何平均（arithmetic-geometric mean）という）．

課題 3-5 [難]（対角線論法の応用） 数列の族 $\{a_n^{(\nu)}\}_{n=1}^{\infty}$ $(\nu = 1, 2, \ldots)$ に対して，自然数からなる増加列 $n_1 < n_2 < \cdots$ を選んで，各 ν に対して $\{a_{n_k}^{(\nu)}\}_{k=1}^{\infty}$ が収束ないしは $\pm\infty$ に発散するようにできる．

課題 3-6 補題 3-18 参照．$a_0 \geq 0$, $a_n > 0$ $(n \geq 1)$ である整数列 $\{a_n\}_{n=0}^{\infty}$ について，$x = [a_0; a_1, a_2, \ldots, a_n, \ldots]$, $y = [a_{n+1}; a_{n+2}, a_{n+3}, \ldots]$ とする．

(1) $x = [a_0; a_1, \ldots, a_n, y]$.

(2) $x = \dfrac{p_n y + p_{n-1}}{q_n y + q_{n-1}}.$

課題 3-7 [やや難] 数列 $\{x_n\}_{n=1}^{\infty}$ は，ある $k \geq 1$ が存在して，$x_{n+k} = x_n$ がすべての n について成り立つとき，**周期的数列**（periodic sequence）とよばれる．課題 3-6 における $\{a_n\}_{n=0}^{\infty}$ が，ある番号から先では周期的になるとき，$x = [a_0; a_1, a_2, \cdots]$ は 2 次の無理数となることを示せ．

課題 3-8 [難]（ラグランジュ） 2 次の無理数 α の連分数展開 $\alpha = [a_0; a_1, a_2, \ldots]$ に現れる数列 $\{a_n\}$ は，ある番号から先では周期的になる．

課題 3-9 [難] (1) $\mathbb{R}$ の空でない部分集合 A が，「$a, b \in A$ ならば $a \pm b \in A$」という性質を持っているとき[5]，A は稠密か，ないしは $A = \mathbb{Z}a$ $(= \{k\alpha \mid k \in \mathbb{Z}\}$ となる $\alpha \in A$ が存在する．

(2) N を平方因子を含まない自然数とするとき，$A = \{a + b\sqrt{N} \mid a, b \in \mathbb{Z}\}$ は $\mathbb{R}$ において稠密である．

[5] 群論が既知ならば，A は加法群 $\mathbb{R}$ の部分群ということである．

■第3章の補遺 —— 実数とは？■

これまで敢えて先延ばしにしてきた「実数とは何か？」という問いに答えよう．

国語辞典で「実数」の項を調べると，次のような説明がなされている．

「**実数**は有理数と無理数の総称．**有理数**は，実数のうち，整数か分数かの形で表せる数の総称．**無理数**は 実数のうち，分数の形では表せないもの．**分数**は整数を 0 でない整数で割った形で表した数」

この説明では，「実数は有理数と無理数の総称」と言いながら，「無理数は，実数のうち，有理数で表せないもの」と言い，定義の「循環」が起きていて，実数については何も語っていない．にも拘わらず，これまで何ら問題が生じなかったのは，実数全体を直線（数直線）と同一視することによって，実数を理解した気持ちになっているからである．

ではどのようにして実数を把握すればよいのだろうか？ そのアイディアは既に古代ギリシャの数学に見ることができる．

§3.4 の「連分数の歴史」で述べたように，ピタゴラスの時代まで線分の長さの比の値は常に有理数，すなわち，任意の 2 つの線分 α, β に対して $m\alpha = n\beta$ となる自然数 m, n が存在すると考えられていて，この前提の下で幾何学（とくに相似の理論）が組立られていたのである．線分の比の相等は，この前提の下では次のように定式化される．

4 つの線分 $\alpha_1, \beta_1, \alpha_2, \beta_2$ について $\alpha_1 : \beta_1 = \alpha_2 : \beta_2$ となるのは，
$m\alpha_1 = n\beta_1$, $m\alpha_2 = n\beta_2$ が成り立つ自然数 m, n が存在することである．

しかし，ピタゴラス学派による無理数比を持つ線分の発見は，それまでの幾何学を破綻させてしまった．この「危機」を救ったのがユードクソス（前述）である．彼は比の相等を次のように定式化した．

線分 $\alpha_1, \beta_1, \alpha_2, \beta_2$ について $\alpha_1 : \beta_1 = \alpha_2 : \beta_2$ であるとは，次の 2 条件が成り立つことである．

「$m\alpha_1 > n\beta_1 \implies m\alpha_2 > n\beta_2$」，　　「$m\alpha_1 < n\beta_1 \implies m\alpha_2 < n\beta_2$」

もし実数概念が既知であり，線分の長さの比の値が実数で表されることを知っているなら，$x_1 = \alpha_1/\beta_1$, $x_2 = \alpha_2/\beta_2$, $a = n/m$ とおくとき，比の相等は次のように言い換えられる．

2 つの正の実数 x_1, x_2 に対して，$x_1 = x_2$ であるのは，任意の有理数 a に対して

「$a < x_1 \implies a < x_2$」および「$x_1 < a \implies x_2 < a$」が成り立つことである.

すなわち，実数の相等が有理数を使って定式化されている．この定式化は，実数が有理数系から論理的に構成されることを示唆しており，それを実行したのはワイエルシュトラス (1860)，メレー[6] (1869)，カントル (1872)，デデキント[7] (1872) である.

ここでは，§3.1 で述べた数直線の切断の代わりに，「有理数直線」の切断を考えることにより実数を構成する（デデキント).

有理数の集合 $\mathbb{Q}$ の部分集合 $A \neq \emptyset, B \neq \emptyset$ の対 (A, B) は，数直線の切断と同様の性質

(i) $A \cap B = \emptyset$，$A \cup B = \mathbb{Q}$（すなわち $B = A^c$).

(ii) 任意の $a \in A$, $b \in B$ について，$a < b$.

を持ち，さらに加えて $\max A$ が存在しないとき，**有理数直線の切断**と言う．以下，単に切断とよぶことにしよう.

$\min B$ が存在するような切断 (A, B) を**正規切断**という．このとき，$b = \min B$ とおけば $B = \{x \in \mathbb{Q} \mid x \geq b\}$，$A = \{x \in \mathbb{Q} \mid x < b\}$ である.

定理 3-24

正規でない切断が存在する.

証明 $A = \{x \in \mathbb{Q} \mid x^2 < 2\} \cup \{x \in \mathbb{Q} \mid x < 0\}$ とするとき，$B = \{x \in \mathbb{Q} \mid x^2 \geq 2, x \geq 0\}$ であり，(A, B) は正規でない切断である[8]．実際，$a = \max A$ の存在を仮定すると，$a^2 < 2$ でなければならないが，$a < x$ かつ $x^2 < 2$ をみたす $x \in \mathbb{Q}$ が存在するので矛盾．同様に，$b = \min B$ の存在を仮定すると，$b^2 \geq 2$ でなければならないが，$b^2 > 2$ とすると，$x^2 > 2$ かつ $x < b$ となる $x \in \mathbb{Q}$ が存在するので矛盾．よって $b^2 = 2$ であるが，このような有理数 b は存在しない（1.5.2 項). □

正規切断の集合と $\mathbb{Q}$ の間には一対一の対応 $(A, B) \mapsto \min B$ があることに注意しよう（$b \in \mathbb{Q}$ に対して $A_b = \{x \in \mathbb{Q} \mid x < b\}$, $B_b = \{x \in \mathbb{Q} \mid x \geq b\}$ とおけば，逆対応は $b \mapsto (A_b, B_b)$ により与えられる).

---

[6] C. Méray；1835–1911．フランスの数学者.

[7] J. W. R. Dedekind；1831–1916．ドイツの数学者

[8] もし，実数概念が既知であれば，$A = \{x \in \mathbb{Q} \mid x < \sqrt{2}\}$ と表されるが，我々は実数をまだ「知らない」としているので，このように書くことはできない.

いよいよ実数の定義である．

定義 3-4
実数とは有理数直線 $\mathbb{Q}$ の切断のことである．正規でない切断を無理数という．

以下，これまで使ってきた記号 $\mathbb{R}$ を，上で定義した実数の集合に充てる．上で注意したように，有理数は正規切断に対応しているから，$\mathbb{Q}$ は $\mathbb{R}$ の部分集合と見なされ，$\mathbb{R}\backslash\mathbb{Q}$ が無理数の集合となる．

切断を数と見なす定義に違和感を覚える読者がいるだろう．確かに，数を 10 進法で表わすのに慣れている目からは，数のようには見えない．しかし，論理上はこれでもれっきとした数と考えてよいのである．実際，数というからには加減乗除や大小関係を持つべきであるが，例えば大小関係については，次のように定義すればよい．

$$(A_1, B_1) = (A_2, B_2) \iff A_1 = A_2, \qquad (A_1, B_1) \leq (A_2, B_2) \iff A_1 \subset A_2.$$

$(A_1, B_1) \leq (A_2, B_2)$ かつ $(A_1, B_1) \neq (A_2, B_2)$ のときは，$(A_1, B_1) < (A_2, B_2)$ と表す．

次の補題は，数の大小関係が当然持つべき性質を述べている．

補題 3-25
任意の 2 つの切断 $(A_1, B_1), (A_2, B_2)$ に対して，$(A_1, B_1) < (A_2, B_2)$，$(A_1, B_1) = (A_2, B_2)$，$(A_2, B_2) < (A_1, B_1)$ のいずれかが成り立つ．

証明　$(A_1, B_1) \leq (A_2, B_2)$ でないとしよう．このとき $A_1 \not\subset A_2$ であるから，$a \in A_1$ かつ $a \notin A_2$ であるような a が存在する．$a \notin A_2$ は $a \in B_2$ を意味するから，任意の $x \in A_2$ について $x < a \in A_1$，よって $x \in A_1$ となり，$A_2 \subset A_1$，すなわち $(A_2, B_2) < (A_1, B_1)$ である． □

上で定義した実数の集合 $\mathbb{R}$ において，上限・下限の存在を保証するのが次の定理である．

定理 3-26
上に（下に）有界な部分集合は上限（下限）を持つ．

証明 $S \subset \mathbb{R}$ を上に有界な部分集合とする．S は切断の族であるから，それを $\{(A_\lambda, B_\lambda)\}_{\lambda\in\Lambda}$ により表し，$A = \bigcup A_\lambda$，$B = \mathbb{Q}\backslash A$ とおく．ド・モルガンの法則により，$B = \bigcap B_\lambda$ である．

(A, B) が切断であることを示す．S が上に有界であることから，$A_\lambda \subset A_0$ がすべての A_λ に対して成り立つような切断 (A_0, B_0) が存在するので，$B_0 \subset B$ であるから $B \neq \emptyset$．$a \in A$，$b \in B$ とする．a はある A_λ に属し，b はすべての B_λ に属すから，$a \in A_\lambda$，$b \in B_\lambda$ となる λ が存在するので $a < b$ であり，(ii) が確かめられた．後は $\max A$ が存在しないことを示せばよい．$a \in A$ を任意に取ったとき，$a \in A_\lambda$ となる A_λ があり，$\max A_\lambda$ が存在しないことから，$a' > a$ となる $a' \in A_\lambda$ $(\subset A)$ が存在する．よって $\max A$ は存在しない．

(A, B) が S の上限であること見よう．$(A_\lambda, B_\lambda) \leq (A, B)$ であるから (A, B) は S の上界である．次に (A', B') を S の任意の上界とする．このとき，$A_\lambda \subset A'$ がすべての λ に対して成立しているから，$A_0 \subset A'$ であり，よって $(A_0, B_0) \leq (A', B')$．すなわち (A_0, B_0) は S の上限である．

下に有界な場合も同様． □

以下，切断を $\alpha = (A, B)$ のように表すことにして，切断の加減乗について簡単に説明する（除の定式化と詳細のチェックは読者に委ねる）．

(a)（加法）$\alpha_1 = (A_1, B_1)$，$\alpha_2 = (A_2, B_2)$ に対して，$A = \{a_1 + a_2 \mid a_i \in A_i\}$ とおいて，$\alpha_1 + \alpha_2$ を $(A, \mathbb{Q}\backslash A)$ と定めることにより加法を定義．

(b)（マイナス）切断 $\alpha = (A, B)$ に対して，$A' = \{a' \in \mathbb{Q} \mid a' < -b,\ b \in B$ となる b が存在$\}$ とおくと，$(A', \mathbb{Q}\backslash A')$ は切断であり，これを $-\alpha$ と定義すると，$\alpha + (-\alpha) = 0$ が成り立つ．

(c)（絶対値）切断 α について，α と $-\alpha$ の大きい方を $|\alpha|$ により表して，α の絶対値という．明らかに $|\alpha| \geq 0$，$|-\alpha| = |\alpha|$ が成り立つ．

(d)（乗法）$\alpha_1 = (A_1, B_1)$，$\alpha_2 = (A_2, B_2)$ に対して，$\alpha_1\alpha_2$ を次のように定義する．

(d-1) $\alpha_1, \alpha_2 \geq 0$ のとき，$A = \{a_1a_2 \mid a_i \in A_i,\ a_i \geq 0\ (i = 1, 2)\} \cup \{c \in \mathbb{Q} \mid c < 0\}$ として，$\alpha_1\alpha_2 = (A, \mathbb{Q}\backslash A)$ とする．

(d-2) $\alpha_1, \alpha_2 < 0$ のとき，$\alpha_1\alpha_2 = |\alpha_1|\,|\alpha_2|$．

(d-3) その他の場合，$\alpha_1\alpha_2 = -|\alpha_1|\,|\alpha_2|$．

これまでの議論は，連続体としての $\mathbb{R}$ の構成であり，幾何学的直観に沿ってはいるものの，加減乗除の導入において煩わしさがあることは否めない．読者の便宜を考慮して，メレーとカントルによる実数の別の構成の方法（完備化）に言及しておこう．この方法を理解するには，同値関係と商集合の概念を既知としなければならない．

有理数列でコーシー列となっているもの（有理コーシー列）全体からなる集合を Ω により表し，次のような関係を導入する．

$\omega_1 = \{a_n\}$，$\omega_2 = \{b_n\} \in \Omega$ について，$\omega_1 \sim \omega_2 \iff \lim_{n\to\infty}|a_n - b_n| = 0$.

この関係 $\sim$ が同値関係であること，すなわち次の性質を持つことを（コーシー列が収束するという事実を使わずに）確かめるのは容易である．

(i) $\omega \sim \omega$

(ii) $\omega_1 \sim \omega_2 \implies \omega_2 \sim \omega_1$

(iii) $\omega_1 \sim \omega_2$, $\omega_2 \sim \omega_3 \implies \omega_1 \sim \omega_3$

一般に，集合 X の**同値関係**（equivalence relation）とは，X の 2 つの要素の間の関係であって，次の性質をみたすものである．x と y の間に関係があることを $x \sim y$ と表すとき

(1) $x \sim x$ が常に成り立つ（反射律，reflexivity）．

(2) $x \sim y$ ならば $y \sim x$ が成り立つ（対称律，symmetry）．

(3) $x \sim y$ かつ $y \sim z$ ならば $x \sim z$ が成り立つ（推移律，transitivity）．

$x \sim y$ であるとき，x と y は**同値**であるといい，x と同値な要素全体のなす X の部分集合を x の**同値類**（equivalence class）という．同値類全体は X の分割を定める（逆に X の分割が与えられると同値関係が定まる）．

「同値な要素を同一視し，それを新たに要素（同値類）とする集合」を考えることができる．これを X の**商集合**（quotient set）といい，$X/\sim$ により表す．

定義 3-5

Ω における同値関係 $\sim$ に関する同値類を実数という（したがって，$\mathbb{R} = \Omega/\sim$ である）．有理数 a は $a_n = a$ とおいて得られる定数列 $\{a_n\}$ の同値類と同一視する．

実数についてのこの定義は，切断による定義と同値である（証明は略す）．大小関係と加減乗は次のように定式化される．

$\alpha = \{a_n\}$ の同値類, $\beta = \{b_n\}$ の同値類, とするとき,

(a) $\alpha < \beta \iff$ ある $c < c' \in \mathbb{Q}$ と n_0 が存在して, $a_n < c < c' < b_n \ (n \geq n_0)$.

(b) $\alpha \pm \beta$ は $\{a_n \pm b_n\}$ の同値類.

(c) $\alpha\beta$ は $\{a_n b_n\}$ の同値類.

これらの定式化では, 同値類に属す有理コーシー列 $\{a_n\}, \{b_n\}$ を選んでおり, 選び方に定義が依存しないこと[9)] を確かめる必要がある. 例えば, $\{a_n\} \sim \{a'_n\}$, $\{b_n\} \sim \{b'_n\}$ のとき, $\{a_n + b_n\} \sim \{a'_n + b'_n\}$ となることを示せば, $\alpha + \beta$ の定義が意味を持つことになる (詳細は読者に委ねる).

切断によるにしても, 商集合によるにしても, 厳密な実数の構成法には隔靴掻痒の感を免れないであろう. しかし, 誰もが疑問を持たない有理数の意味に思いを致すと, 実は有理数 (さらには整数, 自然数) でさえ, ある商集合の要素として捉えなければならない. 実際, 整数を既知とすれば, 集合 $\mathbb{Z} \times \mathbb{N}$ 上で

$$(m_1, n_1) \sim (m_2, n_2) \iff m_1 n_2 = m_2 n_1$$

により定義される同値関係 $\sim$ に対する商集合 $\mathbb{Z} \times \mathbb{N}/\sim$ が有理数の集合 $\mathbb{Q}$ なのであって, (m, n) の同値類を m/n と表すのである.

---

9) "well-defined" という言い方がされる.

第4章　無限級数の収束

有限の項からなる和（有限和）については何ら問題はないが，無限の項からなる和（無限和）については，その意味づけを与えなければならない．例えば，無限個の1の和 $1+1+\cdots$ や，$1,-1$ が交互に現れる和 $1-1+1-1+\cdots$ は通常の考え方では意味を持たない．では，

$$1-\frac{1}{2}+\frac{1}{3}-\frac{1}{4}+\cdots$$

についてはどうだろうか？ この場合には，後で見るように和に意味を持たせることが可能である．

さらに，有限和では，項の順番を変えても結果は同じであるが，上の無限和を奇数番目の項の和と偶数番目の項の和にまとめて，

$$\left(1+\frac{1}{3}+\frac{1}{5}+\cdots\right)-\left(\frac{1}{2}+\frac{1}{4}+\frac{1}{6}+\cdots\right)$$

としたら，どうなるのだろうか．驚くべきことに，答は「意味を持たない」ということになるのである．すなわち，無限和を扱うのには余程の注意が必要なのである．

本章では，このような問題意識から，無限和の理論を解説する．

§4.1　無限級数

数列 $\{a_n\}_{n=1}^{\infty}$ が与えられたとき，a_n たちの和

$$\sum_{n=1}^{\infty} a_n = a_1+a_2+\cdots+a_n+\cdots$$

を**級数** (series)，あるいは**無限級数**という（以下，$\sum_{n=1}^{\infty} a_n$ あるいは $\sum a_n$ と記すこともある）．この無限和に意味づけするために数列 $\{s_n\}_{n=1}^{\infty}$ を

$$s_n=\sum_{k=1}^{n} a_k \ (=a_1+\cdots+a_n)$$

により定義する．もし $\{s_n\}_{n=1}^{\infty}$ が s に収束するならば，級数 $\sum_{n=1}^{\infty} a_n$ は s に収束するといい，

$$\sum_{n=1}^{\infty} a_n = s$$

のように表す．s_n を元の級数の**第 n 部分和**（nth partial sum）という．

$\{s_n\}$ が ∞，あるいは $-\infty$ に発散する場合も次のように表す．

$$\sum_{n=1}^{\infty} a_n = \infty \quad \text{あるいは} \quad \sum_{n=1}^{\infty} a_n = -\infty.$$

したがって，級数の収束はこれまで解説してきた数列の収束の特別な場合なのであるが，これから見るように，級数独自の問題意識が生じるのであって，独立な章を立てるのには意味があることを強調しておく．

例（等比級数 (geometric series) の和）　$|r| < 1$ とするとき，$\lim_{N\to\infty} r^N = 0$ であるから

$$\sum_{n=0}^{\infty} ar^n = \lim_{N\to\infty} \sum_{n=0}^{N-1} ar^n = \lim_{N\to\infty} a\frac{1-r^N}{1-r} = \frac{a}{1-r}.$$

問 4-1　$\displaystyle\sum_{n=1}^{\infty} \frac{1}{n(n+1)}$ を求めよ（ヒント：$\displaystyle\frac{1}{n(n+1)} = \frac{1}{n} - \frac{1}{n+1}$）．

> **定理 4-1**
>
> α, β を定数とする．2 つの級数 $\sum a_n$ と $\sum b_n$ が収束するとき，$\sum(\alpha a_n + \beta b_n)$ も収束し，
>
> $$\sum(\alpha a_n + \beta b_n) = \alpha \sum a_n + \beta \sum b_n.$$

証明　$\sum a_n$ と $\sum b_n$ の第 n 部分和をそれぞれ s_n, t_n とするとき，$\sum(\alpha a_n + \beta b_n)$ の第 n 部分和は $\alpha s_n + \beta t_n$ であることから明らか．　□

例題 4-1

$\sum a_n$ が収束するならば，$\lim_{n\to\infty} a_n = 0$ であることを示せ．

解　$\sum a_n$ の第 n 部分和を s_n とすると，$a_n = s_n - s_{n-1}$ であり，

$$\lim_{n\to\infty} (s_n - s_{n-1}) = \lim_{n\to\infty} s_n - \lim_{n\to\infty} s_{n-1} = s - s = 0$$

であるから，$\lim_{n\to\infty} a_n = 0$．　□

上の例題で述べたことの逆は成り立たない．

例題 4-2

調和級数 (harmonic series) $1 + \dfrac{1}{2} + \dfrac{1}{3} + \cdots + \dfrac{1}{n} + \cdots$ は定発散することを示

せ[1]．

解

$$1+1/2+\underbrace{1/3+1/4}_{2}+\underbrace{1/5+1/6+1/7+1/8}_{4}$$
$$+\underbrace{1/9+1/10+1/11+1/12+1/13+1/14+1/15+1/16}_{8}+\cdots$$
$$>1+1/2+\underbrace{1/4+1/4}_{2}+\underbrace{1/8+1/8+1/8+1/8}_{4}$$
$$+\underbrace{1/16+1/16+1/16+1/16+1/16+1/16+1/16+1/16}_{8}+\cdots$$
$$=1+1/2+1/2+1/2+1/2+\cdots=\infty.$$
□

§4.2　級数に対する様々な収束判定法

前節で注意したように級数の収束も，結局のところ数列（部分和）の収束に帰着するのであるが，級数独自の収束判定法が複数知られている．ここでは，それらをまとめて述べる．

すべての n について $a_n>0$ であるような級数 $\sum a_n$ を**正項級数**（series of positive terms）という．すべての n について $a_n\geq 0$ の場合は**非負項級数**（series of non-negative terms）という．

非負項級数 $\sum a_n$ の部分和からなる数列 $\{s_n\}$ は増加列であり，これが上に有界であれば，$\lim_{n\to\infty} s_n$ が存在するから，$\sum a_n$ は収束する．

次の定理は自明であろう．

定理 4-2（比較判定法）

2 つの非負項級数 $\sum a_n$, $\sum b_n$ において，$a_n\leq kb_n$ $(n=1,2,\ldots)$ をみたす正の定数 k が存在するとき

(1)　$\sum b_n$ が収束するならば，$\sum a_n$ も収束する．

(2)　$\sum a_n$ が定発散するならば，$\sum b_n$ も定発散する．

例　2 つの級数 $1+1/3+1/5+\cdots$，　$1/2+1/4+1/6+\cdots$ の双方とも ∞ に発散する．実際，前者については，$2n-1<2n$ であるから $1/(2n-1)>1/2n$ であり，$\sum 1/2n=2^{-1}\sum 1/n=\infty$ により，$\sum 1/(2n-1)=\infty$ である．

[1] 調和級数が定発散することは 14 世紀にオレームにより証明された．

次の例題は，様々な級数の収束・発散を判定するのに有用である（課題6-5の答も参照せよ）.

例題 4-3

(1) $s \leq 1$ のとき，$\sum_{n=1}^{\infty} n^{-s}$ は定発散する.

(2) $s > 1$ のとき，$\sum_{n=1}^{\infty} n^{-s}$ は収束する.

解 (1) $n^{-s} \geq n^{-1}$ に注意して，調和級数の発散と比較判定法を使う.

(2) 例題 1-2 により $2^n > n$ であるから，$\sum n^{-s}$ の部分和 s_n について

$$s_n \leq s_{2^n-1} = \sum_{h=0}^{n-1} \sum_{k=2^h}^{2^{h+1}-1} k^{-s} \leq \sum_{h=0}^{n-1} \frac{2^{h+1}-2^h}{2^{hs}} = \sum_{h=0}^{n-1} \frac{1}{2^{h(s-1)}} < \frac{1}{1-2^{-(s-1)}}.$$

ここで，$k \geq 2^h$ であるとき，$k^{-s} \leq 2^{-hs}$ であることを使った. □

問 4-2 比較判定法を用いて，次の級数の収束，発散を調べよ.

(1) $\displaystyle\sum_{n=1}^{\infty} \frac{n}{(2n-1)^2}$, (2) $\displaystyle\sum_{n=2}^{\infty} \frac{1}{\log_a n}$ $(a > 1)$.

例題 4-4

非負項級数 $\sum a_n$ が収束すれば，$\sum \sqrt{a_n a_{n+1}}$ も収束する.

解 相加平均 $\geq$ 相乗平均を用いると

$$\sum \sqrt{a_n a_{n+1}} \leq \frac{1}{2} \sum (a_n + a_{n+1})$$

となり，右辺は収束するから上に有界．上に有界な非負項級数は収束することを使えばよい. □

例（b 進法による小数展開） $b > 1$ を自然数とする．$0 \leq a_n \leq b-1$ であるような自然数列 $\{a_n\}_{n=1}^{\infty}$ に対して，級数

$$\frac{a_1}{b} + \frac{a_2}{b^2} + \cdots \tag{4.1}$$

は常に収束する．実際，収束する等比級数 $(b-1)/b + (b-1)/b^2 + \cdots \ (=1)$ と比較すればよい．$x \in (0,1)$ が (4.1) の形の級数で表されるとき，$x = 0.a_1 a_2 \cdots$ と表し，この右辺を x の b 進法による**小数展開**（decimal expansion）という.

□ $0.9999\cdots = 1$?

10 進法による小数展開について，ある人が，「0.9，0.99，0.999，0.9999,... であるからいつまで先に進んでも 1 に等しくないのに，何故 $1 = 0.9999\cdots$ なのか？」と質問した．彼の考え方の問題点を指摘し，$1 = 0.9999\cdots$ であることを説得してみよう．

問題点は，第 1 章の補遺で述べたように，無限が関わる対象（今の場合は 9 が無限に続く $0.999\cdots$）を全体として把握していないことが背景にある．すなわち，0.9，0.99，0.999，0.9999,... というように数え上げていく限りのないプロセスで $0.999\cdots$ を把握しようとしているから，$1 = 0.9999\cdots$ となることに不思議さを感じるのである．

$1 = 0.9999\cdots$ の右辺の意味は $\lim_{n\to\infty}(9/10 + 9/10^2 + 9/10^3 + \cdots + 9/10^n)$ なのであり，これが 1 に等しいことは ε-δ 論法による収束の定義から結論されるのである．この定義には限りのないプロセスは登場しない．

交互に項の正負が変わる級数を**交代級数**（alternating series）という．

定理 4-3（ライプニッツの定理）

単調減少な正数列 $\{a_n\}_{n=1}^{\infty}$ が 0 に収束しているならば，$\sum_{n=1}^{\infty}(-1)^{n+1}a_n$ は収束する．特に $1 - 1/2 + 1/3 - 1/4 + \cdots$ は収束する．

証明　第 n 項部分和 $s_n = \sum_{k=1}^{n}(-1)^{k+1}a_k$ を考えると，

$$s_{2n} = (a_1 - a_2) + (a_3 - a_4) + \cdots + (a_{2n-1} - a_{2n})$$

および $a_{2k-1} - a_{2k} \geq 0$ であるから，$\{s_{2n}\}$ は単調増加である．また，

$$s_{2n} = a_1 - (a_2 - a_3) - \cdots - (a_{2n-2} - a_{2n-1}) - a_{2n} \leq a_1$$

なので $\{s_{2n}\}$ は有界．よって $\{s_{2n}\}$ は収束する．$\lim_{n\to\infty} s_{2n} = A$ とすると，

$$\lim_{n\to\infty} s_{2n+1} = \lim_{n\to\infty}(s_{2n} + a_{2n+1}) = \lim_{n\to\infty} s_{2n} + \lim_{n\to\infty} a_{2n+1} = A + 0 = A$$

であるから，$\{s_{2n+1}\}$ も A に収束する．よって，$\{s_n\}$ は収束する．　□

定理 4-4（ダランベールの判定法）

正項級数 $\sum a_n$ において，$\lim_{n\to\infty} a_{n+1}/a_n = r \leq \infty$ であるとき

(1) $0 \leq r < 1$ ならば $\sum a_n$ は収束する．

(2) $r > 1$ ならば $\sum a_n$ は発散する．

証明 (1) $0 \leq r < 1$ とする．定理2-5の証明を見れば，$r < c < 1$ となる c をとれば，十分大きい自然数 N に対して，$a_n < kc^n \quad (n > N)$ が成り立っている．$0 < c < 1$ であるから，等比級数 $\sum kc^n$ は収束し，比較判定法から $\sum a_n$ も収束する．

(2) $r > 1$ のとき，十分大きい自然数 N をとれば $a_{n+1}/a_n > 1 \quad (n = N, N+1, N+2, \ldots)$ が成り立つ．従って, $n > N$ ならば $a_n > a_N$ となるから，$\lim_{n\to\infty} a_n \neq 0$．すなわち $\sum a_n$ は発散する．□

例題 4-5

$\sum_{n=1}^{\infty} n/2^n$ は収束することを示せ．

解 $a_n = n/2^n$ とおけば，$a_{n+1}/a_n = (n+1)/2n = (1+1/n)/2 \to 1/2$ であるから，$\sum n/2^n$ は収束する．□

問 4-3 次の級数の収束，発散を調べよ．

(1) $\sum_{n=1}^{\infty} n^2/n!$,　　(2) $\sum_{n=1}^{\infty} n!/2^n$,　　(3) $\sum_{n=1}^{\infty} n/3^{n-1}$.

定理 4-5（コーシーの判定法）

正項級数 $\sum a_n$ において，$\lim_{n\to\infty} \sqrt[n]{a_n} = r \leq \infty$ であるとき，

(1) $0 \leq r < 1$ ならば，$\sum a_n$ は収束する．

(2) $r > 1$ ならば，$\sum a_n$ は発散する．

証明 (1) $r < c < 1$ をみたす c をとる．r の定義から，N を十分大きくとれば，$n \geq N$ に対して $a_n \leq c^n$ が成り立つ．あとはダランベールの判定法の証明と同様である．

(2) これもダランベールの判定法の証明と同様．□

問 4-4 $\sum_{n=1}^{\infty}(1-1/n)^{n^2}$ は収束することを示せ．

問 4-5 次の級数の収束，発散を調べよ．

(1) $\sum_{n=1}^{\infty} 1/n^n$, (2) $\sum_{n=1}^{\infty}(n/(2n+1))^n$, (3) $\sum_{n=1}^{\infty}(3n/(n+1))^n$.

本節を閉じる前に，b 進法による小数展開を具体的に求める方法を説明しよう．$x \in (0,1)$ とする．数列 $x_1, x_2, \ldots$ をガウスの記号を用いて

$$x_1 = bx, \quad x_{n+1} = b\bigl(x_n - [x_n]\bigr) \quad (n \geq 1) \tag{4.2}$$

により定め，$a_n = [x_n]$ とおく．$x_1 = bx < b$ から $a_1 = [x_1] < b$. $0 \leq x_n - [x_n] < 1$ なので，任意の n について $x_n < b$, $0 \leq a_n \leq b-1$ である．

定理 4-6

$$x = \frac{a_1}{b} + \frac{a_2}{b^2} + \cdots + \frac{a_{n-1}}{b^{n-1}} + \frac{x_n}{b^n} \tag{4.3}$$

が成り立つ．とくに次式が成り立つので $0.a_1a_2\cdots$ は x の小数展開である．

$$\left|x - \left(\frac{a_1}{b} + \frac{a_2}{b^2} + \cdots + \frac{a_{n-1}}{b^{n-1}}\right)\right| \leq \frac{1}{b^{n-1}}.$$

証明 帰納法で示す．$n=1$ のとき，明らかに $x = x_1/b$ である．$n=k$ のとき (4.3) が成り立つと仮定．$x_{k+1} = b(x_k - [x_k])$ であるから，$x_k = x_{k+1}/b + a_k$. よって

$$x = \frac{a_1}{b} + \frac{a_2}{b^2} + \cdots + \frac{a_{k-1}}{b^{k-1}} + \frac{x_k}{b^k} = \frac{a_1}{b} + \frac{a_2}{b^2} + \cdots + \frac{a_{k-1}}{b^{k-1}} + \frac{a_k}{b^k} + \frac{x_{k+1}}{b^{k+1}}$$

が得られるので $n = k+1$ のときも成り立つ． □

上で構成した $0.a_1a_2\cdots$ を x の b 進法による**標準的小数展開**という．

例 $b = 60$ として $577/408 = 1 + 169/408$ の標準的小数展開は $1.24\ 51\ 10, \cdots$ (前章の補遺参照)．実際，$x = 169/408$ とすると

$$\begin{aligned}
x_1 &= 60 \cdot \frac{169}{408} = \frac{845}{34}, & a_1 &= \left[\frac{845}{34}\right] = 24, \\
x_2 &= 60 \cdot \left(\frac{845}{34} - 24\right) = \frac{870}{17}, & a_2 &= \left[\frac{870}{17}\right] = 51, \\
x_3 &= 60 \left(\frac{870}{17} - 51\right) = \frac{180}{17}, & a_3 &= \left[\frac{180}{17}\right] = 10.
\end{aligned}$$

□ アキレスと亀のパラドックス

「走ることの最も遅いものですら最も速いものによって決して追い着かれない．なぜなら，追うものは，追い着く以前に，逃げるものが走りはじめた点に着かなければならず，より遅いものは常にいくらかずつ先んじていなければならないからである」．これは『自然学』の中でアリストテレスが述べている「ゼノンのパラドックス」の1つである．このパラドックスは「遅いもの（亀）が到着した場所に速いもの（アキレス）が着くという行為を**無限回**行わなければならず．従って**無限の時間がかかる**ので追いつけない」と誤解させているのである．

問題を明確にするため，アキレスは亀の10メートル後ろから歩き始めるとする．そしてアキレスの歩く速さは毎秒2メートル，亀の速さは毎秒1メートルとする．アキレスがいる場所から亀がいた場所に到着する様子を数えていく．

(1) 一回目はアキレスが出発点から亀の出発点まで歩く．

(2) 二回目は，一回目の間に亀が到着した場所まで，アキレスが歩く．

これを続けて，n回目が終わったとき，アキレスが歩いた距離は

$$10+5+2.5+\cdots+\frac{10}{2^{n-1}}=10\Big(1+\frac{1}{2}+\cdots+\frac{1}{2^{n-1}}\Big)=20\Big(1-\frac{1}{2^n}\Big)$$

のように計算される．そして，掛かった時間は$10(1-2^{-n})$である．一方，10秒後にはアキレスの出発地点から20メートルの距離で，アキレスは亀に追いつくことが分かる．それゆえゼノンの主張はすべてのnについて$20(1-2^{-n})<20$ということに他ならない．

§4.3 絶対収束，条件収束

次に述べる「絶対収束」の概念は極めて重要である．

定義 4-1

$\sum_{n=1}^{\infty}|a_n|$が収束するとき，級数$\sum_{n=1}^{\infty}a_n$は**絶対収束**（absolute convergent）するという．絶対収束はしないが，収束する級数は**条件収束**（conditional convergent）するという．

既に見たように，$1-2^{-1}+3^{-1}-\cdots$は条件収束級数である．

定理 4-7

絶対収束する級数 $\sum a_n$ は収束し，$\left|\sum a_n\right| \leq \sum |a_n|$.

証明 $\sum a_n$ に対して

$$a_n^+ = \begin{cases} a_n & (a_n \geq 0) \\ 0 & (a_n < 0) \end{cases}, \qquad a_n^- = \begin{cases} 0 & (a_n \geq 0) \\ |a_n| & (a_n < 0) \end{cases}$$

とおく．定義より，$\sum a_n^+$, $\sum a_n^-$ は双方とも非負項級数で，a_n^+, $a_n^- \leq |a_n|$ であるから，比較判定法により $\sum a_n^+$, $\sum a_n^-$ は双方とも収束する．一方，$a_n = a_n^+ - a_n^-$ であるから，$\sum a_n$ も収束する（定理 4-1）．さらに $|a_n| = a_n^+ + a_n^-$ であるから 2 番目の主張が導かれる． □

問 4-6 次の級数の絶対収束，条件収束を調べよ．

(1) $\sum_{n=1}^{\infty}(-1)^{n-1}/(2n-1)$ (2) $\sum_{n=2}^{\infty}(-1)^{n-1}/\log_a n \ (a>1)$

次の定理は，「絶対収束する級数は項をどのように入れ替えても同じ値に収束する」ことを主張している．

定理 4-8

絶対収束級数 $\sum_{n=1}^{\infty} a_n$ に対して，$\sigma : \mathbb{N} \to \mathbb{N}$ を任意の全単射とするとき，$\sum_{n=1}^{\infty} a_{\sigma(n)}$ も絶対収束し，$\sum_{n=1}^{\infty} a_{\sigma(n)} = \sum_{n=1}^{\infty} a_n$.

証明 $A_n = \{1, 2, \ldots, n\}$, $B_m = \sigma(A_m) = \{\sigma(1), \sigma(2), \ldots, \sigma(m)\}$ とおく．

(i) 任意の $m \in \mathbb{N}$ に対して $B_m \subset A_n$ となる n が存在する．実際，$n = \max\{\sigma(1), \sigma(2), \ldots, \sigma(m)\}$ とすればよい．

(ii) 任意の $n \in \mathbb{N}$ に対して $A_n \subset B_m$ となる m が存在する．何故なら，任意の n に対して $\sigma^{-1}(A_n) \subset A_m$ となる m が存在し，$A_n = \sigma\bigl(\sigma^{-1}(A_n)\bigr) \subset \sigma(A_m) = B_m$ となるからである．

まず $\sum a_n$ が非負項級数としよう．$\sum a_n$, $\sum a_{\sigma(n)}$ の部分和 $s_n = \sum_{k=1}^{n} a_k$, $t_m = \sum_{k=1}^{m} a_{\sigma(k)}$ を考える．上で見たことから，単調増加数列 $\{s_n\}$, $\{t_m\}$ は次の性質を持つ．

(a) 任意の m に対して，$t_m \leq s_n$ となる n が存在する．

(b) 任意の n に対して，$s_n \leq t_m$ となる m が存在する．

よって，定理 3-5 により，

$$\sum_{n=1}^{\infty} a_{\sigma(n)} = \lim_{m\to\infty} t_m = \lim_{n\to\infty} s_n = \sum_{n=1}^{\infty} a_n.$$

次に，$\sum a_n$ を一般の絶対収束級数とする．今述べたことから，$\sum |a_{\sigma(n)}| = \sum |a_n|$ であり，$\sum a_{\sigma(n)}$ も絶対収束級数である．定理 4-7 の証明で使った記号を使い，上で述べたことを再び適用すれば $\sum a_n^{\pm} = \sum a_{\sigma(n)}^{\pm}$（複号同順）が得られるから，

$$\sum_{n=1}^{\infty} a_n = \sum_{n=1}^{\infty} a_n^{+} - \sum_{n=1}^{\infty} a_n^{-} = \sum_{n=1}^{\infty} a_{\sigma(n)}^{+} - \sum_{n=1}^{\infty} a_{\sigma(n)}^{-} = \sum_{n=1}^{\infty} a_{\sigma(n)}. \qquad \square$$

定理 4-8 がさらに拡張された形で成り立つことを見よう．$\mathbb{N}$ を高々可算個の部分集合に分割し，それらを並べて $M_1, M_2, \ldots$ とする（この並べ方には任意性があることに注意）．したがって $\mathbb{N} = \bigcup_{i=1}^{s} M_i$，$M_i \cap M_j = \emptyset\ (i \neq j)$（可算個の場合は $s = \infty$ とする）．各 M_i は高々可算なことに注意．そこで，M_i が $n_{i1} < n_{i2} < \cdots < n_{it_i}$ からなるとしよう（M_i が可算なときは $t_i = \infty$ とする）．このとき，級数 $\sum a_n$ に対して，

$$\sum_{i=1}^{s} \left(\sum_{h=1}^{t_i} a_{n_{ih}} \right) \tag{4.4}$$

を考える．例えば，全単射 $\sigma : \mathbb{N} \to \mathbb{N}$ が与えられたとき，$M_i = \{\sigma(i)\}$ とおけば，(4.4) は項を並べ替えた級数 $\sum a_{\sigma(n)}$ に他ならない．また，M_1 を奇数の集合，M_2 を偶数の集合とすれば，(4.4) は $\sum_{n=1}^{\infty} a_{2n-1} + \sum_{n=1}^{\infty} a_{2n}$ と表される．

定理 4-9

絶対収束級数 $\sum_{n=1}^{\infty} a_n$ に対して，$\{a_n\}$ の部分列の和 $\sum_{h=1}^{t_i} a_{n_{ih}}$ は絶対収束し，

$$\sum_{i=1}^{s} \left(\sum_{h=1}^{t_i} a_{n_{ih}} \right) = \sum_{n=1}^{\infty} a_n.$$

証明 $\sum_{h=1}^{t_i} a_{n_{ih}}$ が絶対収束することは明らか．この和を z_i により表すと，$|z_i| \leq \sum_{h=1}^{t_i} |a_{n_{ih}}|$．任意の m に対して，$\sum_{i=1}^{m} |z_i| \leq \sum_{i=1}^{m} \sum_{h=1}^{t_i} |a_{n_{ih}}| \leq \sum_{n=1}^{\infty} |a_n|$ となるから，$\sum z_i$ は絶対収束する．

一方，仮定により任意の $\varepsilon > 0$ に対して適当な $\nu_0(\varepsilon)$ を選べば，$\sum_{n=\nu_0(\varepsilon)+1}^{\infty} |a_n| < \varepsilon$．この $\nu_0 = \nu_0(\varepsilon)$ に対して，適当な $\mu_0(\nu_0)$ を選べば，$m \geq \mu_0(\nu_0)$ のとき

$\sum_{i=1}^{m} z_i$ の中には，a_n $(n \leq \nu_0)$ なる項がすべて現れる．したがって，

$$\left|\sum_{i=1}^{m} z_i - \sum_{n=1}^{N} a_n\right| \leq \sum_{n=\nu_0(\varepsilon)+1}^{\infty} |a_n| < \varepsilon \qquad (m \geq \mu_0(\nu_0),\ N \geq \nu_0).$$

これから，証明すべき等式 $\sum_{i=1}^{\infty} z_i = \sum_{n=1}^{\infty} a_n$ が導かれる．□

定理 4-10

2 つの級数の積 $\left(\sum_{n=0}^{\infty} a_n\right)\left(\sum_{n=0}^{\infty} b_n\right)$ を形式的展開して整理すると $\sum_{n=0}^{\infty}\sum_{k=0}^{n} a_k b_{n-k}$ と表せるから，$c_n = \sum_{k=0}^{n} a_k b_{n-k}$ とおこう．$\sum_{n=0}^{\infty} a_n$，$\sum_{n=0}^{\infty} b_n$ の双方が絶対収束するとき，$\sum_{n=0}^{\infty} c_n$ も絶対収束し，

$$\left(\sum_{n=0}^{\infty} a_n\right)\left(\sum_{n=0}^{\infty} b_n\right) = \sum_{n=0}^{\infty} c_n.$$

証明　$s = \sum_{n=0}^{\infty} a_n$，$t = \sum_{n=0}^{\infty} b_n$ が正項級数の場合をまず証明しよう．$\sum_{n=0}^{\infty} c_n$ も正項級数であり，$s_n = \sum_{k=0}^{n} a_k$，$t_n = \sum_{k=0}^{n} b_k$，$u_n = \sum_{k=0}^{n} c_k$ とおけば，すべての n について $u_n \leq s_n t_n \leq st$．よって増加列 $\{u_n\}$ は収束し，$u = \lim_{n\to\infty} u_n \leq st$．一方，$s_n t_n \leq u_{2n} \leq u$ から $st \leq u$ が得られるので $st = u$．一般の場合は，定理 4-7 の証明にあるように，収束正項級数の差 $\sum a_n = \sum a_n^+ - \sum a_n^-$，$\sum b_n = \sum b_n^+ - \sum b_n^-$ に分解し，その成分に上の結果を適用すればよい．□

解析学では様々な級数が登場するが，和の順序をぞんざいに扱うと間違った結果を導くことがある（課題 4-13 参照）このことから与えられた級数が絶対収束するかどうかを確認する作業は重要である．

第 4 章の課題

課題 4-1 ある番号から先で $a_n > 0$, $b_n > 0$, $a_{n+1}/a_n \leq b_{n+1}/b_n$ であり，$\sum b_n$ が収束するならば，$\sum a_n$ も収束する．

課題 4-2 [難]（抽斗論法の応用）既約分数 n/m の標準的小数展開は，ある桁から循環することを示せ．また，小数点以下 k 桁目で初めて循環が始まるとき，$k \leq m$ であることを示せ．さらに，循環部分の長さは高々 $m-1$ であることを示せ．

課題 4-3 途中から循環する b 進小数展開を持つ数は有理数である．

課題 4-4 級数 $x = a_1/b + a_2/b^2 + \cdots$ $(0 \leq a_n \leq b-1)$ において，$b_n < b-1$ であるような n が無限個あれば，$0.a_1a_2\cdots$ は x の標準的小数展開と一致することを示せ．

課題 4-5 [やや難] 自然数 ν で，それを b 進法で表わしたとき，数 r $(0 \leq r < b)$ が現れないものを考えたとき，その逆数全体からなる和は収束する（例えば $b = 10, r = 9$ のとき，$1 + 1/2 + \cdots + 1/8 + 1/10 + \cdots + 1/18 + 1/20 + \cdots < \infty$）．

課題 4-6 [やや難] 単調減少する非負項列 $\{a_n\}$ について，$\sum a_n$ が収束するならば，$\lim_{n\to\infty} na_n = 0$ である（このことを使って調和級数が発散することが示される）．

課題 4-7 [難] 級数の族 $\sum_{n=1}^{\infty} a_n^{(\nu)}$, $(\nu = 1, 2, \ldots)$ において，

$$|a_n^{(\nu)}| \leq b_n \quad (\nu = 1, 2, \ldots), \quad \sum b_n < \infty$$

となる数列 $\{b_n\}$ が存在し[2]，各項 $a_n^{(\nu)}$ が $\nu \to \infty$ のとき a_n に収束していれば，級数 $\sum a_n$ も収束して，しかも

$$\lim_{\nu\to\infty} \sum_{n=1}^{\infty} a_n^{(\nu)} = \sum_{n=1}^{\infty} a_n \ (= \sum_{n=1}^{\infty} \lim_{\nu\to\infty} a_n^{(\nu)})$$

が成り立つ（すなわち，$\lim_{\nu\to\infty}$ と和の記号 $\sum_{n=1}^{\infty}$ が交換可能である）．

課題 4-8 「級数の族 $\sum_{n=1}^{\infty} a_n^{(\nu)}$, $(\nu = 1, 2, \ldots)$ において，各 ν に対して $\sum_{n=1}^{\infty} a_n^{(\nu)}$ が収束し，各項 $a_n^{(\nu)}$ が $\nu \to \infty$ のとき a_n に収束していれば，級数 $\sum_{n=1}^{\infty} a_n$ も収束する」は正しいか？

---

[2] このような級数 $\sum_{n=1}^{\infty} b_n$ を，級数の族 $\sum_{n=1}^{\infty} a_n^{(\nu)}$, $(\nu = 1, 2, \ldots)$ に対する**優級数**（majorant）とよぶことがある．

課題 4-9 $\sum a_n^2$ が収束していれば，$\sum a_n/n$ は絶対収束する．

課題 4-10 [やや難] X を可算集合とするとき，X 上の関数 f に対する X 上の和 $\sum_{x\in X} f(x)$ の「絶対収束性」を定義したい．このため，全単射 $\varphi:\mathbb{N}\to X$ を選び，これを用いて

$$\sum_{x\in X} f(x) = \sum_{n=1}^{\infty} f\bigl(\varphi(n)\bigr) \tag{4.5}$$

とおいて，右辺が絶対収束するとき，$\sum_{x\in X} f(x)$ は絶対収束するという．この定義および右辺の和は φ の選び方に依存しないことを確かめよ．

課題 4-11 [難] 非可算集合 X 上の関数 $f(x)\geq 0$ $(x\in X)$ に対して，次の条件をみたす X 上の和 $\sum_{x\in X} f(x)$ を定義したいとする．

(i) $0\leq \sum_{x\in X} f(x)\leq\infty$.

(ii) $A=\{x\in X|\,f(x)>0\}$ が有限集合の場合は，$\sum_{x\in X} f(x)$ は有限和 $\sum_{x\in A} f(x)$ に等しい．

(iii) $a,b>0$, $f(x),g(x)\geq 0$ のとき，$\sum_{x\in X}(af(x)+bg(x)) = a\sum_{x\in X} f(x)+b\sum_{x\in X} g(x)$（ただし，$c>0$ のとき $c\cdot\infty=\infty$，$c\geq 0$ のとき $c+\infty=\infty+\infty=\infty$ とする）．

このような定義が可能とするとき，$\{x\in X\mid f(x)>0\}$ が非可算ならば $\sum_{x\in X} f(x)=\infty$ である．

課題 4-12 [難] 課題 1-19 (1) を使って，$\alpha=\sum_{k=0}^{\infty} 2^{-k!}$ は超越数であることを証明せよ（リウヴィル）．

□ 飛んでいる矢は止まっている？

これもゼノンのパラドックスの 1 つであり，アリストテレスの解釈では「もしどんなものもそれ自身と等しいものに対応しているときには常に静止しており，移動するものは今において常にそれ自身と等しいものに対応しているならば，移動する矢は動かない」ということになる．通常は「矢はその一瞬一瞬を考えれば止まっているから，その瞬間をいくら足していっても矢は動いてくれないはずである」と解釈される．さらにこれを数学的に解釈すると，「区間 $[0,1]$ の各点の長さは 0 であるから，それらを足しても 0 なのに，$[0,1]$ の長さは 1 になるのは奇妙」ということになる．しかし，これは奇妙でも何でもない．

そもそも $\sum_{x\in[0,1]} 0=0$ とするのはよいとしても，一般の $\sum_{x\in[0,1]} a_x$ に有限の値を取らせようとすると，可算和に帰着せざるを得ず（課題 4-11），真の意味での非可算和を考えることはできない．

課題 4-13 [難] 条件収束級数は，項の順序を適当に変更することによって，$\pm\infty$ に発散させたり，任意の値に収束させることができる（リーマン）．

■第4章の補遺 —— カントル集合■

数直線 $\mathbb{R}$ は最も単純な図形であるが，その部分集合の中には図には描けないような複雑な例がある．ここで紹介するカントル集合（Cantor set）は，点の集まりとして「疎ら」に見えるにも拘わらず，**非可算集合**になっている例である．このような部分集合の存在は，一見単純に見える「実数の世界」が，実は安易には想像できないような「豊かさと複雑さ」を持っていることを意味している．

開区間の列 $I_1^1, I_1^2, I_2^2, I_1^3, I_2^3, I_3^3, I_4^3, \ldots, I_1^n, I_2^n, \ldots, I_{2^{n-1}}^n, \ldots$ を次のように帰納的に定めていく．

(第1ステップ) I_1^1 は区間 $[0,1]$ を3等分したときの中央にある開区間 $(1/3, 2/3)$ とする．

(第 n ステップ) 端点まで含めても互いに交わらない 2^n-1 個の開区間 $I_1^1, I_1^2, I_2^2, I_1^3, I_2^3, I_3^3, I_4^3, \ldots, I_1^n, I_2^n, \ldots, I_{2^{n-1}}^n$ まで定めたとする．

(第 $n+1$ ステップ) それらの和の $[0,1]$ における補集合 $[0,1]\backslash \bigcup_{i=1}^{n} \bigcup_{j=1}^{2^{i-1}} I_j^i$ は 2^n 個の互いに交わらない閉区間の和になるが，それぞれの閉区間を3等分して中央にある開区間を選び，それらを $I_1^{n+1}, I_2^{n+1}, \ldots, I_{2^n}^{n+1}$ とする．

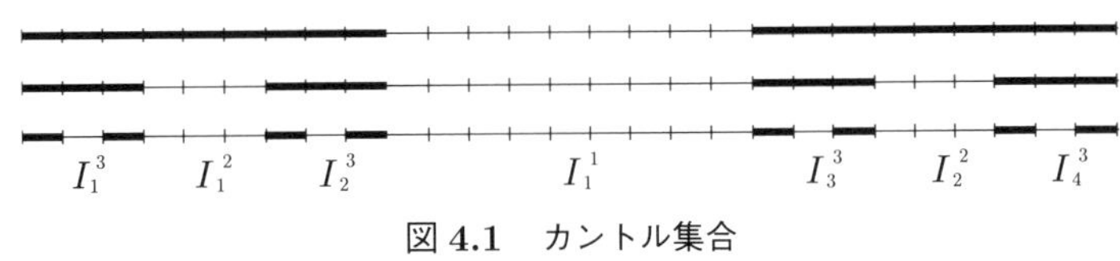

図 4.1 カントル集合

こうして得られた I_k^n $(n=1,2,\ldots; k=1,2,\ldots,2^{n-1})$ に対して

$$\mathcal{C} = [0,1]\backslash \bigcup_{n=1}^{\infty} \bigcup_{k=1}^{2^{n-1}} I_k^n$$

をカントル集合という．第3ステップまで描いた図4.1において，これを続けたときの「極限図形」がカントル集合である．

定理 4-11

$$\mathcal{C}=\left\{\sum_{n=1}^{\infty}\frac{a_n}{3^n}\mid a_n\in\{0,2\}\right\}.$$

証明 I_k^n は $[0,1]$ を 3^n 等分して得られる開区間の 1 つであるから，$(j/3^n,(j+1)/3^n)$ の形をしている．j を 3 進法で表わして $j=j_n+j_{n-1}3+\cdots+j_1 3^{n-1}$ とする $(j_i\in\{0,1,2\})$．言い換えれば，$j/3^n$ の 3 進展開が $0.j_1j_2\cdots j_{n-1}j_n$ である．

帰納法により，$j_1,\ldots,j_{n-1}\in\{0,2\}$, $j_n=1$ を示そう．$n=1$ のときは，$I_1^1=(1/3,2/3)$ であるから正しい．n のとき正しいと仮定する．$I_k^{n+1}=(j'/3^{n+1},(j'+1)/3^{n+1})$ の構成の仕方から，$m<n+1$, $1\le l\le 2^{m-1}$ をみたすある m,l が存在して，I_k^{n+1} は I_l^m の（閉区間を挟んで）すぐ左にあるか，または 1 のすぐ左にある（図では，$n=2$ のとき，I_1^3 は I_1^2 の左，I_2^3 は I_1^1 の左，I_3^3 は I_2^2 の左，I_4^3 は 1 の左にある）．

I_k^{n+1} が 1 の左にあるときは，I_k^{n+1} の左端は $j/3^{n+1}=1-2/3^{n+1}$ であり，$j=3^{n+1}-2=1+2\cdot 3+\cdots+2\cdot 3^n$ であるから，$j/3^{n+1}$ の 3 進展開は $0.2\cdots 21$ の形をしている．

I_k^{n+1} は I_l^m の左にあるときは，$I_l^m=(j/3^m,(j+1)/3^m)$ と表したとき，帰納法の仮定から $j/3^m=0.j_1\cdots j_{m-1}j_m$ $(j_1,\ldots,j_{m-1}\in\{0,2\}, j_m=1)$ であり，I_k^{n+1} の左端 $j'/3^{n+1}$ は I_l^m の左端である $j/3^m$ から $2/3^{n+1}$ だけ左にあるから，$j'/3^{n+1}=j/3^m-2/3^{n+1}$．よって

$$\begin{aligned} j'/3^{n+1} &= \frac{j_1}{3}+\cdots+\frac{j_{m-1}}{3^{m-1}}+\frac{1}{3^m}-\frac{2}{3^{n+1}} \\ &= \frac{j_1}{3}+\cdots+\frac{j_{m-1}}{3^{m-1}}+\frac{2}{3^{m+1}}+\cdots+\frac{2}{3^n}+\frac{1}{3^{n+1}}, \end{aligned}$$

すなわち，$j'/3^{n+1}=0.j_1\cdots j_{m-1}02\cdots 21$ であるから $n+1$ のときも正しい．

$I_k^n=(j/3^n,(j+1)/3^n)$ に $j/3^n$ を対応させる写像は $\{I_1^n,\ I_2^n,\ \ldots,\ I_{2^{n-1}}^n\}$ から $\{0.j_1\cdots j_{n-1}1\mid j_i\in\{0,2\}\}$ への全単射である．実際，単射であることは明らかであり，全射であることは $\left|\{0.j_1\cdots j_{n-1}1\mid j_i\in\{0,2\}\}\right|=2^{n-1}$ であることから導かれる（一般に，$|A|=|B|$ であるような有限集合の間の写像 $f:A\to B$ が単射なら，実は全単射である）．

定理の証明に入る．$x\in[0,1]\backslash\mathcal{C}$ とすると，$x\in\bigcup_{n=1}^{\infty}\bigcup_{k=1}^{2^{n-1}}I_k^n$ であるから $x\in I_k^n$ となる n,k が存在する．$I_k^n=(j/3^n,(j+1)/3^n)$, $j/3^n=0.j_1\cdots j_{n-1}1$ とすると，$0.j_1\cdots j_{n-1}1<x<0.j_1\cdots j_{n-1}2$ であり，x の 3 進展開における n 桁目は 1 であるから，$x\notin\left\{\sum_{n=1}^{\infty}a_n/3^n\mid a_n\in\{0,2\}\right\}$ である．逆に $x\notin\left\{\sum_{n=1}^{\infty}a_n/3^n\mid a_n\in\right.$

$\{0,2\}\Big\}$ とすると，x の 3 進展開は 1 を含むから，初めて 1 が現れる桁を n として，$x = 0.j_1 \cdots j_{n-1}1 \cdots$ と表される．$0.j_1 \cdots j_{n-1}1 = 0.j_1 \cdots j_{n-1}022 \cdots$ であるから，x は $0.j_1 \cdots j_{n-1}1$ とは異なり，$0.j_1 \cdots j_{n-1}1 < x$ である．よって x は $0.j_1 \cdots j_{n-1}1$ に対応する I_k^n に含まれるので，$x \notin \mathcal{C}$ である． □

定理 4-12

カントル集合 $\mathcal{C}$ は非可算である．

証明　まず，$x \in \mathcal{C}$ の表現 $\sum_{n=1}^{\infty} a_n/3^n$ $(a_n \in \{0,2\})$ が一意的であることを確かめる．$\sum_{n=1}^{\infty} a_n/3^n = \sum_{n=1}^{\infty} b_n/3^n$ としよう．$3x = a_1 + a_2/3 + \cdots = b_1 + b_2/3 + \cdots$ の整数部分は，

$$[3x] = \begin{cases} a_1 & (\exists i \geq 2\ [a_i \neq 2]) \\ a_1 + 1 & (\forall i \geq 2\ [a_i = 2]) \end{cases}, \qquad [3x] = \begin{cases} b_1 & (\exists i \geq 2\ [b_i \neq 2]) \\ b_1 + 1 & (\forall i \geq 2\ [b_i = 2]) \end{cases}$$

である．よって $\exists i \geq 2\ [a_i \neq 2]$ かつ $\exists i \geq 2\ [b_i \neq 2]$ の場合と，$\forall i \geq 2\ [a_i = 2]$ かつ $\forall i \geq 2\ [b_i = 2]$ の場合は $a_1 = b_1$ である．

$\exists i \geq 2\ [a_i \neq 2]$ かつ $\forall i \geq 2\ [b_i = 2]$ の場合，$3x = b_1 + 1$ であるが，もし，$\forall i \geq 2\ [a_i = 0]$ であれば，$3x = a_1 = b_1 + 1$ となってしまい，$a_1, b_1 \in \{0,2\}$ なので，このようなことはあり得ない．よって，$\exists i \geq 2\ [a_i \neq 0]$ であり，$3x$ の小数部分は 0 と異なるので，これも起こりえない．同様に $\forall i \geq 2\ [a_i = 2]$ かつ $\exists i \geq 2\ [b_i \neq 2]$ の場合も起こらない．

よって，$a_1 = b_1$ が示された．$3x - a_1$ に今の証明を適用すれば，$a_2 = b_2$ が得られ，さらにこの手続きを続ければ，$a_i = b_i$ がすべての i について成り立つことが分かる．

写像 $f : \Big\{ \sum_{n=1}^{\infty} a_n/3^n \mid a_n \in \{0,2\} \Big\} \to \prod_{i=1}^{\infty} \{0,2\} = \{0,2\} \times \{0,2\} \times \cdots$ を

$$f\Big(\sum_{n=1}^{\infty} \frac{a_n}{3^n}\Big) = (a_1, a_2, \ldots)$$

により定義すれば，f は全単射であり，$\prod_{i=1}^{\infty} \{0,2\}$ は非可算であるから（課題 1-10），$\mathcal{C}$ は非可算である． □

カントル集合は，今日フラクタル（fractal）とよばれている自己相似図形の例であり，1874 年にイギリスの数学者スミス（H. J. S. Smith）により発見され，1883 年にカントルによって紹介された．

第 5 章　関数の連続性と微分可能性

関数の連続性や微分可能性については，既に高校で学んでいる．しかし，それらの定義は数列の収束の定義と同様に直観的であって，計算問題を扱う限りはそれでも問題はないものの，論証の点からは不十分である．本章では，ε-δ 論法を使うことにより，非の打ちどころのない定義を与え，さらに第 **7** 章の積分論で必要となる「一様連続性」という概念を導入する．この概念は ε-δ 論法なくして正確に説明できない．

関数の連続性よりも「強い」性質である微分可能性は，グラフとして得られる曲線が各点で接線を持つということで説明される．接線を求める方法は，放物線や双曲線のような初等的曲線については古くから知られていた．しかし，その方法は曲線の特殊性に依存しており，一般の場合にはまったく新しいアイディアを必要としていた．このアイディアを提供したのが，ニュートンとライプニッツによる「無限小解析（微分学)」である．彼らの理論の創設当時は，極限の考え方が曖昧なこともあって，今日の観点から見れば不完全ではあるものの，**17** 世紀以後の数学のみならず科学全体に大きな進歩を齎したのである．

§5.1　連続性

$f(x)$ を区間 I 上で定義された関数としよう．これが連続（continuous）というのは，直観的には $f(x)$ のグラフとして与えられる曲線が「繋がっている」ということである．

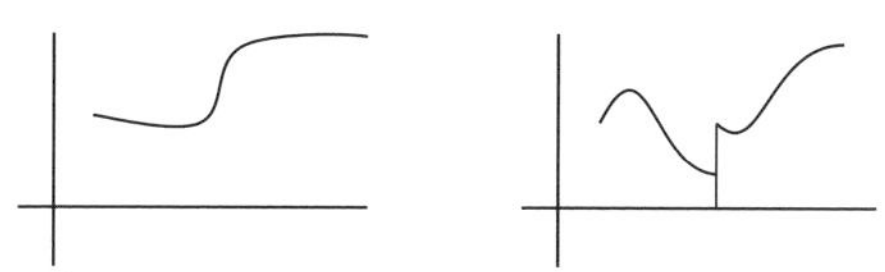

図 **5.1**　連続と不連続

この直観的理解にしたがえば，グラフを観察する限り，関数 $\sin x$, $\cos x$, a^x は $(-\infty, \infty)$ で連続であり，$\log_a x$ は $(0, \infty)$ で連続であることに疑いはない．しかし，一般の関数を扱おうとするときは，グラフによる観察は不可能になり，論理的理解が必須となるのである．三角関数，指数関数，対数関数の連続性についても，このような観点に即した証明が必要である．

次の定義は，連続性の直観と馴染むであろう．

連続性の定義 1

$f(x)$ が点 $a \in I$ で連続であるとは，I 内の任意の点列 $\{x_n\}$ について，$\lim_{n\to\infty} x_n = a$ ならば $\lim_{n\to\infty} f(x_n) = f(a)$ が成り立つことである．I の各点で連続なときは，I 上で連続であるという．

例 (1)　多項式 $f(x)$ は $\mathbb{R}$ 上で連続であり，有理関数 $f(x) = h(x)/g(x)$ は，$\{x \in \mathbb{R} \mid g(x) \neq 0\}$ に含まれる任意の区間上で連続である（定理 2-4）．

(2)　$p/q > 0$ のとき，$y = x^{p/q}$ は $[0, \infty)$ 上で連続である（例題 2-19）．

(3)　関数 $f(x) = [x]$ は不連続である（$[x]$ はガウスの記号）．

問 5-1　$y = [x]$ のグラフを描け．

次の定理は，連続性の定義から明らかである（例題 2-14 参照）．

定理 5-1

区間 I 上の関数 $f(x)$, $g(x)$ が連続ならば，$f(x)g(x)$, $af(x)+bg(x)$ $(a, b \in \mathbb{R})$ も連続である．さらに $g(x) > 0$ $(x \in I)$ ならば，$f(x)/g(x)$ も連続．

ε-δ 論法による連続性の定義も可能である．

定理 5-2

$f(x)$ が $x = a$ において連続であるための必要十分条件は，「任意の正数 ε に対して，ある正数 δ が存在し，任意の $x \in I$ について，$|x - a| < \delta$ であるならば，$|f(x) - f(a)| < \varepsilon$ となる」ことである．

形式言語では，この条件は次のように表される．

$$\forall\varepsilon > 0\ \exists\delta > 0\ \forall x \in I\ \ [|x - a| < \delta\ \rightarrow\ |f(x) - f(a)| < \varepsilon].$$

証明　まず十分条件であることを確かめるため，$\{x_n\}$ を $\lim_{n\to\infty} x_n = a$ であるような I 内の任意の点列とする．任意の $\varepsilon > 0$ に対して，仮定に登場する $\delta > 0$ をとる．$\lim_{n\to\infty} x_n = a$ であるから，ある N で，$n \geq N$ ならば $|x_n - a| < \delta$ となるものが存在する．よって仮定から，$n \geq N$ ならば $|f(x_n) - f(a)| < \varepsilon$ である．す

なわち $\lim_{n\to\infty} f(x_n) = f(a)$ が成り立つ.

必要条件であることは, 対偶を証明することで確かめる.「$\forall\varepsilon>0\ \exists\delta>0\ \forall x\in I\ [|x-a|<\delta \to |f(x)-f(a)|<\varepsilon]$」の否定は, 一般的処方箋（「否定」の法則）に従えば, 次のように表される.

$$\exists\varepsilon>0\ \forall\,\delta>0\ \exists x\in I\quad [|x-a|<\delta \wedge |f(x)-f(a)|\geq\varepsilon].$$

δ は任意なので特に $\delta=1/n$ とおくと, $|x-a|<1/n$ かつ $|f(x)-f(a)|\geq\varepsilon$ をみたす x が存在するから, これを x_n とする. $|x_n-a|<1/n$ なので $\lim_{n\to\infty} x_n = a$. ところが, 任意の n に対して $|f(x_n)-f(a)|\geq\varepsilon$ であるから, $\lim_{n\to\infty} f(x_n) = f(a)$ は成り立たない. □

問 5-2　$\exists\varepsilon>0\ \forall\delta>0\ \exists x\in I\quad [|x-a|<\delta \wedge |f(x)-f(a)|\geq\varepsilon]$ を読み下し, さらに日常言語で表現せよ.

上の定理に鑑みて, ε-δ 論法による連続性の定義を改めて与えておこう.

連続性の定義 2

(1)　$f(x)$ が点 $a\in I$ で連続であるとは,「任意の正数 ε に対して, ある正数 δ が存在し, 任意の $x\in I$ について, $|x-a|<\delta$ であるならば, $|f(x)-f(a)|<\varepsilon$ である」が成り立つことである.

(2)　関数 f が区間 I で連続とは,「任意の $a\in I$ および任意の正数 ε に対して, ある正数 δ が存在し, 任意の $x\in I$ について, $|x-a|<\delta$ であるならば, $|f(x)-f(a)|<\varepsilon$ である」が成り立つことである.

形式言語では, (1) は「$\forall\varepsilon>0\ \exists\delta>0\ \forall x\in I\ \ [|x-a|<\delta\ \to\ |f(x)-f(a)|<\varepsilon]$」と表され, (2) は「$\forall a\in I\ \forall\varepsilon>0\ \exists\delta>0\ \forall x\in I\ \ [|x-a|<\delta\ \to\ |f(x)-f(a)|<\varepsilon]$」と表される.

例題 5-1

次式で定義される関数 $f(x)$ は, すべての有理点で不連続であり, すべての無理点で連続である.

$$f(x)=\begin{cases} 1/q & (x=p/q\in\mathbb{Q},\ q>0\ ;\ p/q\ \text{は既約分数}) \\ 0 & (x\notin\mathbb{Q}) \end{cases}$$

解 任意の有理点 x に対して，$x = \lim_{n\to\infty} x_n$ となる無理数からなる列 $\{x_n\}$ が存在するから，$\lim_{n\to\infty} f(x_n) = 0 \neq f(x)$ となり，x で f は不連続である．

x を無理点として，$0 < \varepsilon < 1$ とする．$[x - 1/2, x + 1/2]$ に属す既約分数 p/q で，$q \leq 1/\varepsilon$ をみたすものは有限個である．そこで

$$\delta\ (= \delta(\varepsilon)) := \min\{|x - p/q| \mid p/q \in [x - 1/2, x + 1/2],\ q \leq 1/\varepsilon\} > 0$$

とおくと，任意の $\xi \in (x - \delta,\ x + \delta)$ に対して，ξ が無理点であれば $f(\xi) = 0$，有理点であれば，$\xi = p/q$ とするとき $q > 1/\varepsilon$ なので $f(\xi) = 1/q < \varepsilon$．よって，$|f(\xi) - f(x)| = f(\xi) < \varepsilon$ であり，x で f は連続である． □

問 5-3 区間 I で定義された連続関数 $f(x)$ について，$f(x_0) > 0$ ならば，$(x_0 - \delta, x_0 + \delta) \cap I$ 上で $f(x) > 0$ となる $\delta > 0$ が存在する．

定理 5-3

連続関数の合成は連続である．詳しく言えば，f を区間 I 上の連続関数，g を閉区間 J 上の連続関数とし，$f(I) \subset J$ とするとき，$g \circ f$ は I 上の連続関数である．

証明 この定理の証明には，ε-δ 論法による連続性の定義2よりは，むしろ最初に与えた定義1の方が適している．

$\{a_n\}$ を I 内の任意の収束列とする．f の連続性により $\{f(a_n)\}$ は J 内の収束列であり（例題 2-7），したがって g の連続性により

$$\lim_{n\to\infty} g\bigl(f(a_n)\bigr) = g\bigl(\lim_{n\to\infty} f(a_n)\bigr) = g\bigl(f(\lim_{n\to\infty} a_n)\bigr)$$

となるから，$g \circ f$ は連続である． □

問 5-4 (1) 関数 $f(x) = |x|$ は $\mathbb{R}$ 上で連続であることを確かめよ．

(2) 関数 $f(x)$ に対して，$f_+(x)$ を

$$f_+(x) = \begin{cases} f(x) & (f(x) > 0) \\ 0 & (f(x) \leq 0) \end{cases}$$

により定義したとき，$f(x)$ が連続なら $f_+(x)$ も連続である．

当たり前のように見えて，そうではない事実を挙げよう．上限，下限の存在が重要な役割を果たすことが見られるであろう．

定理 5-4（中間値の定理 (Intermediate value theorem)）

関数 $f(x)$ が区間 $[a,b]$ で連続で $f(a) \neq f(b)$ ならば，$f(a)$ と $f(b)$ の間にある任意の数 k に対して（すなわち，$f(a) < k < f(b)$ または $f(b) < k < f(a)$），$f(c) = k$ となる数 c $(a < c < b)$ が存在する．

証明 一般性を失うことなく，$f(a) < f(b)$ と仮定できる．$f(a) < k < f(b)$ をみたす任意の k に対して，集合 $A = \{x \in [a,b] \mid f(x) \leq k\}$ を考えると，もちろん A は上に有界であり，しかも $a \in A$ であるから空ではない．A の上限を ξ により表せば，$\xi \in [a,b]$ である．$f(\xi) = k$ を示そう．

仮に $f(\xi) < k$ とすれば，$\xi < b$ である（$\xi = b$ とすると，$f(b) < k$ となって，$k < f(b)$ に反する）．$f(x)$ の連続性により，任意の $\varepsilon > 0$ に対して，適当な $\delta > 0$ を選ぶと，$|x - \xi| < \delta$ であるかぎり，$|f(x) - f(\xi)| < \varepsilon$ が成り立つ．とくに $\varepsilon = \bigl(k - f(\xi)\bigr)/2$ とすれば，$\xi < x < \xi + \delta$ である限り（すなわち $0 < x - \xi < \delta$ である限り）

$$f(x) - f(\xi) \leq |f(x) - f(\xi)| < \bigl(k - f(\xi)\bigr)/2,$$

換言すれば $f(x) < f(\xi) + \bigl(k - f(\xi)\bigr)/2$ が成り立つような $\delta > 0$ が存在する．ここで仮定 $f(\xi) < k$ を使えば，$f(\xi) + \bigl(k - f(\xi)\bigr)/2 = \bigl(f(\xi) + k\bigr)/2 < k$ となって $f(x) < k$ が得られる．A の定義から $x \in A$ であり，$x > \xi$ であるから，これは ξ が A の上限であることに矛盾する．

次に，仮に $f(\xi) > k$ とすれば，$\xi > a$ である．上と同様に $\xi - \delta < x \leq \xi$ である限り（すなわち $0 \leq \xi - x < \delta$ である限り）

$$f(\xi) - f(x) \leq |f(\xi) - f(x)| < \bigl(f(\xi) - k\bigr)/2,$$

換言すれば $f(x) > f(\xi) - (f(\xi) - k)/2$ が成り立つような $\delta > 0$ が存在する．ここで仮定 $f(\xi) > k$ を使えば $f(x) > f(\xi) - (f(\xi) - k)/2 > k$ となって $f(x) > k$ が得られる．ところが上限の定義から，$\xi - \delta < x \leq \xi$ をみたす $x \in A$ が存在するから，この x は $f(x) > k$ および $f(x) \leq k$ の双方をみたさなければならないから矛盾．

よって，$f(\xi) = k$ である． □

問 5-5 $x^5 - 3x^4 + 1 = 0$ は $(-1,0), (0,1), (1,3)$ の各区間に解を持つことを示せ．

例 正数 a の n 乗根 $a^{1/n}$ の存在（定理 3-3）は，中間値の定理の帰結でもある．実際，関数 $f(x)=x^n$ を考えれば，$f(0)=0$ で，$f(s)>a$ となる $s>0$ が存在するから，区間 $[0,s]$ において f に定理 5-4 を適用すれば，$\alpha^n=a$ となる $\alpha\in(0,s)$ が（ただ1つ）存在する．この α が $a^{1/n}$ である．

問 5-6 区間上定義された連続関数 $y=f(x)$ を考える．もし $f(x)$ が整数値のみを取るなら，$f(x)$ は定数であることを示せ．

問 5-7 閉区間 $I=[a,b]$ 上で定義された連続関数 f が，$f(I)\subset I$ をみたすとき，$f(\alpha)=\alpha$ となる点 $\alpha\in I$ が存在することを示せ．

関数の有界性を定式化しておこう．

定義 5-3

区間 I 上で定義された関数 $f(x)$ が**上に有界**であるとは，$f(x)\leq M\ (x\in I)$ が成り立つような M が存在することである．**下に有界**であることと，**有界**であることも同様に定義される．

次の定理も直観的には当たり前に思える事実を主張している．

定理 5-5（最大値・最小値の存在定理[1]）

関数 $f(x)$ が閉区間 $[a,b]$ で連続ならば，$[a,b]$ に属す c_1,c_2 で，すべての $x\in[a,b]$ に対して $f(x)\leq f(c_1)$，$f(x)\geq f(c_2)$ をみたすものが存在する（$f(c_1)$ を f の**最大値**，$f(c_2)$ を**最小値**という）．とくに f は有界である．

証明 まず，上に有界であることを示す．もし有界でなければ，任意の自然数 n に対して，$f(a_n)>n$ をみたす $a_n\in[a,b]$ が存在する．数列 $\{a_n\}$ の収束する部分列 $a_{n_1},a_{n_2},\ldots$ を取ろう（定理 3-8）．c をその極限値とするとき，c は $[a,b]$ に属し，$f(x)$ の連続性から，$\lim_{i\to\infty}f(a_{n_i})=f(c)$ となって矛盾である．次に，f の像を考えると，それは上に有界であるから，上限 M が存在する．上限の定義から，自然数 n に対して $M-1/n<f(c_n)\leq M$ をみたす $c_n\in[a,b]$ が存在する．再び数列 $\{c_n\}$ の収束する部分列を取れば，その極限値 c' は $f(x)$ の連続性により $f(c')=M$ をみたす．よって c' が $f(x)$ の最大値を与える．最小値についても

[1] ワイエルシュトラスの定理ともいう．

同様. □

最大値，最小値の存在は，閉区間で定義された連続関数について言えることであって，開区間では成り立たないことに注意.

例題 5-2

区間 I を定義域とする連続関数 f に関して，f が定数値でなければ，像 $f(I)$ も区間である.

解　(i)　$\inf f(I)=-\infty$，$\sup f(I)=\infty$ の場合．任意の $y\in\mathbb{R}$ に対して，$f(x_1)<y<f(x_2)$ となる x_1,x_2 が存在するから，中間値の定理により，$y=f(x)$ となる x が存在．よって $f(I)=(-\infty,\infty)$.

(ii)　$\inf f(I)=a$，$\sup f(I)=\infty$ の場合．$a\notin f(I)$ ならば，任意の $y>a$ に対して，$f(c)>y>f(c')>a$ となる $c,c'\in I$ が存在するから（上限の特徴づけを使う)，再び中間値の定理により $f(I)=(a,\infty)$．$a\in f(I)$ ならば，$f(I)=[a,\infty)$ であることも中間値の定理による.

(iii)　$\inf f(I)=-\infty$，$\sup f(I)=b$ の場合は同様に $f(I)=(-\infty,b)$ または $f(I)=(-\infty,b]$．$\inf f(I)=a$，$\sup f(I)=b$ の場合も，$f(I)=(a,b)$，$[a,b)$，$(a,b]$，または $[a,b]$ であることが容易に確かめられる. □

問 5-8　$[a,b]$ を定義域とする連続関数 f に関して，f が定数値でなければ像 $f([a,b])$ は閉区間であることを示せ.

§5.2　一様連続性

ε-δ 論法による連続性の定義を思い出そう.

関数 f が区間 I で連続とは,「任意の $a\in I$ および任意の正数 ε に対して, ある正数 δ が存在し, 任意の $x\in I$ について, $|x-a|<\delta$ であるならば, $|f(x)-f(a)|<\varepsilon$ である」が成り立つことであった．この表現から理解されるように，δ は ε のみならず，$a\in I$ に依存していても構わない.

例えば，$f(x)=x^2$, $I=(-\infty,\infty)$ の場合，$\forall x\ [|x-a|<\delta\ \rightarrow\ |x^2-a^2|<1]$ とする．$a>0$ として $x=a+\delta/2$ とおくと $|x-a|=\delta/2<\delta$，$|x^2-a^2|=|x-a|\cdot|x+a|=(2a+\delta/2)\delta/2$ であるから，$(2a+\delta/2)\delta/2<1$．よって a を大きくするにしたがって，δ は小さくしなければならない.

一方，$f(x)=x$, $I=(-\infty,\infty)$ の場合は，与えられた ε に対して，$\delta=\varepsilon$ とすれば，$|x-a|<\delta \implies |f(x)-f(a)|=|x-a|<\varepsilon$ であるから，δ は a に依存しないように取れる．

このような違いを考慮して，次のような定義を行う．

定義 5-4

区間 I 上で定義された関数 $f(x)$ に関して，

「任意の正数 ε に対して，ある正数 δ が存在し，任意の $a\in I$ および任意の $x\in I$ について，$|x-a|<\delta$ であるならば，$|f(x)-f(a)|<\varepsilon$」

が成り立つならば，f は**一様連続**（uniformly continuous）と言われる．

この定義における条件を形式言語で表せば

$$\forall\varepsilon>0\ \exists\delta>0\ \forall a\in I\ \forall x\in I\ \ [|x-a|<\delta\ \rightarrow\ |f(x)-f(a)|<\varepsilon]$$

となる．これと，連続性に対する形式的表現

$$\forall a\in I\ \forall\varepsilon>0\ \exists\delta>0\ \forall x\in I\ \ [|x-a|<\delta\ \rightarrow\ |f(x)-f(a)|<\varepsilon]$$

を較べてみよう．$\forall a$ の場所が異なっていることに注意．第2章§2.4で述べたように，これは限定子の位置を替えると意味が異なる例となっている．

さらに「噛み砕いた」言い方では，例えば次のように言える．

「どんな $\varepsilon>0$ に対しても，$|f(x)-f(a)|<\varepsilon$ $(|x-a|<\delta(\varepsilon),\ x,a\in I)$
が成り立つような，すべての $a\in I$ に共通な $\delta(\varepsilon)$ を取ることができる」

問 5-9 関数 $f(x)=1/x$ $(0<x<\infty)$ は一様連続でない．

例題 5-3

区間 I 上で定義された関数 f について，正定数 C で条件

$$|f(x)-f(y)|\leq C\,|x-y| \qquad (x,y\in I) \tag{5.1}$$

をみたすものが存在するとき，f は一様連続であることを示せ．

解 任意の $\varepsilon>0$ に対して，$0<\delta<C^{-1}\varepsilon$ であるような δ を選べば，$|x-a|<\delta$ であるとき，$|f(x)-f(a)|\leq C\,|x-a|<\varepsilon$ となる．δ は $a\in I$ の取り方に依存しないから，f は一様連続である． □

条件 (5.1) をみたす関数は**リプシッツ連続**[2] (Lipschitz continuous)，C は**リプシッツ定数**と言われる.

次の定理は，積分について論じるときに重要な役割を果たす.

定理 5-6（ハイネ[3] の定理）
閉区間上で定義された連続関数は一様連続である.

この証明のために，次の補題が必要である.

補題 5-7（ハイネ・ボレル[4] の定理）
閉区間 I が開区間の族 J_λ $(\lambda \in \Lambda)$ により覆われているとする（すなわち，$I \subset \bigcup_{\lambda\in\Lambda} J_\lambda$ とする）．このとき，J_λ $(\lambda \in \Lambda)$ から有限個の開区間 $J_{\lambda_1}, \dots, J_{\lambda_m}$ を選んで，$I \subset \bigcup_{k=1}^{m} J_{\lambda_k}$ とすることができる.

証明　開区間の族 J_λ $(\lambda \in \Lambda)$ を 1 つの記号 $\mathcal{J}$ で表そう．$I=[a,b]$ とする．$[a,t]$ $(a<t\le b)$ が「$\mathcal{J}$ から選んだ有限個の開区間で覆われている」という性質 (*) を持つ t $(a<t\le b)$ 全体からなる集合を E とする．まず，$a\in J_\lambda$ となる λ が存在し，$[a,b]\cap J_\lambda$ に含まれる $t\ne a$ を取れば，$[a,t]\subset J_\lambda$ であるから，t はこの性質を持つことになって，$E\ne\emptyset$ が分かる．$\sup E$ を c と記そう.

$a<s<c$ なら $s\in E$ を示そう．まず $a<s\le t$ かつ $t\in E$ なら，$[a,t]$ は (*) をみたすから $[a,s]$ も (*) をみたし，よって $s\in E$ である．上限の性質から，$a<s<c$ なら $s<t\le c$ なる $t\in E$ が存在するので $s\in E$.

$c\in E$ かつ $c=b$ である．何故なら c を含む J_λ を選べば，$s<c$ かつ $s\in J_\lambda$ なる s が存在するので，$[a,s]$ を覆う $\mathcal{J}$ から選んだ有限個の開区間と J_λ を併せたものは $[a,c]$ を覆うから $[a,c]$ も性質 (*) を持ち，$c\in E$．仮に $c<b$ と仮定すると，$c<t<b$ で $t\in J_\lambda$ となる t が存在し，$[a,t]$ も性質 (*) を持つので，$t\in E$ となって，これは c が E の上限であることに反する．よって $c=b$，こうして $[a,b]$ が性質 (*) を持つことが証明された. □

---

[2] リプシッツ（R. O. S. Lipschitz；1832–1903）はドイツの数学者.

[3] H. E. Heine(1821–1881)．ドイツの数学者

[4] ボレル（F. E. J. É Borel (1871–1956) はフランスの数学者．なおこの補題はボレル・ルベーグの定理ともよばれる.

定理 5-6 の証明 閉区間を $[a,b]$ としよう．$\varepsilon>0$ を任意に取る．f の連続性から，各 $t\in[a,b]$ に対して，

$$|f(x)-f(t)|<\frac{1}{4}\varepsilon \quad (|x-t|<\delta(t))$$

となるような $\delta(t)>0$ が存在する．そこで，$J_t=\bigl(t-\delta(t),t+\delta(t)\bigr)$ とおけば，開区間の族 J_t $(t\in[a,b])$ は明らかに $[a,b]$ を覆う．上の補題を適用して，$I\subset\bigcup_{i=1}^m J_{t_i}$ が成り立つような $t_1,\ldots,t_m$ を選び $\delta_i=\delta(t_i)$, $J_i=J(t_i)$, $\delta=\min\{\delta_1,\ldots,\delta_m\}$ とおく．δ は ε のみに依存していることに注意．

$|x-x'|<\delta$ をみたす任意の x,x' について，$x\in J_i$, $x'\in J_j$ かつ $J_i\cap J_j\neq\emptyset$ となる J_i,J_j が存在する．これを確かめるため，$x<x'$ と仮定して数直線を眺めたとき，J_i は x を含む開区間で最も右にあるもの，J_j は x' を含む開区間で最も左にあるものとする．もし $J_i\cap J_j=\emptyset$ とすると，J_i,J_j の間にあり，それらに含まれない点 y がある $(\sup J_i\leq y\leq\inf J_j)$．$y$ を含む $J_k=(t_k-\delta_k,t_k+\delta_k)$ を取れば，明らかに J_k は x,x' の双方を含まないから，$|x-x'|\geq 2\delta_k\geq 2\delta$ となって矛盾．

さて，$x''\in J_i\cap J_j$ を取れば，$|x-t_i|<\delta_i$, $|x''-t_i|<\delta_i$, $|x''-t_j|<\delta_j$, $|x'-t_j|<\delta_j$ であるから

$$\begin{aligned}|f(x)-f(x')|\leq&|f(x)-f(t_i)|+|f(t_i)-f(x'')|+|f(x'')-f(t_j)|\\&+|f(t_j-f(x')|<4\cdot\frac{\varepsilon}{4}=\varepsilon\end{aligned}$$

が得られ，よって f は一様連続である． □

§5.3 関数の極限値

§5.1 で述べた ε-δ 論法による連続性の定義に関連して，関数の変数に関する極限値について論じよう．

定義 5-5

区間 I に属す点 x_0 を除いた $I\backslash\{x_0\}$ で定義された関数 f について，「任意の $\varepsilon>0$ に対して，ある $\delta>0$ が存在し，任意の $x\in I\backslash\{x_0\}$ について，$|x-x_0|<\delta$ ならば $|\alpha-f(x)|<\varepsilon$ が成り立つ」とき，α を $x\to x_0$ のときの $f(x)$ の極限値とよび，$\lim_{x\to x_0}f(x)=\alpha$，あるいは $f(x)\to\alpha$ $(x\to x_0)$ と記す．

この定式化を適用すれば，区間 I で定義された関数 f が $x_0 \in I$ で連続であることは，$\lim_{x \to x_0} f(x) = f(x_0)$ という式で表現される．

定理 5-2 の証明を見直せば，次の定理が得られる．

定理 5-8

$\lim_{x \to x_0} f(x) = \alpha \iff$ $\lim_{n \to \infty} x_n = x_0$, $x_n \neq x_0$ をみたす I 内の数列 $\{x_n\}$ に対して，$\lim_{n \to \infty} f(x_n) = \alpha$.

以下に列挙する事実は，数列の収束についての事実の類似である．

定理 5-9

(1)　$\lim_{x \to x_0} f(x)$ が存在するとき，x_0 の近くでは $f(x)$ は有界である．正確に言えば，ある正数 M および $\delta > 0$ があって，$|x - x_0| < \delta$ であるような任意の $x \in I \backslash \{x_0\}$ について $|f(x)| < M$ が成り立つ．

(2)　$\lim_{x \to x_0} f(x) > 0$ であるとき，ある正数 c および $\delta > 0$ があって，$|x - x_0| < \delta$ であるような任意の $x \in I \backslash \{x_0\}$ について $f(x) > c$.

証明　(1)　極限の定義で $\varepsilon = 1$ とおけば，「ある $\delta > 0$ が存在し，任意の $x \in I \backslash \{x_0\}$ について，$|x - x_0| < \delta$ ならば $|\alpha - f(x)| < 1$ が成り立つ」から，このような x は $|f(x)| < |\alpha| + 1$ をみたしている（不等式 $|f(x)| - |\alpha| \leq |f(x) - \alpha|$ を使う）．

(2)　$0 < \varepsilon < \alpha$ とする．再び極限の定義により，「ある $\delta > 0$ が存在し，任意の $x \in I \backslash \{x_0\}$ について，$|x - x_0| < \delta$ ならば $\alpha - \varepsilon < f(x) < \alpha + \varepsilon$ が成り立つ」から，とくに $f(x) > \alpha - \varepsilon$ なので，$c = \alpha - \varepsilon$ とおけばよい．　□

定理 5-10

区間 I 上で定義された関数 $f(x), g(x)$ について，極限 $\lim_{x \to x_0} f(x)$, $\lim_{x \to x_0} g(x)$ が存在するとき，$\lim_{x \to x_0} \{f(x) + g(x)\}$, $\lim_{x \to x_0} f(x)g(x)$ も存在し，

$$\lim_{x \to x_0} \{f(x) + g(x)\} = \lim_{x \to x_0} f(x) + \lim_{x \to x_0} g(x),$$

$$\lim_{x \to x_0} f(x)g(x) = \lim_{x \to x_0} f(x) \cdot \lim_{x \to x_0} g(x).$$

さらに，I 上で $g(x)\neq 0$，かつ $\lim_{x\to x_0} g(x)\neq 0$ であれば $\lim_{x\to x_0} f(x)/g(x)=\lim_{x\to x_0} f(x)/\lim_{x\to x_0} g(x)$.

証明　この定理の証明でも，例題2-14とその直前の例で使われたアイディアを真似ればよい．ここでは最後の式の証明を与えよう．$\alpha=\lim_{x\to x_0} f(x)$，$\beta=\lim_{x\to x_0} g(x)$ とおく．$\beta>0$ と仮定しても一般性を失わない．x が x_0 の近くにあれば $|f(x)|,|g(x)|\leq M'$ であるような正数 M' が存在し，$g(x)\geq c$ をみたす正数 c が存在するから，

$$\left|\frac{f(x)}{g(x)}-\frac{\alpha}{\beta}\right|=\left|\frac{f(x)\big(\beta-g(x)\big)+\big(f(x)-\alpha\big)g(x)}{\beta g(x)}\right|$$
$$\leq\frac{|f(x)|\,|\beta-g(x)\,|+|\,f(x)-\alpha\,|\,|g(x)|}{\beta g(x)}<\frac{M}{\beta c}(|\beta-g(x)\,|+|\,f(x)-\alpha|).$$

よって $\lim_{x\to x_0} f(x)/g(x)=\alpha/\beta$. □

問5-10　次の極限値を求めよ．

(1)　$\displaystyle\lim_{x\to 2}\frac{2x^2-x-6}{3x^2-2x-8}$,　　　(2)　$\displaystyle\lim_{x\to 0}\frac{\sqrt{x^2+x+1}-1}{\sqrt{1+x}-\sqrt{1-x}}$.

問5-11　次の関数が $\mathbb{R}$ 上で連続となるように定数 a, b を定めよ．

$$f(x)=\begin{cases}\dfrac{x^2+ax-2}{x-2} & (x>2)\\ b & (x\leq 2)\end{cases}.$$

次の定理は，「コーシー列は収束する」という事実の類似である．

定理5-11

有限な $\lim_{x\to x_0} f(x)$ が存在するための必要十分条件は，任意の $\varepsilon>0$ に対して適当な $\delta>0$ を選べば，$f(x)$ の定義域に属しかつ $0<|x'-x_0|<\delta$, $0<|x''-x_0|<\delta$ である x',x'' に対して常に $|f(x')-f(x'')|<\varepsilon$ が成り立つことである．x_0 が $\pm\infty$ の場合も同様のことが成り立つ．

証明　I を $f(x)$ の定義域とする．$\lim_{x\to x_0} f(x)=\alpha$ とする．$\forall\varepsilon>0\ \exists\delta>0\ \forall x\in I\ [0<|x-x_0|<\delta\ \ \to\ \ |\,f(x)-\alpha|<\varepsilon/2]$ であるから，$0<|x'-x_0|<\delta$, $0<|x''-x_0|<\delta$ のとき，

$$|f(x')-f(x'')|\leq|f(x')-\alpha\,|+|\,f(x'')-\alpha|<\varepsilon,$$

すなわち，条件は必要である．

十分性の証明のために，$\lim_{n\to\infty} x_n = x_0$，$x_n \neq x_0$ なる I 内の数列 $\{x_n\}$ をとる．$n \geq n_0$ ならば $|x_n - x_0| < \delta$ となる n_0 が存在するから，$|f(x_m) - f(x_n)| < \varepsilon\ (m, n \geq n_0)$ が成り立つ．すなわち $\{f(x_n)\}$ はコーシー列であり，$\lim_{n\to\infty} f(x_n)$ が存在する．この極限値は $\{x_n\}$ の選び方に依存しない．実際，$\{y_n\}$ を $\{x_n\}$ と同じ条件をみたす別の列とするとき，$|x_n - y_n| < \delta\ \ (n \geq n_0)$ が成り立つような n_0 が存在するから，$|f(x_n) - f(y_n)| < \varepsilon\ (n \geq n_0)$ が成り立ち，$\lim_{n\to\infty} f(x_n) = \lim_{n\to\infty} f(y_n)$ が得られる（課題 2-15）．□

これまで x_0 は有限値であったが，$[a, \infty)$ で定義された関数 $f(x)$ の $x \to \infty$ としたときの極限 $\lim_{x\to\infty} f(x)$，および $(-\infty, a]$ で定義された関数 $f(x)$ の $x \to -\infty$ としたときの極限 $\lim_{x\to-\infty} f(x)$ を考えることができる．

定義 5-6

任意の $\varepsilon > 0$ に対して，ある $a_0 \in [a, \infty)$ が存在し，任意の x について，$x \geq a_0$ ならば $|\alpha - f(x)| < \varepsilon$ が成り立つとき，$f(x)$ は $x \to \infty$ となるときに α に収束するといい，$\alpha = \lim_{x\to\infty} f(x)$ あるいは $f(x) \to \alpha\ (x \to \infty)$ と表わして，α を $f(x)$ の $x \to \infty$ となるときの極限値という．$\lim_{x\to-\infty} f(x)$ についても同様に定式化される．

定理 5-9 と定理 5-10 は，$\lim_{x\to\pm\infty}$ の場合も適切な表現の変更を行えばまったく同様に成り立つ．

例　$\lim_{x\to\infty} 1/x = 0$．実際，$\varepsilon > 0$ に対して，$a_0 > \varepsilon^{-1}$ となる a_0 を取れば，$x \geq a_0$ であるとき，$|1/x| < 1/a_0 < \varepsilon$ となる．

問 5-12　上の定義の表現を形式言語で表せ．

例題 5-4

$a > 1$ として，$P(x)$ を多項式とするとき，$\lim_{x\to\infty} P(x)a^{-x} = 0$.

解　$x - 1 < [x] \leq x$ に注意すれば，$x^n a^{-x} \leq ([x]+1)^n a^{-[x]}$ だから，例題 2-17 (2) に帰着．□

問 5-13 次の極限を求めよ.

(1) $\displaystyle\lim_{x\to\infty}\frac{x^2+x+1}{x^2+1}$, (2) $\displaystyle\lim_{x\to\infty}\{\sqrt{x^2+1}-x+1\}$.

発散についても，数列の場合の類似として次のような定義を行う.

定義 5-7

$\displaystyle\lim_{x\to\infty}f(x)=\infty$ とは，「任意の実数 M に対して，ある $a_0\in[a,\infty)$ が存在し，任意の x について，$x\geq a_0$ ならば $f(x)\geq M$ が成り立つ」ことである.

$\displaystyle\lim_{x\to-\infty}f(x)=\infty$, $\displaystyle\lim_{x\to\infty}f(x)=-\infty$, $\displaystyle\lim_{x\to-\infty}f(x)=-\infty$ についても同様に定義される.

§5.4 左極限，右極限

極限 $\displaystyle\lim_{x\to x_0}f(x)$ を考えるとき，$x<x_0$ あるいは $x>x_0$ という制限付での極限を考えることができる.

定義 5-8

「任意の $\varepsilon>0$ に対して，ある $\delta>0$ が存在し，任意の $x\in I\backslash\{x_0\}$ について，$0<x_0-x<\delta$ ならば $|\alpha-f(x)|<\varepsilon$ が成り立つ」とき，α は $f(x)$ の x_0 における**左極限値**（left-hand limit）といい，$\displaystyle\lim_{x\to x_0-0}f(x)=\alpha$ と記す.

「任意の $\varepsilon>0$ に対して，ある $\delta>0$ が存在し，任意の $x\in I\backslash\{x_0\}$ について，$0<x-x_0<\delta$ ならば $|\alpha-f(x)|<\varepsilon$ が成り立つ」とき，α は $f(x)$ の x_0 における**右極限値**（right-hand limit）といい，$\displaystyle\lim_{x\to x_0+0}f(x)=\alpha$ と記す.

左・右極限値を，それぞれ $f(x_0-0)$, $f(x_0+0)$ により表すこともある．$x_0=0$ のときは，x_0+0, x_0-0 の代わりに $+0,-0$ を使うことがある.

問 5-14 $f(x)=x-[x]$ について，$f(1-0)$, $f(1+0)$ を求めよ.

次の定理は明らかであろう.

定理 5-12

区間 I を定義域とする関数 $f(x)$ が連続であるための必要十分条件は，任意の $x_0 \in I$ に対して，$f(x_0+0)$ および $f(x_0-0)$ が存在し，$f(x_0+0)=f(x_0-0)$ が成り立つことである．ただし x_0 が I の左端あるいは右端であるときは，条件 $f(x_0+0)=f(x_0-0)$ は省く．

定義 5-9

区間 I で定義された関数 f について，$x<x'$ ならば常に $f(x) \leq f(x')$ が成り立つとき，f は**単調増加**とよばれ，$f(x) \geq f(x')$ が成り立つとき，f は**単調減少**とよばれる．両者を総称して，単に**単調**という．

$\leq, \geq$ の代わりに $<, >$ となるときは，**狭義**という形容詞をつける．

定理 5-13

$f(x)$ が開区間 (a,b) で単調ならば，$f(a+0)$ および $f(b-0)$ が存在する．ただしこれらが $\pm\infty$ である場合も許す．

証明　$f(x)$ が単調増加の場合を扱う．像 $f\bigl((a,b)\bigr)$ の上限，下限をそれぞれ $\overline{\alpha}, \underline{\alpha}$ により表そう．$\overline{\alpha}<\infty$ の場合，上限の特徴づけ（定理 3-2）から，任意の $\varepsilon>0$ に対して，$(\overline{\alpha}\geq)\ f(c)>\overline{\alpha}-\varepsilon$ をみたす $c\in(a,b)$ が存在する．$f(x)$ は単調増加なので，$x>c$ のとき $0\leq\overline{\alpha}-f(x)\leq\overline{\alpha}-f(c)<\varepsilon$ が成り立ち，$b-c=\delta$ とおけば，「$0<b-x<\delta$ のとき，$|\overline{\alpha}-f(x)|<\varepsilon$」となるから，$f(b-0)=\overline{\alpha}$．他の場合と主張も同様に確かめられる．　□

例題 5-5

閉区間 $[a,b]$ において単調な $f(x)$ が，$f(a)$ と $f(b)$ の間のすべての値を取るならば，$f(x)$ は $[a,b]$ で連続である．

解　$f(a)=f(b)$ の場合は $f(x)$ は定数になるから明らか．$f(a)\neq f(b)$ として，$x_0\in I$ において $f(x)$ が不連続とする．x_0 が I の端点 a,b でない場合，$f(x_0+0)\neq f(x_0-0)$ であり，$f(x)$ はこの 2 つの間の値を取りえないから矛盾．$x_0=a,b$ の場合は，$f(x_0+0)\neq f(x_0)$ あるいは $f(x_0-0)\neq f(x_0)$ であるから，同じ理由で矛盾．　□

定理 5-14
区間 I を定義域とする狭義単調な連続関数 $y=f(x)$ は，$J=f(I)$ を定義域とする狭義単調かつ連続な逆関数 $f^{-1}(y)$ を持つ．

証明 狭義単調の仮定から，$f:I\to f(I)=J$ は全単射であり，逆写像 $f^{-1}:J\to I$ が存在する．関数 $f^{-1}(y)$ は単調である．実際，（$f(x)$ が増加とすると）$y_1<y_2$ とするとき，$x_i=f^{-1}(y_i)$ とすれば $f(x_1)=y_1<y_2=f(x_2)$ であるから，$x_1\geq x_2$ ならば $f(x_1)\geq f(x_2)$ となり矛盾．さらに，$f^{-1}(J)=I$ であるから，例題 5-5 により f^{-1} は連続である． □

§5.5 微分可能性

$y=f(x)$ のグラフに対する $x=x_0$ での**接線**（もしあればだが）の傾きを求めるため，$(x_0,f(x_0))$ と $(x,f(x))$ $(x\neq x_0)$ を通る直線を考える．この直線の傾き $\{f(x)-f(x_0)\}/(x-x_0)$ は，x が x_0 に近ければ接線の傾きを近似しているだろう．そこで，x を x_0 に限りなく近づけたときの極限

$$\lim_{x\to x_0}\frac{f(x)-f(x_0)}{x-x_0} \tag{5.2}$$

を接線の傾きと定義するのは自然である．(5.2) は次のようにも表せる．

$$\lim_{h\to 0}\frac{1}{h}\bigl(f(x_0+h)-f(x_0)\bigr).$$

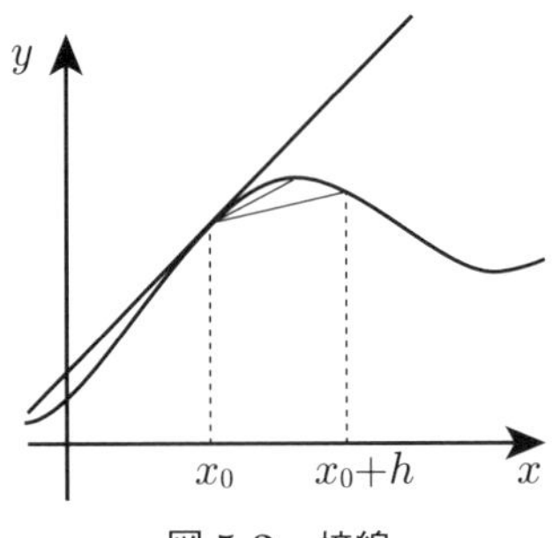

図 **5.2** 接線

定義 5-10

区間 (a,b) 上で定義された関数 $f(x)$ が，$x_0 \in (a,b)$ で**微分可能**（differentiable）とは，$\lim_{h \to 0} \big(f(x_0+h)-f(x_0)\big)/h$ が存在することであり，この極限値を $f'(x_0)$ により表して，x_0 における $f(x)$ の**微分係数**（differential coefficient）という．

(a,b) のすべての点で微分可能なときは，(a,b) で微分可能と言われ，(a,b) 上の関数 $f'(x)$ は $f(x)$ の**導関数**（derivative）とよばれる．

上で述べたことから，$y=f(x)$ の $(x_0, f(x_0))$ における接線は $y=f'(x_0)(x-x_0)+f(x_0)$ により表されることに注意しよう．

f が x_0 において微分可能であり，微分係数が α であることを ε-δ 論法で表せば，「$\forall\varepsilon>0\ \exists\delta>0\ \forall h\ [0<|h|<\delta\ \rightarrow\ \big|\big(f(x_0+h)-f(x_0)\big)/h-\alpha\big|<\varepsilon]$」．

x_0 で微分可能な関数は，x_0 で連続である．実際，極限 (5.2) が存在するから

$$\lim_{x\to x_0} f(x) = \lim_{x\to x_0}\left(f(x_0)+(x-x_0)\frac{f(x)-f(x_0)}{x-x_0}\right) = f(x_0).$$

次に述べる性質は，導関数の定義から容易に導かれる．

(1) 定数 a,b と関数 $f(x), g(x)$ に対して $(af+bg)'(x)=af'(x)+bg'(x)$.

(2)（積の微分；**ライプニッツ則**[5]）$(fg)'(x)=f'(x)g(x)+f(x)g'(x)$.

(3)（商の微分）$g(x)\neq 0$ であれば，$(f/g)'(x)=\dfrac{f'(x)g(x)-f(x)g'(x)}{g(x)^2}$.

ライプニッツ則は次のように確かめられる．

$$\frac{f(x+h)g(x+h)-f(x)g(x)}{h} = \frac{f(x+h)-f(x)}{h}g(x+h)$$
$$+f(x)\frac{g(x+h)-g(x)}{h} \to f'(x)g(x)+f(x)g'(x) \quad (h\to 0).$$

(3) の証明は読者に委ねよう．

問 5-15　$(x^2-1)/(x^2+1)$，$2x/(1+x^2)$ の導関数を求めよ．

高校で学んだ合成関数の微分公式の証明には，実は瑕疵がある．次の厳密な証明を見れば，どこに瑕疵があるか理解できるであろう．

---

[5] 1684 年の著書で言及されている．

定理 5-15（合成関数の微分）

f を区間 I 上の関数，g を区間 J 上の関数とし，$f(I) \subset J$ とする．f が x_0 で微分可能であり，g が $f(x_0)$ で微分可能なとき，合成関数 $F = g \circ f$ は x_0 で微分可能である．さらに，$F'(x_0) = g'(f(x_0))f'(x_0)$ が成り立つ．

証明　$k(h) = f(x_0 + h) - f(x_0)$ とおく．f は x_0 で連続だから $\lim_{h \to 0} k(h) = 0$.

(1)　集合 $S = \{h \neq 0 \mid k(h) = 0\}$ が 0 を集積点としない場合，$0 < h < \delta$ のとき $k(h) \neq 0$ となる δ が存在するから

$$
\begin{aligned}
&\lim_{h \to 0} \frac{1}{h}\bigl(F(x_0 + h) - F(x_0)\bigr) \\
&= \lim_{h \to 0} \frac{1}{k(h)}\bigl\{g\bigl(f(x_0) + k(h)\bigr) - g\bigl(f(x_0)\bigr)\bigr\} \times \frac{1}{h}\bigl(f(x_0 + h) - f(x_0)\bigr) \\
&= \lim_{k \to 0} \frac{g\bigl(f(x_0) + k\bigr) - g\bigl(f(x_0)\bigr)}{k} \lim_{h \to 0} \frac{f(x_0 + h) - f(x_0)}{h} = g'(f(x_0))f'(x_0).
\end{aligned}
$$

(2)　集合 $S = \{h \neq 0 \mid k(h) = 0\}$ が 0 を集積点とするときは，$h_n \in S$, $h_n \to 0$ $(n \to \infty)$ なる列 $\{h_n\}$ が存在し

$$
f'(x_0) = \lim_{n \to \infty} \frac{1}{h_n} f(x + h_n) - f(x) = 0
$$

であるから，任意の $\varepsilon > 0$ に対して適当な $\delta(\varepsilon) > 0$ をとれば，$0 < |h| < \delta(\varepsilon)$ のとき，$\bigl|\bigl(f(x_0 + h) - f(x_0)\bigr)/h\bigr| < \varepsilon$ が成り立つ．$h \notin S$ のときは

$$
\left|\frac{1}{h}\bigl(F(x_0 + h) - F(x_0)\bigr)\right| \leq \varepsilon \left|\frac{1}{k(h)}\bigl\{g\bigl(f(x_0) + k(h)\bigr) - g\bigl(f(x_0)\bigr)\bigr\}\right| \qquad (5.3)
$$

となるが，$g'(x_0)$ が存在することから $\bigl|\bigl\{g\bigl(f(x_0) + k(h)\bigr) - g\bigl(f(x_0)\bigr)\bigr\}/k(h)\bigr|$ は有界．よって ε の任意性により，(5.3) は任意に小さくできる．一方，$h \in S$ のときは，$\Bigl|\bigl\{g\bigl(f(x_0) + k(h)\bigr) - g\bigl(f(x_0)\bigr)\bigr\}/k(h)\Bigr| = 0$ であるから，いずれの場合も，$|h|$ を小さく選べば，$\left|\frac{1}{h}\bigl(F(x_0 + h) - F(x_0)\bigr)\right|$ を任意に小さくできるから $F'(x_0)$ が存在し，$F'(x_0) = 0 = g'\bigl(f(x_0)\bigr)f'(x_0)$.　□

これまで，$y = f(x)$ の微分係数と導関数を $f'(x)$ により表してきたが，便利かつ自然に見える記法として，ライプニッツが導入した

$$
\frac{dy}{dx}, \quad \frac{df}{dx}, \quad \frac{d}{dx}f(x),
$$

を使うことがある．とくに 1 番目の「分数的」表現から，微分係数は**微分商**ともよばれる．しかし，dx, dy は仮想的な「無限小」を表す記号であって数で

はない．敢えてこの記法を正当化するならば，(5.2) において，$\Delta x = x - x_0$，$\Delta y = f(x) - f(x_0)$ とおくと，$f'(x_0)$ は分数 $\Delta y/\Delta x$ で近似されること，そして，$\Delta x \to 0$ とすると $\Delta y \to 0$ であり，$f'(x_0) = \lim_{\Delta \to 0} \Delta y/\Delta x$ となることから，$\Delta y/\Delta x$ において $\Delta x, \Delta y$ を dx, dy にしたものが微分商になっていると考えるのである（本章の補遺参照）．

この記法によれば，合成関数の微分公式が「あたかも」分数の演算式

$$\frac{dz}{dx} = \frac{dz}{dy}\frac{dy}{dx}$$

のように表現できる．ここで，右辺では y は x の関数，z は y の関数であって，左辺の z はこれらを合成して得られる x の関数としている．ライプニッツの記法は，積分論を展開するときにも登場する．

表現 $\dfrac{d}{dx}f(x)$ は，関数にその導関数を対応させる対応 $f \mapsto f'$ を写像と考えるときに使われる．写像としての $\dfrac{d}{dx}$ は**微分作用素**（differential operator）とよばれる．

定理 5-16（逆関数の微分）

区間 I で狭義単調な連続関数 $f(x)$ が微分可能，かつ $f'(x) \neq 0$ であれば，逆関数 $f^{-1}(y)$ も微分可能であって，

$$\frac{d}{dy}f^{-1}(y) = \frac{1}{f'(f^{-1}(y))}.$$

ライプニッツの記号を使えば，この関係式は次のようにも表される．

$$\frac{dx}{dy}\frac{dy}{dx} = 1 \quad (y = f(x),\ x = f^{-1}(y)).$$

証明　x と y が $y = f(x)$ の関係にあるとき，$k(h) = f^{-1}(y+h) - f^{-1}(y)$ とおくと，$h = f\bigl(x + k(h)\bigr) - f(x)$ であり，$h \neq 0 \iff k(h) \neq 0$ である（定理 5-14）．$f^{-1}(y)$ は連続であるから，$h \to 0$ のとき $k(h) \to 0$．よって

$$\frac{d}{dy}f^{-1}(y) = \lim_{h \to 0}\frac{k(h)}{h} = \lim_{k(h) \to 0} 1\Big/\frac{h}{k(h)}$$

$$= \lim_{k(h) \to 0} 1\Big/\frac{f\bigl(x + k(h)\bigr) - f(x)}{k(h)} = \frac{1}{f'(x)} = \frac{1}{f'\bigl(f^{-1}(y)\bigr)} \qquad \square$$

例 (1) $f(x)$ が恒等的に定数であるとき，$f'(x) \equiv 0$ である．

(2) n を自然数として，$f(x) = x^n$ とするとき，$f'(x) = nx^{n-1}$ である．

これは n に関する数学的帰納法により

$$\frac{d}{dx}x^n = \frac{d}{dx}xx^{n-1} = \left(\frac{d}{dx}x\right)x^{n-1} + x\frac{d}{dx}x^{n-1} = x^{n-1} + x\frac{d}{dx}x^{n-1}$$

を使って証明できる．こうして，多項式 $f(x) = a_0x^n + a_1x^{n-1} + \cdots + a_{n-1}x + a_n$ に対して，$f'(x) = na_nx^{n-1} + (n-1)a_1x^{n-2} + \cdots + a_{n-1}$.

(3) $f(x) = \sqrt[n]{x} = x^{1/n}$ $(x > 0)$ については，$f(x)^n = x$ であるから $\dfrac{d}{dx}f(x)^n = 1$ を得る．他方，合成関数の微分公式を使えば

$$\frac{d}{dx}f(x)^n = nf'(x)f(x)^{n-1} = nf'(x)x^{\frac{n-1}{n}}$$

が成り立ち，よって $(x^{1/n})' = f'(x) = (1/n)x^{1/n-1}$.

例題 5-6

a を有理数とするとき，$(x^a)' = ax^{a-1}$ である[6)]．

解 $a = p/q$ $(p \in \mathbb{Z}, q \in \mathbb{N})$ とする．$a > 0$ の場合，

$$\frac{d}{dx}x^{p/q} = \frac{d}{dx}(x^{1/q})^p = px^{(p-1)/q} \cdot \frac{1}{q}x^{\frac{1}{q}-1} = \frac{p}{q}x^{p/q-1}.$$

$a < 0$ のときは，$x^a = (x^{-a})^{-1}$ に注意して，$a > 0$ の場合に帰着． □

問 5-16 $\dfrac{d}{dx}\sqrt{x^2+1}$ を計算せよ．

□ 連続 vs 微分可能

連続性や微分可能性の意味が明確になったのは，一般的な関数が取り扱われるようになった19世紀である．それまでは具体的な式で与えられる関数に注意が注がれていたこともあり，連続性と微分可能性の間の違いを意識していなかったのである．今日から見れば信じがたいことであるが，アンペール (1806) のように「任意の連続関数は有限個の例外点を除き，微分可能である」という主張が正しいと信じる数学者もいた．「任意の」関数のグラフを手描きすれば，確かにこの主張が正しいように感じるのもむべなるかなではある．

このような直観から生じる誤謬は，微分積分学が厳密化されるにしたがって取り除かれていく．それでも，アンペールの主張を緩くした「連続関数は

6) a が無理数のときも成り立つ（問 6-2）．

「ほとんど」の点では微分可能であろう」と信ずる傾向は残っていた．この「連続 vs 微分可能」の問題に最終的な決着をつけたのがワイエルシュトラスである（1872 年）．彼は $0 < \alpha < 1$ なる実数 α と奇数 β が $\alpha\beta > 1 + 3\pi/2$ をみたすとき，次のような級数により定義される関数 $f(x) = \sum_{n=0}^{\infty} \alpha^n \cos(\pi\beta^n x)$ $(-\infty < x < \infty)$ は連続にも関わらず，至る所で微分不可能であることを証明した．

当然のことながら，$f(x)$ は極めて複雑な挙動をしているため，そのグラフを絵に描くことはできない．第 4 章の補遺で紹介したカントル集合もそうであったが，微分積分学の厳密化は，実数や関数の世界が容易ならざる複雑さを有していることをあからさまにしたのである．

多項式や有理関数，そして累乗根を含む関数（無理関数）以外に，微分を求めることのできる関数がある．それは三角関数である．後で述べることになる指数関数や対数関数の微分と併せて，広いクラスに属す関数の微分が求められることは，微分学を豊かな理論にしている．

三角関数の微分公式

$$\frac{d}{dx}\sin x = \cos x, \qquad \frac{d}{dx}\cos x = -\sin x$$

を証明しよう．このため，まず $\sin x/x \to 1$ $(x \to 0)$ を示す．$x \to 0$ としたときの状況を考えているのだから，$0 < |x| < \pi/2$ としてよい．

$x > 0$ とする．図 5.3 において，$\mathrm{OA} = \mathrm{OB} = 1$ と仮定する．このとき $z = \sin x$，$y = \tan x$ であり，$\triangle\mathrm{OAB} <$ 扇型 $\mathrm{OAB} < \triangle\mathrm{ODA}$ であるから（一般に半径 r，中心角 θ の扇型の面積は $r^2\theta/2$），$z/2 < x/2 < y/2$ が成り立つ．このことから $\sin x < x < \tan x$, 及び $\cos x < \sin x/x < 1$ を得る．さらに $\lim_{x\to 0} \cos x = 1$ であるから，$\sin x/x \to 1$ $(x \to 0,\ x > 0)$ となる．$x < 0$ の場合は，$\sin x/x = \sin(-x)/(-x)$. を使えばよい[7)].

次に $\lim_{x\to 0}(\cos x - 1)/x = 0$ を示そう．余弦関数に対する加法公式により

$$\cos x = \cos 2\Big(\frac{x}{2}\Big) = \Big(\cos\frac{x}{2}\Big)^2 - \Big(\sin\frac{x}{2}\Big)^2 = 1 - 2\Big(\sin\frac{x}{2}\Big)^2,$$

$$\frac{\cos x - 1}{x} = -\frac{x}{2}\Big(\frac{\sin x/2}{x/2}\Big)^2 \to 0 \quad (x \to 0).$$

7) 上述の証明（および三角関数の証明自体）は，幾何学に大きく依存していることに注意しよう．幾何学に頼らない三角関数の定義とその性質については，§7.4 を参照のこと．

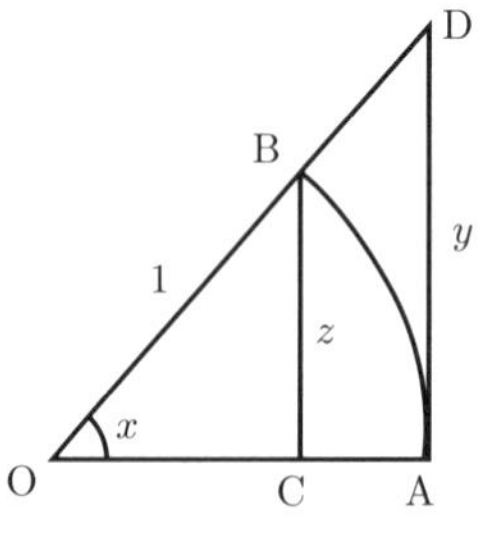

図 5.3　三角関数の微分

正弦関数 $\sin x$ の導関数を求めよう．加法公式により $\sin(x+h)-\sin x = \sin x(\cos h - 1) + \cos x \sin h$ であるから

$$\frac{1}{h}\big(\sin(x+h)-\sin x\big) = \sin x\frac{\cos h - 1}{h} + \cos x\frac{\sin h}{h} \to \cos x \quad (h \to 0).$$

余弦関数 $\cos x$ に対しては，再び加法公式を利用することにより $\cos(x+h) - \cos x = \cos x(\cos h - 1) - \sin x \sin h$ を得るから $(\cos x)' = -\sin x$ が容易に従う．正接については，商の微分法により

$$\frac{d}{dx}\tan x = \frac{d}{dx}\Big(\frac{\sin x}{\cos x}\Big) = \frac{\cos^2 x + \sin^2 x}{\cos^2 x} = \frac{1}{\cos^2 x}.$$

三角関数の微分公式の簡明さは，変数の弧度法表示によるところが大きいことに注意しよう．

問 5-17　(1) $\dfrac{d}{dx}\arcsin x = \dfrac{1}{\sqrt{1-x^2}}$ $(-1 < x < 1)$.

(2) $\dfrac{d}{dx}\arccos x = -\dfrac{1}{\sqrt{1-x^2}}$ $(-1 < x < 1)$.

(3) $\dfrac{d}{dx}\arctan x = \dfrac{1}{1+x^2}$ $(-\infty < x < \infty)$.

§5.6　微分学における基本定理

微分学における最も重要な定理から話を始めよう．まず，f の x_0 における**右側微分係数**（right-hand derivative）と**左側微分係数**（left-hand derivative）を，それぞれ（もし存在すれば）

$$\lim_{h\to+0}\frac{1}{h}\big(f(x_0+h)-f(x_0)\big), \quad \lim_{h\to-0}\frac{1}{h}\big(f(x_0+h)-f(x_0)\big)$$

により定義し，$f'_+(x_0)$，$f'_-(x_0)$ と記す．f が x_0 で微分可能であることと，$f'_+(x_0)$，$f'_-(x_0)$ が存在し，$f'_+(x_0) = f'_-(x_0)$ が成り立つことは同値である．

定理 5-17（平均値の定理[8)]；mean-value theorem）

関数 $f(x)$ が区間 $[a,b]$ で連続で，しかも (a,b) で微分可能とすると，次式をみたす c $(a<c<b)$ が存在する．

$$\frac{f(b)-f(a)}{b-a}=f'(c). \tag{5.4}$$

この定理の証明のために，2 つの補題を用意する．

補題 5-18

関数 $f(x)$ が開区間 (a,b) で定義され，$x=c$ で微分可能とする．$f(x)$ が $x=c$ で最大値または最小値を取るならば $f'(c)=0$ である．

証明　$f(x)$ が $x=c$ で最大値を取るとする．

$$h>0 \text{ のとき，} \frac{f(c+h)-f(c)}{h}\leq 0, \quad h<0 \text{ のとき，} \frac{f(c+h)-f(c)}{h}\geq 0$$

であるから，$f'(c)=f'_+(c)\leq 0$，$f'(c)=f'_-(c)\geq 0$ である．よって，$f'(c)=0$ となる．最小値の場合も同様である．□

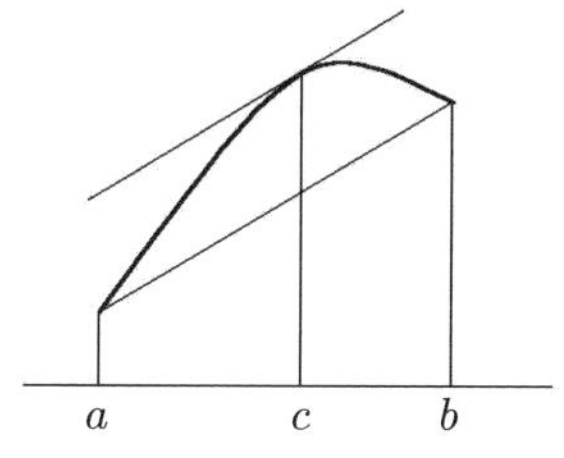

図 5.4　平均値の定理

補題 5-19（ロルの定理；平均値の定理の特別な場合[9)]）

関数 $f(x)$ が区間 $[a,b]$ で連続で，しかも (a,b) で微分可能とする．$f(a)=f(b)$ ならば，$f'(c)=0$ となる c $(a<c<b)$ が存在する．

証明　$f(x)$ が定数ならば明らかなので，定数でないときを考える．$f(x)$ の最大値と最小値をそれぞれ $M=f(c_1)$, $m=f(c_2)$ としよう．f は定数ではないから，M，m の少なくとも一方は $f(a)$ $(=f(b))$ と異なる．従って，c_1, c_2 の少なくと

---

8) 平均値の定理はラグランジュによる（1797 年）．

9) ロル（M. Rolle；1652-1719）は，フランスの数学者である．ロルの定理は 1691 年に出版された本の中に見ることができる．

も一方は a, b とは異なる．例えば c_1 が a, b と異なるときは，$c = c_1$ とおいて上の補題を適用すれば $f'(c) = 0$ となる．c_2 が a, b と異なる場合も，$c = c_2$ とおけば $f'(c) = 0$ である． □

定理 5-17（平均値の定理）の証明 次の関数を考える．

$$F(x) = f(x) - \frac{f(b) - f(a)}{b - a}(x - a).$$

明らかに $F(x)$ は $[a, b]$ で連続，(a, b) で微分可能．$F(a) = F(b) = f(a)$ なので，ロルの定理により $F'(c) = 0$ となる $c \in (a, b)$ が存在する．あとは $F'(x) = f'(x) - (f(b) - f(a))/(b - a)$ に注意すればよい． □

(5.4) における c に対して，$\theta = (c - a)/(b - a)$ とおけば，$0 < \theta < 1$ であり，(5.4) は次の形で表すことができる：

$$f(b) - f(a) = f'(a + \theta(b - a))(b - a).$$

問 5-18 区間 I 上で微分可能な関数 f の導関数が有界であれば，f はリプシッツ連続である．

問 5-19 $\lim_{x \to \infty} f'(x) = \alpha$ ならば，$\lim_{x \to \infty} \bigl(f(x + 1) - f(x)\bigr) = \alpha$.

次の定理は平均値定理の簡単な応用である．

定理 5-20

$f(x)$ を区間 I で微分可能な関数とする．

(1) 単調増加（単調減少）であるための必要十分条件は，いたるところで $f'(x) \geq 0$（$f'(x) \leq 0$）をみたすことである．

(2) いたるところで $f'(x) > 0$（$f'(x) < 0$）ならば，$f(x)$ は狭義単調増加（狭義単調減少）である．

$f(x) = x^3$ は狭義単調増加であるが $f'(0) = 0$ なので，(2) の逆は成り立たない．

定理 5-21（コーシーの平均値定理）

$f(x)$, $g(x)$ が $[a, b]$ で連続，(a, b) で微分可能であって，(a, b) で $g'(x) \neq 0$ ならば次式をみたす c が存在する．

$$\frac{f(b) - f(a)}{g(b) - g(a)} = \frac{f'(c)}{g'(c)} \quad (a < c < b).$$

証明　ロルの定理の対偶を使えば，仮定 $g'(x)\neq 0$ $(a<x<b)$ から $g(b)-g(a)\neq 0$. 後は関数 $f(x)\big(g(b)-g(a)\big)-g(x)\big(f(b)-f(a)\big)$ にロルの定理を適用すればよい. □

一般に $f(a)=g(a)=0$ であるような連続関数 $f(x)$, $g(x)$ に対して $\lim\limits_{x\to a} f(x)/g(x)$ を求めようとするとき，分子と分母は双方とも 0 に近づくが，いきなり $x=a$ とおくと $0/0$ となってしまう．このような見掛け上は $0/0$ となる不定形の極限値を求めるための有効な方法がある.

定理 5-22

(1)　$f(x)$, $g(x)$ が $[a,b]$ で連続，(a,b) で微分可能，$f(a)=g(a)=0$ であり，かつ (a,b) で $g'(x)\neq 0$ とすれば，$\lim\limits_{x\to a+0} f'(x)/g'(x)=\alpha$ であるとき $\lim\limits_{x\to a+0} f(x)/g(x)=\alpha$. $x\to b-0$ の場合も同様な結論を得る.

(2)（**ロピタルの定理**[10]）$f(x)$, $g(x)$ が (a,b) で微分可能，$x_0\in(a,b)$ で $f(x_0)=g(x_0)=0$，かつ x_0 を除いた範囲で $g'(x)\neq 0$ ならば，$\lim\limits_{x\to x_0} f'(x)/g'(x)=\alpha$ であるとき $\lim\limits_{x\to x_0} f(x)/g(x)=\alpha$.

証明　(1) については，コーシーの平均値定理 5-21 により $f(x)/g(x)=f'(\xi)/g'(\xi)$, $a<\xi<x$ であり，$x\to a+0$ のとき，$\xi\to a+0$ であるから主張が得られる．(2) の証明も同様. □

問 5-20　ロピタルの定理を使って，次の極限値を求めよ.

(1)　$\lim\limits_{x\to 0}\dfrac{x-\sin x}{x^3}$,　　　(2)　$\lim\limits_{x\to 0}\dfrac{1-\cos x}{x\sin x}$.

$x\to\pm\infty$ の場合についても同様な結論を得る．例えば，$f(x), g(x)$ が (a,∞) で微分可能，$g'(x)\neq 0$，さらに $\lim\limits_{x\to\infty} f(x)=\lim\limits_{x\to\infty} g(x)=0$ としよう．$a>0$ としても一般性を失わないから，$(0\leq t<1/a)$ において

$$\varphi(t)=\begin{cases} f(1/t) & (0<t<1/a) \\ 0 & (t=0)\end{cases},\quad \psi(t)=\begin{cases} g(1/t) & (0<t<1/a) \\ 0 & (t=0)\end{cases}$$

[10] G. F. A. M. de l'Hôpital；1661–1704 はフランスの数学者．ヨハン・ベルヌーイの講義を元にして，ヨーロッパで最初の微分積分学のテキストである "L'Analyse des Infiniment Petits pour l'Intelligence des Lignes Courbes" を 1696 年に出版.「ロピタルの定理」は，実はベルヌーイにより証明された定理である.

とおくと，$\varphi(t), \psi(t)$ は $[0, 1/a)$ において連続，$(0, 1/a)$ において $\varphi'(t) = -t^{-2} f'(1/t)$，　$\psi'(t) = -t^{-2} g'(1/t)$．よって，$\lim_{x \to \infty} f'(x)/g'(x) = \alpha$ ならば，$\lim_{t \to +0} \varphi'(t)/\psi'(t) = \alpha$ であり，定理 5-22 (1) により $\lim_{t \to +0} \varphi(t)/\psi(t) = \alpha$．こうして $\lim_{x \to \infty} f(x)/g(x) = \alpha$ を得る．

∞/∞ の形の不定形についても，似た定理が成り立つ．

定理 5-23

I を x_0 を含む区間とし，$f(x), g(x)$ が x_0 を除いた I で微分可能，$g'(x) \neq 0$ とする．$\lim_{x \to x_0} g(x) = \infty$，かつ $\lim_{x \to \infty} f'(x)/g'(x) = \alpha$ ならば[11)]，$\lim_{x \to \infty} f(x)/g(x) = \alpha$.

証明　$x - x_0$ と $\xi - x_0$ が同符号な区間 I の点 x, ξ に関して，コーシーの平均値定理 5-21 を適用すれば

$$\frac{f(x) - f(\xi)}{g(x) - g(\xi)} = \frac{f'(\xi + \theta(x - \xi))}{g'(\xi + \theta(x - \xi))} \quad (0 < \theta < 1),$$

$$\frac{f(x)}{g(x)} = \frac{f(\xi)}{g(x)} + \left(1 - \frac{g(\xi)}{g(x)}\right) \frac{f'(\xi + \theta(x - \xi))}{g'(\xi + \theta(x - \xi))}.$$

ε を任意の正数とする．仮定から，$x_0 < x < \xi < x_0 + \delta$ または $x_0 > x > \xi > x_0 - \delta$ のとき，

$$\left| \frac{f'(\xi + \theta(x - \xi))}{g'(\xi + \theta(x - \xi))} - \lim_{x \to x_0} \frac{f'(x)}{g'(x)} \right| < \frac{\varepsilon}{2}$$

となるような $\delta = \delta(\varepsilon)$ が存在する．ここで，このような ξ を固定して，x を ξ と同じ側から $x \to x_0$ とすれば，仮定 $\lim_{x \to x_0} g(x) = \infty$ であるから，x が x_0 に十分近いとき

$$\left| \frac{f(x)}{g(x)} - \lim_{x \to x_0} \frac{f'(x)}{g'(x)} \right| < \varepsilon$$

が成り立つ．よって，$\lim_{x \to \infty} f(x)/g(x) = \alpha$.　□

上の定理において，$x \to x_0$ の代わりに，$x \to \infty$ あるいは $x \to -\infty$ としても同様な結果を得る．

例題 5-7

$$\lim_{x \to \infty} x^{1/x} = 1.$$

11) $\lim_{x \to x_0} f(x) = \infty$ という条件は不要である．

解　$\log x^{1/x} = \log x/x$ に注意すれば,

$$\lim_{x\to\infty} \log x/x = \lim_{x\to\infty} (\log x)'/(x)' = \lim_{x\to\infty} 1/x = 0.$$

よって $\lim_{x\to\infty} x^{1/x} = 1.$ □

問 5-21　任意の自然数 k に対して

(1) $\lim_{x\to\infty} e^x/x^k = \infty$,　　(2) $\lim_{x\to\infty} \log x/x^k = 0$.

高階微分の定義を述べよう.

定義 5-11

$f(x)$ の n 回微分可能性と n **階導関数** $f^{(n)}(x)$ は，帰納的に次のように定義される．$f^{(0)}(x) = f(x)$ として，f が $n-1$ 回微分可能であり，$f^{(n-1)}$ が微分可能であるとき，$f(x)$ は n 回微分可能と言われ，$f^{(n)}(x) = (f^{(n-1)})'(x)$ とおく（よって，$f^{(1)}(x) = f'(x)$, $f^{(2)}(x) = f''(x)$）．f が n 回微分可能で，$f^{(n)}$ が連続なとき，f は C^n **級の関数**とよばれる．さらに f がすべての n について C^n 級であるとき，f を**無限回微分可能な関数**，あるいは C^∞ **級関数**とよぶ.

$f^{(n)}(x)$ の代わりに，記号 $\dfrac{d^n f}{dx^n}$ や $\dfrac{d^n}{dx^n}f(x)$ を使うことがある.

問 5-22　n を自然数として，$\mathbb{R}$ 上の関数 $f(x)$ を，$x > 0$ のとき $f(x) = x^n$，$x \leq 0$ のとき $f(x) = 0$ として定義すると，$f(x)$ は C^{n-1} 級であるが，n 回微分可能ではない.

例題 5-8

(1) $$\frac{d^n}{dx^n}\sin x = \begin{cases} (-1)^k \sin x & (n = 2k) \\ (-1)^{k-1}\cos x & (n = 2k-1) \end{cases},$$

(2) $$\frac{d^n}{dx^n}\cos x = \begin{cases} (-1)^k \cos x & (n = 2k) \\ (-1)^{k-1}\sin x & (n = 2k-1) \end{cases}.$$

解　$\dfrac{d^{n+1}f}{dx^{n+1}} = \dfrac{d}{dx}\Big(\dfrac{d^n f}{dx^n}\Big)$ に注意して帰納法を使う. □

例題 5-9

$$\lim_{x\to 0} \frac{d^n}{dx^n} e^{-1/x^2} = 0.$$

解 ある多項式 $P_n(x)$ により，$(e^{-1/x^2})^{(n)} = P_n(1/x)e^{-1/x^2}$ であることが帰納法により示される（実際，$P_{n+1}(1/x) = -x^{-2}P_n(1/x) + 2x^{-3}P_n(1/x)$ が成り立つ）．後は例題 5-4 を利用すればよい． □

例題 5-10

(1) 区間 $(a, c]$ 上の C^r 級関数 f_1 と，区間 (c, b) 上の C^r 級関数が

$$f_1^{(k)}(c) = \lim_{x\to c+0} f_2^{(k)}(x) \quad (k = 0, 1, \cdots, r)$$

をみたすとする．このとき

$$f(x) = \begin{cases} f_1(x) & (a < x \leq c) \\ f_2(x) & (c < x < b) \end{cases}$$

により定義された関数 f は (a, b) 上で C^r 級である．

(2) 次のように定義された関数 f は C^∞ 級であり，$f^{(n)}(0) = 0$ がすべての n について成り立つ：

$$f(x) = \begin{cases} 0 & (-\infty < x \leq 0) \\ e^{-1/x^2} & (0 < x < \infty) \end{cases}.$$

解 (1) C^1 級であることは，$\lim_{x\to c-0} f'(x) = f_1'(c) = \lim_{x\to c+0} f_2'(c) = \lim_{x\to c+0} f'(c)$ であることによる．改めて

$$g(x) = \begin{cases} f_1'(x) & (a < x \leq c) \\ f_2'(x) & (c < x < b) \end{cases}$$

とおけば，同じ理由で g は C^1 級であり，かつ $g = f'$．すなわち f は C^2 級である．これを続ければ，f が C^r 級であることが分かる．

(2) 上の例題 5-9 の結果と (1) を合わせればよい． □

問 5-23 (1) $f(x) = \arctan x$ とおくとき，つぎの式を示せ．

$$(x^2+1)f^{(n+1)}(x) + 2nxf^{(n)}(x) + n(n-1)f^{(n-1)}(x) = 0 \quad (n \geq 1).$$

(2) $f^{(2m)}(0) = 0$，$f^{(2m+1)}(0) = (-1)^m(2m)!$ を示せ．

区間 $(-a, a)$ で定義された関数 $f(x)$ が，$f(-x) = f(x)$ をみたすとき**偶関数** (even function)，$f(-x) = -f(x)$ をみたすとき**奇関数** (odd function) とよばれる．$(-a, a)$ 上の任意の関数 $f(x)$ は偶関数と奇関数の和として一意的に表される．実際，$f^{\mathrm{even}}(x) = \{f(x) + f(-x)\}/2$ は偶関数であり，$f^{\mathrm{odd}}(x) = \{f(x) - f(-x)\}/2$ は奇関数であり，$f(x) = f^{\mathrm{even}}(x) + f^{\mathrm{odd}}(x)$ である．一意性は明らか

であろう．奇関数については $f(0)=0$ である．

例題 5-11

$f(x)$ が n 回微分可能な偶関数（奇関数）であるとき，$f^{(n)}(x)$ は n が偶数であれば偶関数（奇関数），n が奇数であれば奇関数（偶関数）である．とくに，$f(x)$ が偶関数で n が奇数のとき $f^{(n)}(0)=0$，$f(x)$ が奇関数で n が偶数のとき $f^{(n)}(0)=0$ である．

解　$f(x)=f(-x)$, $f(x)=-f(-x)$ の両辺を微分すればよい．□

次に述べる定理は，平均値の定理の精密化であり，微分積分学の中心に位置している．

定理 5-24　（テイラーの定理[12]）

$f(x)$ が開区間 I で n 回微分可能とする．I の任意の 2 点 a, b に対して次式をみたす c が，a と b の間に存在する．

$$f(b)=f(a)+f'(a)(b-a)+\cdots+\frac{1}{(n-1)!}f^{(n-1)}(a)(b-a)^{n-1} \\ +\frac{1}{n!}f^{(n)}(c)(b-a)^n. \qquad (5.5)$$

証明　ロルの定理に次のようにして帰着させる．

$$A=\frac{1}{(b-a)^n}\left[f(b)-\left\{f(a)+f'(a)(b-a)+\cdots+\frac{1}{(n-1)!}f^{(n-1)}(a)(b-a)^{n-1}\right\}\right]$$

とおいて，この A が a と b の間のある c によって $A=f^{(n)}(c)/n!$ と表されることを示せばよい．このため，関数 $F(x)$ を

$$F(x)=f(b)-\left\{f(x)+f'(x)(b-x)+\cdots \\ +\frac{1}{(n-1)!}f^{(n-1)}(x)(b-x)^{n-1}+A(b-x)^n\right\}$$

により定めると，$F(b)=0$ であり，A の定義から $F(a)=0$ も成り立つ．よってロルの定理により，$F'(c)=0$ をみたす c が a と b の間に存在する．$F'(x)$ を計算すると

[12] テイラー（B. Taylor；1685–1731）はイギリスの数学者．この定理は 1715 年のテキストに述べられているが，実はテイラーより前に他の数学者により発見されていた．

$$
\begin{aligned}
&F'(x)\\
&= -\Big\{f'(x) + \big(f''(x)(b-x) - f'(x)\big) + \Big(\frac{1}{2}f^{(3)}(x)(b-x)^2 - f''(x)(b-x)\Big) + \cdots\\
&\quad + \Big(\frac{1}{(n-2)!}f^{(n-1)}(x)(b-x)^{n-2} - \frac{1}{(n-3)!}f^{(n-2)}(x)(b-x)^{n-3}\Big)\\
&\quad + \Big(\frac{1}{(n-1)!}f^{(n)}(x)(b-x)^{n-1} - \frac{1}{(n-2)!}f^{(n-1)}(x)(b-x)^{n-2}\Big) - nA(b-x)^{n-1}\Big\},
\end{aligned}
$$

$$
0 = F'(c) = -\frac{1}{(n-1)!}f^{(n)}(c)(b-c)^{n-1} + nA(b-c)^{n-1}
$$

となって，$A = f^{(n)}(c)/n!$ が得られる． □

テイラーの定理は次のように書き直すことができる．

任意の $a, x \in I$ に対して次式をみたす θ $(0 < \theta < 1)$ が存在する．

$$
\begin{aligned}
f(x) = f(a) + f'(a)(x-a) + \cdots + \frac{f^{(n-1)}(a)}{(n-1)!}(x-a)^{n-1}\\
+ \frac{f^{(n)}\big(a+\theta(x-a)\big)}{n!}(x-a)^n. \qquad (5.6)
\end{aligned}
$$

$\dfrac{f^{(n)}\big(a+\theta(x-a)\big)}{n!}(x-a)^n$ を R_n で表わして，これを**剰余項** (remainder term) あるいは残余項という．

例　例題 5-8 を使えば，

$$
\begin{aligned}
\sin x &= \sum_{k=0}^{n-1} \frac{(-1)^k}{(2k+1)!}x^{2k+1} + \frac{(-1)^n}{(2n)!}(\sin\theta x)x^{2n},\\
\cos x &= \sum_{k=0}^{n-1} \frac{(-1)^k}{(2k)!}x^{2k} + \frac{(-1)^{n-1}}{(2n-1)!}(\sin\theta x)x^{2n-1}.
\end{aligned}
$$

定理 5-25

(1) $[a,b]$ で連続，(a,b) で微分可能な関数 f が $f'(x) \equiv 0$ をみたせば，$f(x) \equiv f(a)$.

(2) $[a,b]$ で n 回微分可能な関数 f, g について，

$$
f(a) = g(a), f'(a) = g'(a), \cdots, f^{(n-1)}(a) = g^{(n-1)}(a), f^{(n)}(x) \equiv g^{(n)}(x)
$$

をみたすならば，$f(x) \equiv g(x)$.

証明　(1) $0 < x \leq b$ なる x について，区間 $[a, x]$ において平均値の定理を適用すれば，$f(x) - f(a) = 0$.

(2) $F(x) = f(x) - g(x)$ とおけば，$F(a) = F'(a) = \cdots = F^{(n-1)}(a) = 0$, $F^{(n)}(x) \equiv 0$. $(F^{(n-1)})' = F^{(n)}$ であるから，(1) を $F^{(n-1)}$ に適用すれば，$F^{(n-1)}(x) \equiv F^{(n-1)}(a) = 0$. これを続ければ $F(x) \equiv 0$ が得られる．□

§5.7　応用

第 2 章 §2.2 で言及した $\sqrt{N}$ の有理数近似値を求める問題は，$f(x) = x^2 - N$ という関数を考えたとき，$f(x) = 0$ となる点（$f(x)$ の零点）を近似する問題と読み変えることができる．これを一般化して，一般の関数 $f(x)$ の零点を近似する問題を考えよう．具体的に言えば，方程式 $f(x) = 0$ の解を求めるのに，その近似解 x_0 から出発して，逐次的に x_n を求め，数列 $\{x_n\}$ の極限として解を得る手段を与えたい．

x_0 が $f(x) = 0$ の近似解であれば，実際の解は絶対値の小さい h により $x_0 + h$ と表される．$0 = f(x_0 + h)$ の右辺は $f(x_0) + hf'(x_0)$ で近似されるから，h は $-f(x_0)/f'(x_0)$ により近似されるはずである．よって $x_1 = x_0 - f(x_0)/f'(x_0)$ がさらに良い近似解になるであろう．これを繰り返せば，

$$x_{n+1} = x_n - \frac{f(x_n)}{f'(x_n)}$$

により定義される列 $\{x_n\}$ の極限 α が解を与えると期待される．実際，この両辺の極限を取れば，$\alpha = \alpha - f(\alpha)/f'(\alpha)$ となるから $f(\alpha) = 0$ となる．もちろんこの議論が意味を持つためには，$f'(x)$ は連続，かつ $f'(x_n) \neq 0$ という仮定がみたされていなければならない．

実際上は，上のようにして得られた数列の極限が有限の値に収束するとは限ら

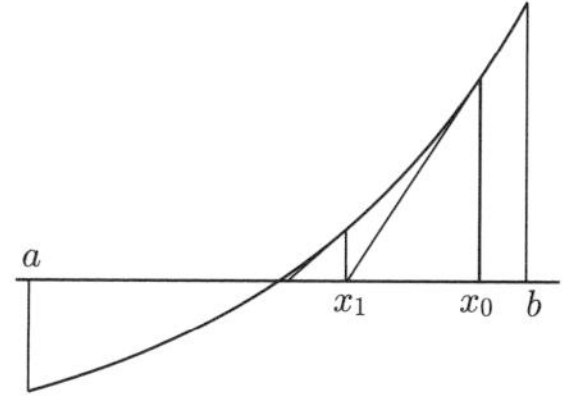

図 5.5　ニュートン法

ない．収束するための十分条件を述べよう．

定理 5-26 （ニュートン法；Newton's method）

区間 $[a,b]$ 上で定義された C^2 級関数が，次のいずれか1つをみたしているとする．

(1) $f'(x)>0,\ \ f''(x)>0,\ \ f(a)<0<f(b)$

(2) $f'(x)<0,\ \ f''(x)>0,\ \ f(a)>0>f(b)$

(3) $f'(x)>0,\ \ f''(x)<0,\ \ f(a)<0<f(b)$

(4) $f'(x)<0,\ \ f''(x)<0,\ \ f(a)>0>f(b)$

このとき，$f(x_0)>0$ をみたす $x_0\in[a,b]$ に対して，列 $\{x_n\}$ は (a,b) に属し，しかも $f(x)$ の唯一つの零点に収束する．

証明 他も同様なので (1) の場合のみに証明を与える．中間値の定理から $f(x)=0$ となる x が存在し，さらに $f'(x)>0$ であることから $f(x)$ は狭義単調増加であり，$f(x)=0$ となる x は唯1つである．これを α とする．

$\{x_n\}_{n=0}^{\infty}$ が単調減少であり，$x_n>\alpha$ であることを帰納法で証明する．$f(x_0)>0$ だから $x_0>\alpha$ であり $x_1=x_0-f(x_0)/f'(x_0)<x_0$.

$\alpha<x_n<x_{n-1}<\cdots<x_0$ と仮定する．$f(x_n)>0$ であるから $x_{n+1}=x_n-f(x_n)/f'(x_n)<x_n$. テイラーの定理を x_n で適用すれば

$$0=f(\alpha)=f(x_n)+f'(x_n)(\alpha-x_n)+\frac{1}{2}f''\bigl(x_n)+\theta(\alpha-x_n)\bigr)(\alpha-x_n)^2.$$

両辺を $f'(x_n)$ で割り，$f''(x)>0$ を使えば

$$\alpha=x_n-\frac{f(x_n)}{f'(x_n)}-\frac{f''\bigl(x_n)+\theta(\alpha-x_n)\bigr)}{2f'(x_n)}(\alpha-x_n)^2<x_{n+1}.$$ □

例 $f(x)=x^2-N$ の場合，$\sqrt{N}<a$ なる a を取れば，$x_0=a$, $x_{n+1}=(x_n+N/x_n)/2$ により定義される $\{x_n\}$ は $\sqrt{N}$ に収束する．$a=N$ とすると，$\{x_n\}$ は定理 2-1 の直後で述べた $\sqrt{N}$ の近似列 $\{b_n\}$ と一致する．

問 5-24 ニュートン法を用いて $\sqrt[3]{2}\ (=1.2599210498948732\cdots)$ の近似値 x_1,x_2,x_3 を求めよ．ただし，$x_0=2$ とする．

第 5 章の課題

課題 5-1　$\mathbb{R}$ 上の連続関数 f, g が稠密な部分集合上で一致するとき，$f = g$ であることを示せ．

課題 5-2　[やや難] $\mathbb{R}$ 上で定義された連続関数 f が「ダランベールの関数方程式」$f(x+y) = f(x) + f(y)\ \ (x, y \in \mathbb{R})$ をみたしているとき，$f(x) = f(1)x$ である[13]．

課題 5-3　区間 I で定義された連続関数 $f(x)$ を写像 $f: I \to \mathbb{R}$ と考えることにする．開区間 (a, b) が与えられたとき，任意の点 $x_0 \in f^{-1}\big((a, b)\big)$ に対して，$(x_0-\delta, x_0+\delta) \cap I \subset f^{-1}\big((a, b)\big)$ となる $\delta > 0$ が存在する．

課題 5-4　[やや難] $\mathbb{R}$ を定義域とする関数 $f(x)$ に関して，$f(x+T) = f(x)\ \ (x \in \mathbb{R})$ が成り立つような $T > 0$ が存在するとき，f は T を周期（period）とする**周期関数**（periodic function）とよばれる．

(1)　f が定数でない連続な周期関数とするとき，$A = \{t \in \mathbb{R} \mid f(x+t) = f(x)\ (x \in \mathbb{R}\}$ とおくとき，$A = \mathbb{Z}T_0$ となるような正数 T_0 が存在する．

(2)　不連続な周期関数 f で，$A = \{t \in \mathbb{R} \mid\ f(x+t) = f(x)\ (x \in \mathbb{R}\}$ が $\mathbb{R}$ において稠密になる例を作れ．

課題 5-5　$I = [a, b]$ 上の関数 f が，リプシッツ連続の条件 $|f(x) - f(y)| \leq M\,|x - y|$ をみたしているとする．$M < 1$ かつ $f(I) \subset I$ ならば，$f(x) = x$ の解がただ 1 つ存在し，それを α とすれば，任意の $a \in I$ に対して $x_1 = a$，$x_{n+1} = f(x_n)$ により定義される数列 $\{x_n\}_{n=1}^{\infty}$ は α に収束する．

課題 5-6　奇数次の代数方程式は必ず実数解を持つ．

課題 5-7　区間上関数 f, g が n 回微分可能であるとき

$$(fg)^{(n)} = \binom{n}{0} f^{(0)} g^{(n)} + \binom{n}{1} f^{(1)} g^{(n-1)} + \cdots + \binom{n}{n-1} f^{(n-1)} g^{(1)} + \binom{n}{n} f^{(n)} g^{(0)}$$

が成り立つことを示せ．ただし，$f^{(0)} = f$ とする．

課題 5-8　C^2 級の関数 $f(x)$ に対して次式が成り立つ．

$$\lim_{h \to 0} \frac{1}{h^2}\big(f(x+h) + f(x-h) - 2f(x)\big) = f''(x).$$

---

13) これはコーシーが証明した定理である．f の連続性を仮定しない場合は，1 次関数以外の関数で解となるものが存在する．

課題 5-9（ラグランジュの補間；Lagrange's interpolation） 相異なる点 $x_0, x_1, \ldots, x_n$ および任意の数 $\alpha_0, \alpha_1, \ldots, \alpha_n$ が与えられたとき，$\varphi(x) = \prod_{i=0}^{n}(x - x_i)$ とおけば

$$P(x) = \varphi(x) \sum_{k=0}^{n} \frac{\alpha_k}{\varphi'(x_k)} \frac{1}{x - x_k}$$

は $P(x_i) = \alpha_i \quad (i = 0, 1, \ldots, n)$ をみたす唯一の n 次以下の多項式である．

課題 5-10 ［難］ $I = [a, b]$ で定義された関数 $f(x)$ は，I の任意の 2 点 x_1, x_2 に対して $f\big((x_1 + x_2)/2\big) \leq \big(f(x_1) + f(x_2)\big)/2$ が成り立つとき，**凸関数**（convex funtion）とよばれる[14]．

(1) I 上の凸関数 $f(x)$ と，I の任意の点列 $x_1, \ldots, x_n$ に対して

$$f\Big(\frac{1}{n} \sum_{k=1}^{n} x_k\Big) \leq \frac{1}{n} \sum_{k=1}^{n} f(x_k). \tag{5.7}$$

(2) $[a, b]$ で上に有界な凸関数 $f(x)$ は連続である．さらに，(a, b) の各点で両側の微分係数が存在し，$f'_-(x) \leq f'_+(x)$．

(3) $f(x)$ が $[a, b]$ で連続，$f''(x)$ が (a, b) で C^2 級と仮定すれば，$f(x)$ が $[a, b]$ で凸関数であるための必要十分条件は，$f''(x) \geq 0 \quad (a < x < b)$ が成り立つことである．

課題 5-11 連続関数 $f(x)$ が $[a, b]$ において凸ならば，任意の正数 $p_1, \cdots, p_n$ と $[a, b]$ に属す $x_1, \cdots, x_n$ について

$$f\left(\sum_{k=1}^{n} p_k x_k \Big/ \sum_{k=1}^{n} p_k\right) \leq \sum_{k=1}^{n} p_k f(x_k) \Big/ \sum_{k=1}^{n} p_k. \tag{5.8}$$

課題 5-12（ヘルダーの不等式；Hölder's inequality[15]） $1/p + 1/q = 1$, $p > 1$ とするとき

$$\sum_{k=1}^{n} a_k b_k \leq \left(\sum_{k=1}^{n} {a_k}^p\right)^{1/p} \left(\sum_{k=1}^{n} {b_k}^q\right)^{1/q} \quad (a_k, b_k > 0)$$

($p = 2$ のときは，これはコーシーの不等式である)．

課題 5-13 区間 I で $f(x)$, $g(x)$ が微分可能であって，$f'(x)g(x) - f(x)g'(x) > 0$ をみたすならば，$f(x)$ の零点と $g(x)$ の零点は交互に位置する．

課題 5-14 $f(x)$ を $x = 0$ の近くで定義された C^{n+1} 級関数とする．

$$|f(x) - (a_0 + a_1 x + \cdots + a_n x^n)| \leq C\,|x|^{n+1}$$

をみたす定数 $C > 0$ が存在するとき，$a_k = f^{(k)}(0)/k! \ (k = 0, 1, \ldots, n)$．

---

14) $-f(x)$ が凸であるときは，f は**凹関数**（concave function）とよばれる．

15) Otto Ludwig Hölder (1859–1937) はドイツの数学者．

■第 5 章の補遺 —— 歴史から■

第 2 章の補遺でも言及したように，無限小解析の原型は，すでにギリシャ数学に見ることができる．しかし，彼らが開発した「取り尽くしの方法」という論法は，背理法との技巧的な組み合わせに依存することもあって，取り扱える図形は極めて特殊なものであった．

二千年という長い空白期間を経て，デカルト（R. Descartes；1596–1650）は幾何学の問題を「代数化」することに成功，これにより一般の曲線を扱うことが可能になり，接線問題はフェルマー，バロー（I. Barrow；1630–1677）らにより盛んに研究された．だが，極限の概念に達していなかったこともあって彼らの方法は不自然であり，堅固な一般論にはならなかった．例えば，彼らの考え方を $f(x) = x^2$ の微分の計算に当てはめれば，

$$\frac{f(x+h)-f(x)}{h} = \frac{(x+h)^2-x^2}{h} = 2x+h^2$$

のように代数的に計算し，最後に $h = 0$ とおいたのである．このような解釈では，一般の関数の微分を求めるのは著しく困難である．

突破口は，17 世紀の終わり近くにニュートンとライプニッツにより独立に切り開かれた[16)]．彼らは，独立に無限小解析（微分積分学）を創造し，一般的な方法により接線の問題（微分学）と求積の問題（積分学）を扱うことに成功したのである．

ニュートンは『プリンキピア』の第 1 巻第 1 部の末尾で，「量が 0 となる究極の比は，実際には究極の量の比ではなくて，減少していく量の比がそれに向かって限りなく近づくことである」と書いていることから，「極限」の意味を正確に捉えていたように思われる．しかし，彼の叙述には曖昧さがあり，後代の数学者に混乱を引き起こした[17)]．例えば，オイラーのように，無限小を単に零とすると奇妙なことが起きることを承知しつつ，論理的とは言えない理由をつけて，結局は無限小は零に他ならないと考えていたのである．

ニュートンの方法は「流率法」とよばれる．「流量」は時間とともに変化する量，「流率」とは流量の速さのことであり，「流量」から「流率」を求める問題と，逆に「流率」から「流量」を求める問題が中心となる．現代的観点から言えば，「微分方

16) 和算の大家である関孝和（1642–1708）や建部賢弘（1664–1739）も同様の研究を行っているが，一般理論としては確立されなかった．

17) イギリス経験論の代表的論客であったバークリー（G. Berkeley；1685–1753）は，ニュートンの無限小概念を批判した．

程式をたてる」こと，及び「微分方程式を解く」ことに対応する．この研究は 1671 年に既に行われていたが，ニュートンの秘密主義のため，公になったのはずっと後のことである (1736 年).

一方，ライプニッツは，1673 年から 1676 年にかけて微分積分学を一部に含む数学理論をほぼ完成させている．ライプニッツの問題意識も，接線問題（微分）と逆接線問題（微分方程式の解法）を目指すものであった．この期間，ホイヘンスと書簡を交わしたことと，デカルトの『幾何学』などを徹底的に学習したことが大きな力になった．その後，表現方法の改良に努めて，いわいる “calculus”の構築に精力を注ぎ，これが完成して印刷公表されたのは 1684 年および 1686 年である．

微分積分学の誕生に，彼らがほぼ同時期に関わっていたこともあって，ニュートンとライプニッツの間では，彼らの弟子も巻き込んで熾烈な先発権論争が起こった．しかし，時期の後先はあるものの，二人が独立に微分積分学を発見したことは確かである．

第6章　積分

本章では，図形の面積を求める問題から派生した**積分**概念を主題とする．ニュートンとライプニッツが発見した最も重要な事実は，微分と積分が互いに「逆の操作」になっているということである．これは，微分積分の基礎と位置づけられ，**微分積分学の基本定理**とよばれる．この定理により，接線と面積という一見無関係に思える **2** つの概念が互いに緊密に関連しあい，微分積分が豊かな理論に高められたのである．

さらに強調すべきは，積分は単に面積に関連するだけではなく，初等的な関数から「高等」な関数を生成する機能を持つことである．例えば，$1/x$ の積分から対数関数と指数関数が生れ，無理関数 $1/\sqrt{1-x^2}$ の積分から正弦関数が生れる．このことは，幾何的考察に依拠していた関数の定義や性質が，幾何学の呪縛から解放され，厳密化されることを意味しているばかりでなく[1)]，オイラー，ガウス，リーマンらによる高次の無理関数の積分を求めようとする努力が，それまで知られていなかった「新関数」を誕生させることになったのである．

§6.1　定積分

「面積とは何ものか？」という問いに真面目に答えるのは後回しにして，まずは高校までに学んだ面積の理解の下で話を進める．

関数 $y=f(x)\geq 0$ $(a\leq x\leq b)$ のグラフと，3つの直線 $x=a$, $x=b$, $y=0$ により囲まれる図形 S の面積を求めよう（図6.1）．

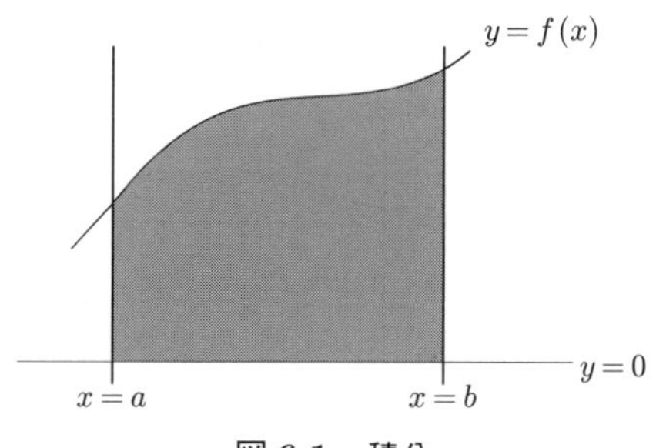

図 **6.1**　積分

1) とは言え，いかに数学が厳密化されようとも，幾何学的直観の重要性を無視してはならない．

区間 $[a,b]$ の中の点列 $a=x_0<x_1<x_2<\cdots<x_{n-1}<x_n=b$ は，$[a,b]$ の n 個の部分区間 $[x_0,x_1],[x_1,x_2],\ldots,[x_{n-1},x_n]$ への**分割**（partition）を与える．分割を表すのに記号 Δ を用いる．x_k $(1\leq k\leq n-1)$ を分割の**分点**（dividing point）といい，$\Delta x_k=x_k-x_{k-1}$ $(k=1,2,\ldots,n)$ と表す．

$t_k\in[x_{k-1},x_k]$ を任意に選び，一般の関数 $f(x)$ に対する**リーマン和**（Riemann sum）$S(\Delta,\{t_k\},f)$ を

$$S(\Delta,\{t_k\},f)\sum_{k=1}^{n}f(t_k)\Delta x_k=f(t_1)\Delta x_1+f(t_2)\Delta x_2+\cdots+f(t_n)\Delta x_n \qquad (6.1)$$

により定義する．$f(x)\geq 0$ であれば，$f(t_k)\Delta x_k$ は，小区間 $[x_{k-1},x_k]$ を底辺，高さを $f(t_k)$ とする長方形の面積であるから，$\Delta x_1,\ldots,\Delta x_n$ の最大値 $\delta(\Delta)=\max(\Delta x_1,\ldots,\Delta x_n)$ が小さければ，$S(\Delta,\{t_k\},f)$ は図形 S の面積を近似することが期待される（図 6.2）．

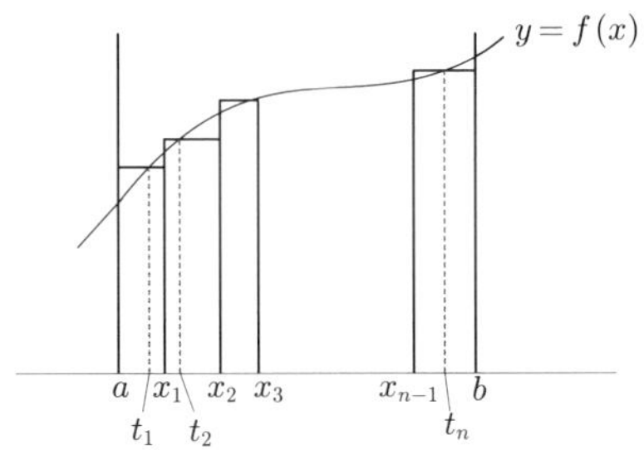

図 6.2　矩形による面積の近似

面積が「確定」することを見るには，(6.1) が収束することを確かめなければならないが，これはリーマンに負う次の定理により保証される．

定理 6-1

関数 $y=f(x)$ が $[a,b]$ 上で連続ならば，極限

$$\alpha=\lim_{\delta(\Delta)\to 0}\sum_{k=1}^{n}f(t_k)\Delta x_k \qquad (6.2)$$

が存在する．正確には，任意の $\varepsilon>0$ に対して，ある $\delta>0$ が存在して，任意の Δ と $\{t_k\}$ について，$\delta(\Delta)<\delta$ ならば $|S(\Delta,\{t_k\},f)-\alpha|<\varepsilon$.

極限値 α を $\displaystyle\int_a^b f(x)\,dx$ により表し，これを $f(x)$ の区間 $[a,b]$ における**定積分**

(definite integral)，あるいはリーマン積分（Riemann integral）という．この記号もライプニッツによる．これが，和の表現 $\sum_{k=1}^{n} f(t_k)\Delta x_k$ と「整合的」であることは容易に見て取れるだろう．$a > b$ の場合も

$$\int_a^b f(x)\,dx = -\int_b^a f(x)\,dx$$

とおくことにより $\displaystyle\int_a^b f(x)\,dx$ を定義する．

定理 6-1 の証明に入る前に，連続性を仮定しない一般の有界な関数 $f(x)$ に対して極限 (6.2) が存在するための条件を調べておこう．

> **定義 6-1**
>
> 定理で述べた意味で，リーマン和が $\{t_k\}$ の取り方によらずに，$\delta(\Delta) \to 0$ のときに確定した極限値に収束するならば，**被積分関数**（integrand）$f(x)$ は**可積**あるいは**積分可能**（integrable）であるという．

$\inf\limits_{[a,b]} f(x) = \underline{g}$，$\sup\limits_{[a,b]} f(x) = \overline{g}$ とおき，分割 Δ に対して $\inf\limits_{[x_{k-1},x_k]} f(x) = \underline{g}_k$，$\sup\limits_{[x_{k-1},x_k]} f(x) = \overline{g}_k$ と記す．$\underline{g} = \min\limits_{1\le k\le n} \underline{g}_k$，$\overline{g} = \max\limits_{1\le k\le n} \overline{g}_k$ であり，

$$\underline{S}(\Delta, f) = \sum_{k=1}^{n} \underline{g}_k (x_k - x_{k-1}), \qquad \overline{S}(\Delta, f) = \sum_{k=1}^{n} \overline{g}_k (x_k - x_{k-1})$$

とおけば，$\underline{g}_k \le f(t_k) \le \overline{g}_k$ であるから

$$\underline{S}(\Delta, f) \le S(\Delta, \{t_k\}, f) \le \overline{S}(\Delta, f). \tag{6.3}$$

明らかに

$$\underline{S}(\Delta, -f) = -\overline{S}(\Delta, f). \tag{6.4}$$

以下，f を省略して，$S(\Delta, \{t_i\}, f)$，$\underline{S}(\Delta, f)$，$\overline{S}(\Delta, f)$ の代わりに，$S(\Delta, \{t_k\})$，$\underline{S}(\Delta)$，$\overline{S}(\Delta)$ と記す．

$[a, b]$ の 2 つの分割 Δ, Δ' を考える．両者の分点を合わせて得られる分割を Δ^* により表そう．

> **補題 6-2**
>
> (1)　$\underline{S}(\Delta) \le \underline{S}(\Delta^*) \le \overline{S}(\Delta^*) \le \overline{S}(\Delta)$，　$\underline{S}(\Delta') \le \underline{S}(\Delta^*) \le \overline{S}(\Delta^*) \le \overline{S}(\Delta')$.
>
> (2)　Δ' の分点の数を $n'-1$ とするとき，
>
> $\underline{S}(\Delta^*) - \underline{S}(\Delta) \le (n'-1)(\overline{g} - \underline{g})\delta(\Delta)$，　$\overline{S}(\Delta) - \overline{S}(\Delta^*) \le (n'-1)(\overline{g} - \underline{g})\delta(\Delta)$.

証明 (1) $[x_{k-1}, x_k]$ の中で新たに加わった分点を $y_{k,1} < \cdots < y_{k,m_k-1}$ とし，

$$\inf_{[y_{k,h-1}, y_{k,h}]} f(x) = \underline{g}^*_{k,h} \quad (h = 1, \ldots, m_k \ ; \ y_{k,0} = x_{k-1},\ y_{k,m_k} = x_k)$$

とおくと，下限の性質（下限をとる範囲を狭くすれば大きくなる）から，$\underline{g}_k \leq \underline{g}^*_{k,h}$ がすべての h に対して成り立ち，

$$\underline{g}_k(x_k - x_{k-1}) = \sum_{h=1}^{m_k} \underline{g}_k(y_{k,h} - y_{k,h-1}) \leq \sum_{h=1}^{m_k} \underline{g}^*_{k,h}(y_{k,h} - y_{k,h-1}).$$

この両辺を $k = 1, \ldots, n$ で足し合わせれば不等式 $\underline{S}(\Delta) \leq \underline{S}(\Delta^*)$ が得られる．他も同様に証明される（$\overline{S}$ に関する不等式については (6.4) を使う）．

(2) $y_{k,h} - y_{k,h-1} \leq \delta(\Delta)$ および $\underline{g}^*_{k,h} - \underline{g}_k \leq \overline{g} - \underline{g}$ に注意すれば

$$\underline{S}(\Delta^*) - \underline{S}(\Delta) = \sum_{k=1}^{n} \sum_{h=1}^{m_k} (\underline{g}^*_{k,h} - \underline{g}_k)(y_{k,h} - y_{k,h-1})$$

$$\leq \sum_{k=1}^{n} \sum_{h=1}^{m_k} (\overline{g} - \underline{g})\delta(\Delta) \leq \left(\sum_{k=1}^{n} m_k \right) (\overline{g} - \underline{g})\delta(\Delta) \leq (n' - 1)(\overline{g} - \underline{g})\delta(\Delta).$$

ここで，$\sum_{k=1}^{n} m_k$ は Δ' の分点の数 $n' - 1$ 以下であることを使った．もう 1 つの不等式については (6.4) を使えばよい． □

この補題から，$\underline{S}(\Delta) \leq \overline{S}(\Delta')$，$\underline{S}(\Delta') \leq \overline{S}(\Delta)$．とくに $[a, b]$ 自身を分割と考え，それに対する $\underline{S}$，$\overline{S}$ はそれぞれ $\underline{g}(b-a)$，$\overline{g}(b-a)$ となるから $\underline{g}(b-a) \leq \underline{S}(\Delta) \leq \overline{S}(\Delta) \leq \overline{g}(b-a)$．よって Δ をすべての分割に渡らせるとき $\{\underline{S}(\Delta)\}$，$\{\overline{S}(\Delta)\}$ はいずれも有界である．そこで次のように記す．

$$\sup_{\Delta} \underline{S}(\Delta) = \underline{\int_a^b} f(x)\,dx, \quad \inf_{\Delta} \overline{S}(\Delta) = \overline{\int_a^b} f(x)\,dx. \tag{6.5}$$

明らかに

$$\underline{\int_a^b} \bigl(-f(x)\bigr)\,dx = -\overline{\int_a^b} f(x)\,dx. \tag{6.6}$$

補題 6-3

$\lim_{m \to \infty} \delta(\Delta_m) = 0$ である分割の任意の列 $\{\Delta_m\}_{m=1}^{\infty}$ に対して

$$\lim_{m \to \infty} \underline{S}(\Delta_m) = \underline{\int_a^b} f(x)\,dx, \quad \lim_{m \to \infty} \overline{S}(\Delta_m) = \overline{\int_a^b} f(x)\,dx.$$

証明 $\overline{g} > \underline{g}$ の場合を扱えば十分．まず定義から，任意の $\varepsilon > 0$ に対して，ある分割 Δ を選べば

$$0 \leq \underline{\int_a^b} f(x)\,dx - \underline{S}(\Delta) < \frac{\varepsilon}{2}. \tag{6.7}$$

Δ の分点の数を $n-1$ とする．$\delta(\Delta_m) < \varepsilon/\bigl(2(n-1)(\overline{g}-\underline{g})\bigr)$ $(m \geq m_0)$ となる m_0 を選び，Δ_m^* を Δ と Δ_m の分点を合わせて得られる分割とすると，$\underline{S}(\Delta_m) \leq \underline{S}(\Delta_m^*)$ となる．上の補題の (2) により

$$0 \leq \underline{S}(\Delta_m^*) - \underline{S}(\Delta_m) \leq (n-1)(\overline{g}-\underline{g})\delta(\Delta_m) < \frac{\varepsilon}{2} \quad (m \geq m_0).$$

これと (6.7) から，$m \geq m_0$ である限り

$$\underline{\int_a^b} f(x)\,dx \geq \underline{S}(\Delta_m) > \underline{S}(\Delta_m^*) - \frac{\varepsilon}{2} \geq \underline{S}(\Delta) - \frac{\varepsilon}{2} > \underline{\int_a^b} f(x)\,dx - \varepsilon,$$

$$0 \leq \underline{\int_a^b} f(x)\,dx - \underline{S}(\Delta_m) < \varepsilon.$$

(6.4) と (6.6) を使えば次の不等式を得るから主張が成り立つ．

$$0 \leq \overline{S}(\Delta_m) - \overline{\int_a^b} f(x)\,dx < \varepsilon. \qquad \square$$

補題 6-4

$f(x)$ が $[a,b]$ で可積分であるための必要十分条件は，

$$\underline{\int_a^b} f(x)\,dx = \overline{\int_a^b} f(x)\,dx \tag{6.8}$$

が成り立つことであり，この条件がみたされていれば，(6.8) の両辺は $f(x)$ の積分の値と一致する．

証明 任意の $\varepsilon > 0$ に対して，

$$0 \leq f(s_k) - \underline{g}_k < \frac{\varepsilon}{4(b-a)}, \quad 0 \leq \overline{g}_k - f(t_k) < \frac{\varepsilon}{4(b-a)}$$

となる $s_k, t_k \in [x_{k-1}, x_k]$ を選べば次の不等式が成り立つ．

$$0 \leq \sum_{k=1}^n f(s_k)(x_k - x_{k-1}) - \underline{S}(\Delta) < \frac{\varepsilon}{4},$$

$$0 \leq \overline{S}(\Delta) - \sum_{k=1}^n f(t_k)(x_k - x_{k-1}) < \frac{\varepsilon}{4}.$$

さて，$f(x)$ が可積であれば，$\delta(\Delta) < \delta$ である限り

$$\sum_{k=1}^{n} f(s_k)(x_k - x_{k-1}) > \int_a^b f(x)\,dx - \frac{\varepsilon}{4},$$
$$\sum_{k=1}^{n} f(t_k)(x_k - x_{k-1}) < \int_a^b f(x)\,dx + \frac{\varepsilon}{4}$$

となる $\delta > 0$ が存在する．よって

$$\underline{S}(\Delta) \leq \overline{S}(\Delta) < \sum_{k=1}^{n} f(t_k)(x_k - x_{k-1}) + \frac{\varepsilon}{4} < \int_a^b f(x)\,dx + \frac{\varepsilon}{2}$$
$$< \sum_{k=1}^{n} f(s_k)(x_k - x_{k-1}) + \frac{3\varepsilon}{4} < \underline{S}(\Delta) + \varepsilon$$

が得られ，(6.5) を使えば

$$0 \leq \overline{\int_a^b} f(x)\,dx - \underline{\int_a^b} f(x)\,dx \leq \overline{S}(\Delta) - \underline{S}(\Delta) < \varepsilon.$$

ε は任意であるから，(6.8) が成り立つ．逆に (6.8) を仮定すれば，補題 6-3 と (6.3) を適用して

$$S(\Delta, \{t_i\}) \to \underline{\int_a^b} f(x)\,dx = \overline{\int_a^b} f(x)\,dx \quad (\delta(\Delta) \to 0).$$

これは $f(x)$ の可積性と後半の主張が正しいことを意味している． □

可積でない関数の例を与えよう．区間 $[0,1]$ で次のようにして定義された関数（ディリクレの関数）を考える．

$$f(x) = \begin{cases} 1 & (x \in \mathbb{R}\backslash\mathbb{Q}) \\ 0 & (x \in \mathbb{Q}) \end{cases}.$$

$[0,1]$ の任意の部分区間は有理数と無理数の双方を含むから，$[0,1]$ の任意の分割に対して，$\underline{g}_k = 0$，$\overline{g}_k = 1$ である．よって

$$\underline{\int_a^b} f(x)\,dx = \underline{S}(\Delta) = 0, \quad \overline{\int_a^b} f(x)\,dx = \overline{S}(\Delta) = 1$$

となって，f は可積ではない．

補題 6-5

$f(x)$ が可積であるための必要十分条件は，任意の $\varepsilon > 0$ に対して $\overline{S}(\Delta) - \underline{S}(\Delta) < \varepsilon$ となる分割 Δ が存在することである．

証明 $f(x)$ が可積とすれば (6.8) が成り立ち，一方

$$0 \leq \underline{\int_a^b} f(x)\,dx - \underline{S}(\Delta) < \frac{\varepsilon}{2}, \qquad 0 \leq \overline{S}(\Delta) - \overline{\int_a^b} f(x)\,dx < \frac{\varepsilon}{2}$$

となる Δ が存在するから，$\overline{S}(\Delta) - \underline{S}(\Delta) < \varepsilon$．逆にこのような Δ が存在すれば次の不等式が得られ，(6.8) が成り立つ．

$$0 \leq \overline{\int_a^b} f(x)\,dx - \underline{\int_a^b} f(x)\,dx \leq \overline{S}(\Delta) - \underline{S}(\Delta) < \varepsilon.$$

□

分割 Δ が生じる部分区間 $[x_{k-1}, x_k]$ における $f(x)$ の**振幅**（oscillation）を $\overline{g}_k - \underline{g}_k$ により定義し，これを $\omega_k = \omega_k(f)$ により表せば

$$\overline{S}(\Delta) - \underline{S}(\Delta) = \sum_{k=1}^{n} \omega_k (x_k - x_{k-1}). \tag{6.9}$$

補題 6-6

可積性の必要十分条件は，任意の ε, $\delta > 0$ に対して，

$$\sum_{\substack{k=1 \\ \omega_k > \delta}}^{n} (x_k - x_{k-1}) < \varepsilon \tag{6.10}$$

が成り立つような分割 Δ が存在することである（左辺は，$\omega_k > \delta$ となる部分区間 $[x_{k-1}, x_k]$ の長さの和である）．ここで，もし $\omega_k > \delta$ となる部分区間がない場合は，左辺は 0 と考える．

証明 $f(x)$ が可積なら，直前の補題により $\overline{S}(\Delta) - \underline{S}(\Delta) < \delta\varepsilon$ となる Δ が存在する．(6.9) を使えば

$$\sum_{\substack{k=1 \\ \omega_k > \delta}}^{n} (x_k - x_{k-1}) \leq \sum_{k=1}^{n} \frac{\omega_k}{\delta} (x_k - x_{k-1}) = \frac{1}{\delta}\big(\overline{S}(\Delta) - \underline{S}(\Delta)\big) < \varepsilon.$$

逆に (6.10) をみたす Δ が存在すれば，

$$\begin{aligned} \overline{S}(\Delta) - \underline{S}(\Delta) &= \sum_{\substack{k=1 \\ \omega_k > \delta}}^{n} \omega_k (x_k - x_{k-1}) + \sum_{\substack{k=1 \\ \omega_k \leq \delta}}^{n} \omega_k (x_k - x_{k-1}) \\ &\leq (\overline{g} - \underline{g})\varepsilon + \delta(b-a). \end{aligned}$$

ε, δ は任意に小さくできるから，直前の補題によって $f(x)$ は可積．□

定理 6-1 の証明 $f(x)$ が $[a, b]$ において連続とすると，定理 5-6 により一様連続であるから，任意の $\delta > 0$ に対して，$|s - t| < \eta$ ならば $|f(s) - f(t)| < \delta$ とな

る $\eta>0$ が存在する．そこで，$\delta(\Delta)<\eta$ なる分割 Δ を選べば，すべての k について $\omega_k \le \delta$ となるから，$\displaystyle\sum_{k=1;\ \omega_k>\delta}^{n}(x_k-x_{k-1})=0$ であり，上の補題により $f(x)$ は可積である． □

例　$\displaystyle\int_a^b x\,dx=\frac{1}{2}(b^2-a^2)$ を積分の定義にしたがって確かめよう．$[a,b]$ を n 等分して得られる分割を Δ_n とすると，その分点は $x_k=a+(b-a)k/n$　$(k=0,1,\ldots,n)$ により与えられる．$t_k=x_k$ とすれば

$$S(\Delta_n,\{t_k\})=\sum_{k=1}^{n}\left(a+(b-a)\frac{k}{n}\right)\frac{b-a}{n}=a(b-a)+\frac{n+1}{2n}(b-a)^2$$

これは $(b^2-a^2)/2$ に収束する．

次の事柄は，定積分の定義から明らかだろう．

(1) $[a',b']\subset[a,b]$ とするとき $[a,b]$ 上の可積関数 $f(x)$ は $[a',b']$ でも可積である．さらに $a<c<b$ であるような c に対して，$f(x)$ が $[a,c]$ および $[c,a]$ で可積ならば $[a,b]$ でも可積であって，

$$\int_a^b f(x)\,dx=\int_a^c f(x)\,dx+\int_c^b f(x)\,dx. \tag{6.11}$$

(2) $[a,b]$ 上の可積関数 $f(x),g(x)$ に対して

$$\int_a^b(\alpha f(x)+\beta g(x))\,dx=\alpha\int_a^b f(x)\,dx+\beta\int_a^b g(x)\,dx.$$

定理 6-7

$[a,b]$ 上の可積関数 $f(x)$ に対して，$|f(x)|$ も可積であり，

$$\left|\int_a^b f(x)\,dx\right|\le\int_a^b|f(x)|\,dx.$$

これは，Δ に付随する振幅について $\omega_k(|f|)\le\omega(f)$ が成り立つことと，$\left|\sum_{k=1}^n f(t_k)(x_k-x_{k-1})\right|\le\sum_{k=1}^n|f(t_k)|(x_k-x_{k-1})$ であることによる．

定理 6-8

$f(x), g(x)$ が $[a,b]$ で可積であれば，$f(x)g(x)$ も可積である．

証明　$[a,b]$ での $f(x), g(x)$ の下限をそれぞれ α, β で表し，$F(x) = f(x) - \alpha$, $G(x) = g(x) - \beta$ とおけば，$F(x), G(x) \geq 0$ であり，さらに

$$f(x)g(x) = F(x)G(x) + \beta F(x) + \alpha G(x) + \alpha\beta.$$

このことから，$f(x), g(x) \geq 0$ の場合に示せば十分．そこで，分割 Δ の部分区間における $f(x), g(x), f(x)g(x)$ の下限をそれぞれ $\underline{\alpha}_k, \underline{\beta}_k, \underline{\gamma}_k$，上限を $\overline{\alpha}_k, \overline{\beta}_k, \overline{\gamma}_k$ とすれば，$\underline{\gamma}_k \geq \underline{\alpha}_k \underline{\beta}_k$，$\overline{\gamma}_k \leq \overline{\alpha}_k \overline{\beta}_k$ が成り立ち，

$$\overline{\gamma}_k - \underline{\gamma}_k \leq \overline{\alpha}_k \overline{\beta}_k - \underline{\alpha}_k \underline{\beta}_k = \overline{\alpha}_k(\overline{\beta}_k - \underline{\beta}_k) + \underline{\beta}_k(\overline{\alpha}_k - \underline{\alpha}_k) \leq \overline{\alpha}(\overline{\beta}_k - \underline{\beta}_k) + \underline{\beta}(\overline{\alpha}_k - \underline{\alpha}_k).$$

よって

$$\overline{S}(\Delta, fg) - \underline{S}(\Delta, fg) \leq \overline{\alpha}\big(\overline{S}(\Delta, g) - \underline{S}(\Delta, g)\big) + \underline{\beta}\big(\overline{S}(\Delta, f) - \underline{S}(\Delta, f)\big).$$

f, g の可積性から右辺は任意に小さくなるように分割を選べるから，fg も可積である（補題 6-5）．　□

例題 6-1

$f(x)$ が $[a,b]$ で可積なとき，

$$f_+(x) = \begin{cases} f(x) & (f(x) > 0) \\ 0 & (f(x) \leq 0) \end{cases}, \quad f_-(x) = \begin{cases} -f(x) & (f(x) < 0) \\ 0 & (f(x) \geq 0) \end{cases}$$

により定義した関数 $f_+(x)$，$f_-(x)$ も $[a,b]$ で可積である．

解　$f_+(x) = \big(f(x) + |f(x)|\big)/2$，$f_-(x) = \big(f(x) - |f(x)|\big)/2$ に注意．　□

問 6-1　$f(x), g(x)$ が区間 I 上で可積なとき，$\max\{f(x), g(x)\}$，$\min\{f(x), g(x)\}$ も可積である（ヒント：問 1-10）．

可積関数は一般に連続ではないが，次の定理は「ある程度の」連続性を有していることを言っている．

定理 6-9

$f(x)$ が $[a,b]$ で可積ならば，$f(x)$ の連続点の集合は $[a,b]$ で稠密である．

証明　一般に，$[a,b]$ の部分区間 $[\alpha,\beta]$ における $f(x)$ の振幅を $\omega([\alpha,\beta])$ により表すことにする．示すべきは，$[a,b]$ の任意の部分区間 $[\alpha,\beta]$ が $f(x)$ の連続点を含むことである．このため，$[\alpha_0,\beta_0]=[\alpha,\beta]$，$[\alpha_{k+1},\beta_{k+1}]\subset[\alpha_k,\beta_k]$，$\beta_{k+1}-\alpha_{k+1}\leq(\beta_k-\alpha_k)/2$，$\omega([\alpha_k,\beta_k])\leq 1/2^k$ をみたす縮小区間列 $\{[\alpha_k,\beta_k]\}_{k=1}^{\infty}$ を帰納的に定義する．

まず α',β' を，$\alpha<\alpha'<\beta'<\beta$，$\beta'-\alpha'<(\beta-\alpha)/2$ をみたすように選ぶ．3つの区間 $[a,\alpha']$, $[\alpha',\beta']$, $[\beta',b]$ のそれぞれに補題6-6を適用することにより，α',β' を分点とするような $[a,b]$ の分割 Δ で，$f(x)$ の振幅が $1/2$ より大きい部分区間の長さの和が $\beta'-\alpha'$ より小さくなるものが選べる．もし区間 $[\alpha',\beta']$ が，$f(x)$ の振幅が $1/2$ 以下である Δ の部分区間を含まないとすると，$f(x)$ の振幅が $1/2$ より大きい部分区間の長さの和は $\beta'-\alpha'$ 以上になってしまうから，Δ は $\omega([\alpha_1,\beta_1])\leq 1/2$ であるような部分区間 $[\alpha_1,\beta_1]$ を含まなければならない．明らかに $\beta_1-\alpha_1<(\beta_0-\alpha_0)/2$.

$[\alpha_k,\beta_k]$ が定められたとしよう．上の議論をこの区間に適用することにより，$[\alpha_k,\beta_k]$ は $\omega([\alpha_{k+1},\beta_{k+1}])\leq(\beta_k-\alpha_k)/2$ であるような部分区間を含む．

定理3-6により，$\bigcap_{k=1}^{\infty}[\alpha_k,\beta_k]=\{x_0\}$ なる x_0 が存在する．任意の k に対して，$x_0\in(\alpha_k,\beta_k)$ であることに注意．そこで，任意の $\varepsilon>0$ に対して，$1/2^k<\varepsilon$ となる k を選び，$\alpha_k+\delta<x_0<\beta_k-\delta$ をみたす $\delta>0$ を選べば，$|x-x_0|<\delta$ ならば，$x\in(\alpha_k,\beta_k)$ であり，よって $|f(x)-f(x_0)|\leq\omega([\alpha_k,\beta_k])<\varepsilon$ となるから，$f(x)$ は x_0 で連続．□

定理 6-10

$f(x)\neq 0$ が $[a,b]$ で連続で，$f(x)\geq 0$ $(x\in[a,b])$ ならば，$\displaystyle\int_a^b f(x)\,dx>0$.

証明　$f(x_0)>0$ となる点 $x_0\in[a,b]$ が存在するから，連続性から，x_0 を含むある区間 $[\alpha,\beta]$ 上で $f(x)\geq c>0$．よって

$$\int_a^b f(x)\,dx\geq\int_\alpha^\beta f(x)\,dx\geq c(b-a)>0.$$

□

上記の定理において，連続性を可積性に置き換えると結論は成り立たない．例えば，例題 5-1 で扱った関数

$$f(x)=\begin{cases}1/q & (x=p/q\in\mathbb{Q},\ q>0\ ;\ p/q\ \text{は既約分数})\\ 0 & (x\notin\mathbb{Q})\end{cases}$$

は $[0,1]$ で可積であり，$f(x)\geq 0$, $f(x)\not\equiv 0$ であるが，$\displaystyle\int_0^1 f(x)\,dx=0$（ディリクレの関数と比較すると面白い）．

念のため，f が可積であることを示そう．$[0,1]$ の n 等分による分割

$$\Delta:\ 0=x_0<x_1<\cdots<x_{n-1}=x_n=1\quad (x_k=k/n\ ;\ k=1,\ldots,n)$$

を考える．各小区間 $[x_{k-1},x_k]$ は無理点を含むから $\underline{g}_k=0$．一方，$f(x)>\delta$ をみたす有理点 x を含む小区間，言い換えれば $\omega_k=\overline{g}_k-\underline{g}_k=\overline{g}_k>\delta$ をみたす小区間の個数は

$$c(\delta):=[1/\delta]([1/\delta]+1)+2[1/\delta]$$

を超えない．実際，$x=p/q\in[0,1]$, の個数は q を留めるごとに高々 $q+1$ 個であるから，$1/q>\delta$（すなわち $q\leq[1/\delta]$）をみたす $x=p/q\in[0,1]$ の個数は高々 $\sum_{q=1}^{[1/\delta]}(q+1)=[1/\delta]([1/\delta]+1)/2+[1/\delta]$ である．x が分点と一致するときは高々 2 個の小区間に含まれ，それ以外のときは，1 個の小区間に含まれるから，結局 $\omega_k=\overline{g}_k-\underline{g}_k=\overline{g}_k>\delta$ をみたす小区間の個数は $c(\delta)$ 以下である．

こうして

$$\sum_{\omega_k>\delta}(x_k-x_{k-1})\leq\frac{c(\delta)}{n}$$

となり，n を十分大きくすれば右辺は任意の $\varepsilon>0$ より小さくなる．よって，補題 6-6 により f は可積である．積分についても，$\underline{g}_k$ は常に零であるから，

$$\int_a^b f(x)\,dx=\underline{\int_a^b} f(x)\,dx=0.$$

§6.2　微分積分学の基本定理

微分は「局所的」な操作である．すなわち，$f'(x_0)$ を計算するには，x_0 の近傍における $f(x)$ が知られていれば十分であり，しかもこの近傍はどんなに小さくてもよい．一方，積分 $\displaystyle\int_a^b f(x)\,dx$ を計算するには関数 $f(x)$ の全体の形が分かっ

ていなければならないから，この意味で定積分は「大域的」な操作である．本質的にはライプニッツに負う次の定理は，この「局所」と「大域」の間に橋を架ける定理である．

定理 6-11（微分積分学の基本定理；fundamental theorem of calculus）

区間 $[a,b]$ 上で可積な関数 f に対して，

$$F(x)=\int_a^x f(t)\,dt \qquad (x\in[a,b])$$

により定義した関数 $F(x)$ は $[a,b]$ 上でリプシッツ連続であり，さらに $f(x)$ が x_0 で連続であれば $F(x)$ は x_0 で微分可能であり $F'(x_0)=f(x_0)$.

証明　$x,y\in[a,b]$ に対して次式が成り立つから $F(x)$ はリプシッツ連続.

$$\bigl|F(x)-F(y)\bigr|=\left|\int_y^x f(t)\,dt\right|\le\sup_{[a,b]}|f|\cdot|x-y|.$$

$f(x)$ が x_0 で連続ならば，「$\forall\varepsilon>0\ \exists\delta(\varepsilon)>0\ \forall x\in[a,b]\ \bigl[|x-x_0|<\delta(\varepsilon)\to\bigl|f(x)-f(x_0)\bigr|<\varepsilon\bigr]$」だから $0<|h|<\delta(\varepsilon)$，$x+h\in[a,b]$ である限り

$$\bigl|F(x_0+h)-F(x_0)-hf(x_0)\bigr|=\left|\int_{x_0}^{x_0+h}f(t)\,dt-hf(x_0)\right|$$
$$=\left|\int_{x_0}^{x_0+h}\bigl(f(t)-f(x_0)\bigr)dt\right|\le\varepsilon\left|\int_{x_0}^{x_0+h}1\,dt\right|=\varepsilon\,|h|.$$

よって

$$\lim_{h\to0}\frac{F(x_0+h)-F(x_0)}{h}=f(x_0).$$

□

定義 6-2

関数 $f(x)$ に対して，$F'(x)=f(x)$ をみたす関数 $F(x)$ を（もし存在すれば）$f(x)$ の**原始関数**（primitive function）という．

$F(x),G(x)$ が $f(x)$ の原始関数であれば，$\bigl(F(x)-G(x)\bigr)'=F'(x)-G'(x)=0$. よって $F(x)=G(x)+C$ となる定数 C が存在する（定理 5-25).

$f(x)$ が $[a,b]$ で可積なとき，上の定理により積分 $F(x)=\displaystyle\int_a^x f(x)\,dx$ は $f(x)$ の原始関数であり，他の原始関数はこれに定数（**積分定数**）を足したものである．また,

$$\int_a^b f(x)\,dx=F(b)-F(a)$$

であるから，$f(x)$ の定積分を求めるには，$f(x)$ の原始関数を求めればよいことになる．原始関数を $\displaystyle\int f(x)dx$ により表し，**不定積分**（indefinite integral）ということもある．

$F(b)-F(a)$ を $\Bigl[F(x)\Bigr]_{x=a}^{x=b}$ あるいは $\Bigl[F(x)\Bigr]_{a}^{b}$ により表すことがある．

例　微分の公式から得られる原始関数の公式を挙げておく．

$$\int x^n dx = \frac{1}{n+1}x^{n+1} + C \quad (n \neq -1),$$

$$\int \sin x\,dx = -\cos x + C, \quad \int \cos x\,dx = \sin x + C,$$

$$\int \frac{1}{\sqrt{1-x^2}}\,dx = \arcsin x + C, \quad \int \frac{1}{1+x^2}\,dx = \arctan x + C$$

一般に，積分をその定義に従って計算することは困難である．もちろん原始関数を「探す」ことも容易でないことがある．このことが新たな問題意識を生み出していく（本章の「囲み」参照）．

微分積分学の基本定理から導かれる 2 つの公式について述べよう．$[a,b]$ 上で微分可能な関数 $f(x), g(x)$ が可積な導関数を持つならば，ライプニッツ則 $(f(x)g(x))' = f'(x)g(x) + f(x)g'(x)$ を使うことにより，次の**部分積分の公式**を得る．

$$\int_a^b f'(x)g(x)\,dx = \Bigl[f(x)g(x)\Bigr]_a^b - \int_a^b f(x)g'(x)\,dx.$$

次に，$x = g(t)$ を $[c,d]$ 上可積な導関数を持つ関数で，像 $g([c,d])$ が連続な関数 $f(x)$ の定義域に入るとき，

$$\int_{g(c)}^{g(d)} f(x)dx = \int_c^d f(g(t))\frac{dg}{dt}\,dt$$

が成り立つ．これを**置換積分の公式**という．この公式は，$F(x)$ を $f(x)$ の原始関数として，合成関数の微分公式

$$\frac{d}{dt}F(g(t)) = F'(g(t))\frac{dg}{dt} = f(g(t))\frac{dg}{dt}$$

の両辺を積分することにより，次のように確かめられる．

$$\int_c^d f(g(t))\frac{dg}{dt}\,dt = \int_c^d \frac{d}{dt}F(g(t))\,dt = F(g(d)) - F(g(c))$$

$$= \int_{g(c)}^{g(d)} F'(x)\,dx = \int_{g(c)}^{g(d)} f(x)\,dx.$$

不定積分についても，部分積分と置換積分の公式が成り立つ．

$$\int f'(x)g(x)\,dx = f(x)g(x) - \int f(x)g'(x)\,dx,$$
$$\int f(x)\,dx = \int f\bigl(g(t)\bigr)\frac{dg}{dt}\,dt \qquad (x = g(t)).$$

置換積分の公式は，仮想的な無限小を表す dx, dt と微分商 $\dfrac{dx}{dt}$ の間の形式的関係式 $dx = \dfrac{dx}{dt}dt$ と整合的である．このこともライプニッツの記号の自然さを表している．

最後に，積分に関する平均値の定理を述べておく．

定理 6-12

$f(x), g(x)$ が $[a,b]$ で連続で，$g(x) \geq 0 \ \ (x \in [a,b])$ ならば

$$\int_a^b f(x)g(x)\,dx = f(x_0)\int_a^b g(x)\,dx$$

をみたす $x_0 \in [a,b]$ が存在する．とくに $g(x) \equiv 1$ とすれば

$$\int_a^b f(x)\,dx = f(x_0)(b-a).$$

証明 $(\min f)\cdot g(x) \leq f(x)g(x) \leq (\max f)\cdot g(x)$ であるから

$$(\min f)\cdot \int_a^b g(x)\,dx \leq \int_a^b f(x)g(x)\,dx \leq (\max f)\cdot \int_a^b g(x)\,dx.$$

あとは中間値の定理を適用すればよい． □

§6.3 対数関数と指数関数

（不定）積分は，初等的な関数から高等な関数を生成する機能を持っている．このことを，対数関数と指数関数を例として説明しよう．すなわち，この時点から対数関数・指数関数を既知とせず，新たに定義される対象と考える．

$x > 0$ に対して，

$$\log x = \int_1^x \frac{1}{t}\,dt$$

とおいて，$\log x$ を**対数関数**という．明らかに定義から $\log 1 = 0$ であり，$\log x$ は単調増加関数である．さらに，微分積分学の基本定理により

$$\frac{d}{dx}\log x = \frac{1}{x}$$

が成り立つ．$x, y > 0$ に対して，置換積分の公式を使えば

$$\int_1^{xy}\frac{1}{t}\,dt = \int_1^{x}\frac{1}{t}\,dt + \int_x^{xy}\frac{1}{t}\,dt = \int_1^{x}\frac{1}{t}\,dt + \int_1^{y}\frac{1}{s}\,ds \quad (t = xs)$$

であるから，関数等式 $\log xy = \log x + \log y$ を得る．とくに $y = 1/x$ とすれば $\log 1/x = -\log x$．さらに $\log x^n = n\log x$．

区間 $[1/(k+1), 1/k]$　$(k = 1, \ldots, n)$ 上で，$1/t \geq k$ であるから

$$\int_{1/(n+1)}^{1}\frac{1}{t}\,dt = \sum_{k=1}^{n}\int_{1/(k+1)}^{1/k}\frac{1}{t}\,dt > \sum_{k=1}^{n}k\Big(\frac{1}{k} - \frac{1}{k+1}\Big) = \frac{1}{2} + \cdots + \frac{1}{n+1}$$

が導かれる．よって

$$\log\frac{1}{n+1} = \int_1^{1/(n+1)}\frac{1}{t}\ dt < -(\frac{1}{2} + \cdots + \frac{1}{n+1})$$

となり，$\lim_{x\to 0}\log x = -\infty$．また，$\lim_{x\to\infty}\log x = \lim_{x\to\infty}(-\log 1/x) = \infty$ であるから中間値の定理により，関数 $\log x$ の像は実数全体となる．とくに

$$1 = \int_1^{e}\frac{1}{t}\,dt = \log e$$

により定義される数 $e > 1$ が存在する．後で見るように，e は例題 3-5 に登場した**自然対数の底**と一致する．

関数 $1/x$ の不定積分を考えるとき，その定義域を $(0, \infty)$ とすれば $\int \frac{1}{x}\,dx = \log x + C$ であるが，定義域を $(-\infty, 0)$ とする場合は $\big(\log(-x)\big)' = (-1)\dfrac{1}{-x} = 1/x$，すなわち $\int\frac{1}{x}\,dx = \log(-x) + C$ となるから，一括して表せば

$$\int\frac{1}{x}\,dx = \log|x| + C.$$

$f(x)$ を正数値をとる微分可能な関数とするとき，合成関数の微分公式により次式が成り立つ．

$$\frac{d}{dx}\log f(x) = \frac{f'(x)}{f(x)}. \tag{6.12}$$

例題 6-2

(1)　$f(x) = \log(1+x)$ について，$f^{(n)}(x) = (-1)^{n-1}(n-1)!/(1+x)^n$　$(n \geq 1)$.

(2)　$\log(1+x) = \displaystyle\sum_{k=1}^{n-1}\frac{(-1)^{k-1}}{k}x^k + \frac{(-1)^{n-1}}{n(1+\theta x)^n}x^n.$

解 (1) は帰納法による． $f'(x)=1/(1+x)$, $f^{(n+1)}=(f^{(n)})'(x)=(-1)^{n-1}(n-1)!(-n)(1+x)^{n-1}/(1+x)^{2n}=(-1)^n n!/(1+x)^{n+1}$. (2) はテイラーの定理による． □

さて，$y=\log x$ の逆関数は，実数全体で定義される関数である．これを $x=\exp y$ と表し，関数 $\exp x$ を**指数関数**という．$\exp 1=e$, $\exp 0=1$ であり，さらに $\exp(x+y)=\exp x\exp y$ であることが $\log xy=\log x+\log y$ から導かれる．$a>0$ として $f(x)=\exp(x\log a)$ により定められる関数 $f(x)$ を考えよう．明らかに $f(0)=1$, $f(1)=a$, である．$f(x+y)=f(x)f(y)$ であるから，n,m を自然数とするとき $f(nx)=f(x)^n$ であり，

$$f(m)=f\Big(n\frac{m}{n}\Big)=f\Big(\frac{m}{n}\Big)^n.$$

すなわち，$f(m/n)=f(m)^{1/n}$ を得る．$f(m)=\exp(m\log a)=\exp(\log a^m)=a^m$ に注意すれば $f(m/n)=a^{m/n}$ である．これは，任意の正の有理数 x に対して，$f(x)=a^x$ が成り立つことを示している．$f(-x)=f(x)^{-1}$ であるから，負の有理数 x についても $f(x)=a^x$ が成り立つ．よってすべての有理数 x に対して $f(x)=a^x$ である．この式から，任意の実数 x に対して，指数 x を持つ a のベキ a^x を $f(x)$ により定義するのが自然である．特に，$a=e$ の場合，$f(x)=\exp x$ であるから，$e^x=\exp x$ である．

$\log x$, a^x, $x^a(=e^{a\log x})$ は定義されている範囲ですべて無限回微分可能である．

指数関数は極めて重要な関数である．その理由の一端は，逆関数の微分公式から得られる等式 $(e^x)'=e^x$ に見ることができる．これを使えばテイラーの定理により次式を得る．

$$e^x=1+x+\frac{1}{2!}x^2+\cdots+\frac{1}{(n-1)!}x^{n-1}+\frac{1}{n!}e^{\theta x}x^n$$
$$(-\infty<x<\infty,\ 0<\theta<1). \tag{6.13}$$

対数関数については，

$$\frac{d^n}{dx^n}\log(1+x)=(-1)^{n-1}(n-1)!(1+x)^{-n}$$

であるから，

$$\log(1+x)=x-\frac{1}{2}x^2+\frac{1}{3}x^3-\cdots+(-1)^{n-2}\frac{1}{n-1}x^{n-1}$$
$$+(-1)^{n-1}\frac{1}{n}(1+\theta x)^{-n}x^n \quad (x>-1,\ 0<\theta<1). \tag{6.14}$$

例題 6-3

(1)　$\{a_n\}$ が $n \to \infty$ のとき定発散すれば,

$$\lim_{n\to\infty}\left(1+\frac{1}{a_n}\right)^{a_n}=e.$$

(2)　任意の実数 x について

$$\lim_{n\to\infty}\left(1+\frac{x}{n}\right)^{n}=e^{x}.$$

とくに, $e=\lim_{n\to\infty}(1+1/n)^n$（例題 3-5 参照）.

解 (1)　$a_n \to \infty$ の場合, $s_n=[a_n]$ とおけば, ガウス記号の定義から $a_n-1<[s_n]\leq a_n$ なので $s_n\to\infty$ であり, $s_n>0$ のとき

$$\left(1+\frac{1}{s_n+1}\right)^{s_n}<\left(1+\frac{1}{a_n}\right)^{a_n}<\left(1+\frac{1}{s_n}\right)^{s_n+1}$$

が得られる. $n\to\infty$ とすれば, 左右の辺は e に収束するから主張が従う（挟み撃ちの原理；定理 2-2).

次に $a_n\to-\infty$ の場合, $t_n=[-a_n]$ とおけば, $t_n\leq -a_n<t_n+1$ なので例題 1-2 (2) を適用すれば, $-a_n\geq 2$ のとき,

$$0<1-\frac{t_n+1}{{a_n}^2}<\left(1-\frac{1}{{a_n}^2}\right)^{t_n+1}<\left(1-\frac{1}{{a_n}^2}\right)^{-a_n}$$
$$=\left(1-\frac{1}{a_n}\right)^{-a_n}\left(1+\frac{1}{a_n}\right)^{-a_n}<1.$$

これらを適宜書き直せば次の不等式が得られる.

$$\left(1-\frac{1}{a_n}\right)^{-a_n}<\left(1+\frac{1}{a_n}\right)^{a_n}<\left(1-\frac{1}{a_n}\right)^{-a_n}\Big/\left(1-\frac{t_n+1}{{a_n}^2}\right).$$

$-a_n\to+\infty$ であるから, 上で示したことから $(1-1/a_n)^{-a_n}\to e$. 一方, 明らかに $1-(t_n+1)/{a_n}^2\to 1$. よって $a_n\to-\infty$ の場合も主張が成り立つ.

(2)　$x=0$ の場合は明らかである. $x\neq 0$ として $a_n=n/x$ とすれば (1) に帰着する.　□

問 6-2　(1) 上で定義した a^x が指数法則をみたすことを確かめよ.

(2) $(x^a)'=ax^{a-1}$　$(x>0)$ がすべての実数 a に対して成り立つ（よって, $a\neq-1$ のとき, $\int x^a\,dx=\frac{1}{a+1}x^{a+1}+C$).

問 6-3　(1) $\lim_{x\to\infty} e^x/x^n = \infty \quad (n \in \mathbb{N}), \quad \lim_{x\to+0} x\log x = 0.$

(2) $\lim_{x\to+0} x^x$ を求めよ．

問 6-4　$n \in \mathbb{N}$ とする．部分積分により次の等式を確かめよ．

(i) $\displaystyle\int x^n \log x\, dx = \frac{x^{n+1}}{n+1}\Big(\log x - \frac{1}{n+1}\Big),$

(ii) $\displaystyle I_n = \int x^{2n-1} e^{-x^2}\, dx$ とすると，$\displaystyle I_1 = -\frac{1}{2}e^{-x^2},\ I_n = \frac{x^{2n}}{2n}e^{-x^2} + \frac{1}{2n}I_{n+1}.$

本節を閉じる前に，指数関数から得られる「**双曲線関数** (hyperbolic function)」について触れておこう．

$$\cosh x = \frac{e^x + e^{-x}}{2}, \quad \sinh x = \frac{e^x - e^{-x}}{2}, \quad \tanh x = \frac{\sinh x}{\cosh x}.$$

例えば cosh は hyperbolic cosine とよばれる．次の公式に見られるように，双曲線関数と三角関数の間には著しい類似性がある．

$$\begin{aligned}
&\cosh^2 x - \sinh^2 x = 1,\\
&\sinh(x \pm y) = \sinh x \cosh y \pm \cosh x \sinh y,\\
&\cosh(x \pm y) = \cosh x \cosh y \pm \sinh x \sinh y,\\
&\tanh(x \pm y) = \frac{\tanh x \pm \tanh y}{1 \pm \tanh x \tanh y},\\
&(\sinh x)' = \cosh x, \quad (\cosh x)' = \sinh x, \quad (\tanh x)' = \frac{1}{\cosh^2 x}.
\end{aligned}$$

問 6-5　$\sinh : \mathbb{R} \to \mathbb{R},\quad \cosh : [0, \infty) \to [1, \infty),\quad \tanh : \mathbb{R} \to (-1, 1)$ は全単射であり，これらの逆関数をそれぞれ arcsinh, arccosh, arctanh により表せば，

$$\begin{aligned}
&\operatorname{arcsinh} x = \log(x + \sqrt{x^2+1}), \quad \operatorname{arccosh} x = \log(x + \sqrt{x^2-1}),\\
&\operatorname{arctanh} x = \frac{1}{2}\log\frac{1+x}{1-x}.
\end{aligned}$$

§6.4　有理関数の積分

有理関数の不定積分は対数関数と三角関数（の逆関数）のみを使って表されることを見よう．このために必要となるのはガウス（1799 年）に負う次の事実である．

定理 6-13（代数学の基本定理）

多項式 $g(x)$ は，次のような形で 1 次関数と 2 次関数のベキ積に因数分解される．

$$g(x) = a_0(x-\alpha_1)^{m_1}\cdots(x-\alpha_h)^{m_h}$$
$$\times(x^2+p_1x+q_1)^{n_1}\cdots(x^2+p_kx+q_k)^{n_k} \quad (p_i^2-4q_i<0).$$

この定理を用いれば，任意の有理関数 $f(x)/g(x)$ は，多項式 $h(x)$ と単純な有理関数の和として表される（**部分分数分解**；partial fraction decomposition）：

$$\frac{f(x)}{g(x)} = h(x) + \sum_{i=1}^{h}\sum_{s=1}^{m_i}\frac{A_{is}}{(x-\alpha_i)^s} + \sum_{j=1}^{k}\sum_{t=1}^{n_j}\frac{B_{jt}x+C_{jt}}{(x^2+p_jx+q_j)^t}$$

（証明は本章の課題参照）．部分分数分解を具体的に行うには，**未定係数法**(method of undetermined coefficients) が便利である．例えば $1/(x^3+1)$ は $x^3+1=(x+1)(x^2-x+1)$ となることから

$$\frac{1}{x^3+1} = \frac{A}{x+1} + \frac{Bx+C}{x^2-x+1}$$

と表されるはずである．よって $1 = A(x^2-x+1)+(Bx+C)(x+1) = (A+B)x^2+(-A+B+C)x+A+C$ であるから，$0=A+B$, $0=-A+B+C$, $1=A+C$ が得られ，これを解けば $A=1/3$, $B=-1/3$, $C=2/3$.

一般の場合に戻る．有理関数の不定積分を求めるには，特殊な有理関数の不定積分を扱えばよい．まず，

$$\int\frac{1}{(x-\alpha)^m}\,dx = \begin{cases}\dfrac{1}{1-m}(x-\alpha)^{1-m}+C & (m\neq 1)\\ \log|x-\alpha|+C & (m=1)\end{cases}.$$

$(Bx+C)/(x^2+px+q)^n$ の不定積分については，$x^2+px+q=(x-\alpha)^2+\beta^2$ と表せば，変数変換を行うことにより

$$\int\frac{x}{(x^2+a^2)^n}\,dx, \qquad \int\frac{1}{(x^2+a^2)^n}\,dx$$

の形の不定積分に帰着される．1 番目については

$$\frac{x}{(x^2+a^2)^n} = \begin{cases}\dfrac{d}{dx}\left(\dfrac{1}{2(1-n)}(x^2+a^2)^{1-n}\right) & (n\neq 1)\\ \dfrac{d}{dx}\left(\dfrac{1}{2}\log(x^2+a^2)\right) & (n=1)\end{cases},$$

$$\int \frac{x}{(x^2+a^2)^n}\,dx = \begin{cases} \dfrac{1}{2(1-n)(x^2+a^2)^{n-1}} + C & (n \neq 1) \\ \frac{1}{2}\log(x^2+a^2) + C & (n = 1) \end{cases}.$$

2番目の積分については，$I_n = \displaystyle\int \frac{1}{(x^2+a^2)^n}\,dx$ とおくとき

$$I_1 = \frac{1}{a}\arctan\frac{x}{a} + C, \quad I_{n+1} = \frac{1}{2na^2}\left\{\frac{x}{(x^2+a^2)^n} + (2n-1)I_n\right\}$$

が成り立つ．実際，$I_1 = (1/a)\arctan x/a + C$ は

$$\left(\tan^{-1}\frac{x}{a}\right)' = \frac{a}{x^2+a^2}$$

から明らか．部分積分の公式を使えば

$$\begin{aligned} I_n &= \int \frac{1}{(x^2+a^2)^n}\frac{d}{dx}x\,dx = \frac{x}{(x^2+a^2)^n} - \int \left(\frac{d}{dx}\frac{1}{(x^2+a^2)^n}\right)x\,dx \\ &= \frac{x}{(x^2+a^2)^n} + 2n\int \frac{(x^2+a^2)^{n-1}x}{(x^2+a^2)^{2n}}x\,dx \\ &= \frac{x}{(x^2+a^2)^n} + 2n\int \frac{x^2}{(x^2+a^2)^{n+1}}\,dx \\ &= \frac{x}{(x^2+a^2)^n} + 2n\int \frac{x^2+a^2}{(x^2+a^2)^{n+1}}\,dx - 2na^2\int \frac{1}{(x^2+a^2)^{n+1}}\,dx \\ &= \frac{x}{(x^2+a^2)^n} + 2nI_n - 2na^2 I_{n+1}. \end{aligned}$$

これから求める式が得られる．

帰納法を使えば，有理関数の不定積分は既知の関数を用いて表されたことになる．この事実は，既にオイラーの時代には知られていた（ただし，当時完全には証明されていなかった「代数学の基本定理」を仮定しての話であるが）．

問 6-6 $\displaystyle\int \frac{x^4+x^2-1}{x^3+1}\,dx$ を求めよ．

§6.5 無理関数の積分

一般に，無理関数の不定積分を既知の関数で表すことはできないが，特殊な無理関数の場合はこれが可能である．

問題を一般化しよう．2変数多項式 $f(x,y)$ を考える．すなわち，$f(x,y)$ は $x^a y^b$ の形の式（単項式）の和である．ここで a, b は0あるいは自然数とする．$a+b$ を $x^a y^b$ の次数といい，$f(x,y)$ の中に現れる単項式の次数の最大値を $f(x,y)$

の次数という．例えば y^2-ax^2-bx-c は 2 次の多項式である．2 変数多項式の商として表される関数を 2 変数有理関数という．

2 変数多項式 $f(x,y)$ に対して，方程式 $f(x,y)=0$ を考える．x を留めれば，$f(x,y)=0$ は y に関する代数方程式である．$f(x_0,y_0)=0$ として，x_0 を含む開区間 I で定義された連続関数 $g(x)$ で，$f\big(x,g(x)\big)=0$, $g(x_0)=y_0$ となるものが存在すると仮定する[2)]．この $g(x)$ に対して，不定積分

$$\int R(x,g(x))\,dx \tag{6.15}$$

を求めたい．ここで $R(x,y)$ は 2 変数の有理関数である．

多項式 $f(x,y)$ が条件「 $f\big(\varphi(t),\psi(t)\big)=0$, $\varphi(t_0)=x_0$, $\psi(t_0)=y_0$ をみたす有理関数 $\varphi(t),\psi(t)$ が存在し，t が t_0 に十分近ければ，$\psi(t)=g\big(\varphi(t)\big)$ が成り立つ」をみたすとする．置換積分の公式により

$$\int R\big(x,g(x)\big)\,dx=\int R\big(\varphi(t),\psi(t)\big)\varphi'(t)\,dt$$

となる．$R(\varphi(t),\psi(t)\varphi'(t)$ は有理関数である．

例　(I)　$f(x,y)=y^2-ax^2-bx-c$, $g(x)=\sqrt{ax^2+bx+c}$ とする．

(I-1)　$D=b^2-4ac>0$ の場合，$ax^2+bx+c=a(x-\alpha)(x-\beta)$, $(\alpha<\beta)$, $(x_0,y_0)=(\alpha,0)$, $t_0=0$ とする．$a\gtrless 0$ にしたがって

$$\varphi(t)=\frac{\alpha\mp\beta t^2}{1\mp t^2},\quad \psi(t)=\sqrt{\frac{D}{|a|}}\frac{t}{1\mp t^2}.$$

(I-2)　$D=b^2-4ac<0$ $(a>0)$, $(x_0,y_0)=(0,\sqrt{c})$, $t_0=\sqrt{c}$ とすれば，

$$\varphi(t)=\frac{t^2-c}{b+2\sqrt{a}t},\quad \psi(t)=\frac{\sqrt{a}t^2+bt+c\sqrt{a}}{b+2\sqrt{a}t}.$$

(II)　$f(x,y)=y^n-ax-b$, $g(x)=\sqrt[n]{ax+b}$ については，$\varphi(t)=(t^n-b)/a$, $\psi(t)=t$.

(III)　$f(x,y)=(cx+d)y^n-ax-b$, $g(x)=\sqrt[n]{\dfrac{ax+b}{cx+d}}$ については，$\varphi(t)=(dt^n-b)/(a-ct)$, $\psi(t)=t$.

---

2) 解としての y_0 の重複度が 1 であれば，一意的な $g(x)$ が局所的に存在する．8 章の課題 8-7 において，一般的設定の下でこの事実を示す．

問 6-7 次の不定積分を求めよ.

(i) $\displaystyle\int \sqrt{x^2+A}\,dx$, (ii) $\displaystyle\int \frac{1}{\sqrt{x^2+A}}\,dx$.

対数関数，指数関数，三角関数からなる被積分関数も，有理関数の積分に帰着されることがある．ここでは例を挙げるに留める．

$$\int R(e^x)e^x\,dx = \int R(t)\,dt \quad (t=e^x),$$
$$\int R(\log x)\frac{1}{x}\,dx = \int R(t)\,dt \quad (t=\log x),$$
$$\int R(\sin x,\cos x)dx = \int R\Big(\frac{2t}{1+t^2},\frac{1-t^2}{1+t^2}\Big)\frac{2}{1+t^2}\,dt \quad \Big(t=\tan\frac{x}{2}\Big).$$

□ 有理曲線

微分積分学は新しい問題意識を生む宝庫である．無理関数の原始関数を求める問題は，多項式 $f(x,y)$ に付随する平面内の曲線 $C=\{(x,y)\in\mathbb{R}^2 \mid f(x,y)=0\}$ を研究する分野を生み出した．このような曲線（代数曲線）を最初に考察したのはデカルトであるが，微分積分学は代数曲線の研究のさらなる方向付けを与えたのである．例えば本文で述べた条件，「$f(\varphi(t),\psi(t))=0$ となる有理関数 $\varphi(t),\psi(t)$ が存在する」に付け加えて，

$$x=\varphi\big(h(x,y)\big),\ y=\psi\big(h(x,y)\big),\ t=h\big(\varphi(t),\psi(t)\big)$$

となる有理関数 $h(x,y)$ が存在するとき，C は**有理曲線**とよばれる．2次の多項式に対する C や，デカルトの葉線とよばれる $\{(x,y) \mid x^3+y^3-3axy=0\}$ は有理曲線である．他方，$n\geq 3$ を自然数とするとき，$\{(x,y) \mid x^n+y^n=1\}$ は有理曲線ではない．

代数曲線の研究は，変数の個数を増やし，さらに複素数変数に拡張することで，壮麗な理論（代数幾何学）に発展していった．

§6.6 広義積分

これまで閉区間で定義された有界な関数の積分を論じてきたが，実践上では，有界開区間で定義され，端点に近づくとき発散する関数や，非有界区間上の関数の積分を扱う必要が出てくる．

(I) $f(x)$ を有限開区間 $I=(a,b)$ 上の関数で，I に含まれる任意の閉区間 $[x,x']$ で可積とする．$\alpha = \lim_{x\to a, x'\to b} \int_x^{x'} f(x)\,dx$ が存在するとき，正確には，任意の $\varepsilon > 0$ に対して，ある $\delta > 0$ が存在して，任意の $x, x' \in (a,b)$ について，$0 < x - a < \delta$, $0 < b - x' < \delta$ ならば

$$\left|\int_x^{x'} f(x)\,dx - \alpha\right| < \varepsilon$$

が成り立つとき，$f(x)$ は (a,b) で**広義可積**（あるいは広義積分可能）であるといい，α を $\int_a^b f(x)dx$ により表し，f の**広義積分** (improper integral)，あるいは単に積分という．

(II) $(-\infty,\infty)$ 上の関数 $f(x)$ が，任意の閉区間 $[x,x']$ で可積であり，任意の $\varepsilon > 0$ に対して，ある $M > 0$ が存在して，任意の x, x' について，$x, x' > M$ ならば

$$\left|\int_{-x}^{x'} f(x)\,dx - \alpha\right| < \varepsilon$$

が成り立つとき，広義可積といい，α を $\int_{-\infty}^{\infty} f(x)dx$ により表す．

(III) $[a,\infty)$ 上の関数 $f(x)$ が，任意の閉区間 $[a,x]$ で可積であり，任意の $\varepsilon > 0$ に対して，ある $M > 0$ が存在して，任意の $x \in [a,\infty)$ について，$x > M$ ならば

$$\left|\int_a^x f(x)\,dx - \alpha\right| < \varepsilon$$

が成り立つとき，広義可積といい，α を $\int_a^{\infty} f(x)dx$ により表す．$(-\infty, a]$ の場合も同様に定義される．

広義可積の代わりに，「**積分が収束する**」あるいは「積分が存在する」ということがある．

例 $[a,b)$ で定義された関数 $(b-x)^{-k}$ $(k \neq 1)$ に対して，

$$\int_a^x (b-x)^{-k}\,dx = \frac{-1}{-k+1}(b-x)^{-k+1} - \frac{-1}{-k+1}(b-a)^{-k+1}.$$

よって，$k < 1$ のときは，$[a,b)$ で広義可積であり，

$$\int_a^b (b-x)^{-k}\,dx = \frac{1}{-k+1}(b-a)^{-k+1}.$$

同様に，$(a,b]$ で定義された関数 $(x-a)^{-k}$ $(k \neq 1)$ は $(a,b]$ で広義可積である．

問 6-8　次の広義積分を求めよ．

(1) $\displaystyle\int_0^1 x^n \log x\, dx,$　　(2) $\displaystyle\int_0^\infty x^{2n-1} e^{-x^2}\, dx.$

ここで，解析学で頻繁に登場するランダウ[3)]の記号を導入しよう．$f(x)$ を任意の関数，$g(x)$ を正値関数として，$f(x)/g(x)$ が $x = x_0$ の近くで有界ならば，$x \to x_0$ のとき，$f(x) = O\big(g(x)\big)$ と記す．また，$f(x)/g(x) \to 0 \ \ (x \to x_0)$ ならば $f(x) = o\big(g(x)\big)$ と記す．x_0 が $\pm\infty$ の場合も同様である．

定理 6-14

$k < 1$ とする．

(1)　$[a,b)$ で定義された連続関数 $f(x)$ について，$x \in [a,b)$ が b に近いところで $f(x) = O\big((b-x)^{-k}\big)$ が成り立つとき，$f(x)$ は $[a,b)$ において広義可積である．

(2)　$(a,b]$ で定義された連続関数 $f(x)$ について，$x \in (a,b]$ が a に近いところで $f(x) = O\big((x-a)^{-k}\big)$ が成り立つとき，$f(x)$ は $(a,b]$ において広義可積である．

証明　(1) の仮定の下で，$|f(x)| \le C(b-x)^{-k} \ \ (x \in [a,b))$ なる正定数 C が存在するから，$0 < \varepsilon < \varepsilon' < b-a$ のとき

$$\left|\int_a^{b-\varepsilon} f(x)\, dx - \int_a^{b-\varepsilon'} f(x)\, dx\right| = \left|\int_{b-\varepsilon'}^{b-\varepsilon} f(x)\, dx\right| \le \left|\int_{b-\varepsilon'}^{b-\varepsilon} |f(x)|\, dx\right|$$

$$\le C\left|\int_{b-\varepsilon'}^{b-\varepsilon} (b-x)^{-k}\, dx\right| = \frac{C}{1-k}\left(\varepsilon'^{1-k} - \varepsilon^{1-k}\right) \to 0 \ \ (\varepsilon, \varepsilon' \to 0).$$

定理 5-11 によりこれは $\displaystyle\lim_{\varepsilon \to +0} \int_a^{b-\varepsilon} f(x)\, dx$ が存在するための条件に他ならない．(2) の証明もまったく同様である．□

例　$1/\sqrt{1-x^2} = 1/(\sqrt{1+x}\sqrt{1-x}) = O\big((1-x)^{-1/2}\big)$ であるから

$$\int_0^1 \frac{1}{\sqrt{1-t^2}} dt$$

が存在するが，これは $\displaystyle\lim_{x \to 1} \arcsin x = \pi/2$ に等しい．

---

3) E. Landau；1877–1938 はドイツの数学者．

□　楕円関数の発見

幾何学的直観や実践的意味は完全に失われるが，正弦関数 $\sin x$ を $f(x) = \displaystyle\int_0^x \frac{1}{\sqrt{1-t^2}}\,dt$ $(0 \leq x < 1)$ の逆関数として定義することができる．弱冠20歳のガウスはこれに倣って

$$\int_0^x \frac{1}{\sqrt{1-t^4}}\,dt$$

の逆関数を考察し，これをレムニスケート正弦関数 $\sin\operatorname{lemn} x$ と名付けた．さらに，$\omega = \displaystyle\int_0^1 \frac{1}{\sqrt{1-x^4}}\,dx$ とおくことにより，レムニスケート余弦関数を $\cos\operatorname{lemn} x = \sin\operatorname{lemn}(\omega - x)$ によって定義したのである（1797年）．

レムニスケート関数に対しても三角関数の加法公式の類似が成り立つが，記号を簡略化して，$\sin\operatorname{lemn} x$，$\cos\operatorname{lemn} x$ をそれぞれ $s(x), c(x)$ により表すと，それらは

$$s(u+v) = \frac{s(u)c(v)+s(v)c(u)}{1-s(u)s(v)c(u)c(v)}, \quad c(u+v) = \frac{c(u)c(v)-s(v)s(u)}{1+s(u)s(v)c(u)c(v)}$$

と表される．この加法公式を用いて変数を実数全体（実際には複素数全体）に拡張することができる．

レムニスケート関数は楕円関数とよばれる高等関数の例であり，ガウスの発見はアーベル (N. H. Abel；1802–1829) とヤコビ (C. G. J. Jacobi；1804–1851) による楕円関数の理論の先駆けとなったのである．

定理 6-15

$f(x)$ が $[a,x]$ で連続であり，$x \to \infty$ のとき $f(x) = O(x^{-k})$，$k > 1$ ならば $f(x)$ は $[0,\infty)$ で広義可積である．

証明　仮定から $f(x) \leq Cx^{-k}$ $(x \geq x_0)$ となる $C, x_0 > 0$ が存在する．よって

$$\left|\int_{x_1}^{x_2} f(x)\,dx\right| \leq C\int_{x_1}^{x_2} x^{-k}\,dx = \frac{C}{1-k}({x_2}^{1-k} - {x_1}^{1-k}) \quad (x_2 > x_1 \geq x_0).$$

この右辺は $x_1, x_2 \to \infty$ のとき0に近づくから，定理5-11により $\displaystyle\int_a^\infty f(x)\,dx$ が存在する．□

第 6 章の課題

課題 6-1　$[a,b]$ 上の単調減少（増加）関数 $f(x)$ は可積である．

課題 6-2　$F_0(x)=F(x)$ が $[a,b]$ で連続ならば

$$F_n(x)=\int_a^x F_{n-1}(x)\,dx \quad (x\in[a,b],\ n\geq 1)$$

により $\{F_n(x)\}$ を定義するとき

$$F_n(x)=\frac{1}{(n-1)!}\int_a^x F(t)(x-t)^{n-1}\,dt \quad (x\in[a,b],\ n\geq 1).$$

課題 6-3　[やや難]　$f(x)$ を区間 I 上の C^n 級関数とするとき，任意の $a,x\in I$ に対して

$$f(x)=f(a)+f'(a)(x-a)+\cdots+\frac{f^{(n-1)}(a)}{(n-1)!}(x-a)^{n-1}$$
$$+\frac{1}{(n-1)!}\int_a^x (x-t)^{n-1}f^{(n)}(t)\,dt.$$

課題 6-4　$f(x)$ を周期 $T>0$ の周期関数とするとき，任意の $a\in\mathbb{R}$ に対して

$$\int_0^T f(x+a)\,dx=\int_0^T f(x)\,dx.$$

課題 6-5　$f(x)\geq 0$ を区間 $[1,\infty)$ で定義された単調減少関数とする．

(1)　$\displaystyle\sum_{k=2}^{n} f(k)\leq\int_1^n f(x)dx\leq\sum_{k=1}^{n-1} f(k)$

(2)　$a_n=1+\dfrac{1}{2}+\cdots+\dfrac{1}{n}-\log n$ とおく．(1) を利用して $\displaystyle\lim_{n\to\infty} a_n$ が存在することを示せ[4]．

(3)　(1) を利用して，$s>1$ のとき $\sum_{n=1}^{\infty} n^{-s}$ が収束することを示せ[5]．

課題 6-6　（積分に対するコーシーの不等式；課題 1-6 参照）区間 $[a,b]$ で可積な 2 つの関数 f,g について

$$\left|\int_a^b f(x)g(x)dx\right|^2\leq\int_a^b f(x)^2dx\times\int_a^b g(x)^2dx.$$

---

[4] この極限値 $\gamma=0.5772156649\cdots$ は**オイラー定数**とよばれる．現時点では，γ は超越数であろうと予想されているが，無理数であるかどうかさえ分かっていない．

[5] $\zeta(s):=\sum_{n=1}^{\infty} n^{-s}$ はゼータ関数とよばれる．

課題 6-7 [やや難] (1) $s > 0$ とすると，x が十分大きければ $e^{-x}x^{s-1} < e^{-x/2}$.

(2) $s > 0$ のとき，広義積分 $\Gamma(s) = \displaystyle\int_0^\infty e^{-x}x^{s-1}dx$ が存在する（$\Gamma(s)$ はガンマ関数とよばれる）.

(3) $\Gamma(s+1) = s\Gamma(s)$．とくに，$\Gamma(n+1) = n!$ $(n \in \mathbb{N})$.

課題 6-8 [やや難]（ポリアの不等式） $f(x) \not\equiv 0$ が $[a, b]$ で微分可能で，$f(a) = f(b) = 0$ であるとき

$$\int_a^b f(x)\,dx \leq \left(\frac{b-a}{2}\right)^2 \sup_{[a,b]} |f'(x)|\,.$$

課題 6-9 [難] 円周率 π は無理数である.

課題 6-10 [難] 多項式 $f(X), g(X)$ は双方を割り切る多項式は定数しかないとき互いに素とよばれる．このとき，$p(X)f(X) + q(X)g(X) = 1$ となる多項式 $p(X), q(X)$ が存在する.

課題 6-11 [難] 有理式 $f(X)/g(X)$ において，$f(X), g(X)$ は互いに素とし，$\deg f(X) < \deg g(X)$ とする．もし分母が $g(X) = g_1(X)g_2(X)$ のように，互いに素な 2 つの定数でない因子に分解されるならば

$$\frac{f(X)}{g(X)} = \frac{f_1(X)}{g_1(X)} + \frac{f_2(X)}{g_2(X)}$$

と表される．ここで，$\deg f_i(X) < \deg g_i(X)$ とできる．しかも，このような分解は一意的である.

課題 6-12 [難] 代数学の基本定理を用いて部分分数展開を証明せよ.

■第6章の補遺 —— 歴史から■

定理6-1は，面積の考え方から直観的には受け入れられることだが，その証明には連続関数の性質に踏み込まなければならなかった．$f(x) \geq 0$ の場合，むしろ極限(6.2)を面積の定義とするのが，厳密な立場である．面積の直観に頼ることなく，積分の定義そのものを吟味し，積分可能な関数の意味を追求したのはリーマンである．これは，当時の懸案問題であった三角関数の無限和（フーリェ級数）の収束性に関連した研究の中でなされた（1853年）.

面積や体積を初めて理論的に扱ったのは，古代ギリシャの数学者である．しかし，ユークリッドの『原論』を見れば分かるように，彼らの考え方は今日のそれとは大きく異なっていて，面積・体積を「数量」で表そうとはしていない．その代わりに，2つの図形が「等しい」，あるいは「一方が他方より大きい」という言い方がなされている．当然，2つの図形が合同ならば「等しい」として，さらに一方を有限個の図形に分割し，それらを移動させることにより他方の図形を作ることができるのなら，この場合も「等しい」とするのである（現代的用語としては「分割合同」という同値関係による商集合が面積・体積を表す「量」の集合である；[12] 参照).

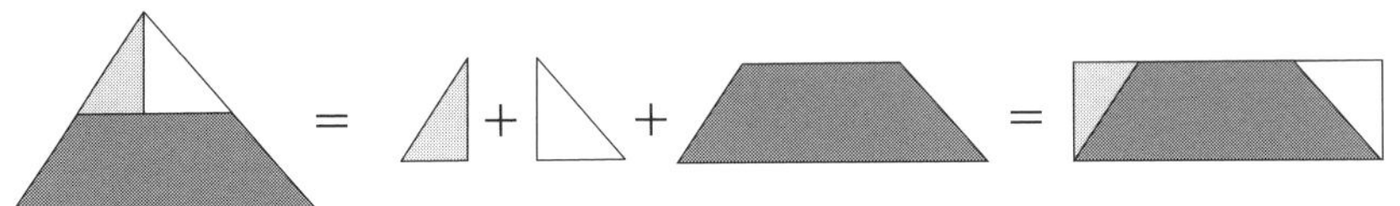

図 6.3 分割合同（三角形はその底辺と高さの半分を辺とする長方形に等しい）

このように，古代ギリシャの数学では，自然数のような数量と，幾何学的量には（少なくとも理論上は）明確な区別があった．プラトンの対話篇の1つ『ピレボス(Philebus)』（ソクラテス，ピレボス，プロタルコスの三者が，快楽，思慮，知性の優劣を競った問答）の中で，次のような会話が行われている．

ソクラテス：巷の人々が行う算術と，哲学者（数学者）の算術は異なる種類なのでしょうか？・・・哲学者が論じる幾何学や手の込んだ計算と比較したとき，建築や商業で使われる計算術や測定術はそれと同じ種類なのか，それとも異なるものなのか，という疑問です．

プロタルコス：私としては，2種類あるのだと思います．

当然，古代ギリシャ的面積・体積の理論が扱える図形には制限があった．このような制限に「不自由さ」を感じ，『原論』とはまったく異なる方法を開拓した数学者がデカルトである．彼は，幾何学的量の演算に制限を設けず，幾何学の問題を直線上の量を使って「代数的」に解く方法を提唱したのである．

その後，実数の実相が明らかになるにつれ，実数は幾何学から切り離され，面積・体積は数量として把握されるようになった．そこで問題となるのがギリシャ的理論と数量的理論の同値性である．面積については同値であることが 1833 年にボヤイ[6]により証明された（ボヤイ＝ゲルヴィンの定理）．他方，体積についてはガウスとヒルベルトが疑い，デーン[7]により証明されたように同値ではない．

一般の図形に対する厳密な面積・体積理論の構築は，カントルを含む数名の数学者により試みられたが，それに成功したのはイタリアのペアノ（G. Peano；1858–1932）とフランスのジョルダン（M. E. C. Jordan；1838–1922）である．その後，フランスのルベーグ（H. L. Lebesgue；1875–1941）は，より広いクラスの図形に面積・体積を定義することに成功し，積分におけるより広い可積性の概念を導入することにより現代解析学の基礎となる理論を作った（1902 年）．

[6] F. Bolyai (1775–1856)．非ユークリッド幾何学の発見者の一人である J. Bolyai の父．

[7] M. W. Dehn (1878–1952) はドイツの数学者．

第 7 章　関数列の収束

これまで ε-δ 論法を用いて，数列や級数の収束，および関数の変数に関する収束について議論してきた．本章で問題とするのは，関数からなる列（**関数列**）の収束である．関数の定義域の点を固定し，そこでの関数の値を考察の対象とするならば，問題は数列の収束（各点収束）に帰着するが，定義域全体での収束の様相は単純ではない．実際，**19** 世紀の初頭まで，このことに気付いた数学者はいなかった．例えば，連続関数の列が各点で収束するとき，極限として得られる関数が連続とは限らない．このような現象を理解するためにも，ε-δ 論法を欠かすことができないのである．

関数列の収束問題の重要性の **1** つは，（与えられた実数を有理数で近似するのと似た観点から）与えられた関数を既知の関数で近似することにより未知の関数の性質を見出すということにある．本章で解説するベキ級数展開は，多項式による近似という意味を持っているのである．

§7.1　各点収束と一様収束

$\{f_n(x)\}_{n=1}^{\infty}$ を共通の定義域 I を持つ関数の列とする．各 $a \in I$ に対して，数列 $\{f_n(a)\}$ が収束するとき，$\{f_n(x)\}_{n=1}^{\infty}$ は I 上で**各点収束** (pointwise convergence) するという．このとき $\lim_{n\to\infty} f_n(a)$ は a に依存する値になり，この値を $f(a)$ とすることにより，I 上で定義された関数 f を得る．このことを $\lim_{n\to\infty} f_n = f$，あるいは $\lim_{n\to\infty} f_n(x) = f(x)$ $(x \in I)$ と表し，$f(x)$ を**極限関数**（limit function）という．これを形式言語で表せば

$$\forall x \in I \ \forall \varepsilon > 0 \ \exists n_0 \in \mathbb{N} \ \forall n \in \mathbb{N} \ \ [n \geq n_0 \ \rightarrow \ |f(x) - f_n(x)| < \varepsilon]$$

となり，書き下せば，「任意の $x \in I$ および任意の $\varepsilon > 0$ に対して，ある $n_0 = n_0(x, \varepsilon)$ が存在し，任意の n について，$n \geq n_0$ ならば $|f(x) - f_n(x)| < \varepsilon$ が成り立つ」ということになる．$n_0(x, \varepsilon)$ と書いたように，この表現では n_0 は x および ε に依存していることを強調しておく．

例　$\left\{\left(1 + \dfrac{x}{n}\right)^n\right\}_{n=1}^{\infty}$ は指数関数 e^x に $(-\infty, \infty)$ において各点収束する（例題 6-3）．

n_0 が ε のみに依存し，x には依存していないときは，$\{f_n\}$ は f に**一様収束** (uniform convergence) すると言われる．形式的には

$$\forall\varepsilon > 0\ \exists n_0 \in \mathbb{N}\ \forall x \in I\ \forall n \in \mathbb{N}\ \ [n \geq n_0\ \rightarrow\ |f(x) - f_n(x)| < \varepsilon]$$

が成り立つことである．

一般の集合 Λ の要素をパラメータとする数列 $\{a_n(\lambda)\}$ の $\lambda \in \Lambda$ に関する一様収束性が定義される（定式化は読者に委ねる）．関数列の一様収束性は，その特別な場合と考えられる（変数 x をパラメータと考えればよい）．

例題 7-1

$[0,1]$ において，$f_n(x) = x^n$ とおいて定義した関数列 $\{f_n(x)\}$ は

$$f(x) = \begin{cases} 0 & (x \in [0,1)) \\ 1 & (x = 1) \end{cases}$$

に各点収束するが，一様収束しない．

解 各点収束することは明らか．一様収束を仮定すると，$x \in (0,1)$ に依存しない n_0 があって，$|f(x) - f_{n_0}(x)| = x^{n_0} < 1/2$，すなわち $n_0 > \log(1/2)/\log x$ となるべきであるが ($\log x < 0$ に注意)，右辺は $x \to 1-0$ とするとき ∞ に発散するから矛盾． □

数列については，収束列であることとコーシー列であることは同値であることを思い出そう（定理 3-10，定理 3-11）．関数列の場合にこの事実に対応するのが次の定理である．

定理 7-1

I 上で定義された関数列 $\{f_n(x)\}$ について，次のことが成り立つ．

(1) $\{f_n(x)\}$ が各点収束するための必要十分条件は，「任意の正数 ε および任意の $x \in I$ に対して，$n_0 = n_0(x,\varepsilon) \in \mathbb{N}$ が存在し，任意の $m,n \in \mathbb{N}$ について，$m,n \geq n_0$ ならば $|f_m(x) - f_n(x)| < \varepsilon$ が成り立つ」ことである．

(2) $\{f_n(x)\}$ が一様収束するための必要十分条件は，「任意の正数 ε に対して，$n_0(\varepsilon) \in \mathbb{N}$ が存在し，任意の $x \in I$ および任意の $m,n \in \mathbb{N}$ について，$m,n \geq n_0$ ならば $|f_m(x) - f_n(x)| < \varepsilon$ が成り立つ」ことである．

証明　(1) は定理 3-10 と定理 3-11 の直接の帰結である．(2) についても容易であるが，念のため証明を与えておこう．$\{f_n(x)\}$ が $f(x)$ に一様収束していれば，任意の $\varepsilon > 0$ に対して

$$|f_m(x) - f(x)| < \varepsilon/2, \quad |f(x) - f_n(x)| < \varepsilon/2 \quad (m, n \geq n_0(\varepsilon))$$

が成り立つような，$x \in I$ に依存しない $n_0(\varepsilon)$ が存在するので，任意の $x \in I$ および任意の $m, n \in \mathbb{N}$ について，$m, n \geq n_0(\varepsilon)$ ならば

$$|f_m(x) - f_n(x)| \leq |f_m(x) - f(x)| + |f(x) - f_n(x)| < \varepsilon/2 + \varepsilon/2 = \varepsilon$$

が成り立つ．

逆に「$\cdots$」内の性質が成り立っているとき，各 $x \in I$ について $\{f_n(x)\}$ はコーシー列であるから収束し，極限関数を $f(x)$ とするとき，$n \geq n_0$ ならば，任意の $x \in I$ について

$$|f(x) - f_n(x)| = \lim_{m \to \infty} |f_m(x) - f_n(x)| \leq \varepsilon$$

が成り立つから (定理 3-13)，$\{f_n(x)\}$ は $f(x)$ に一様収束する．　□

定理 7-2

$[a, b]$ で連続な関数からなる列 $\{f_n(x)\}$ がそこで一様収束するとき，極限関数 $f(x) = \lim_{n \to \infty} f_n(x)$ も連続である．

証明　一様収束の仮定を使うと，任意の $\varepsilon > 0$ に対して適当な $n_0 = n_0(\varepsilon)$ を選べば，$|f_n(x) - f(x)| < \varepsilon/3$ $(n \geq n_0,\ x \in [a, b])$ が成り立つ．また，$f_{n_0}(x)$ の連続性から，任意の $\xi \in [a, b]$ に対して適当な $\delta = \delta(\varepsilon)$ をとれば，$|f_{n_0}(x) - f_{n_0}(\xi)| < \varepsilon/3$ $(|x - \xi| < \delta)$ が成り立つ．よって，$|x - \xi| < \delta$ のとき

$$|f(x) - f(\xi)| \leq |f_{n_0}(x) - f(x)| + |f_{n_0}(\xi) - f(\xi)| + |f_{n_0}(x) - f_{n_0}(\xi)| < \varepsilon$$

が成り立ち，ゆえに $f(x)$ は各点 $\xi \in [a, b]$ で連続である．　□

一様収束の代わりに各点収束にすると，上記の定理は成り立たない．例えば例題 7-1 で述べた関数列 $\{x^n\}$ は各点収束するが，極限関数は不連続である．

今更断るまでもないことだが，関数を項とする無限級数 $\sum_{n=1}^{\infty} f_n(x)$ の収束は，その部分和 $s_n(x) = f_1(x) + \cdots + f_n(x)$ を項とする関数列 $\{s_n(x)\}$ の収束を意味

する．従って，関数項の無限級数に対しても，各点収束，一様収束を論じることができる．

次の定理は，証明は簡単ではあるが重要である．

定理 7-3（ワイエルシュトラスの M 判定法）

区間 $[a,b]$ で定義された関数項 $u_n(x)$ からなる無限級数 $\sum_{n=1}^{\infty} u_n(x)$ について，$|u_n(x)| \leq M_n$ $(x \in [a,b])$，$\sum_{n=1}^{\infty} M_n < \infty$ をみたす非負列 $\{M_n\}$ が存在すれば，$\sum_{n=1}^{\infty} u_n(x)$ は $[a,b]$ において一様収束する．

証明 $m > n$ とするとき，$|\sum_{k=n+1}^{m} u_k(x)| \leq \sum_{k=n+1}^{m} |u_k(x)| \leq \sum_{k=n+1}^{m} M_k$ から明らかである（定理 7-1 の (2) を使う）． □

例題 7-2

区間 I 上で定義された関数列 $\{f_n\}_{n=1}^{\infty}$ が f に一様収束すると仮定し，連続関数 g の定義域 J は $f(I)$ および $f_n(I)$ $(n = 1, 2, \ldots)$ を含む閉区間とする．このとき，$g \circ f_n$ は $g \circ f$ に一様収束する．

解 g は一様連続であるから（定理 5-6），$\forall \varepsilon > 0\ \exists \delta > 0\ \forall y_1 \in J\ \forall y_2 \in J\ [|y_1 - y_2| < \delta \to |g(y_1) - g(y_2)| < \varepsilon]$．一方，この δ に関して，$\{f_n\}$ の一様収束性から，$\exists n_0\ \forall x \in I\ [n \geq n_0 \to |f_n(x) - f(x)| < \delta]$ である．よって，$|g(f_n(x)) - g(f_n(x))| < \varepsilon$ $(n \geq n_0)$ が得られる． □

次の定理は，各点収束では成り立たない事実である．

定理 7-4

$[a,b]$ 上の可積分関数からなる列 $\{f_n\}$ が f に一様収束すれば，f も可積であり，

$$\lim_{n\to\infty} \int_a^b f_n(x)\,dx = \int_a^b f(x)\,dx \tag{7.1}$$

（すなわち，極限操作 lim と積分操作 $\int$ は交換可能）．

証明 f が可積であることを示すために補題 6-6 を利用する．$[a,b]$ の分割 $\Delta : a = x_0 < x_1 < \cdots < x_{n-1} < x_n = b$ に対して，$\omega_k(f;\Delta) = \sup_{[x_{k-1},x_k]} f - \inf_{[x_{k-1},x_k]} f$ とおくとき，任意の $\varepsilon > 0, \delta > 0$ に対して

$$\sum_{\substack{k \\ \omega_k(f;\Delta)>\delta}} (x_k - x_{k-1}) < \varepsilon$$

となるような Δ が存在することを示せばよい．一様収束の仮定から，$\delta > 2\varepsilon'$ なる $\varepsilon' > 0$ に対して

$$f_n(x) - \varepsilon' < f(x) < f_n(x) + \varepsilon' \quad (x \in [a,b])$$

をみたす n が存在する．

$$\sup_{[x_{k-1},x_k]} f \le \sup_{[x_{k-1},x_k]} f_n + \varepsilon', \qquad \inf_{[x_{k-1},x_k]} f_n - \varepsilon' \le \inf_{[x_{k-1},x_k]} f$$

であるから

$$\omega_k(f;\Delta) \le \left(\sup_{[x_{k-1},x_k]} f_n + \varepsilon' \right) - \left(\inf_{[x_{k-1},x_k]} f_n - \varepsilon' \right) = \omega_k(f_n,\Delta) + 2\varepsilon'.$$

従って，$\omega_k(f;\Delta) > \delta$ であれば，$\omega_k(f_n,\Delta) > \delta - 2\varepsilon'$ である．一方，f_n は可積であるから

$$\sum_{\substack{k \\ \omega_k(f_n;\Delta)>\delta-2\varepsilon'}} (x_k - x_{k-1}) < \varepsilon$$

であるような Δ が存在する．よって，

$$\sum_{\substack{k \\ \omega_k(f;\Delta)>\delta}} (x_k - x_{k-1}) \le \sum_{\substack{k \\ \omega_k(f_n;\Delta)>\delta-2\varepsilon'}} (x_k - x_{k-1}) < \varepsilon.$$

すなわち f は可積である．

(7.1) を示そう．一様収束の仮定から，任意の $\varepsilon > 0$ に対して，$[a,b]$ において，$|f_n(x) - f(x)| < \varepsilon/(b-a) \ \ (n > n_0(\varepsilon))$ が成り立つような $n_0(\varepsilon)$ が存在する．よって

$$\left| \int_a^b f_n\,dx - \int_a^b f\,dx \right| = \left| \int_a^b (f_n - f)\,dx \right| \le \int_a^b |f_n - f|\,dx < \varepsilon \ \ (n > n_0(\varepsilon)). \ \square$$

上の定理で一様収束の仮定が外せないことは，例えば $f_n(x) = nxe^{-nx^2} \ \ (x \in [0,1])$ とおいて得られる関数列 $\{f_n(x)\}$ を考えれば理解される．実際，各点 x で $\lim_{n\to\infty} f_n(x) = 0$ であるが，$\lim_{n\to\infty} \int_0^1 f_n(x)\,dx = \lim_{n\to\infty} [-e^{-nx^2}/2]_0^1 = 1/2 \ne 0$ である．

□ ルベーグの収束定理

6 章の補遺で述べたように，可積性と積分の概念はルベーグにより拡張され，その結果，より広いクラスの関数の積分を論じることが可能になった（例えば，§6.1 で述べたディリクレの関数はリーマン積分の意味では可積ではないが，ルベーグ積分の意味では可積になる）．極限操作と積分操作の交換可能性についても，極めて緩い条件の下で保証されることになった．ルベーグの意味での可積（可測）性の定義は省略して，その言明だけ述べておく．

「“可積”な関数の列 $\{f_n(x)\}$ が関数 $f(x)$ に各点収束すると仮定する．もし，$|f_n(x)| \leq h(x)$ がすべての x について成り立つような “可積” な関数 $h(x)$ が存在するとき，極限関数 $f(x)$ の “可積”であり，しかも

$$\lim_{n\to\infty}\int_a^b f_n(x)\,dx = \int_a^b f(x)\,dx$$

が成り立つ（ルベーグの（優）収束定理）」

ワイエルシュトラスの M 判定法は，この事実の特別な場合と考えられる．ルベーグ積分とルベーグの収束定理はさらに一般化され，現代解析学のみならず，確率論や幾何学においても重要な位置を占めることになる．

最後に，極限操作と微分操作の交換可能性に関する定理を述べておく．

定理 7-5

$[a,b]$ で微分可能な関数からなる列 $\{f_n(x)\}$ が 1 点 $c \in [a,b]$ で収束し，さらに導関数からなる列 $\{f_n'(x)\}$ が $[a,b]$ で一様に収束するならば，$\{f_n(x)\}$ は $[a,b]$ で一様収束し，しかも極限関数 $f(x) = \lim_{n\to\infty} f_n(x)$ は微分可能であって，$f'(x) = \lim_{n\to\infty} f_n'(x)$ が成り立つ．

証明　平均値の定理（定理 5-17）により

$$(f_m(x) - f_m(c)) - (f_n(x) - f_n(c)) = (x-c)(f_m'(\xi) - f_n'(\xi))$$

をみたす ξ が c と x の間にあるが，$\{f_n'(x)\}$ が一様収束しているので，任意の $\varepsilon > 0$ に対して，$m > n \geq n_0(\varepsilon)$ について $|f_m'(x) - f_n'(x)| < \varepsilon/(b-a)$ が成り立つような $n_0(\varepsilon)$ が存在する．よって，

$$|(f_m(x) - f_m(c)) - (f_n(x) - f_n(c))| \leq |x-c|\,|f_m'(\xi) - f_n'(\xi)| < \varepsilon.$$

すなわち，関数列 $\{f_n(x) - f_n(c)\}$ は一様収束し，仮定から $\{f_n(x)\}$ も一様収束

する．

次に，再び平均値の定理を使えば

$$\frac{1}{h}(f_m(x+h)-f_m(x))-\frac{1}{h}(f_n(x+h)-f_n(x))=f'_m(x+\theta h)-f'_n(x+\theta h)$$

をみたす θ, $0<\theta<1$, が存在し，$\{f'_n(x)\}$ の一様収束性から，関数列 $\{(f_n(x+h)-f_n(x))/h\}$ も x,h の双方に関して一様に収束する．これの極限関数は $(f(x+h)-f(x))/h$ であるから，換言すれば，任意の $\varepsilon>0$ に対して

$$\left|\frac{1}{h}(f_n(x+h)-f_n(x))-\frac{1}{h}(f(x+h)-f(x))\right|<\varepsilon/3 \quad (n\geq n_0)$$

が成り立つような，x,h に依存しない n_0 が存在する．一方，$\{f'_n(x)\}$ の一様収束性により，$N\geq n_0$ をうまく選べば，

$$|f'_N(x)-\lim_{n\to\infty}f'_n(x)|<\varepsilon/3.$$

さらに，$f_N(x)$ の微分可能性により

$$\left|\frac{1}{h}(f_N(x+h)-f_N(x))-f'_N(x)\right|<\varepsilon/3 \quad (|h|<\delta)$$

が成り立つような $\delta=\delta(\varepsilon)$ が存在する．これら 3 つの不等式から

$$\left|\frac{1}{h}(f(x+h)-f(x))-\lim_{n\to\infty}f'_n(x)\right|<\varepsilon$$

が得られるので，$f(x)$ は微分可能であり，しかも $\lim_{n\to\infty}f'_n(x)=f'(x)$ が成り立つ．□

§7.2　ベキ級数

数列 $\{a_n\}_{n=0}^{\infty}$ および実数 c について，級数

$$\sum_{n=0}^{\infty}a_n(x-c)^n \ \left(=\lim_{n\to\infty}\sum_{k=0}^{n}a_k(x-c)^k\right)$$

を，c を中心とする**ベキ級数** (power series) という[1]．ベキ級数 $\sum_{n=0}^{\infty}a_nx^n$ が区間 I の各点 x で収束していれば，その和は x の関数と考えられる．以下，$c=0$ としても一般性を失わないから，$\sum_{n=0}^{\infty}a_nx^n$ の形のベキ級数に限定して考察する．

---

[1] 整級数ともいう．

定理 7-6

$\sum_{n=0}^{\infty} a_n x^n$ は

(1)　$x = x_1$ で収束するならば，$|x| < |x_1|$ をみたす x で絶対収束する，

(2)　$x = x_2$ で発散するならば，$|x| > |x_2|$ をみたす x で発散する．

証明　(1)　$x_1 \neq 0$ とする．$\sum_{n=0}^{\infty} a_n x_1^n$ は収束するから，$\lim_{n \to \infty} a_n x_1^n = 0$．よって，$a_n x_1^n$ は有界である．すなわち，すべての n に対して $|a_n x_1^n| \leq c$ となる正定数 c が存在する．このとき，$|x| < |x_1|$ をみたす x に対して

$$|a_n x^n| = |a_n x_1^n| \left|\frac{x}{x_1}\right|^n \leq c \left|\frac{x}{x_1}\right|^n \tag{7.2}$$

であり，かつ $|x/x_1| < 1$ より等比級数 $\sum_{n=1}^{\infty} c\,|x/x_1|^n$ は収束する．よって，比較判定法（定理 4-2）により，$\sum_{n=0}^{\infty} a_n x^n$ は絶対収束する．

(2)　$\sum_{n=0}^{\infty} a_n x^n$ が $|x| > |x_2|$ をみたすある x で収束するならば，(1) により，$\sum_{n=0}^{\infty} a_n x_2^n$ が（絶対）収束することになり，仮定に反する．　□

定理 7-7

$\sum a_n x^n$ が $x = x_1$ で収束するならば，任意の正数 δ について $\sum a_n x^n$ は $|x| \leq |x_1| - \delta$ において一様収束する．

証明　不等式 (7.2) から，$|x| \leq |x_1| - \delta$ であるとき，

$$|a_n x^n| \leq c(1 - \delta / |x_1|)^n$$

が得られるから，定理 7-3 により $\sum a_n x^n$ は一様収束する．　□

定義 7-1

ベキ級数 $\sum_{n=0}^{\infty} a_n x^n$ において，$|x| < R$ ならば収束し，$|x| > R$ ならば発散するような R $(0 \leq R \leq \infty)$ を**収束半径**（radius of convergence）という．ただし，$x = 0$ だけで収束する場合と，すべての実数に対して収束する場合は，収束半径はそれぞれ $0, \infty$ とする．

定理 7-8

ベキ級数 $\sum_{n=0}^{\infty} a_n x^n$ が $x=0$ だけで収束する場合と，すべての実数に対して収束する場合を除けば，収束半径 $R>0$ は存在し

$$R=\sup\{r>0 \mid \sum_{n=0}^{\infty} a_n x^n \text{は } |x|<r \text{ で収束する }\}$$
$$=\inf\{r>0 \mid \sum_{n=0}^{\infty} a_n x^n \text{は } |x|>r \text{ で発散する }\}.$$

証明　$A=\{r>0 \mid \sum_{n=1}^{\infty} a_n x^n$ は $|x|<r$ で収束する $\}$，$B=\{r>0 \mid \sum_{n=1}^{\infty} a_n x^n$ は $|x|>r$ で発散する $\}$ とおけば，仮定から A, B の双方とも空ではなく，定理 7-6 により，任意の $a\in A$, $b\in B$ について $a<b$ である．$\sup A<\inf B$ と仮定して，$\sup A<x<\inf B$ をみたす x を選ぶ．x が収束点であれば $(0,x)\subset A$ となって矛盾．x が発散点の場合も，$(x,\infty)\subset B$ となって矛盾．よって，$\sup A=\inf B$ であり，$R=\sup A$ は収束半径となる．□

収束半径を求める方法を与えよう．

定理 7-9（コーシー・アダマールの定理）

ベキ級数 $\sum a_n x^n$ の収束半径 R は

$$R=\frac{1}{\overline{\lim\limits_{n\to\infty}}\, |a_n|^{1/n}} \tag{7.3}$$

により与えられる．ただし，$1/\infty=0$, $1/0=\infty$ と規約する．

証明　(7.3) の右辺を ρ とおこう．先ず最初に，$\rho=0$ とすると，任意の x_1 について

$$\overline{\lim_{n\to\infty}}\, |a_n x_1^n|^{1/n}=|x_1|\, \overline{\lim_{n\to\infty}}\, |a_n|^{1/n}=\infty$$

であるから，$\sum a_n x_1^n$ は発散する（定理 4-5）．$\rho=\infty$ の場合は，任意の x_0 について $\overline{\lim}\, |a_n x_0^n|^{1/n}=|x_0|\, \overline{\lim}\, |a_n|^{1/n}=0$ であるから，ほとんどすべての n について，$|a_n x_0^n|^{1/n}<1/2$，言い換えれば $|a_n x_0^n|<1/2^n$ となって x_0 は収束点である．

$0<\rho<\infty$ の場合は，$|x_0|<\rho<|x_1|$ となる x_0, x_1 について

$$\overline{\lim}\, |a_n x_0^n|^{1/n}=\frac{|x_0|}{\rho}<1, \qquad \overline{\lim}\, |a_n x_1^n|^{1/n}=\frac{|x_1|}{\rho}>1$$

であるから，任意の正数 $\varepsilon < 1 - |x_0|/\rho$ に対して，ほとんどすべての n について，$|a_n x_0{}^n| < (|x_0|/\rho + \varepsilon)^n$，また無限に多くの n について，$|a_n x_1{}^n| > 1$ となるから，x_0 は収束点，x_1 は発散点である．よって，いずれの場合も $\rho = R$. □

定理 7-10（ダランベールの定理）

$\displaystyle\lim_{n\to\infty} |a_n/a_{n+1}|$ が存在するならば，$\sum a_n x^n$ の収束半径 R は次式で与えられる．

$$R = \lim_{n\to\infty} \left| \frac{a_n}{a_{n+1}} \right|.$$

証明　定理 3-17 と上記の定理 7-9 を適用. □

問 7-1　次のベキ級数の収束半径 R を求めよ．

(1) $\displaystyle\sum_{n=0}^{\infty} n! x^n$,　(2) $\displaystyle\sum_{n=1}^{\infty} \frac{x^n}{n^n}$,　(3) $\displaystyle\sum_{n=1}^{\infty} \frac{n!}{(2n)!} x^n$,　(4) $\displaystyle\sum_{n=1}^{\infty} \frac{1}{(\log n)^n} x^n$.

定理 7-11（ベキ級数の項別微分）

ベキ級数 $\sum a_n x^n$ の収束半径を $R > 0$ とするとき，このベキ級数は $|x| < R$ において無限回微分可能な関数を表す．さらに

$$\frac{d}{dx} \sum_{n=0}^{\infty} a_n x^n = \sum_{n=1}^{\infty} n a_n x^{n-1}. \tag{7.4}$$

証明　(7.4) の右辺のベキ級数の収束半径も R に等しいことに注意．後は定理 7-7 と定理 7-5 による. □

定理 7-12（ベキ級数の項別積分）

$\displaystyle f(x) = \sum_{n=0}^{\infty} a_n x^n$ が $|x| < r$ で収束するとき，$f(x)$ は $|x| < r$ で連続であり

$$\int_0^x f(t)dt = \sum_{n=0}^{\infty} \frac{a_n}{n+1} x^{n+1} \quad (|x| < r).$$

証明　定理 7-4 および定理 7-7 から帰結される. □

問 7-2　$\dfrac{1}{1-x}=\sum_{n=0}^{\infty}x^n$ $(|x|<1)$ および項別積分を使って

$$\arctan x=\sum_{n=0}^{\infty}\frac{(-1)^n}{2n+1}x^{2n+1}\quad(|x|<1)$$

を示せ．

問 7-3　$\sum_{n=1}^{\infty}n^2x^n$, $\sum_{n=1}^{\infty}n^3x^n$ を求めよ．

定理 7-13

$\sum a_nx^n$, $\sum b_nx^n$ の収束半径をそれぞれ R_1, R_2 $(R_1R_2>0)$ とするとき，$|x|<R:=\min\{R_1,R_2\}$ において

$$\sum_{n=0}^{\infty}a_nx^n\cdot\sum_{n=0}^{\infty}b_nx^n=\sum_{n=0}^{\infty}c_nx^n,\quad c_n=\sum_{i=0}^{n}a_ib_{n-i}.$$

証明　定理 4-10 および定理 7-6 に帰着．□

§7.3　テイラー展開

ベキ級数はその収束域で関数を表すが，逆に与えられた関数がベキ級数で表わされるかどうかという問題を考える．テイラーの定理 5-24 を思い出そう．$f(x)$ が開区間 I で n 回微分可能とする．x が $a\in I$ に十分近ければ

$$\begin{aligned}f(x)=f(a)+f'(a)(x-a)+\cdots+\frac{f^{(n-1)}(a)}{(n-1)!}(x-a)^{n-1}\\+\frac{f^{(n)}\big(a+\theta(x-a)\big)}{n!}(x-a)^n\end{aligned}\tag{7.5}$$

をみたす θ $(0<\theta<1)$ が存在．もし，$f(x)$ が何回でも微分可能であり，各 $x\in I$ に対して，n を大きくしていくとき，剰余項 R_n について

$$|R_n|=\left|\frac{f^{(n)}\big(a+\theta(x-a)\big)}{n!}(x-a)^n\right|\to 0$$

であれば，

$$f(x)=\lim_{n\to\infty}\left(f(a)+f'(a)(x-a)+\cdots+\frac{f^{(n)}(a)}{n!}(x-a)^n\right)$$

が成り立つ．これを

$$f(x)=f(a)+f'(a)(x-a)+\cdots+\frac{f^{(n)}(a)}{n!}(x-a)^n+\cdots$$

と表し，$f(x)$ の a における**テイラー展開**，あるいは**ベキ級数展開**という．特に，I が 0 を含む区間で，$a=0$ としたときのテイラー展開を**マクローリン展開**ということがある．

剰余項が「具体的」な形で表されているときは，テイラー展開は，関数の多項式による「精度保証付き近似」を与えていると考えられる．

開区間で定義された関数 f が各点でベキ級数展開されるとき，f は**実解析的** (real analytic) あるいは C^ω 級といわれる．C^∞ 級であるが，C^ω 級ではない関数の例としては，例題 5-10 (2) で定義した関数 f がある．この関数はすべての n について $f^{(n)}(0)=0$ をみたしていることに注意しよう．

次の定理は，ベキ級数展開が存在すれば，それはただ 1 つに定まることを示している

定理 7-14

$$f(x)=\sum_{n=0}^{\infty} a_n(x-a)^n \quad (|x-a|<r) \text{ ならば，} a_n=\frac{1}{n!}f^{(n)}(a).$$

証明 $a=0$ のとき示せば十分．$f(x)=\displaystyle\sum_{n=0}^{\infty} a_n x^n$ の両辺を k 回微分すると

$$f^{(k)}(x)=\sum_{n=k}^{\infty} a_n n(n-1)\cdots(n-k+1)x^{n-k}=a_k k!+a_{k+1}(k+1)!x+\cdots$$

である．よってこの両辺に $x=0$ を代入すると $f^{(k)}(0)=a_k k!$. □

$f(x)=\sum_{n=0}^{\infty} a_n x^n$ が $|x|<r$ で収束しているとき，f が偶関数であるための必要十分条件は，すべての奇数ベキの係数 a_{2k-1} が 0 となることである．また，f が奇関数であるための必要十分条件は，すべての偶数ベキの係数 a_{2k} が 0 となることである（例題 5-11).

例題 7-3

$|x|<1$ において $\displaystyle\log(1+x)=\sum_{n=1}^{\infty}\frac{(-1)^{n-1}}{n}x^n.$

解 (6.14) により，$\log(1+x)$ にテイラーの定理を適用したときの剰余項は $(-1)^{n-1}\frac{1}{n}(1+\theta x)^{-n}x^n$ であり，$|x|<1+\theta x$ から明らか． □

問 7-4 $f(x)=\dfrac{2x^2-4x+3}{2x^2-3x}$ の $x=1$ におけるベキ級数展開を求めよ．

例題 7-4

$\mathbb{R}$ 上の C^∞ 級関数 $f(x)$ について，$\{f^{(n)}(x)\}_{n=0}^\infty$ が各 x について有界ならば，$f(x)$ のテイラー展開の収束半径は ∞ である．

解　$|f^{(n)}(x)| \le K$ とするとき，例題 2-17 を用いれば，剰余項 R_n について

$$|R_n| \le \frac{K}{n!}\,|x-a|^n \to 0 \quad (n \to \infty)$$

が成り立つからである．□

例　正弦関数 $\sin x$，余弦関数 $\cos x$ については，次の式が成り立っていた．

$$\sin x = \sum_{k=0}^{n-1} \frac{(-1)^k}{(2k+1)!} x^{2k+1} + \frac{(-1)^n}{(2n)!} (\sin\theta x) x^{2n},$$

$$\cos x = \sum_{k=0}^{n-1} \frac{(-1)^k}{(2k)!} x^{2k} + \frac{(-1)^{n-1}}{(2n-1)!} (\sin\theta x) x^{2n-1}.$$

$|\sin\theta x| \le 1$, $|\cos\theta x| \le 1$ であるから，$|x| < \infty$ において

$$\sin x = \sum_{n=0}^{\infty} \frac{(-1)^n}{(2n+1)!} x^{2n+1}, \qquad \cos x = \sum_{n=0}^{\infty} \frac{(-1)^n}{(2n)!} x^{2n}.$$

指数関数についても (6.13) により

$$e^x = 1 + x + \frac{1}{2!} x^2 + \cdots + \frac{1}{(n-1)!} x^{n-1} + \frac{1}{n!} e^{\theta x} x^n$$

であるから，$|x| < \infty$ において

$$e^x = \sum_{n=0}^{\infty} \frac{1}{n!} x^n$$

となる．これを使えば，双曲線関数 $\sinh x$, $\cosh x$ の級数展開が得られる：

$$\sinh x = \sum_{n=0}^{\infty} \frac{1}{(2n+1)!} x^{2n+1}, \qquad \cosh x = \sum_{n=0}^{\infty} \frac{1}{(2n)!} x^{2n}.$$

この 2 つの式からも理解されるように，三角関数と双曲線関数の間にはベキ級数展開においても強い類似性が見られる．実際，この類似性は複素数の世界で見事に正当化されるのである．

□ オイラーの公式

1748年に出版されたオイラーの『無限解析序論』には，複素数の世界で指数関数と三角関数が結びつくことが述べられている．i を虚数単位として，指数関数 e^x の展開において，形式的に $x = i\theta$ とおいてみる．$i^2 = -1$ であることを使えば

$$(i\theta)^n = \begin{cases} i(-1)^{k-1}\theta^{2k-1} & (n = 2k-1) \\ (-1)^k\theta^{2k} & (n = 2k) \end{cases}$$

であるから，

$$\begin{aligned} e^{i\theta} &= \Big(1 - \frac{1}{2!}\theta^2 + \cdots + (-1)^k \frac{1}{(2k)!}\theta^{2k} + \cdots\Big) \\ &\qquad + i\Big(\theta - \frac{1}{3!}\theta^3 + \cdots + (-1)^{k-1}\frac{1}{(2k-1)!}\theta^{2k-1} + \cdots\Big) \\ &= \cos\theta + i\sin\theta \end{aligned}$$

が導かれる．こうして得られた等式 $e^{i\theta} = \cos\theta + i\sin\theta$ を**オイラーの公式**という．特に $\theta = \pi, 2\pi$ とおけば，神秘的な式 $e^{\pi i} = -1$, $e^{2\pi i} = 1$ が得られる．さらに，$\sinh\theta = -i\sin(i\theta)$, $\cosh\theta = \cos(i\theta)$ が成り立つ．

§6.3で与えた指数関数の元の定義では，複素数を「直接」代入することはできない．指数関数をテイラー展開すれば，代入に意味が与えられるのである．すなわち，複素数 z を変数に持つ指数関数 e^z を

$$e^z = 1 + z + \frac{1}{2!}z^2 + \cdots + \frac{1}{n!}z^n + \cdots$$

と定義すればよい（ただし，右辺が複素数の範囲で収束することを示す必要がある）．オイラーはこれ以上踏み込むことはなかったが，1つの例を通して複素数変数関数の理論（複素解析学）に先鞭をつけたのである．しかし，その先にあるものを見通すにはガウスまで待たねばならなかった．

ニュートンの研究に見られるように，微分積分学の歴史において重要な役割を果たした関数 $f(x) = (1+x)^a$ のテイラー展開を求めてみよう．

a が自然数の場合は，$(1+x)^a$ は多項式になる（二項定理1-1）：

$$(1+x)^a = \sum_{n=0}^{a} \binom{a}{n} x^n.$$

$a \neq 0$ が自然数でない場合を考える．二項係数を一般化して

$$\binom{a}{n} = \frac{a(a-1)\cdots(a-n+1)}{n!}$$

とおくと，

$$f^{(n)}(x) = a(a-1)\cdots(a-n+1)(1+x)^{a-n} = n!\binom{a}{n}(1+x)^{a-n}$$

よって，

$$(1+x)^a = \sum_{n=0}^{\infty}\binom{a}{n}x^n = 1+ax+\frac{a(a-1)}{2!}x^2+\cdots+\frac{a(a-1)\cdots(a-n+1)}{n!}x^n+\cdots$$

となることが期待できる．実際，これは $|x|<1$ において正しいことが分かる．まず右辺のベキ級数の収束半径が 1 であることは

$$\left|\binom{a}{n}\Big/\binom{a}{n+1}\right| = \left|\frac{n}{a-n}\right| \to 1 \quad (n\to\infty)$$

であることから従う（ダランベールの定理 7-10）．そこで右辺の関数を $g(x)$ により表わすと，項別微分により $g'(x) = \sum_{n=1}^{\infty} n\binom{a}{n}x^{n-1}$ が得られ

$$(n+1)\binom{a}{n+1} + n\binom{a}{n} = a\binom{a}{n}$$

に注意すれば

$$(1+x)g'(x) = a + \sum_{n=1}^{\infty}\left\{(n+1)\binom{a}{n+1} + n\binom{a}{n}\right\}x^n = ag(x).$$

よって，$g'(x)/g(x) = a/(1+x)$ となるから，両辺を 0 から x まで積分して $\log|g(x)| = a\log(1+x)$，$g(x) = \pm(1+x)^a$ を得るが，$g(0)=1$ なので，$g(x) = (1+x)^a$ である．

例　$\binom{1/2}{n} = \frac{(-1)^{n-1}(2n-3)!!}{2^n n!}$ である．よって

$$\sqrt{1+x} = \sum_{n=0}^{\infty}\frac{(-1)^{n-1}(2n-3)!!}{2^n n!}x^n.$$

問 7-5　$\arcsin x = \sum_{n=0}^{\infty} 2^{-n}\frac{(2n-1)!!}{n!(2n+1)}x^{2n+1},$

$$\arccos x = \frac{\pi}{2} - \sum_{n=0}^{\infty} 2^{-n}\frac{(2n-1)!!}{n!(2n+1)}x^{2n+1}.$$

第 7 章の課題

課題 7-1　[難]　自然対数の底 e は無理数である（オイラー）.

課題 7-2　I を定義域とする有界な関数 f について, $|f|_\infty := \sup_{x\in I}|f(x)|$ とおく. $\{f_n(x)\}$ が $f(x)$ に一様収束するための必要十分条件は, $\lim_{n\to\infty}|f-f_n|_\infty = 0$ が成り立つことである.

課題 7-3　[難]　区間 $[a,b]$ で定義された関数の族 $\mathfrak{F} = \{f_\alpha(x)\}_{\alpha\in A}$ は, 任意の $\varepsilon > 0$ に対して, 個々の $f\in\mathfrak{F}$ に依存しない $\delta = \delta(\varepsilon) > 0$ を選んで, $x, x' \in [a,b]$, $|x-x'| < \delta$ である限り $|f(x)-f(x')| < \varepsilon$ となるようにできるならば, $\mathfrak{F}$ は**同程度に連続**であるという.

同程度に連続な $\mathfrak{F}$ について, $|f_\alpha(x_0)| \le K$ となるような $\alpha \in A$ に依らない $x_0 \in [a,b]$ および $K>0$ が存在すれば, $\mathfrak{F}$ に含まれる関数列 $\{f_n(x)\}$ は $[a,b]$ で一様に収束する部分列を含むことを示せ（アスコリ・アルゼラの定理）.

課題 7-4　[難]　$x \ge -n$ のとき, $\left(1+\dfrac{x}{n}\right)^n \le e^x$.

課題 7-5　[難] (1)　n に依存しない正定数 M が存在して $\left|\dbinom{a}{n}\right| \le \dfrac{M}{n^{1+a}}$ が成り立つ.

(2)　$\displaystyle\sum_{n=0}^{\infty}\binom{a}{n}x^n$ は, $|x|=1$ のとき絶対収束する.

課題 7-6　[難] (1)　E を定義域とする 2 つの関数列 $\{f_n(x)\}_{n=0}^\infty$ および $\{\lambda_n(x)\}_{n=0}^\infty$ について, $\sum_{n=0}^\infty f_n(x)$ が E において一様収束し, $x\in E$ および整数 $n\ge 0$ に依存しない正定数 K により $|\lambda_0(x)| + \sum_{k=0}^{n}|\lambda_k(x)-\lambda_{k+1}(x)| \le K$ が成り立っているならば, $\sum_{n=0}^\infty \lambda_n(x)f_n(x)$ は E 上で一様収束する（アーベル）.

(2)　$\sum_{n=0}^\infty f_n(x)$ が E において一様収束し, 各 $x\in E$ に対して $\{\lambda_n(x)\}$ が減少列であり, しかも x と n に依存しない正定数 K により $0 \le \lambda_n(x) \le K$ であれば, $\sum \lambda_n(x)f_n(x)$ は一様収束する.

課題 7-7　[やや難]（アーベルの定理）収束半径が $R \ne 0, \infty$ を持つベキ級数で表された関数 $f(x) = \sum_{n=0}^\infty a_n x^n$ について, $f(R) = \sum_{n=0}^\infty a_n R^n$（または $f(-R) = \sum_{n=0}^\infty a_n(-R)^n$）が収束するならば, $x=R$ においても $f(x)$ は連続である：

$$\lim_{x\to R-0} f(x) = f(R) \quad (\text{または} \lim_{x\to -R+0} f(x) = f(-R)).$$

課題 7-8　[難]（タウバーの定理[2)]；アーベルの定理の逆）$f(x) = \sum a_n x^n$ において, $\lim_{n\to\infty} n a_n = 0$ ならば, $\lim_{x\to 1-0} f(x) = s$ から $\sum a_n = s$ が結論される.

[2)] A. Tauber (1866–1942) はオーストリアの数学者.

■第 7 章の補遺 —— 三角関数の厳密な定義■

三角関数（正弦関数，余弦関数）については，これまで既知としたが，それらの定義は幾何学に依存していたこともあり，実は理論上完全なものとは言えない．本節ではベキ級数を用いた「厳密」な定義を与えることにする（§6.6 の囲み「楕円関数の発見」で言及したように，積分を用いる定義もある）．一言で言えば，前節の最後に述べた $\sin x, \cos x$ のベキ級数展開を三角関数論の出発点とするのである．

関数 $s(x), c(x)$ を次のようなベキ級数により定義される関数とする（結局は $s(x)$ は正弦関数，$c(x)$ は余弦関数になるのであるが，そのことは知らないものとして議論を進める）．

$$s(x) = \sum_{n=0}^{\infty} \frac{(-1)^n}{(2n+1)!} x^{2n+1}, \qquad c(x) = \sum_{n=0}^{\infty} \frac{(-1)^n}{(2n)!} x^{2n}.$$

収束半径は双方とも ∞ である（定理 7-10）．定義から明らかに，$s(0)=0$，$c(0)=1$，$s(-x) = -s(x)$，$c(-x) = c(x)$．さらに定理 7-11 により

$$\frac{ds(x)}{dx} = c(x), \qquad \frac{dc(x)}{dx} = -s(x)$$

が成り立つ．a を固定し，$f(x)=c(a)s(x)+s(a)c(x)$，$g(x)=s(x+a)$ とおけば，$f(0) = g(0) = s(a)$，$f'(0) = g'(0) = c(a)$ であり，

$$\frac{d^2}{dx^2} f(x) = -f(x), \qquad \frac{d^2}{dx^2} g(x) = -g(x)$$

であるから，$f(x) = g(x)$ が得られる（定理 5-25）．よって

$$s(x+y) = s(x)c(x) + c(x)s(y)$$

が成り立つ．同様に，

$$c(x+y) = c(x)c(y) - s(x)s(y)$$

となることが確かめられる．この等式において $y = -x$ とおけば

$$c(x)^2 + s(x)^2 = 1 \tag{7.6}$$

が得られる．さらに，$c(x-y) = c(x)c(y) + s(x)s(y)$ であるから，

$$c(x-y) - c(x+y) = 2s(x)s(y). \tag{7.7}$$

関数 $s(x)$，$c(x)$ の零点の分布について調べよう．$m \geq 2$ のとき，$1/(4m-2)! - 4/(4m)! > 0$ であることから

$$c(2) = \sum_{n=0}^{\infty} \frac{(-1)^n}{(2n)!} 2^{2n} = 1 - \frac{2^2}{2!} + \frac{2^4}{4!} - \sum_{m=2}^{\infty} \left(\frac{1}{(4m-2)!} - \frac{4}{(4m)!} \right) 2^{4m-2} < -\frac{1}{3}.$$

よって，$c(0)=1>0$ に注意すれば，中間値の定理により $c(x)$ は区間 $(0,2)$ において少なくとも一つの零点を持つ．さらに，$m\geq 0$ のとき，$(0,2]$ においては $1/(4m+1)!-x^2/(4m+3)!>0$ であるから，

$$s(x)=\sum_{n=0}^{\infty}\frac{(-1)^n}{(2n+1)!}x^{2n+1}=\sum_{m=0}^{\infty}\left(\frac{1}{(4m+1)!}-\frac{x^2}{(4m+3)!}\right)x^{4m+1}>0.$$

次に，$0\leq x<y\leq 2$ とすれば，$0<(y-x)/2<(x+y)/2<2$ であるから 等式 (7.7) と直前の評価式を用いれば

$$\begin{aligned}c(x)-c(y)&=c\left(\frac{x+y}{2}-\frac{y-x}{2}\right)-c\left(\frac{x+y}{2}+\frac{y-x}{2}\right)\\&=2s\left(\frac{x+y}{2}\right)s\left(\frac{y-x}{2}\right)>0\end{aligned}$$

よって，$c(x)$ は狭義の減少関数であり，区間 $(0,2)$ においてただ1つの零点 ξ を持つ．そこで，$\pi=2\xi$ とおけば，$\pi/2$ が $c(x)$ の最小な零点である．π は，これまで円周率とよんでいた定数であり，$0<\pi<4$ である．$0<x\leq 2$ のとき，$\sin x>0$ であるから，(7.6) に注意すれば，

$$c\left(\frac{\pi}{2}\right)=0,\qquad s\left(\frac{\pi}{2}\right)=1.$$

さらに $s(x+\pi/2)=s(x)c(\pi/2)+c(x)s(\pi/2)=c(x)$，$c(x+\pi/2)=c(x)c(\pi/2)-s(x)s(\pi/2)=-s(x)$，これらを繰り返せば $s(x+\pi)=-s(x)$, $c(x+\pi)=-c(x)$,

$$s(x+2\pi)=s(x),\qquad c(x+2\pi)=c(x)$$

を得る．すなわち，$s(x), c(x)$ の双方が周期 2π の周期関数である．

2π が $s(x), c(x)$ の最小な正の周期であることを確かめよう．このためには，$c(x)=s(x+\pi/2)$ であることから，$s(x)$ について確かめればよい．まず，正の最小周期が存在することは，$s(x)=0$ となる点 x が 0 に集積しないことと，$s(x)$ が連続関数であることから明らか（課題 5-4 参照）．ω を正の最小周期としよう ($\omega\leq 2\pi$)．$2\pi/\omega$ が無理数とすると，$0<2\pi/\omega-[2\pi/\omega]<1$，すなわち $0<2\pi-[2\pi/\omega]\omega<\omega$ であって，ω より小さい正の周期 $2\pi-[2\pi/\omega]\omega$ が得られるから矛盾．よって，$2\pi/\omega$ は有理数でなければならない．そこで，既約分数 p/q により，$\omega=2\pi p/q$ と表す ($p/q\leq 1$)．今，仮に $1/2<p/q<1$ とすると，$0<2\pi-2\pi p/q<2\pi p/q$ となって $2\pi-2\pi p/q<2\pi p/q$ も正の周期であるから ω の最小性に反する．また，$s(x+\pi)=-s(x)\not\equiv 0$ であることから，$p/q\neq 1/2$ である．さらに，$s(x)>0$ $(0<x\leq\pi/2<2)$ および $s(\pi-x)=s(x)$ であるから，$0<x<\pi$ ならば，$s(x)>0=s(0)$．よって $0<p/q<1/2$ も否定される．残るのは $p/q=1$ であり，$\omega=2\pi$ が得られる．

こうして，正弦関数，余弦関数の主要な性質が「再発見」されたことになる．

第 8 章　多変数関数

これからは，$d \geq 2$ としたときの d 変数関数 $f(x_1, \ldots, x_d)$，すなわち**多変数関数** (**function of several variable**) を扱う．その定義域を E により表せば，E は d 次元数空間 $\mathbb{R}^d$ の部分集合であり，関数 $f(x_1, \ldots, x_d)$ を考えることは写像 $f : E \to \mathbb{R}$ を考えることと同じである．**1** 変数の場合の定義域は主として区間（あるいは複数の区間の和集合）であって，図形としては単純なものであった．多変数関数の場合は，定義域 E として考えられる図形は多様な形を取りうる．もう **1** つ問題となるのは，数空間 $\mathbb{R}^d$ における点列が収束する様（さま）も複雑になることである．とは言え，**1** 変数の場合の諸概念や結果は多変数に拡張するときの指導原理になるのであって，本章ではこのような観点から解説を進める．

本章の最初の部分では，$\mathbb{R}^d$ の基本的事柄を扱い，新しい状況に対応するための準備を行う．後半で，多変数関数の微分積分学を扱うが，とくに重要な事柄は**逆関数定理**と**陰関数定理**である．これらの定理は，現代幾何学における主要な対象である多様体の理論を展開するときに重要な役割を果たす．他方，多変数関数の積分については，現在ではむしろ測度論という観点から論じる方が自然であることもあって，本章では必要最小限の事柄に限定している．

変数が増えるために生じる表現の煩わしさが，読者の理解を妨げることが起こりうる．そこで，ベクトル記法を導入する．さらに，積分を論じる際には $d = 2$ とするが，これも煩雑さを避けるための方便である．また，行列と行列式についての基本的事柄は既知とする（例えば [**9**] を参照のこと）.

§8.1　$\mathbb{R}^d$ における点列の収束

以下，$\mathbb{R}^d$ の要素（点）を表すのに $\boldsymbol{a}, \boldsymbol{x}$ のような太文字を使う．原点 $(0, \ldots, 0)$ は $\mathbf{0}$ により表す．$\boldsymbol{x} = (x_1, \ldots, x_d)$ に対して，x_i を $\boldsymbol{x}$ の第 i **成分**という．$\mathbb{R}^d$ は

$$(x_1, \ldots, x_d) \pm (y_1, \ldots, y_d) = (x_1 \pm y_1, \ldots, x_d \pm y_d)$$

により定義される加法と減法が備わっている．さらに**スカラー倍** (scalar multiplication) という演算を持つ[1]：

$$a(x_1, \ldots, x_d) = (ax_1, \ldots, ax_d) \quad (a \in \mathbb{R}).$$

[1] ベクトル空間の概念が既知であれば，$\mathbb{R}^d$ は d 項行ベクトルからなる d 次元ベクトル空間と言ってもよい．後で，$\mathbb{R}^d$ の要素を d 項列ベクトルと同一視する．

数平面 $\mathbb{R}^2$ の 2 点 $\boldsymbol{x}=(x_1,x_2)$, $\boldsymbol{y}=(y_1,y_2)$ の距離は $\{(x_1-y_1)^2+(x_2-y_2)^2\}^{1/2}$ であることは三平方の定理から導かれる．$\|\boldsymbol{x}\|=(x_1^2+x_2^2)^{1/2}$ とおけば，距離は $\|\boldsymbol{x}-\boldsymbol{y}\|$ と表される．これを念頭において，$\boldsymbol{x}=(x_1,\dots,x_d)\in\mathbb{R}^d$ の**長さ** (length) を $\|\boldsymbol{x}\|=(x_1^2+\cdots+x_d^2)^{1/2}$ により定義し，2 点 $\boldsymbol{x}=(x_1,\dots,x_d)$, $\boldsymbol{y}=(y_1,\cdots,y_d)$ の**距離**を $\|\boldsymbol{x}-\boldsymbol{y}\|$ により定義する．$d=1$ のときは，$x,y\in\mathbb{R}$ 間の距離は $|x-y|$ である．

$\|a\boldsymbol{x}\|=|a|\,\|\boldsymbol{x}\|$ および，$\|\boldsymbol{x}\|=0 \iff \boldsymbol{x}=\boldsymbol{0}$ であることは簡単に確かめられる．

$\boldsymbol{x}\cdot\boldsymbol{y}=x_1y_1+\cdots+x_dy_d$ とおいて，これを $\boldsymbol{x}$, $\boldsymbol{y}$ の**内積** (inner product) という．明らかに $\boldsymbol{x}\cdot\boldsymbol{y}=\boldsymbol{y}\cdot\boldsymbol{x}$, $(\boldsymbol{x}+\boldsymbol{y})\cdot\boldsymbol{z}=\boldsymbol{x}\cdot\boldsymbol{z}+\boldsymbol{y}\cdot\boldsymbol{z}$, $(a\boldsymbol{x})\cdot\boldsymbol{y}=a(\boldsymbol{x}\cdot\boldsymbol{y})$ が成り立つ．

2 次元の場合の内積の等式 $\boldsymbol{x}\cdot\boldsymbol{y}=\|\boldsymbol{x}\|\|\boldsymbol{y}\|\cos\theta$ (θ は $\boldsymbol{x},\boldsymbol{y}$ のなす角) から，不等式 $|\boldsymbol{x}\cdot\boldsymbol{y}|\le\|\boldsymbol{x}\|\|\boldsymbol{y}\|$ が得られるが，この不等式は一般次元においても成り立つ．

補題 8-1

(1) $|\boldsymbol{x}\cdot\boldsymbol{y}|\le\|\boldsymbol{x}\|\|\boldsymbol{y}\|$. 成分を使えば $(x_1y_1+\cdots+x_dy_d)^2\le(x_1^2+\cdots+x_d^2)(y_1^2+\cdots+y_d^2)$.

(2) (**三角不等式**；triangle inequality)　$\|\boldsymbol{x}+\boldsymbol{y}\|\le\|\boldsymbol{x}\|+\|\boldsymbol{y}\|$.

証明　(1) はコーシーの不等式に他ならないが (課題 1-6)，ここではベクトル記号を使って示そう．$\boldsymbol{x}=\boldsymbol{0}$ のときは明らかに成り立つから，$\boldsymbol{x}\ne\boldsymbol{0}$ とする．2 次関数 $f(t)=\|t\boldsymbol{x}+\boldsymbol{y}\|^2=\|\boldsymbol{x}\|^2t^2+2(\boldsymbol{x}\cdot\boldsymbol{y})t+\|\boldsymbol{y}\|^2$ は $f(t)\ge0$ をみたしているから，判別式についての不等式 $(\boldsymbol{x}\cdot\boldsymbol{y})^2\le\|\boldsymbol{x}\|^2\|\boldsymbol{y}\|^2$ から主張が得られる．

(2)　$\|\boldsymbol{x}+\boldsymbol{y}\|^2=\|\boldsymbol{x}\|^2+2\boldsymbol{x}\cdot\boldsymbol{y}+\|\boldsymbol{y}\|^2\le\|\boldsymbol{x}\|^2+2\|\boldsymbol{x}\|\|\boldsymbol{y}\|+\|\boldsymbol{y}\|^2\le(\|\boldsymbol{x}\|+\|\boldsymbol{y}\|)^2$.

□

長さ $\|\boldsymbol{x}\|$ についての次の性質を取り出す．

(i)　$\|\boldsymbol{x}\|\ge0$ であり，　$\|\boldsymbol{x}\|=0 \iff \boldsymbol{x}=\boldsymbol{0}$.

(ii)　$\|a\boldsymbol{x}\|=|a|\,\|\boldsymbol{x}\|$.

(iii)　$\|\boldsymbol{x}+\boldsymbol{y}\|\le\|\boldsymbol{x}\|+\|\boldsymbol{y}\|$

一般に，これらの性質をみたす関数 $\boldsymbol{x}\mapsto\|\boldsymbol{x}\|$ を**ノルム** (norm) という．ノル

ムの別の例を挙げておこう．

例　(1)　$\|\boldsymbol{x}\|_\infty = \max\{|x_1|, \ldots, |x_d|\}$，　(2)　$\|\boldsymbol{x}\|_1 = |x_1| + \cdots + |x_d|$.

$\|\cdot\|_\infty$ および $\|\cdot\|_1$ が (i), (ii), (iii) を満足していることの確認は読者に委ねる．

補題 8-2

$(\sqrt{d})^{-1}\|\boldsymbol{x}\| \le \|\boldsymbol{x}\|_\infty \le \|\boldsymbol{x}\|_1 \le \sqrt{d}\|\boldsymbol{x}\|$. さらに，$\|\boldsymbol{x}\| \le \|\boldsymbol{x}\|_1$.

証明　$x = \max\{|x_1|, \ldots, |x_d|\}$ とおけば $x_1^2 + \cdots + x_d^2 \le dx^2$ であるから，$(\sqrt{d})^{-1}\|\boldsymbol{x}\| \le \|\boldsymbol{x}\|_\infty$ を得る．また，$x \le |x_1| + \cdots + |x_d|$ であるから，$\|\boldsymbol{x}\|_\infty \le \|\boldsymbol{x}\|_1$ である．さらに補題 8-1 (1) を $\boldsymbol{x} = (|x_1|, \ldots, |x_d|)$, $\boldsymbol{y} = (1, \ldots, 1)$ に適用すれば，$\|\boldsymbol{x}\|_1 \le \sqrt{d}\|\boldsymbol{x}\|$ を得る．

最後の不等式は，$\sqrt{x_1^2 + \cdots + x_d^2} \le |x_1| + \cdots + |x_d|$ と言い換えられ，両辺を 2 乗すれば明らかである．　□

問 8-1　$\|\boldsymbol{x}\|_\infty \le \|\boldsymbol{x}\|$.

$\mathbb{R}^d$ における点の列 $\{\boldsymbol{x}_n\}_{n=1}^\infty$ の収束を定義しよう．

定義 8-1

$\lim_{n\to\infty} \|\boldsymbol{x}_n - \boldsymbol{a}\| = 0$ であるとき，$\{\boldsymbol{x}_n\}_{n=1}^\infty$ は $\boldsymbol{a}$ に収束するといい，$\lim_{n\to\infty} \boldsymbol{x}_n = \boldsymbol{a}$ と記して，$\boldsymbol{a}$ を $\{\boldsymbol{x}_n\}_{n=1}^\infty$ の極限値という．

補題 8-2 から，$\|\cdot\|_\infty$ あるいは $\|\cdot\|_1$ を用いて点列の収束の定義を行ってもよいことが分かる．とくに，$\|\cdot\|$ と $\|\cdot\|_\infty$ を比較すれば，$\lim_{n\to\infty} \boldsymbol{x}_n = \boldsymbol{a}$ であることと，$\boldsymbol{x}_n$ の各成分が，$\boldsymbol{a}$ の対応する成分に収束することは同値であることがわかる．

$\{\boldsymbol{x}_n\}$ は，「任意の $\varepsilon > 0$ に対して，ある自然数 N が存在して，$m, n \ge N$ なる任意の m, n について $\|\boldsymbol{x}_m - \boldsymbol{x}_n\| < \varepsilon$ が成り立つ」とき，コーシー点列とよばれる．これは，$\boldsymbol{x}_n$ の各成分が数列に関するコーシー列であることと同値である．よって，次の定理は自明であろう．

定理 8-3

コーシー点列は収束する．

後で重要となる開集合，閉集合の定義を与えよう．$d=1$ の場合の開区間，閉区間は次の性質をみたしている．

(i) 開区間 I に属す任意の点 x に対して，x を含む開区間 I' で $I' \subset I$ となるものが存在する．実際 $I=(a,b)$ とすれば，$0<\varepsilon<\min\{x-a,\ b-x\}$ とおけば，$I'=(x-\varepsilon,\ x+\varepsilon)$ は I に含まれ x を含む開区間である．

(ii) 閉区間 I 内の任意の点列 $\{x_n\}$ に対して，$\lim_{n\to\infty} x_n \in I$ が成り立つ（例題 2-7）．

まず，次のようにおく．

$$B_r(\boldsymbol{a}) = \{\boldsymbol{x} \in \mathbb{R}^d \mid \|\boldsymbol{x}-\boldsymbol{a}\| \le r\},$$
$$U_r(\boldsymbol{a}) = \{\boldsymbol{x} \in \mathbb{R}^d \mid \|\boldsymbol{x}-\boldsymbol{a}\| < r\},$$

とおいて，前者を半径 r，中心 $\boldsymbol{a}$ の**閉球**（closed ball），後者を**開球**（open ball）（あるいは，$\boldsymbol{a}$ の r-近傍）という．「球」という呼称は，$d=3$ の場合には実際の球であることから派生している（$d=2$ のときは円）．

ノルム $\|\cdot\|_1$，$\|\cdot\|_\infty$ を用いた閉球 $B_r^1(\boldsymbol{a}), B_r^\infty(\boldsymbol{a})$，開球 $U_r^1(\boldsymbol{a}), U_r^\infty(\boldsymbol{a})$ も同様に定義される．とくに，$\boldsymbol{a}=(a_1,\ldots,a_d)$ とするとき

$$\begin{aligned}
B_r^\infty(\boldsymbol{a}) &= \{(x_1,\ldots,x_d) \mid |x_i-a_i| \le r\ (i=1,\ldots,d)\} \\
&= [a_1-r, a_1+r] \times \cdots \times [a_d-r, a_d+r], \\
U_r^\infty(\boldsymbol{a}) &= \{(x_1,\ldots,x_d) \mid |x_i-a_i| < r\ (i=1,\ldots,d)\} \\
&= (a_1-r, a_1+r) \times \ldots \times (a_d-r, a_d+r)
\end{aligned}$$

である．すなわち，$B_r^\infty(\boldsymbol{a})$ は長方形，直方体の一般化である．

補題 8-2 から，次の包含関係が得られる．

$$U_{r(\sqrt{d})^{-1}}(\boldsymbol{a}) \subset U_r^1(\boldsymbol{a}) \subset U_r^\infty(\boldsymbol{a}) \subset U_{r\sqrt{d}}(\boldsymbol{a}).$$

閉球についても同様の包含関係が成り立つ．

上記の開区間，閉区間の性質を念頭において，次のような定義を行う．

定義 8-2

(1)　$\mathbb{R}^d$ の部分集合 U は，次の性質をみたすとき**開集合** (open set) という．

「任意の $\boldsymbol{x} \in U$ に対して，$B_r(\boldsymbol{x}) \subset U$ となる $r > 0$ が存在する」．

(2)　$\mathbb{R}^d$ の部分集合 F は，次の性質をみたすとき**閉集合** (closed set) という．

「$\mathbb{R}^d$ において収束する F 内の任意の点列 $\{\boldsymbol{x}_n\}$ に対して，$\lim_{n\to\infty} \boldsymbol{x}_n \in F$ が成り立つ」．

空集合は，開集合かつ閉集合と考えることにする．

(3)　$\mathbb{R}^d$ の部分集合 V について，$U_\varepsilon(\boldsymbol{x}) \subset V$ となる $\varepsilon > 0$ が存在するとき，V を $\boldsymbol{x}$ の**近傍** (neighborhood) という．

開球 $U_r(\boldsymbol{x})$ は開集合である．これを確かめるため，$\boldsymbol{z} \in U_r(\boldsymbol{x})$ を任意にとり，$\delta = \|\boldsymbol{x} - \boldsymbol{z}\| (< r)$ とおく．任意の $\boldsymbol{y} \in U_{r-\delta}(\boldsymbol{z})$ について，三角不等式を適用すれば

$$\|\boldsymbol{x} - \boldsymbol{y}\| = \|(\boldsymbol{x} - \boldsymbol{z}) + (\boldsymbol{z} - \boldsymbol{y})\| \leq \|\boldsymbol{x} - \boldsymbol{z}\| + \|\boldsymbol{z} - \boldsymbol{y}\| < \delta + (r - \delta) = r,$$

よって $\boldsymbol{y} \in U_r(\boldsymbol{x})$．こうして $U_{r-\delta}(\boldsymbol{z}) \subset U_r(\boldsymbol{x})$ が得られる．

問 8-2　異なる 2 点 $\boldsymbol{x}, \boldsymbol{y} \in \mathbb{R}^n$ について，$r := \|\boldsymbol{x} - \boldsymbol{y}\|$ とおくとき，$U_{r/2}(\boldsymbol{x}) \cap U_{r/2}(\boldsymbol{y}) = \emptyset$ を示せ．

問 8-3　閉球は閉集合であることを示せ．

補題 8-4

U が開集合であることと，その補集合 U^c が閉集合であることは同値である．また，F が閉集合であることと，その補集合 F^c が開集合であることは同値である．

証明　一般に $(A^c)^c = A$ であることに注意すれば，前半を証明すれば十分．背理法を使う．

U を開集合とする．$\{\boldsymbol{x}_n\}$ を U^c に含まれる収束点列として，$\boldsymbol{x} = \lim_{n\to\infty} \boldsymbol{x}_n$ とおく．$\boldsymbol{x} \notin U^c$ すなわち $\boldsymbol{x} \in U$ とすると，U が開集合であることから，$U_\varepsilon(\boldsymbol{x}) \subset U$ となる $\varepsilon > 0$ が存在する．一方，$\|\boldsymbol{x} - \boldsymbol{x}_n\| < \varepsilon$ をみたす $\boldsymbol{x}_n$ が存在することから，

$\boldsymbol{x}_n \in U_\varepsilon(\boldsymbol{x}) \subset U$ すなわち $\boldsymbol{x}_n \notin U^c$ となって矛盾．よって U^c は閉集合である．

逆に U^c が閉集合とする．もし U が開集合でないと仮定すると，ある点 $\boldsymbol{x} \in U$ で，任意の $n \in \mathbb{N}$ について $U_{1/n}(\boldsymbol{x}) \not\subset U$ となるものが存在する．すなわち，$\boldsymbol{x}_n \notin U$ かつ $\boldsymbol{x}_n \in U_{1/n}(\boldsymbol{x})$ となる $\boldsymbol{x}_n$ を見出すことができる．こうして U^c の点列 $\{\boldsymbol{x}_n\}$ で，$\lim_{n\to\infty} \boldsymbol{x}_n = \boldsymbol{x} \notin U^c$ をみたすものが得られた．これは U^c が閉集合であることに反するから，U は開集合であることが示された． □

補題 8-5

有限個の開集合の共通部分は開集合である．また，有限個の閉集合の和集合は閉集合である．

証明　前半を証明すれば十分（$(A_1 \cup \cdots \cup A_n)^c = A_1^c \cap \cdots \cap A_n^c$ による）．$U_1, \ldots, U_n$ を開集合として，$U := U_1 \cap \cdots \cap U_n \neq \emptyset$ とする．$\boldsymbol{x} \in U$ を任意の点とするとき，各 $i = 1, \ldots, n$ に対して，$U_{\varepsilon_i}(\boldsymbol{x}) \subset U_i$ となる $\varepsilon_i > 0$ が存在するから，$\varepsilon := \min\{\varepsilon_1, \ldots, \varepsilon_n\}$ とおけば，$U_\varepsilon(\boldsymbol{x}) \subset U$ である． □

$\mathbb{R}^d$ の部分集合 A は，もし $A \subset B_r(\boldsymbol{x})$ が成り立つような $r > 0$ と $\boldsymbol{x}$ が存在するとき，**有界**といわれる．この定義で，$B_r(\boldsymbol{x})$ の代わりに $B_r^1(\boldsymbol{x})$, $B_r^\infty(\boldsymbol{x})$ を使ってもよいことに注意．

補題 8-6

$A \subset \mathbb{R}^d$ の**直径**（diameter）を，$\mathrm{diam}(A) := \sup\{\|\boldsymbol{x} - \boldsymbol{y}\| \mid \boldsymbol{x}, \boldsymbol{y} \in A\}$ により定義する．A が有界であることと，$\mathrm{diam}(A) < \infty$ であることは同値である．

証明　$\mathrm{diam}(A) < \infty$ とする．$\boldsymbol{x}$ は任意の点とする．$\boldsymbol{x}_0 \in A$ を 1 つ選び，$r := \sup\{\|\boldsymbol{y} - \boldsymbol{x}_0\| \mid \boldsymbol{y} \in A\} + \|\boldsymbol{x} - \boldsymbol{x}_0\|$ とおくと，r は有限な数である．任意の $\boldsymbol{y} \in A$ に対して $\|\boldsymbol{y} - \boldsymbol{x}\| \leq \|\boldsymbol{y} - \boldsymbol{x}_0\| + \|\boldsymbol{x}_0 - \boldsymbol{x}\| \leq r$ であるから，$A \subset B_r(\boldsymbol{x})$．逆に A を有界として，$A \subset B_r(\boldsymbol{x})$ とすると，任意の $\boldsymbol{z}, \boldsymbol{w} \in A$ に対して $\|\boldsymbol{z} - \boldsymbol{w}\| \leq \|\boldsymbol{z} - \boldsymbol{x}\| + \|\boldsymbol{x} - \boldsymbol{w}\| \leq 2r$ であるから，$\mathrm{diam}(A) \leq 2r < \infty$． □

定理 8-7

A を有界な集合とすると，A 内の任意の点列は，$\mathbb{R}^d$ において収束する部分列を含む（とくに A が閉集合であるときは，A において収束する部分列を含む）．

証明　有界集合の特別な場合である $B_r^\infty(\mathbf{0}) = [-r,r]\times\cdots\times[-r,r]$ について，定理の主張が成り立つことを示せばよい．$\{\boldsymbol{x}_n\}_{n=1}^\infty$ を $B_r^\infty(\mathbf{0})$ 内の任意の点列とする．$\boldsymbol{x}_n = (x_{1n},\ldots,x_{dn})$ とおくとき，各 $i=1,\ldots,d$ について，$\{x_{in}\}_{n=1}^\infty$ は閉区間 $[-r,r]$ の列であり，ワイエルシュトラスの定理 3-8 により，$x_{11}, x_{12},\ldots,x_{1n},\ldots$ は収束する部分列 $x_{1k_1}, x_{1k_2},\ldots$ を含む．次に $x_{21}, x_{22},\ldots,x_{2n},\ldots$ の部分列 $x_{2k_1}, x_{2k_2}, \ldots$ を考えるとき，これも収束する部分列を含む．これを続ければ，すべての i について，$x_{in_1}, x_{in_2},\ldots$ が収束するような自然数の列 $n_1 < n_2 < \cdots$ が存在することがわかる．こうして，収束する部分列 $\boldsymbol{x}_{n_1}, \boldsymbol{x}_{n_2},\ldots$ が得られる．□

後で必要となる事項を述べておく．

E を $\mathbb{R}^d$ の空でない部分集合とする．E の点 $\boldsymbol{x}$ のある近傍が E に属するとき，$\boldsymbol{x}$ は E の**内点**（interior point）とよばれる．E の補集合 E^c の内点を E の**外点**（exterior point）という．

E に含まれる点列の収束点となっている点を E の**触点**（adherent point）という．E の点は E の触点である．E の触点全体からなる集合を E の**閉包**（closure）といい，$\overline{E}$ により表す．E が閉集合であることと，$\overline{E}=E$ であることは同値であることは明らかであろう．

E の内点でも外点でもない点を E の**境界点**（boundary point）といい，境界点の集合を ∂E により表す．

例題 8-1

(1)　$\overline{E} = \{\boldsymbol{x}\in\mathbb{R}^d \mid$ 任意の $\varepsilon>0$ について $U_\varepsilon(\boldsymbol{x})\cap E \neq \emptyset\}$.

(2)　$\overline{E}\backslash E \subset \partial E$．$E$ が開集合ならば　$\overline{E}\backslash E = \partial E$.

解　(1)　$\boldsymbol{x}\in\overline{E}$ とすると，定義により，$\boldsymbol{x} = \lim_{n\to\infty}\boldsymbol{x}_n$ となる E 内の点列 $\{\boldsymbol{x}_n\}$ が存在する．収束の定義から，任意の $\varepsilon>0$ に対して，$\boldsymbol{x}_n\in U_\varepsilon(\boldsymbol{x})$ となる $\boldsymbol{x}_n$ が存在するから $U_\varepsilon(\boldsymbol{x})\cap E\neq\emptyset$.

(2)　$\boldsymbol{x}\in\overline{E}\backslash E$ とすると，$\boldsymbol{x}$ は E に属さないから，当然 E の内点ではない．ま

た，$\boldsymbol{x}\in\overline{E}$ なので，(1) により，任意の $\varepsilon>0$ に対して $U_\varepsilon(\boldsymbol{x})\not\subset E^c$．よって $\boldsymbol{x}$ は外点でもない．

E を開集合として，$\boldsymbol{x}\in\partial E$ とする．$\boldsymbol{x}$ は E の内点ではないから $\boldsymbol{x}\notin E$．また $\boldsymbol{x}$ は E^c の内点ではないから，任意の $\varepsilon>0$ に対して，$U_\varepsilon(\boldsymbol{x})\not\subset E^c$，すなわち $U_\varepsilon(\boldsymbol{x})\cap E\neq\emptyset$ であり，$\boldsymbol{x}\in\overline{E}$． □

$\mathbb{R}^d$ の部分集合 A は，次の条件をみたすとき**凸集合**（convex set）といわれる．

任意の $\boldsymbol{x},\boldsymbol{y}\in A$ および $t\in[0,1]$ について，$(1-t)\boldsymbol{x}+t\boldsymbol{y}\in A$ が成り立つ．

ここで，$d=2,3$ の場合，$(1-t)\boldsymbol{x}+t\boldsymbol{y}$ $(0\leq t\leq 1)$ は $\boldsymbol{x}$ と $\boldsymbol{y}$ を結ぶ線分であることに注意しよう．

□ 距離空間と位相空間

平面あるいは空間の 2 点 $\boldsymbol{x}$，$\boldsymbol{y}$ の間の距離を $d(\boldsymbol{x},\boldsymbol{y})$ により表すとき，$d(\boldsymbol{x},\boldsymbol{y})=\|\boldsymbol{x}-\boldsymbol{y}\|$ であったが，これを真似て $\mathbb{R}^d$ においても $d(\boldsymbol{x},\boldsymbol{y})=\|\boldsymbol{x}-\boldsymbol{y}\|$ $(\boldsymbol{x},\boldsymbol{y}\in\mathbb{R}^d)$ を距離ということにしたのである．ノルムの性質から，距離は次の性質をみたす．

1. $d(\boldsymbol{x},\boldsymbol{y})\geq 0$ であり，$d(\boldsymbol{x},\boldsymbol{y})=0\Longleftrightarrow\boldsymbol{x}=\boldsymbol{y}$．
2. $d(\boldsymbol{x},\boldsymbol{y})=d(\boldsymbol{y},\boldsymbol{x})$．
3. **（三角不等式）** $d(\boldsymbol{x},\boldsymbol{y})+d(\boldsymbol{y},\boldsymbol{z})\geq d(\boldsymbol{x},\boldsymbol{z})$．

「三角不等式」は，「三角形の 2 辺の和は他の 1 辺より大きい」という三角形の性質に由来する用語である．

一般に，集合 X において，上の性質をみたす $X\times X$ 上の実数値関数 d を X 上の**距離関数**（distance function, metric）といい，距離関数の与えられた集合を**距離空間**（metric space）という．

距離空間においても開集合，閉集合の概念が導入され，さらに，開集合の性質（とくに補題 8-5 で述べた性質）を抽象化することにより，**位相空間**（topological space）の概念が導入される．距離空間では「遠近」を定量的に扱い，位相空間では「遠近」を定性的に扱うのである．双方ともに，現代数学を語るのに必須な概念である．

§8.2　連続関数と微分可能関数

点列を関数に代入して得られる列の極限については，1 変数の場合と同様である．念のため正確に述べておこう．

関数 $f(x_1, \ldots, x_d)$ を $f(\boldsymbol{x})$ により表すことにする．$E \subset \mathbb{R}^d$ を定義域とする関数 f を考える．言い換えれば，f は E から $\mathbb{R}$ への写像を考える．

E 内の点列 $\{\boldsymbol{x}_n\}_{n=1}^{\infty}$ が $\boldsymbol{a}$ に収束しているとき（$\boldsymbol{a}$ は E に属すとは限らない），$\lim_{n\to\infty} f(\boldsymbol{x}_n) = \alpha$ であるとは，任意の $\varepsilon > 0$ に対して，$n \geq N$ なる n について $|f(\boldsymbol{x}_n) - \alpha| < \varepsilon$ が成り立つような自然数 N が存在することである．さらに，$\boldsymbol{a}$ に収束する**任意の**点列 $\{\boldsymbol{x}_n\}$ について $\lim_{n\to\infty} f(\boldsymbol{x}_n) = \alpha$ が成り立つときは，$\lim_{\substack{\boldsymbol{x}\to\boldsymbol{a} \\ \boldsymbol{x}\in E}} f(\boldsymbol{x}) = \alpha$ あるいは D を省略して $\lim_{\boldsymbol{x}\to\boldsymbol{a}} f(\boldsymbol{x}) = \alpha$ と表す．

補題 8-8

$\lim_{\boldsymbol{x}\to\boldsymbol{a}} f(\boldsymbol{x}) = \alpha$ が成り立つための必要十分条件は，「任意の $\varepsilon > 0$ に対して，$\|\boldsymbol{x} - \boldsymbol{a}\| < \delta$ であるような任意の $\boldsymbol{x} \in E$ について，$|f(\boldsymbol{x}) - \alpha| < \varepsilon$ が成り立つような $\delta > 0$ が存在する」ことである．

証明　定理 5-2 の証明とほぼ同じである．2 つの命題「$\lim_{\boldsymbol{x}\to\boldsymbol{a}} f(\boldsymbol{x}) = \alpha$」，「任意の $\varepsilon > 0$ に対して，$\|\boldsymbol{x} - \boldsymbol{a}\| < \delta$ であるような任意の $\boldsymbol{x} \in E$ について，$|f(\boldsymbol{x}) - \alpha| < \varepsilon$ が成り立つような $\delta > 0$ が存在する」の否定命題は，それぞれ

$(*)$「E 内のある点列 $\{\boldsymbol{x}_n\}$ で，$\lim_{n\to\infty} \boldsymbol{x}_n = \boldsymbol{a}$ ではあるが，ある $\varepsilon > 0$ があって，任意の N について，$|f(\boldsymbol{x}_n) - \alpha| \geq \varepsilon$ をみたすようなある $n \geq N$ が存在する」

$(**)$「任意の $\delta > 0$ に対して $\|\boldsymbol{x} - \boldsymbol{a}\| < \delta$ であるにも拘わらず，$|f(\boldsymbol{x}) - \alpha| \geq \varepsilon$ をみたす $\boldsymbol{x} \in E$ があるような $\varepsilon > 0$ が存在する」

$(*)$ と $(**)$ が同値であることを示せばよい（すなわち，対偶を使った証明である）．

$(*)$ を仮定すると，任意の $\delta > 0$ に対して，$\|\boldsymbol{x}_n - \boldsymbol{a}\| < \delta$，かつ $|f(\boldsymbol{x}_n) - \alpha| \geq \varepsilon$ をみたすようなある n が存在する．よって $(**)$ が得られる．

次に，$(**)$ を仮定する．$(**)$ において $\delta = 1/n$ とすれば，「任意の n に対して $\|\boldsymbol{x}_n - \boldsymbol{a}\| < 1/n$ であるにも拘わらず，$|f(\boldsymbol{x}_n) - \alpha| \geq \varepsilon$ をみたす $\boldsymbol{x}_n \in E$ があるような $\varepsilon > 0$ が存在する」ことになり，これは $(*)$ を意味する．□

$\lim_{\boldsymbol{x}\to\boldsymbol{a}} f(\boldsymbol{x}) = \alpha$ は，直観的に言えば「$\boldsymbol{x}$ **が** $\boldsymbol{a}$ **にどのような近づき方をしても** $f(\boldsymbol{x})$ は同じ値 α に近づく」ことを意味している．

極限値が「近づく方向」に依存する例を挙げよう．

$$f(x,y) = \frac{xy}{x^2+y^2}$$

において，$a,b \neq 0$ として，$x = at$, $y = bt$ とおくとき，$f(at,bt) = ab/(a^2+b^2)$，$\lim_{t\to 0} f(at,bt) = ab/(a^2+b^2)$ となるから，これは a,b に依存し，$\lim_{(x,y)\to(0,0)} f(x,y)$ は存在しない．

極限 $\lim_{(x,y)\to(0,0)}$ を求めるとき，極座標 $x = r\cos\theta$, $y = r\sin\theta$ を使うと便利なことがある．その理由は，$(x,y)\to(0,0)$ と $r \to 0$ が同値なことにある．

問 8-4 $\lim_{(x,y)\to(0,0)} \dfrac{2x^3-y^3+x^2+y^2}{x^2+y^2}$ を求めよ．

定義 8-3

E 上で定義された関数が $\boldsymbol{a} \in E$ において $\lim_{\boldsymbol{x}\to\boldsymbol{a}} f(\boldsymbol{x}) = f(\boldsymbol{a})$ をみたすとき，f は $\boldsymbol{a}$ において**連続**であるという．さらに E の各点において連続であるとき，E 上で連続であるという．

問 8-5 次の関数の連続性を調べよ．

$$f(x,y) = \begin{cases} \dfrac{y^2}{x^2+y^2} & ((x,y) \neq (0,0)) \\ 1 & ((x,y) = (0,0)) \end{cases}.$$

関数の有界性，一様連続性の定義は，1 変数の場合と同様である．そして，1 変数連続関数について成立していた事柄の多くは，多変数の場合も成り立ち，証明も対応する定理の証明とまったく同様である．以下，3 つの定理のみを挙げておく．

定理 8-9

有界閉集合上で連続な関数は，そこで有界である．

定理 8-10

有界閉集合上で連続な関数は，そこで最小値および最大値をとる．

定理 8-11

有界閉集合上で連続な関数は，そこで一様連続である．

例題 5-3 で述べたリプシッツ連続性は，直ちに多変数の場合に一般化される．

すなわち，正定数 C が存在し，f の定義域 E のすべての点 $\boldsymbol{x}, \boldsymbol{y}$ について

$$|f(\boldsymbol{x}) - f(\boldsymbol{y})| \leq C\|\boldsymbol{x} - \boldsymbol{y}\| \quad (\boldsymbol{x}, \boldsymbol{y} \in E)$$

が成り立つとき，f は**リプシッツ連続**であるといわれる．リプシッツ連続ならば一様連続であることは，1 変数の場合と同様である．

次に多変数関数の微分について考察しよう．

$f(\boldsymbol{x})$ を $\mathbb{R}^d$ の開集合 U 上で定義された関数とする．点 $\boldsymbol{a} = (a_1, \ldots, a_d) \in U$ において，極限

$$\lim_{h \to 0} \frac{1}{h}(f(a_1, \ldots, a_i + h, \ldots, a_d) - f(a_1, \ldots, a_i, \ldots, a_d))$$

が存在するとき，$f(\boldsymbol{x})$ は点 $\boldsymbol{a}$ において x_i に関して**偏微分可能**（partially differentiable）であると言う．上の極限値を $f(\boldsymbol{x})$ の点 $\boldsymbol{a}$ における x_i に関する **1 階偏微分係数**といい，

$$\frac{\partial f}{\partial x_i}(\boldsymbol{a}), \quad f_{x_i}(\boldsymbol{a})$$

などで表す．U の各点で $f(\boldsymbol{x})$ が x_i に関して偏微分可能であるとき，$f_{x_i}(\boldsymbol{x})$ は U 上の関数とみなすことができるが，これを $f(\boldsymbol{x})$ の x_i に関する 1 階**偏導関数**（partial derivative）という．関数の偏微分係数ないしは偏導関数を求める操作を**偏微分**（partial differentiation）という．

1 階偏導関数が U 上で偏微分係数を持つとき，$\dfrac{\partial^2 f}{\partial x_j \partial x_i} = \dfrac{\partial}{\partial x_j}\left(\dfrac{\partial f}{\partial x_i}\right) = f_{x_i x_j}$ を 2 階偏微分係数（偏導関数）という．高階の偏微分係数（偏導関数）も帰納的に定義される．f が k 階までの偏導関数を持ち，さらにすべての偏導関数が連続であるとき，f を C^k 級関数とよぶ．任意の階数の偏導関数が存在するとき，f は C^∞ 級関数，あるいは滑らかであるといわれる．

例　$f_i(\boldsymbol{x}) = x_i \;\; (i = 1, \ldots, d)$ により定義される関数については

$$\frac{\partial f_i}{\partial x_j} = \delta_{ij} \quad (j = 1, \ldots, d).$$

ここで

$$\delta_{ij} = \begin{cases} 1 & (i = j) \\ 0 & (i \neq j) \end{cases}$$

はクロネッカーの**デルタ記号**（delta symbol）とよばれる．

1 変数の場合の微分可能性の条件

$$f(a+x)-f(a)=Ax+c(x), \quad \lim_{x\to 0} c(x)/|x|=0$$

を思い出そう（$A=f'(a)$）．多変数におけるこの条件の類似が全微分可能性である．

定義 8-4

$\|\boldsymbol{x}\|$ が十分小さい $\boldsymbol{x}$ に対して，定数 A_i および関数 $c(\boldsymbol{x})$ を用いて

$$f(\boldsymbol{a}+\boldsymbol{x})-f(\boldsymbol{a})=\sum_{i=1}^{d} A_i x_i + c(\boldsymbol{x})$$

なる形に表され，しかも $\lim_{\boldsymbol{x}\to\boldsymbol{0}} c(\boldsymbol{x})/\|\boldsymbol{x}\|=0$ が成り立つならば，f は $\boldsymbol{a}$ において**全微分可能**（totally differentiable）であるという．$\boldsymbol{x}=(0,\ldots,0,x_i,0,\ldots,0)$ として，$x_i\to 0$ とすれば分かるように，$A_i=f_{x_i}(\boldsymbol{a})$ である．

注意すべきは，偏微分可能だからといって全微分可能とは限らないことである．例えば，$f(x,y)=\sqrt{|xy|}$ は $f_x(0,0)=f_y(0,0)=0$ であるが，$f(x,y)-f(0,0)=\sqrt{|xy|}=c(x,y)$ であり，

$$c(x,y)/\sqrt{x^2+y^2}=\sqrt{|xy|}/\sqrt{x^2+y^2}$$

は $(x,y)\to(0,0)$ のとき極限値を持たない．

次の定理は，多変数解析学を展開する上で極めて重要である．

定理 8-12

C^k 級関数 f に対しては，偏導関数 $\dfrac{\partial^k f}{\partial x_{i_1}\cdots\partial x_{i_k}}$ は $i_1,\ldots,i_k$ の順序に依らない．正確には，σ を $\{1,\ldots,k\}$ の置換とするとき，

$$\frac{\partial^k f}{\partial x_{i_{\sigma(1)}}\cdots\partial x_{i_{\sigma(k)}}}=\frac{\partial^k f}{\partial x_{i_1}\cdots\partial x_{i_k}}.$$

証明　$d=2$ の場合に f_{xy}，f_{yx} がともに連続であるとき，$f_{xy}=f_{yx}$ となることを確かめれば十分であろう[2)]．以下，h,k は $|h|,|k|$ が十分小さい実数とする．$\varphi(x,y;h)=f(x+h,y)-f(x,y)$，$\psi(x,y;k)=f(x,y+k)-f(x,y)$，$g(x,y;h,k)$

[2)] 正確には，任意の置換が互換の合成（積）で表されることを使う（[9]）．

$= f(x+h, y+k) - f(x, y+k) - f(x+h, y) + f(x, y)$ とおけば，平均値の定理 5-17 により

$$
\begin{aligned}
g(x, y; h, k) &= \varphi(x, y+k; h) - \varphi(x, y; h) = k\varphi_y(x, y+\theta_1 k; h) \\
&= \psi(x+h, y; k) - \psi(x, y; k) = h\psi_x(x+\theta_2 h, y; k), \\
\varphi_y(x, y+\theta_1 k; h) &= f_y(x+h, y+\theta_1 k) - f_y(x, y+\theta_1 k) \\
&= hf_{yx}(x+\theta_3 h, y+\theta_1 k), \\
\psi_x(x+\theta_2 h, y; k) &= f_x(x+\theta_2 h, y+k) - f_x(x+\theta_2 h, y) \\
&= kf_{xy}(x+\theta_2 h, y+\theta_4 k)
\end{aligned}
$$

となる $0 < \theta_1, \theta_2, \theta_3, \theta_4 < 1$ が存在する．よって

$$\frac{1}{hk} g(x, y; h, k) = f_{yx}(x+\theta_3 h, y+\theta_1 k) = f_{xy}(x+\theta_2 h, y+\theta_4 k)$$

が得られ，f_{xy}, f_{yx} の連続性の仮定から，$h, k \to 0$ とすれば，$f_{xy}(x, y) = f_{yx}(x, y)$ が結論される． □

ここで，行数を割いて説明しておくことがある．1 変数の場合，$\dfrac{d^k}{dx^k}$ という記号を用いて，それがある種の「実体」を持つかのように考えることがあった．多変数の場合も，$\dfrac{\partial^k}{\partial x_{i_1} \cdots \partial x_{i_k}}$ という記号を用いて，それが「作用」する関数から切り離して考えることにする[3)]．そして，複数の偏微分の和や，スカラー倍（あるいは関数倍）を導入することが可能であり，このようにして得られる対象を偏微分作用素という．例えば

$$\Delta = \frac{\partial^2}{\partial {x_1}^2} + \cdots + \frac{\partial^2}{\partial {x_d}^2}$$

は，関数 f に

$$\Delta f = \frac{\partial^2 f}{\partial {x_1}^2} + \cdots + \frac{\partial^2 f}{\partial {x_d}^2}$$

として作用する．Δ は**ラプラス作用素**とよばれる．

$f(\boldsymbol{x})$ が C^n 級なとき，n 回までの偏微分係数は偏微分の順序によらないことと，多項定理 1-2 の証明を参照すれば

---

3) 関数を表すのに変数を含む記号 $f(x)$ を用いることが多いが，これは具体的な式（例えば $e^x\sqrt{x^2+1}$）として表されるものが関数であると考えていた時代の名残であり，現代的には関数は写像という観点から，変数を切り離して f という記号を用いることが多い．本書でも多くの場所でこの流儀に従っている．

$$\left(h_1\frac{\partial}{\partial x_1}+\cdots+h_d\frac{\partial}{\partial x_d}\right)^n f=\sum_{\substack{n_1,\ldots,n_d\geq 0\\ n_1+\cdots+n_d=n}}\frac{n!}{n_1!\cdots n_d!}{h_1}^{n_1}\cdots{h_d}^{n_d}\frac{\partial^n f}{\partial {x_1}^{n_1}\cdots\partial {x_d}^{n_d}}$$

と書けることに注意.

多変数関数に対する平均値の定理とテイラーの定理を述べよう.

関数の微分可能性が「弱い」場合は，次のような複雑な形の平均値の定理となる.

定理 8-13（多変数関数に対する平均値の定理 1）

U を開集合，$\boldsymbol{x}$ を U に含まれる点として，$U_\varepsilon(\boldsymbol{x})\subset U$ であるような $\varepsilon>0$ をとる．U 上で定義された関数 f について，偏導関数 f_{x_i} $(i=1,\ldots,d)$ が存在すれば，

$$\begin{aligned}f(\boldsymbol{x}+\boldsymbol{h})-f(\boldsymbol{x})=h_1f_{x_1}&(x_1+\theta h_1,x_2+h_2,\ldots,x_d+h_d)\\&+h_2f_{x_2}(x_1,x_2+\theta h_2,x_3+h_3,\ldots,x_d+h_d)+\cdots\\&+h_df_{x_d}(x_1,\ldots,x_{d-1},x_d+\theta h_d)\end{aligned}$$

が成り立つような $0<\theta<1$ が存在する．ここで，$\boldsymbol{h}=(h_1,\ldots,h_d)\in U_\varepsilon(\boldsymbol{0})$ とする（$\boldsymbol{x}+\boldsymbol{h}\in U_\varepsilon(\boldsymbol{x})\subset U$ に注意).

証明 次のように 1 変数の平均値の定理に帰着させる.

$$\begin{aligned}F(t)=f&(x_1+th_1,x_2+h_2,\ldots,x_d+h_d)\\&+f(x_1,x_2+th_2,x_3+h_3,\ldots,x_d+h_d)\\&+f(x_1,x_2,x_3+th_3,x_4+h_4,\ldots,x_d+h_d)+\cdots\\&+f(x_1,\ldots,x_{d-1},x_d+th_d)\qquad\qquad(-1<t<1)\end{aligned}$$

とおけば，F は微分可能であって，

$$\begin{aligned}F'(t)=h_1f_{x_1}&(x_1+th_1,x_2+h_2,\ldots,x_d+h_d)\\&+h_2f_{x_2}(x_1,x_2+th_2,x_3+h_3,\ldots,x_d+h_d)+\cdots\\&+h_df_{x_d}(x_1,\ldots,x_{d-1},x_d+th_d).\end{aligned}$$

ここで，

$$F(1)-F(0)=f(\boldsymbol{x}+\boldsymbol{h})-f(\boldsymbol{x})$$

に注意して，F に平均値定理を適用すれば，$F(1)-F(0)=F'(\theta)$ をみたす θ $(0<\theta<1)$ が存在することから定理の主張が得られる． □

定理 8-14

開集合 U 上で定義された C^1 級関数 f は全微分可能である．

証明 上記の定理を利用する．f_{x_i} の連続性により，

$$f_{x_1}(x_1+\theta h_1, x_2+h_2, \ldots, x_d+h_d) = f_{x_1}(x_1, \ldots, x_d) + \varepsilon_1$$

$$\varepsilon_1 \to 0 \quad (\|\boldsymbol{h}\| \to 0),$$

$$f_{x_2}(x_1, x_2+\theta h_2, x_3+h_3, \ldots, x_d+h_d) = f_{x_2}(x_1, \ldots, x_d) + \varepsilon_2$$

$$\varepsilon_2 \to 0 \quad (\|\boldsymbol{h}\| \to 0),$$

$$\cdots\cdots$$

$$f_{x_d}(x_1, \ldots, x_{d-1}, x_d+\theta h_d) = f_{x_d}(x_1, \ldots, x_d) + \varepsilon_d$$

$$\varepsilon_d \to 0 \quad (\|\boldsymbol{h}\| \to 0).$$

これらから，全微分可能性が示される． □

定理 8-15（合成関数の微分公式 1）

U を開集合，$g_1(t), \cdots, g_d(t)$ を区間 (a,b) で定義された微分可能関数，$\boldsymbol{g}(t)=(g_1(t), \cdots, g_d(t))$ とおいたとき，$\boldsymbol{g}((a,b)) \subset U$ と仮定する．f が開集合 U 上で全微分可能とすると，$f(\boldsymbol{g}(t))$ は微分可能であり，

$$\frac{d}{dt} f(g_1(t), \ldots, g_d(t)) = \sum_{i=1}^{d} f_{x_i}(g_1(t), \ldots, g_d(t)) \frac{dg_i}{dt}. \tag{8.1}$$

証明 $\Delta g_i = g_i(t+\Delta t) - g_i(t)$，$\Delta \boldsymbol{x} = (\Delta g_1, \ldots, \Delta g_d)$ とおけば

$$\frac{1}{\Delta t}[f(\boldsymbol{x}+\Delta \boldsymbol{x}) - f(\boldsymbol{x})] = \sum_{i=1}^{d} f_{x_i} \frac{\Delta g_i}{\Delta t} + \frac{c}{\Delta t}.$$

ここで

$$\frac{\Delta g_i}{\Delta t} \to g_i'(t) \quad (t \to 0),$$

$$\left|\frac{c}{\Delta t}\right| = \frac{|c|}{\sum_{i=1}^{d} |\Delta g_i|} \left(\sum_{i=0}^{d} \frac{|\Delta g_i|}{|\Delta t|} \right) \to 0 \quad (t \to 0)$$

を使えば主張を得る． □

全微分可能な場合の平均値定理は整った形をしている.

定理 8-16（多変数関数に対する平均値の定理 2）

f が開集合 U で全微分可能であれば,

$$f(\boldsymbol{x}+\boldsymbol{h})-f(\boldsymbol{x})=\sum_{i=1}^{d} h_i f_{x_i}(\boldsymbol{x}+\theta\boldsymbol{h})$$

が成り立つような θ $(0<\theta<1)$ が存在する.

証明　上記の定理により，$F(t)=f(\boldsymbol{x}+t\boldsymbol{h})$ は微分可能であり，1 変数の場合の平均値定理を適用すれば

$$f(\boldsymbol{x}+\boldsymbol{h})-f(\boldsymbol{x})=F(1)-F(0)=F'(\theta)=\sum_{i=1}^{d} h_i f_{x_i}(\boldsymbol{x}+\theta\boldsymbol{h}). \qquad \square$$

補題 8-17

$f(\boldsymbol{x})=f(x_1,\ldots,x_d)$ を $\boldsymbol{x}=(x_1,\ldots,x_d)$ の ε 近傍で定義された C^n 級関数とするとき,

$$D^0=1, \qquad D^\nu=\left(\sum_{i=1}^{d} h_i \frac{\partial}{\partial x_i}\right)^\nu \quad (\nu \leq n)$$

とおくと，$F(t)=f(\boldsymbol{x}+t\boldsymbol{h})$　$(\|\boldsymbol{h}\|<\varepsilon)$ によって定義された関数 F について $F^{(\nu)}(t)=D^\nu f(\boldsymbol{x}+t\boldsymbol{h})$ が成り立つ.

証明　帰納法による.　$\square$

定理 8-18（多変数関数に対するテイラーの定理）

$f(\boldsymbol{x})=f(x_1,\ldots,x_d)$ を $\boldsymbol{x}=(x_1,\ldots,x_d)$ の ε 近傍で定義された C^n 級関数とするとき，$\|\boldsymbol{h}\|<\varepsilon$ となる $\boldsymbol{h}=(h_1,\ldots,h_d)$ について

$$f(\boldsymbol{x}+\boldsymbol{h})=\sum_{\nu=0}^{n-1}\frac{1}{\nu!}D^\nu f(\boldsymbol{x})+\frac{1}{n!}D^n f(\boldsymbol{x}+\theta\boldsymbol{h}) \quad (0<\theta<1).$$

証明　$F(t) = f(\boldsymbol{x}+t\boldsymbol{h})$ は $|t| \leq 1$ で定義された C^n 級関数である．1変数のテイラーの定理 5-24 により

$$F(t) = \sum_{\nu=0}^{n-1} \frac{1}{\nu!} F^{(\nu)}(0)t^{\nu} + \frac{1}{n!}F^{(n)}(\theta t)t^n. \qquad \square$$

定理 8-15 の一般化である次の定理は，解析学のみならず微分幾何学においても重要な役割を果たす（証明は定理 8-15 とほぼ同様なので省略する）．

定理 8-19（**合成関数の微分公式 2**）

$f(x_1, \ldots, x_d, y_1, \ldots, y_N)$ が全微分可能，$y_i = g_i(x_1, \ldots, x_d)$ $(i = 1, \ldots, N)$ も全微分可能であれば，$z = f(x_1, \ldots, x_d, g_1(x_1, \ldots, x_d), \ldots, g_N(x_1, \ldots, x_d))$ も全微分可能であり

$$\frac{\partial z}{\partial x_i} = \frac{\partial f}{\partial x_i} + \sum_{j=1}^{N} \frac{\partial f}{\partial y_j}\frac{\partial g_j}{\partial x_i}.$$

§8.3　逆関数定理と陰関数定理

これまで実数値関数を扱ってきた．少々複雑にはなるが，ベクトルに値を持つ関数について考察しよう．

U を $\mathbb{R}^d$ の開集合とする．写像 $\boldsymbol{f}: U \to \mathbb{R}^N$ は $\mathbb{R}^N$-値関数，あるいはベクトル値関数という．$\boldsymbol{f}(\boldsymbol{x}) = (f_1(x_1, \ldots, x_d), \ldots, f_N(x_1, \ldots, x_d))$ と表すとき，各 f_i が C^r 級であれば，$\boldsymbol{f}$ を C^r 級ベクトル値関数，あるいは C^r 級写像という．

$\boldsymbol{f}$ が C^1 級であるとき，(8.1) を使えば，

$$\frac{d}{dt} f_i(\boldsymbol{a}+t\boldsymbol{x})\Big|_{t=0} = \sum_{j=1}^{d} f_{ix_j} x_j \quad (\boldsymbol{x} = (x_1, \ldots, x_d)\ ;\ j = 1, \ldots, N) \tag{8.2}$$

が得られるが，$\boldsymbol{f}$ に対して，d 列 N 行の行列を

$$D_{\boldsymbol{a}}(\boldsymbol{f}) = \begin{pmatrix} \dfrac{\partial f_1}{\partial x_1}(\boldsymbol{a}) & \dfrac{\partial f_1}{\partial x_2}(\boldsymbol{a}) & \cdots & \dfrac{\partial f_1}{\partial x_d}(\boldsymbol{a}) \\ \dfrac{\partial f_2}{\partial x_1}(\boldsymbol{a}) & \dfrac{\partial f_2}{\partial x_2}(\boldsymbol{a}) & \cdots & \dfrac{\partial f_2}{\partial x_d}(\boldsymbol{a}) \\ & \cdots & \cdots & \\ \dfrac{\partial f_N}{\partial x_1}(\boldsymbol{a}) & \dfrac{\partial f_N}{\partial x_2}(\boldsymbol{a}) & \cdots & \dfrac{\partial f_N}{\partial x_d}(\boldsymbol{a}) \end{pmatrix} \tag{8.3}$$

により定義すると，(8.2) は次のように表現される：

$$\frac{d}{dt}f_i(\boldsymbol{a}+t\boldsymbol{x})\Big|_{t=0}=D_{\boldsymbol{a}}(\boldsymbol{f})\boldsymbol{x}.$$

ここで, $\boldsymbol{x}$ は列ベクトルと同一視している[4]. 行列 (8.3) を $\boldsymbol{f}$ のヤコビ行列(Jacobi matrix) という. $d=N$ の場合は, この行列の行列式 $\det D_{\boldsymbol{a}}(\boldsymbol{f})$ を

$$\frac{\partial(f_1,\ldots,f_d)}{\partial(x_1,\ldots,x_d)}(\boldsymbol{a})$$

により表し, これをヤコビ行列式, あるいはヤコビアン (Jacobian) という.

定理 8-20

$\boldsymbol{f}:U\longrightarrow\mathbb{R}^N$, $\boldsymbol{g}:V\longrightarrow\mathbb{R}^M$ を $\boldsymbol{f}(U)\subset V$ をみたす C^1 級写像とするとき, 合成 $\boldsymbol{g}\circ\boldsymbol{f}:U\longrightarrow\mathbb{R}^M$ のヤコビ行列について

$$D_{\boldsymbol{a}}(\boldsymbol{g}\circ\boldsymbol{f})=D_{\boldsymbol{f}(\boldsymbol{a})}(\boldsymbol{g})D_{\boldsymbol{a}}(\boldsymbol{f}).$$

証明 $\boldsymbol{g}(\boldsymbol{y})=(g_1(y_1,\ldots,y_N),\ldots,g_M(y_1,\ldots,y_N))$ とし, $\boldsymbol{g}\circ\boldsymbol{f}=(h_1,\ldots,h_M)$ とするとき, $h_i(x_1,\ldots,x_d)=g_i(f_1(x_1,\ldots,x_d),\ldots,f_N(x_1,\ldots,x_d))$ なので, 合成関数の微分公式により

$$\frac{\partial h_i}{\partial x_j}=\sum_{k=1}^{N}\frac{\partial h_i}{\partial y_k}\frac{\partial f_k}{\partial x_j}.$$

これを行列の言葉で表せば主張を得る. □

この定理から, 行列式の等式 $\det(AB)=\det A\cdot\det B$ を使えば次のヤコビアンについての等式が得られる.

$$\frac{\partial(h_1,\ldots,h_N)}{\partial(x_1,\ldots,x_d)}=\frac{\partial(g_1,\ldots,g_M)}{\partial(y_1,\ldots,y_N)}\frac{\partial(f_1,\ldots,f_N)}{\partial(x_1,\ldots,x_d)}.$$

以下, ノルム $\|\cdot\|_1$ およびこれに付随する閉球体 $B^1_r(\cdot)$ と開球体 $U^1_r(\cdot)$ を使う.

補題 8-21

$\boldsymbol{f}$ を開集合 U を定義域とする $\mathbb{R}^N$-値 C^1 級関数とし, K を U に含まれる有界閉集合とする. このとき, 任意に $\varepsilon>0$ を与えると, $\delta>0$ が存在して, $\boldsymbol{a},\boldsymbol{b}\in K$, $|\boldsymbol{a}-\boldsymbol{b}|<\delta$ ならば

$$\|D_{\boldsymbol{a}}(\boldsymbol{f})\boldsymbol{x}-D_{\boldsymbol{b}}(\boldsymbol{f})\boldsymbol{x}\|_1<\varepsilon\|\boldsymbol{x}\|_1.$$

---

[4] 一般に n 行 m 列の行列 A に対して $A\boldsymbol{x}$ と表すときは, $\boldsymbol{x}$ は m 項列ベクトルである.

証明 $D_{\boldsymbol{a}}(\boldsymbol{f})\boldsymbol{x}$ の第 i 成分を $D^i_{\boldsymbol{a}}(\boldsymbol{f})\boldsymbol{x}$ により表すと，

$$|D^i_{\boldsymbol{a}}(\boldsymbol{f})\boldsymbol{x}-D^i_{\boldsymbol{b}}(\boldsymbol{f})\boldsymbol{x}| = \left|\sum_{j=1}^{d}\left(\frac{\partial f_i}{\partial x_j}(\boldsymbol{a})-\frac{\partial f_i}{\partial x_j}(\boldsymbol{b})\right)x_j\right| \le \|\boldsymbol{x}\|_1\sum_{j=1}^{d}\left|\frac{\partial f_i}{\partial x_j}(\boldsymbol{a})-\frac{\partial f_i}{\partial x_j}(\boldsymbol{b})\right|$$

が成り立つ．$\partial f_i/\partial x_j$ は連続だから，有界閉集合 K 上で一様連続であり，任意の $\varepsilon>0$ を与えると，$\delta>0$ が存在して，$\boldsymbol{a},\boldsymbol{b}\in K$, $\|\boldsymbol{a}-\boldsymbol{b}\|<\delta$ ならば

$$\left|\frac{\partial f_i}{\partial x_j}(\boldsymbol{a})-\frac{\partial f_i}{\partial x_j}(\boldsymbol{b})\right| < \frac{\varepsilon}{N}$$

が成り立つから，補題の主張を得る． □

補題 8-22

上の補題の $\boldsymbol{f}$ と，凸な有界閉集合 K について

$$\max_{\boldsymbol{a}\in K}\left|\frac{\partial f_i}{\partial x_j}(\boldsymbol{a})\right| = M_{ij}, \quad M=\max_{i,j}M_{ij}$$

とおくと，$\boldsymbol{a},\boldsymbol{b}\in K$ に対して

$$\|\boldsymbol{f}(\boldsymbol{a})-\boldsymbol{f}(\boldsymbol{b})\|_1 \le NM\|\boldsymbol{a}-\boldsymbol{b}\|_1.$$

証明 $\boldsymbol{a}_t=(1-t)\boldsymbol{b}+t\boldsymbol{a}$ とおくと，K は凸であるから，$\boldsymbol{a}_t\in K$ $(0\le t\le 1)$ である．微分積分学の基本定理（定理 6-11）により

$$f_i(\boldsymbol{a})-f_i(\boldsymbol{b}) = \int_0^1 \frac{df_i(\boldsymbol{a}_t)}{dt}\,dt$$

となるが，

$$\frac{df_i(\boldsymbol{a}_t)}{dt} = \sum_{j=1}^{d}\frac{\partial f_i}{\partial x_j}(\boldsymbol{a}_t)(a_j-b_j)$$

であるから，

$$|f_i(\boldsymbol{a})-f_i(\boldsymbol{b})| \le \int_0^1\left|\frac{df_i(\boldsymbol{a}_t)}{dt}\right|dt \le \sum_{j=1}^{d}|a_j-b_j|\int_0^1\left|\frac{\partial f_i}{\partial x_j}(\boldsymbol{a}_t)\right|dt \le M\|\boldsymbol{a}-\boldsymbol{b}\|_1$$

これから補題の主張を得る． □

1 変数関数の場合，$f'(a)\neq 0$ であるとき，$f(a)$ の近傍で定義された f の逆関数が存在した．この事実の多変数版を考える．

$\boldsymbol{f}$ を $\mathbb{R}^d$ の開集合 U から $\mathbb{R}^d$ の開集合 V への一対一の写像とする．$\boldsymbol{f}$ およびその逆写像 $\boldsymbol{f}^{-1}$ がともに C^r 級であるとき，$\boldsymbol{f}$ を C^r 級同型写像，あるいは C^r 同型という．

$\boldsymbol{f}$ が C^1 級同型写像のとき，$\boldsymbol{f}^{-1}\circ\boldsymbol{f}$ は恒等写像であり，恒等写像のヤコビ行列は単位行列 I_d であるから，定理 8-20 により

$$D_{\boldsymbol{f}(\boldsymbol{a})}(\boldsymbol{f}^{-1})D_{\boldsymbol{a}}(\boldsymbol{f}) = I_d.$$

よって，$D_{\boldsymbol{a}}(\boldsymbol{f})$ は可逆行列であり，$D_{\boldsymbol{f}(\boldsymbol{a})}(\boldsymbol{f}^{-1}) = (D_{\boldsymbol{a}}(\boldsymbol{f}))^{-1}$ である．

例 極座標に関連する写像 $\boldsymbol{f}(r,\theta) = (r\cos\theta, r\sin\theta)$ は，$(0,\infty)\times(0,2\pi)$ から $\mathbb{R}^2\backslash[0,\infty)\times\{0\}$ への C^∞ 級同型写像である．そのヤコビ行列は

$$\begin{pmatrix} \cos\theta & -r\sin\theta \\ \sin\theta & r\cos\theta \end{pmatrix}$$

であり，ヤコビアンは r である．

問 8-6 3次元の極座標に関連する写像

$$\boldsymbol{f}(r,\theta,\varphi) = (r\sin\theta\cos\varphi, r\sin\theta\sin\varphi, r\cos\theta)$$

は $\{(r,\theta,\varphi)\,|\,r>0,\ 0<\theta<\pi,\ 0<\varphi<2\pi,\ \varphi\neq\pi/2, 3\pi/2\}$ から，$\mathbb{R}^3\backslash\{0\}\times\mathbb{R}\times\mathbb{R}$ への C^∞ 同型写像であり，そのヤコビアンは $r^2\sin\theta$ である．

以下，$r\geq 1$ とする．

定理 8-23（逆関数定理；Inverse function theorem）

$\boldsymbol{f}$ を $\mathbb{R}^d$ の開集合 U から $\mathbb{R}^d$ の開集合 V への C^r 級写像とする．U の点 $\boldsymbol{a}$ において $\boldsymbol{f}$ のヤコビ行列が可逆，言い換えればヤコビ行列式が 0 でないならば，$\boldsymbol{f}$ は $\boldsymbol{a}$ の近傍から $\mathbb{R}^d$ における $\boldsymbol{f}(\boldsymbol{a})$ の近傍への C^r 同型である．

証明 長くなるのでステップに分けて証明する．まず，$\boldsymbol{a}$ および $\boldsymbol{f}(\boldsymbol{a})$ はともに $\mathbb{R}^d$ の原点 $\mathbf{0}$ としても一般性を失わないことに注意．

(i) $\boldsymbol{f} = (f_1,\ldots,f_d)$ の原点におけるヤコビ行列が単位行列の場合，すなわち

$$\frac{\partial f_i}{\partial x_j}(\mathbf{0}) = \delta_{ij} \quad (i,j=1,\ldots,d)$$

の場合を考える．

$p\in U$ に対し，

$$\boldsymbol{g}(\boldsymbol{x}) = \boldsymbol{f}(\boldsymbol{x}) - \boldsymbol{x} \quad (\boldsymbol{g}(\boldsymbol{x}) = (g_1(\boldsymbol{x}),\ldots,g_d(\boldsymbol{x}))) \tag{8.4}$$

とおくと，$\boldsymbol{g}$ も U から $\mathbb{R}^d$ への C^r 級写像であって，$g_i(\boldsymbol{x}) = f_i(\boldsymbol{x}) - x_i$ であるから

$$\frac{\partial g_i}{\partial x_j}(\mathbf{0}) = 0 \quad (i, j = 1, \ldots, d)$$

が成り立つ．よって，$r > 0$ を十分小さく選べば，$B_r^1(\mathbf{0}) = [-r, r] \times \cdots \times [-r, r] \subset U$ とすることができるばかりでなく，$B_r^1(\mathbf{0})$ の任意の点 $\boldsymbol{x}$ において，$|(\partial g_i/\partial x_j)(\boldsymbol{x})| < 1/2d \ (i, j = 1, \ldots, d)$ が成り立つようにできる．また，$B_r^1(\mathbf{0})$ は凸な有界閉集合であるから，補題 8-22 によって，$\boldsymbol{x}, \boldsymbol{y} \in B_r^1(\mathbf{0})$ ならば

$$\|\boldsymbol{g}(\boldsymbol{x}) - \boldsymbol{g}(\boldsymbol{y})\|_1 \leq \frac{1}{2}\|\boldsymbol{x} - \boldsymbol{y}\|_1 \tag{8.5}$$

が成り立つ．$\boldsymbol{g}$ の定義から，$\boldsymbol{x} = \boldsymbol{f}(\boldsymbol{x}) - \boldsymbol{g}(\boldsymbol{x})$ であるから

$$\|\boldsymbol{x} - \boldsymbol{y}\|_1 = \|\boldsymbol{f}(\boldsymbol{x}) - \boldsymbol{f}(\boldsymbol{y}) - \boldsymbol{g}(\boldsymbol{x}) + \boldsymbol{g}(\boldsymbol{y})\|_1 \leq \|\boldsymbol{f}(\boldsymbol{x}) - \boldsymbol{f}(\boldsymbol{y})\|_1 + \|\boldsymbol{g}(\boldsymbol{x}) - \boldsymbol{g}(\boldsymbol{y})\|_1.$$

この不等式と (8.5) から

$$\|\boldsymbol{f}(\boldsymbol{x}) - \boldsymbol{f}(\boldsymbol{y})\|_1 \geq \frac{1}{2}\|\boldsymbol{x} - \boldsymbol{y}\|_1 \quad (\boldsymbol{x}, \boldsymbol{y} \in B_r^1(\mathbf{0})) \tag{8.6}$$

を得る．これは，$B_r^1(\mathbf{0})$ 上では $\boldsymbol{f}$ が一対一対応であることを意味している．

(ii)　次に，$U_{r/2}^1(\mathbf{0})$ の任意の点 $\boldsymbol{y}$ に対し，$U_r^1(\mathbf{0})$ の点 $\boldsymbol{x}$ が存在し，$\boldsymbol{f}(\boldsymbol{x}) = \boldsymbol{y}$ となること，すなわち $U_{r/2}^1(\mathbf{0}) \subset \boldsymbol{f}(U_r^1(\mathbf{0}))$ であることを示す．このため，$U_r^1(\mathbf{0})$ に含まれる点列 $\{\boldsymbol{x}_n\}_{n=0}^{\infty}$ を次のようにして帰納的に定義する．

$$\boldsymbol{x}_0 = \mathbf{0}, \quad \boldsymbol{x}_1 = \boldsymbol{y} - \boldsymbol{g}(\boldsymbol{x}_0), \quad \ldots, \quad \boldsymbol{x}_n = \boldsymbol{y} - \boldsymbol{g}(\boldsymbol{x}_{n-1}).$$

この定義に意味があるためには，$\boldsymbol{g}(\boldsymbol{x}_n)$ に意味があること，すなわち $\boldsymbol{x}_n \in U$，あるいはこれより強い $\boldsymbol{x}_n \in U_r(\mathbf{0})$ を示さなければならない．帰納法でこれを証明しよう．$n = 0$ のときはもちろん $\boldsymbol{x}_0 = \mathbf{0} \in U_r^1(\mathbf{0})$．$\boldsymbol{x}_0, \boldsymbol{x}_1, \cdots, \boldsymbol{x}_{n-1} \in U_r^1(\mathbf{0})$ とする．このとき $\boldsymbol{x}_n \in U_r^1(\mathbf{0})$ を確かめるため，

$$\|\boldsymbol{x}_k - \boldsymbol{x}_{k-1}\|_1 \leq 2^{-(k-1)}\|\boldsymbol{y}\|_1 \quad (1 \leq k \leq n) \tag{8.7}$$

を示す．$k = 1$ のときは明らかであるから，$k > 1$ とする．$\boldsymbol{x}_k$ の定義により，$\boldsymbol{x}_k - \boldsymbol{x}_{k-1} = \boldsymbol{g}(\boldsymbol{x}_{k-1}) - \boldsymbol{g}(\boldsymbol{x}_{k-2}))$ であり，(8.5) により $\|\boldsymbol{x}_k - \boldsymbol{x}_{k-1}\|_1 \leq 2^{-1}\|\boldsymbol{x}_{k-1} - \boldsymbol{x}_{k-2}\|_1$ が得られるから，後は帰納法で (8.7) が成り立つことを証明できる．さて，(8.7) を使えば

$$\|\boldsymbol{x}_n\|_1 \leq \|\boldsymbol{x}_n - \boldsymbol{x}_{n-1}\|_1 + \|\boldsymbol{x}_{n-1} - \boldsymbol{x}_{n-2}\|_1 + \cdots + \|\boldsymbol{x}_1 - \boldsymbol{x}_0\|_1 + \|\boldsymbol{x}_0\|_1$$

$$\leq \sum_{i=0}^{n-1} 2^{-i}\|\boldsymbol{y}\|_1 < 2\|\boldsymbol{y}\|_1 \leq r.$$

こうして，$\boldsymbol{x}_n \in U_r^1(\mathbf{0})$ が示された．

上のようにして構成された $\{\boldsymbol{x}_n\}$ は (8.7) によりコーシー点列である．よって，$\{\boldsymbol{x}_n\}$ は $\mathbb{R}^d$ の 1 点 $\boldsymbol{x}$ に収束する．$\|\boldsymbol{x}\|_1 \leq 2\|\boldsymbol{y}\|_1$ なので，$\|\boldsymbol{x}\|_1 \leq 2\|\boldsymbol{y}\|_1$ が成り立ち，$\boldsymbol{x} \in U_r^1(\mathbf{0})$ である．他方，$\boldsymbol{x}_n = \boldsymbol{y} - \boldsymbol{g}(\boldsymbol{x}_{n-1})$ の両辺において $n \to \infty$ とすれば，$\boldsymbol{x} = \boldsymbol{y} - \boldsymbol{g}(\boldsymbol{x})$，すなわち $\boldsymbol{y} = \boldsymbol{x} + \boldsymbol{g}(\boldsymbol{x}) = \boldsymbol{f}(\boldsymbol{x})$ を得る．

(iii) $V_r = \boldsymbol{f}^{-1}(U_{r/2}^1(\mathbf{0})) \cap U_r^1(\mathbf{0})$ とおき，$\boldsymbol{f}$ を U_r に制限した関数 $\boldsymbol{f}_0$ を考える．$\boldsymbol{f}_0$ は C^r 級，かつ V_r から $U_{r/2}^1(\mathbf{0})$ への全単射である．さらに (8.6) から，$\boldsymbol{x}, \boldsymbol{y} \in U_{r/2}^1(\mathbf{0})$ について

$$\|\boldsymbol{f}_0^{-1}(\boldsymbol{x}) - \boldsymbol{f}_0^{-1}(\boldsymbol{y})\|_1 \leq 2\|\boldsymbol{x} - \boldsymbol{y}\|_1$$

が成り立ち，$\boldsymbol{h}_0 = \boldsymbol{f}_0^{-1}$ とおけば，$\boldsymbol{h}_0$ は $U_{r/2}^1(\mathbf{0})$ において連続である．

(iv) $\boldsymbol{h}_0$ が C^r 級であることを示す．ヤコビ行列式 $\det D_{\boldsymbol{x}}(\boldsymbol{f})$ は，$\boldsymbol{x}$ の連続関数であり，$\det D_{\mathbf{0}}(\boldsymbol{f}) \neq 0$ であるから，r が十分小さければ，$U_r^1(\mathbf{0})$ に属す $\boldsymbol{x}$ に対して $\det D_{\boldsymbol{x}}(\boldsymbol{f}) \neq 0$ である．言い換えれば $D_{\boldsymbol{x}}(\boldsymbol{f})$ は可逆行列としてよい．V_r の 2 点 $\boldsymbol{x}, \boldsymbol{x}_1$ について，$\boldsymbol{f}_0(\boldsymbol{x}) = \boldsymbol{y}$, $\boldsymbol{f}_0(\boldsymbol{x}_1) = \boldsymbol{y}_1$ とおくと，$\boldsymbol{h}_0(\boldsymbol{y}) = \boldsymbol{x}$, $\boldsymbol{h}_0(\boldsymbol{y}_1) = \boldsymbol{x}_1$ であり，f_i は全微分可能であるから，

$$f_i(\boldsymbol{x}) - f_i(\boldsymbol{x}_1) = \sum_{j=1}^{d} \frac{\partial f_i}{\partial x_j}(\boldsymbol{x}_1)(x_i - x_{1i}) + c_i(\boldsymbol{x}, \boldsymbol{x}_1), \quad \frac{c_i(\boldsymbol{x}, \boldsymbol{x}_1)}{\|\boldsymbol{x} - \boldsymbol{x}_1\|} \to 0 \quad (\boldsymbol{x} \to \boldsymbol{x}_1)$$

である．$\boldsymbol{c}(\boldsymbol{x}, \boldsymbol{x}_1) = (c_1(\boldsymbol{x}, \boldsymbol{x}_1), \ldots, c_d(\boldsymbol{x}, \boldsymbol{x}_1))$ とおいて，これを列ベクトルと同一視すれば，上式は

$$\boldsymbol{y} - \boldsymbol{y}_1 = D_{\boldsymbol{x}_1}(\boldsymbol{f})(\boldsymbol{h}_0(\boldsymbol{y}) - \boldsymbol{h}_0(\boldsymbol{y}_1)) + \boldsymbol{c}(\boldsymbol{h}_0(\boldsymbol{y}), \boldsymbol{h}_0(\boldsymbol{y}_1))$$

と表すことができる．

$D_{\boldsymbol{x}}(\boldsymbol{f})$ $(\boldsymbol{x} \in V_r)$ の逆行列を $A(\boldsymbol{y})$ により表す．$A(\boldsymbol{y})$ の各成分 $a_{ij}(\boldsymbol{y})$ は，$U_{r/2}^1(\mathbf{0})$ 上の $\boldsymbol{y}$ の連続関数である[5)]．さらに，

$$\boldsymbol{c}_1(\boldsymbol{y}, \boldsymbol{y}_1) = -A(\boldsymbol{y}_1)\boldsymbol{c}(\boldsymbol{h}_0(\boldsymbol{y}), \boldsymbol{h}_0(\boldsymbol{y}_1)) \tag{8.8}$$

---

5) 一般に，正方行列 A の余因子行列を $\widetilde{A}$ により表すとき，$A^{-1} = (\det A)^{-1}\widetilde{A}$ である．このことから $A(\boldsymbol{y})$ の成分の連続性が導かれる（[9]）．

とおくと，

$$\boldsymbol{h}_0(\boldsymbol{y}) - \boldsymbol{h}_0(\boldsymbol{y}_1) = A(\boldsymbol{y}_1)(\boldsymbol{y} - \boldsymbol{y}_1) + \boldsymbol{c}_1(\boldsymbol{y}, \boldsymbol{y}_1)$$

を得る．(8.8) を書き直せば

$$\frac{\boldsymbol{c}_1(\boldsymbol{y}, \boldsymbol{y}_1)}{\|\boldsymbol{y} - \boldsymbol{y}_1\|} = -A(\boldsymbol{y}_1)\frac{\boldsymbol{c}(\boldsymbol{x}, \boldsymbol{x}_1)\|\boldsymbol{x} - \boldsymbol{x}_1\|_1}{\|\boldsymbol{x} - \boldsymbol{x}_1\|_1\|\boldsymbol{y} - \boldsymbol{y}_1\|_1}$$

を得るが，(8.6) により，$\|\boldsymbol{x} - \boldsymbol{x}_1\|_1/\|\boldsymbol{y} - \boldsymbol{y}_1\| \leq 2$ であるから

$$\frac{c_{1i}(\boldsymbol{y}, \boldsymbol{y}_1)}{\|\boldsymbol{y} - \boldsymbol{y}_1\|_1} \leq 2\sum_{j=1}^{d} |a_{ij}(\boldsymbol{y}_1)| \; \frac{c_j(\boldsymbol{x}, \boldsymbol{x}_1)}{\|\boldsymbol{x} - \boldsymbol{x}_1\|_1}.$$

ここで $\boldsymbol{y} \to \boldsymbol{y}_1$ とすると，$\boldsymbol{h}_0$ の連続性により $\boldsymbol{x} \to \boldsymbol{x}_1$ となるから，

$$\frac{c_{1i}(\boldsymbol{y}, \boldsymbol{y}_1)}{\|\boldsymbol{y} - \boldsymbol{y}_1\|_1} \to 0 \quad (\boldsymbol{y} \to \boldsymbol{y}_1)$$

が成り立つ．こうして，$\boldsymbol{h}_0$ の成分関数 h_{0i} はすべて全微分可能であり，しかも $A(\boldsymbol{y}_1) = D_{\boldsymbol{y}_1}(\boldsymbol{h}_0)$ となる．言い換えれば

$$\frac{\partial h_{0i}}{\partial x_j}(\boldsymbol{y}_1) = a_{ij}(\boldsymbol{y}_1) \quad (i, j = 1, \ldots, d)$$

である．a_{ij} は連続関数であるから，結局 $\boldsymbol{h}_0$ は C^1 級となる．

(v)　$\boldsymbol{h}_0$ が C^r 級であることを確かめよう．$A(\boldsymbol{y}) = (D_{\boldsymbol{h}_0(\boldsymbol{y})}(\boldsymbol{f}))^{-1}$ であり，$a_{ij}(\boldsymbol{y})$ は $D_{\boldsymbol{h}_0(\boldsymbol{y})}(\boldsymbol{f})$ の成分たちの有理式，すなわち，$(\partial f_i/\partial x_j)(\boldsymbol{h}_0(\boldsymbol{y}))$ たちの有理式であり，$\partial f_i/\partial x_j$ は C^{r-1} 級，$\boldsymbol{h}_0$ は C^1 級であるから，$A(\boldsymbol{y})$ の成分 a_{ij} はすべて C^1 級．よって h_{0i} は C^2 級になる．この議論を続ければ (帰納法)，h_{0i} は C^r 級であることが分かり，望んだ通り，$\boldsymbol{h}_0$ は C^r 級となることが示された．

(vi)　最後に，$D(\boldsymbol{f})(\boldsymbol{0})$ が単位行列でないとき，$D_{\boldsymbol{0}}(\boldsymbol{f})$ の逆行列を B として，新しい写像 $\boldsymbol{f}'$ を $\boldsymbol{f}' = A\boldsymbol{f}$ とおいて定義すると，$\boldsymbol{f}'(\boldsymbol{0}) = \boldsymbol{0}$ でかつ $D_{\boldsymbol{0}}(\boldsymbol{f}')$ は単位行列になるから，$\boldsymbol{f}'$ は C^r 同型であり，$\boldsymbol{f} = B^{-1}\boldsymbol{f}'$ も C^r 同型になる．　□

関数 $f(x,y) = x - y^2$ について方程式 $f(x,y) = 0$ を y について解くと，$x \geq 0$ のときのみ $y = \pm\sqrt{x}$ が得られる．このように，一般には $f(x,y) = 0$ を y について解こうとすると，x に依存して解が存在しなかったり，存在しても「多価」になったりする．しかし，今の例で，とくに $x = 1$ のとき $y = 1$ となる解でしかも x に連続に依存するような解は $x = 1$ の近くで存在し，それは $y = \sqrt{x}$ である．ここで $f_y(1,1) = 2 \neq 0$ であることに注意．今からこのような「現象」を一般化しよう．

定理 8-24（陰関数定理；Implicit function theorem）

$$\boldsymbol{f}(\boldsymbol{x},\boldsymbol{y}) = (f_1(x_1,\ldots,x_d,y_1,\ldots,y_k),\ldots,f_k(x_1,\ldots,x_d,y_1,\ldots,y_k))$$

を $\mathbb{R}^{d+k} = \mathbb{R}^d \times \mathbb{R}^k$ の点 $(\boldsymbol{a},\boldsymbol{b})$ の近傍で定義された C^r 級の $\mathbb{R}^k$-値関数とし，$\boldsymbol{f}(\boldsymbol{a},\boldsymbol{b}) = \boldsymbol{0}$ とする．行列式

$$\begin{vmatrix} \dfrac{\partial f_1}{\partial y_1}(\boldsymbol{a},\boldsymbol{b}) & \cdots & \dfrac{\partial f_1}{\partial y_k}(\boldsymbol{a},\boldsymbol{b}) \\ & \cdots & \\ \dfrac{\partial f_k}{\partial y_1}(\boldsymbol{a},\boldsymbol{b}) & \cdots & \dfrac{\partial f_k}{\partial y_k}(\boldsymbol{a},\boldsymbol{b}) \end{vmatrix}$$

が 0 でなければ，次の性質をみたす $\mathbb{R}^k$-値関数

$$\boldsymbol{g}(\boldsymbol{x}) = (g_1(x_1,\ldots,x_d),\ldots,g_k(x_1,\ldots,x_d))$$

が存在する．

(i)　g_i は $\mathbb{R}^d$ の点 $\boldsymbol{a}$ の近傍で定義された C^r 級関数で，$\boldsymbol{g}(\boldsymbol{a}) = \boldsymbol{b}$,

(ii)　$\boldsymbol{f}(\boldsymbol{x},\boldsymbol{g}(\boldsymbol{x})) \equiv 0$,

(iii)　$(\boldsymbol{a},\boldsymbol{b})$ に十分近い $(\boldsymbol{x},\boldsymbol{y})$ が $\boldsymbol{f}(\boldsymbol{x},\boldsymbol{y}) = \boldsymbol{0}$ をみたせば，$\boldsymbol{y} = \boldsymbol{g}(\boldsymbol{x})$.

少々曖昧な言い方をすれば，これは，「方程式系 $f(\boldsymbol{x},\boldsymbol{y}) = \boldsymbol{0}$ が $\boldsymbol{y}$ について（$\boldsymbol{x}$ の関数として）一意的に解くことができる」ことを意味している．$\boldsymbol{f}(\boldsymbol{x},\boldsymbol{y}) = \boldsymbol{0}$ のような形で表現される関数（$\boldsymbol{g}(\boldsymbol{x})$）を**陰関数**（implicit function）という．

証明　$(\boldsymbol{a},\boldsymbol{b}) = (\boldsymbol{0},\boldsymbol{0})$ としても一般性を失わない．$\boldsymbol{0} = (\boldsymbol{0},\boldsymbol{0}) \in \mathbb{R}^{d+k} = \mathbb{R}^d \times \mathbb{R}^k$ の近傍で定義された $\mathbb{R}^{d+k}$-値関数 $\boldsymbol{F}$ を

$$\boldsymbol{F}(\boldsymbol{x},\boldsymbol{y}) = (\boldsymbol{x},\boldsymbol{f}(\boldsymbol{x},\boldsymbol{y}))$$

により定義すると，原点における $\boldsymbol{F}$ のヤコビアン $\det D_{\boldsymbol{0}}\boldsymbol{F}$ は

$$\begin{vmatrix} 1 & 0 & \cdots & 0 & 0 & \cdots & 0 \\ 0 & 1 & \cdots & 0 & 0 & \cdots & 0 \\ & & \cdots & & & \cdots & \\ 0 & 0 & \cdots & 1 & 0 & \cdots & 0 \\ \dfrac{\partial f_1}{\partial x_1}(\boldsymbol{0}) & \dfrac{\partial f_1}{\partial x_2}(\boldsymbol{0}) & \cdots & \dfrac{\partial f_1}{\partial x_d}(\boldsymbol{0}) & \dfrac{\partial f_1}{\partial y_1}(\boldsymbol{0}) & \cdots & \dfrac{\partial f_1}{\partial y_k}(\boldsymbol{0}) \\ & \cdots & & & \cdots & & \\ \dfrac{\partial f_k}{\partial x_1}(\boldsymbol{0}) & \dfrac{\partial f_k}{\partial x_2}(\boldsymbol{0}) & \cdots & \dfrac{\partial f_k}{\partial x_d}(\boldsymbol{0}) & \dfrac{\partial f_k}{\partial y_1}(\boldsymbol{0}) & \cdots & \dfrac{\partial f_k}{\partial y_k}(\boldsymbol{0}) \end{vmatrix} = \begin{vmatrix} \dfrac{\partial f_1}{\partial y_1}(\boldsymbol{0}) & \cdots & \dfrac{\partial f_1}{\partial y_k}(\boldsymbol{0}) \\ & \cdots & \\ \dfrac{\partial f_k}{\partial y_1}(\boldsymbol{0}) & \cdots & \dfrac{\partial f_k}{\partial y_k}(\boldsymbol{0}) \end{vmatrix} \neq 0$$

(ここで，区分けされた行列式についての等式 $\begin{vmatrix} I & O \\ A & B \end{vmatrix} = |B|$ を使った)．ゆえに，逆関数の定理によって，$\mathbf{0} = (\mathbf{0}, \mathbf{0})$ の近くで $\boldsymbol{F}$ の C^r 級逆写像 $\boldsymbol{F}^{-1}$ が存在する．そこで，$\boldsymbol{F}^{-1}(\boldsymbol{x}, \boldsymbol{y}) = (\boldsymbol{h}(\boldsymbol{x}, \boldsymbol{y}), \boldsymbol{g}(\boldsymbol{x}, \boldsymbol{y}))$ とおくと，

$$(\boldsymbol{h}(\boldsymbol{x}, \boldsymbol{y}), \boldsymbol{f}(\boldsymbol{h}(\boldsymbol{x}, \boldsymbol{y}), \boldsymbol{g}(\boldsymbol{x}, \boldsymbol{y}))) = \boldsymbol{F}(\boldsymbol{F}^{-1}(\boldsymbol{x}, \boldsymbol{y})) = (\boldsymbol{x}, \boldsymbol{y})$$

なので，

$$\boldsymbol{h}(\boldsymbol{x}, \boldsymbol{y}) = \boldsymbol{x}, \quad \boldsymbol{f}(\boldsymbol{h}(\boldsymbol{x}, \boldsymbol{y}), \boldsymbol{g}(\boldsymbol{x}, \boldsymbol{y})) = \boldsymbol{y}.$$

よって，$\boldsymbol{f}(\boldsymbol{x}, \boldsymbol{g}(\boldsymbol{x}, \boldsymbol{y})) = \boldsymbol{y}$ が得られる．そこで，改めて $\boldsymbol{g}(\boldsymbol{x}) = \boldsymbol{g}(\boldsymbol{x}, \mathbf{0})$ とおけば，求める式 $\boldsymbol{f}(\boldsymbol{x}, \boldsymbol{g}(\boldsymbol{x})) = \mathbf{0}$ に達する．

(iii) については，$\boldsymbol{F}$ が局所的に同型写像であることから結論される．　□

読者の便宜のため，$d=1$，$k=1$ の場合の陰関数定理を述べておこう．

定理 8-25

$f(x,y)$ を $\mathbb{R}^2$ の開集合 U で C^r 級，$(a,b) \in U$ で $f(a,b)=0$，$f_y(a,b) \neq 0$ ならば，a の近傍で定義された C^r 級関数 $g(x)$ が存在して，

$$f(x, g(x)) = 0, \quad b = g(a).$$

例題 8-2

前定理において次式が成り立つ：

$$g'(x) = -\frac{f_x(x, g(x))}{f_y(x, g(x))}.$$

解　$f(x,g(x))=0$ の両辺を微分すれば，$f_x(x,g(x))+f_y(x,g(x))g'(x)=0$.　□

§8.4　極値問題

$E \subset \mathbb{R}^d$ を定義域とする関数 $f(\boldsymbol{x})$ について，$\boldsymbol{a} \in E$ における値 $f(\boldsymbol{a})$ が，$\boldsymbol{a}$ のある近傍における関数値と比較して最小（最大）となるならば，f は $\boldsymbol{a}$ で**極小** (local minimum)（**極大**；local maximum）となるといい，$f(\boldsymbol{a})$ を**極小値**（**極大値**）という．極小値，極大値を総称して**極値** (extreme value) という．

定理 8-26

開集合 U を定義域とする関数 f が $\boldsymbol{a}\in U$ で極値をとり，偏微分 $f_{x_i}(\boldsymbol{a})$, $(i=1,\ldots,d)$ が存在するならば,

$$f_{x_1}(\boldsymbol{a})=\cdots=f_{x_d}(\boldsymbol{a})=0. \tag{8.9}$$

証明　$F_i(t)=f(a_1,\ldots,a_{i-1},a_i+t,a_{i+1},\ldots,a_d)$ とおけば，F は $t=0$ で極値をとるので，$f_{x_i}(\boldsymbol{a})=F'(0)=0$. □

(8.9) をみたす点 $\boldsymbol{a}$ を f の**臨界点** (critical point) という．臨界点であることは極値をとるための必要条件であって，十分条件ではない．例えば，$f(x,y)=x^2-y^2$ は $f_x(0,0)=f_y(0,0)=0$ であるが，$(0,0)$ では f は極小にも極大にもならない．十分条件を与えるためには，対称行列の知識を必要とする．

A を (i,j) 成分が a_{ij} の d 行 d 列の正方行列とする．$a_{ij}=a_{ji}$ がすべての i,j について成り立つとき，すなわち，A の転置行列（行と列を取り換えて得られる行列）を ${}^tA$ により表すとき ${}^tA=A$ が成り立つならば，A は 対称 といわれる．$\boldsymbol{x},\boldsymbol{y}\in\mathbb{R}^d$ を d 項列ベクトルと同一視したとき

$$A\boldsymbol{x}\cdot\boldsymbol{y}=\boldsymbol{x}\cdot{}^tA\boldsymbol{y}$$

が成り立つので，A が対称ならば $A\boldsymbol{x}\cdot\boldsymbol{y}=\boldsymbol{x}\cdot A\boldsymbol{y}$．成分を使えば，

$$A\boldsymbol{x}\cdot\boldsymbol{y}=\sum_{i,j=1}^{d}a_{ij}x_iy_j.$$

対称行列 A が，任意の $\boldsymbol{x}\neq\boldsymbol{0}$ について $A\boldsymbol{x}\cdot\boldsymbol{x}>0$ をみたすとき，A は正値対称行列とよばれる[6)]．A が正値，A' が対称かつすべての成分が A の対応する成分に十分近ければ，A' も正値である．

$d=2$ の場合，対称行列は $\begin{pmatrix}a & b\\ b & c\end{pmatrix}$ の形をしていて，$\boldsymbol{x}=(x,y)$ とすれば

$$A\boldsymbol{x}\cdot\boldsymbol{x}=ax^2+2bxy+cy^2$$

である．$a>0$ の場合，$ax^2+2bxy+cy^2=a\big(x+(b/a)y\big)^2+\frac{ac-b^2}{a}y^2$ であるから，$ac-b^2>0$ ならば A は正値である．また，$a<0$ の場合，$ac-b^2>0$ ならば，$-A$ は正値である．

6) A が正値であることと，A のすべての固有値が正であることは同値である．

f を C^2 級関数とするとき，(i,j) 成分が $\dfrac{\partial^2 f}{\partial x_i \partial x_j}(\boldsymbol{a})$ である行列は対称行列である．これを f の $\boldsymbol{a}$ におけるヘッシアン（Hessian）といい，$\mathrm{Hess}_{\boldsymbol{a}}(f)$ により表す．

定理 8-27

開集合 $U \subset \mathbb{R}^d$ 上の C^2 級関数 f の臨界点 $\boldsymbol{a}$ において，ヘッシアン $\mathrm{Hess}_{\boldsymbol{a}}(f)$ が正値対称行列ならば，f は $\boldsymbol{a}$ において極小である．また，$-\mathrm{Hess}_{\boldsymbol{a}}(f)$ が正値対称行列ならば，f は $\boldsymbol{a}$ において極大である．

証明　f が $\boldsymbol{a}$ で極大であることと，$-f$ が $\boldsymbol{a}$ で極小であることは同値であり，$\mathrm{Hess}_{\boldsymbol{a}}(-f) = -\mathrm{Hess}_{\boldsymbol{a}}(f)$ であるから前半を証明すれば十分．テイラーの定理 8-18 により，$\|\boldsymbol{x}\|$ が十分小さいとき，

$$\begin{aligned} f(\boldsymbol{a}+\boldsymbol{x}) - f(\boldsymbol{a}) &= \frac{1}{2}\sum_{i,j=1}^{d} \frac{\partial^2 f}{\partial x_i \partial x_j}(\boldsymbol{a}+\theta\boldsymbol{x})x_i x_j \\ &= \frac{1}{2}\mathrm{Hess}_{\boldsymbol{a}+\theta\boldsymbol{x}}(f)\boldsymbol{x}\cdot\boldsymbol{x} \quad (0<\theta<1) \end{aligned}$$

が成り立つ．$\|\boldsymbol{x}\|$ が十分小さければ，$\mathrm{Hess}_{\boldsymbol{a}+\theta\boldsymbol{x}}(f)$ は正値であるから，$f(\boldsymbol{a}+\boldsymbol{x}) - f(\boldsymbol{a}) \geq 0$．よって $f(\boldsymbol{a})$ は極小値である．□

$d=2$ の場合は，上で述べたことから，次のような十分条件を得る．

定理 8-28

開集合 $U \subset \mathbb{R}^2$ 上の C^2 級関数 f の臨界点 (a,b) において，$D(a,b) = f_{xx}(a,b)f_{yy}(a,b) - f_{xy}(a,b)^2$ とおくとき，$D(a,b)>0$, $f_{xx}(a,b)>0$ ならば極小であり，$D(a,b)>0$, $f_{xx}(a,b)<0$ ならば極大である．

問 8-7　$f(x,y) = x^3 + 3xy + y^3$ の極値を求めよ．

実際の応用に登場する極値問題では，変数の間に付帯条件が課されている場合が多い．正確には，付帯条件は n 個の方程式

$$g_\nu(x_1,\ldots,x_d) = 0 \quad (\nu = 1,\ldots,n<d) \tag{8.10}$$

により与えられ，この条件の下で $f(x_1,\cdots,x_d)$ の極値を論じるのである（$n<d$ とする理由は，$n \geq d$ とすると，付帯条件をみたす $\mathbb{R}^d$ の点の集合が，離散集

合，あるいは空集合になる可能性があるからである）．これを**条件付極値問題**（constrained extreme problem）という．幾何学的には，付帯条件から得られる $\mathbb{R}^d$ の中の「超曲面」上での f の極値を求める問題である．

素朴には，付帯条件に基づいて「独立」でない変数を次々に消去し，通常の極値問題に帰着することが考えられる．しかし，この方法は見通しがはっきりせず，却って迂遠になる可能性もある．ここでは，別の処理法を紹介する．

付帯条件に以下次のような仮定をおく．$\boldsymbol{g}(\boldsymbol{x}) = (g_1(\boldsymbol{x}), \cdots, g_n(\boldsymbol{x}))$ とおいたとき，d 列 n 行のヤコビ行列 $D_{\boldsymbol{x}}(\boldsymbol{g})$ の階数が n に等しいとする[7]．すなわち，ヤコビ行列の n 次の小行列式のうち，少なくとも1つが0でないとする．直観的な言い方をすれば，これは n 個の条件式 (8.10) が「互いに独立」であることを意味している[8]．

変数 $\lambda_1, \cdots, \lambda_n$ を付け加えた関数

$$F(x_1, \ldots, x_d, \lambda_1, \ldots, \lambda_n) = f(x_1, \ldots, x_d) + \sum_{\nu=1}^{n} \lambda_\nu g_\nu(x_1, \ldots, x_d)$$

を考える．$\lambda_1, \cdots, \lambda_n$ を**ラグランジュの乗数**（Lagrange multiplier）という．

定理 8-29（**ラグランジュの乗数法**；method of Lagrange multiplier）

開集合 U 上で f, g_ν ($\nu = 1, \cdots, n$) が C^1 級とする．付帯条件 (8.10) の下で，f が $\boldsymbol{a} \in U$ において極値をとるならば，ある $\boldsymbol{\lambda}_0 = (\lambda_{01}, \cdots, \lambda_{0n})$ が存在して

$$\begin{cases} F_{x_i}(\boldsymbol{a}, \boldsymbol{\lambda}_0) = \dfrac{\partial f}{\partial x_i}(\boldsymbol{a}) + \displaystyle\sum_{\nu=1}^{n} \lambda_{0\nu} \dfrac{\partial g_\nu}{\partial x_i}(\boldsymbol{a}) = 0 & (i = 1, \ldots, d), \\ F_{\lambda_\nu}(\boldsymbol{a}, \boldsymbol{\lambda}_0) = g_\nu(\boldsymbol{a}) = 0 & (\nu = 1, \ldots, n) \end{cases}$$

が成り立つ．

前と同様，この条件をみたす $\boldsymbol{a}$ が極値とは限らない．$\boldsymbol{a}$ を，付加条件の下での f の臨界点とよぶ．

証明 付帯条件の仮定から，一般性を失うことなく，点 $\boldsymbol{a}$ において

---

[7] 行列の階数については，[9] を参照のこと．

[8] さらに言えば，付帯条件が形作る $\mathbb{R}^d$ の中の図形が，「特異点」を持たない $d-n$ 次元の超曲面となっていることを意味する（$d=3, n=1$ の場合は「超曲面」は通常の曲面になる）．

$$\frac{\partial(g_1,\ldots,g_n)}{\partial(x_1,\ldots,x_n)} \neq 0 \tag{8.11}$$

とする．陰関数定理 8-24 を適用すれば，条件方程式 (8.10) を $\boldsymbol{a}$ の近傍で x_i $(i=1,\ldots,n)$ について解くことができる：

$$x_i = h_i(x_{n+1},\ldots,x_d), \quad a_i = h_i(a_{n+1},\ldots,a_d) \quad (i=1,\ldots,n)$$

そこで，恒等式

$$g_\nu(h_1(x_{n+1},\ldots,x_d),\ldots,h_n(x_{n+1},\ldots,x_d),x_{n+1},\ldots,x_d)=0$$

の左辺を合成関数の微分公式 2 を使って x_j $(j=n+1,\ldots,d)$ で微分することにより

$$\sum_{i=1}^n \frac{\partial g_\nu}{\partial x_i}\frac{\partial h_i}{\partial x_j} + \frac{\partial g_\nu}{\partial x_j} = 0 \quad (\nu=1,\ldots,n;\ j=n+1,\ldots,d). \tag{8.12}$$

一方，$f(h_1(x_{n+1},\ldots,x_d),\ldots,h_n(x_{n+1},\ldots,x_d),x_{n+1},\ldots,x_d)$ は，$(a_{n+1},\ldots,a_d)$ において極値をとるので，定理 8-26 により $(a_{n+1},\ldots,a_d)$ において

$$\sum_{i=1}^n \frac{\partial f}{\partial x_i}(\boldsymbol{a})\frac{\partial h_i}{\partial x_j}(\boldsymbol{a}) + \frac{\partial f}{\partial x_j}(\boldsymbol{a}) = 0 \quad (j=n+1,\ldots,d) \tag{8.13}$$

が成り立つ．

さて，未知数 $\boldsymbol{\lambda}=(\lambda_1,\cdots,\lambda_n)$ についての連立一次方程式

$$\sum_{\nu=1}^n \frac{\partial g_\nu}{\partial x_i}(\boldsymbol{a})\lambda_\nu + \frac{\partial f}{\partial x_i}(\boldsymbol{a}) = 0 \quad (i=1,\ldots,n)$$

を考える．(8.11) に注意すれば，この方程式は一意的な解 $\boldsymbol{\lambda}_0=(\lambda_{01},\ldots,\lambda_{0n})$ を有する．示すべきことは $j=n+1,\ldots,d$ についても

$$\sum_{\nu=1}^n \frac{\partial g_\nu}{\partial x_j}(\boldsymbol{a})\lambda_{0\nu} + \frac{\partial f}{\partial x_j}(\boldsymbol{a}) = 0$$

が成り立つことである．実際，$\boldsymbol{a}$ における (8.12) に $\lambda_{0\nu}$ を掛けて $\nu=1,\ldots,n$ にわたって和を取り，その結果に (8.13) を足すと

$$\begin{aligned} 0 &= \sum_{i=1}^n \left(\sum_{\nu=1}^n \lambda_{0\nu}\frac{\partial g_\nu}{\partial x_i}(\boldsymbol{a}) + \frac{\partial f}{\partial x_i}(\boldsymbol{a})\right)\frac{\partial h_i}{\partial x_j}(\boldsymbol{a}) + \sum_{\nu=1}^n \lambda_{0\nu}\frac{\partial g_\nu}{\partial x_j}(\boldsymbol{a}) + \frac{\partial f}{\partial x_j}(\boldsymbol{a}) \\ &= \sum_{\nu=1}^n \lambda_{0\nu}\frac{\partial g_\nu}{\partial x_j}(\boldsymbol{a}) + \frac{\partial f}{\partial x_j}(\boldsymbol{a}) \qquad (j=n+1,\ldots,d) \end{aligned}$$

が得られ，証明が終了する．　□

例題 8-3

$x^2+\dfrac{y^2}{4}=1$ の下で，xy の最大値と最小値をラグランジュの乗数法により求めよ．

解　$f(x,y)=xy,\ g(x,y)=x^2+\dfrac{y^2}{4}-1$ とおく．連立方程式

$$\begin{cases} f_x(x,y)+\lambda g_x(x,y)=0 \\ f_y(x,y)+\lambda g_y(x,y)=0 \\ g(x,y)=0 \end{cases}$$

は $y+2\lambda x=0$,　$x+\dfrac{1}{2}\lambda y=0$,　$x^2+\dfrac{y^2}{4}-1=0$ となるから，

$$y=-2\lambda x=-2\lambda(-\frac{1}{2}\lambda)y=\lambda^2 y.$$

よって，$y\neq 0$ の場合は $\lambda^2=1$．$y=0$ の場合は $x=0$ となり，$(x,y)=(0,0)$ は $g(x,y)=0$ をみたさない．従って前者の場合を考えればよい．

$y=-2\lambda x$ を $x^2+\dfrac{y^2}{4}-1=0$ に代入すれば $x^2+\lambda^2x^2=1$ となり，$2x^2=1$ すなわち $x=\pm\dfrac{\sqrt{2}}{2}$ となり，$y=\pm\lambda\sqrt{2}$ である．

(1) $\lambda=1$ の場合．$(x,y)=(\pm\dfrac{\sqrt{2}}{2},\pm\sqrt{2})$ で，$xy=1$．

(2) $\lambda=-1$ の場合．$(x,y)=(\pm\dfrac{\sqrt{2}}{2},\mp\sqrt{2})$ で，$xy=-1$．

$g(x,y)=0$ の下で $f(x,y)$ は「明らかに」最大値，最小値を持つから，それらは極値であり，よって $(x,y)=(\pm\dfrac{\sqrt{2}}{2},\pm\sqrt{2})$ のとき最大値 1 をとり，$(x,y)=(\pm\dfrac{\sqrt{2}}{2},\mp\sqrt{2})$ のとき最小値で -1 をとる．□

問 8-8　条件 $x^2+y^2=2$ の下で，$f(x,y)=y-x$ の最大値，最小値をラグランジュの乗数法により求めよ．

§8.5　多変数関数の積分

多変数関数の積分について，ここでは 2 変数の場合に限って述べる．その理由は，本節で述べることは容易に一般の多変数の場合に拡張されるものの，記号が煩雑になるためである．

以下の議論に登場する「領域」という用語について，一般次元の場合に説明しておこう．$\mathbb{R}^d$ の部分集合 D は，D の任意の 2 点が D 内の連続曲線で結べると

き，**弧状連結** (connected) であるという．ここで，**連続曲線** (continuous curve) とは，ある閉区間を定義域とし，$\mathbb{R}^d$ に値を持つ連続なベクトル値関数のことである．弧状連結な開集合を**開領域** (open domain) という．D にその境界 ∂D を付け加えて得られる集合（すなわち，D の閉包 $\overline{D}$）を**閉領域** (closed domain) という．開領域と閉領域を併せて**領域**ということにする．

1 変数の場合は，関数が定義されている区間を複数の小区間による分割が議論の出発点であった．2 変数の場合には，小区間の代わりに小長方形を採用するのが自然であろう．

xy 平面上の有界な集合 D で定義された有界な関数 $f(x,y)$ を考える．D を含む長方形 $R=[a,b]\times[c,d]$ を選び，$f(x,y)$ の定義域を D の外では 0 とすることにより R に拡張する．そして，$[a,b]$ および $[c,d]$ をそれぞれ小区間に分割する：

$$\Delta:\quad a=x_0<x_1<\cdots<x_m=b,\quad c=y_0<y_1<\cdots<y_n=d.$$

これらが生じる mn 個の小長方形

$$R_{\mu\nu}=[x_{\mu-1},x_\mu]\times[y_{\nu-1},y_\nu]\quad(\mu=1,\ldots,m\ ;\ \nu=1,\ldots,n)$$

の面積 $(x_\mu-x_{\mu-1})(y_\nu-y_{\nu-1})$ を $\sigma_{\mu\nu}$ により表し，さらに

$$\underline{g}_{\mu\nu}=\inf_{R_{\mu\nu}}f(x,y),\ \ \overline{g}_{\mu\nu}=\sup_{R_{\mu\nu}}f(x,y),\ \ \omega_{\mu\nu}=\overline{g}_{\mu\nu}-\underline{g}_{\mu\nu}$$

とおく．$f(x,y)$ の有界性により，

$$-\infty<\underline{g}:=\inf_R f(x,y)\le\underline{g}_{\mu\nu}\le\overline{g}_{\mu\nu}\le\sup_R f(x,y)=:\overline{g}<\infty.$$

よって

$$\underline{S}[\Delta]=\sum_{\mu=1}^{m}\sum_{\nu=1}^{n}\underline{g}_{\mu\nu}\sigma_{\mu\nu},\qquad\overline{S}[\Delta]=\sum_{\mu=1}^{m}\sum_{\nu=1}^{n}\overline{g}_{\mu\nu}\sigma_{\mu\nu}$$

とおけば

$$\underline{g}(b-a)(d-c)\le\underline{S}[\Delta]\le\overline{S}[\Delta]\le\overline{g}(b-a)(d-c).$$

ここで，分割が一様に細かくなることを表現するため

$$\delta[\Delta]:=\max_{\mu,\nu}((x_\mu-x_{\mu-1})^2+(y_\nu-y_{\nu-1})^2)^{1/2}$$

とおき，$\delta[\Delta]\to 0$ とする．このとき，$\underline{S}[\Delta]$ および $\overline{S}[\Delta]$ は収束し，それらの極限値は長方形 R の選び方に依存せず，さらに，$\underline{S}[\Delta],\overline{S}[\Delta]$ はそれぞれ $\sup_\Delta\underline{S}[\Delta]$, $\inf_\Delta\overline{S}[\Delta]$ に等しい．そこで次のようにおく．

$$\underline{\iint_D} f(x,y)\,dxdy:=\sup_\Delta\underline{S}[\Delta],\quad\overline{\iint_D} f(x,y)\,dxdy:=\inf_\Delta\overline{S}[\Delta].$$

次に，各 $R_{\mu\nu}$ から任意に点 (ξ_μ, η_ν) を選び，$\xi = \{\xi_\mu\}_\mu^m$，$\eta = \{\eta_\nu\}_{\nu=1}^n$ とおいて，リーマン和

$$S[\Delta; \xi, \nu] = \sum_{\mu=1}^{m} \sum_{\nu=1}^{n} f((\xi_\mu, \eta_\nu))\sigma_{\mu\nu}$$

を導入する．明らかに $\underline{S}[\Delta] \leq S[\Delta; \xi, \nu] \leq \overline{S}[\Delta]$ が成り立つ．

定義 8-5

$J = \lim_{\delta[\Delta] \to 0} S[\Delta; \xi, \nu]$ が存在するとき，$f(x,y)$ は D 上で**積分可能**あるいは**可積**であるといい，J を $f(x,y)$ の D 上の **2 重積分**（double integral），記号として

$$J = \iint_D f(x,y)\,dxdy$$

により表す（一般の多変数関数の場合は**多重積分**（multiple integral）という）．

1 変数の場合と同様に証明される結果をまとめて定理として述べておく．

定理 8-30

(1) 任意の分割の列 Δ_k に対して，$\delta[\Delta_k] \to 0$ ならば

$$\lim_{k\to\infty} \underline{S}[\Delta_k] = \underline{\iint}_D f(x,y)\,dxdy, \quad \lim_{k\to\infty} \overline{S}[\Delta_k] = \overline{\iint}_D f(x,y)\,dxdy.$$

(2) $f(x,y)$ が D 上で可積であるための必要十分条件は

$$\underline{\iint}_D f(x,y)\,dxdy = \overline{\iint}_D f(x,y)\,dxdy$$

となることである．このとき，この値は $\iint_D f(x,y)\,dxdy$ に等しい．

(3) $f(x,y)$ が D 上で可積であるための必要十分条件は，任意の $\varepsilon > 0$ に対して，$\overline{S}[\Delta] - \underline{S}[\Delta_k] < \varepsilon$ となる分割 Δ が存在することである．

(4) $f(x,y)$ が D で可積であるための必要十分条件は，任意の $\varepsilon > 0$，$\delta > 0$ に対して，$\sum_{\omega_{\mu\nu} > \delta} < \varepsilon$ をみたすような分割 Δ が存在することである．

D 上で $f(x,y) \equiv 1$ のときを考えよう．

(i)　$R_{\mu\nu} \subset D$ ならば $\underline{g}_{\mu\nu} = 1$，$R_{\mu\nu} \not\subset D$ ならば $\underline{g}_{\mu\nu} = 0$ であるから

$$\underline{S}(\Delta) = \sum_{\substack{\mu,\nu \\ R_{\mu\nu} \subset D}} \sigma_{\mu\nu}.$$

すなわち $\underline{S}(\Delta)$ は D に含まれる小長方形の面積の和である．

(ii)　$R_{\mu\nu} \cap D \neq \emptyset$ ならば $\overline{g}_{\mu\nu} = 1$，$R_{\mu\nu} \cap D = \emptyset$ ならば $\overline{g}_{\mu\nu} = 0$ であるから

$$\overline{S}(\Delta) = \sum_{\substack{\mu,\nu \\ R_{\mu\nu} \cap D \neq \emptyset}} \sigma_{\mu\nu}.$$

すなわち，$\overline{S}(\Delta)$ は，D と交わる小長方形の面積の和である．

よって $\overline{S}(\Delta) - \underline{S}(\Delta)$ は，D と交わるが D には含まれない小長方形の面積の和となる．

$f \equiv 1$ が可積なとき，D は（ジョルダンの意味で）**可測**あるいは**面積を持つ**といい，$\iint_D 1\,dxdy$ を $\sigma(D)$ により表して，これを D の面積という．換言すれば，小長方形 $R_{\mu\nu}$ のうち，D と交わるが D には含まれない小長方形を $R^*_{\mu\nu}$ により表したとき，任意の $\varepsilon > 0$ に対して

$$\sum_{R^*_{\mu\nu}} \sigma_{\mu\nu} < \varepsilon \tag{8.14}$$

をみたすような分割が存在することが，D が可測であるための必要十分条件である．直観的には，これは境界点の集合が「薄い」ことを意味している（本書では証明を与えないが，領域 D の境界が滑らかな閉曲線になっている場合は，この要請を満足する）．

これからは，D は可測とする（一般に領域は可測とは限らない）．

定理 8-31

領域 D 上で有界な連続関数 $f(x,y)$ は可積である．

証明　D に含まれる小長方形を $R^0_{\mu\nu}$ により表そう．$R^0_{\mu\nu}$ の全体の和集合は閉集合でなので，$f(x,y)$ はその上で一様に連続である．よって，任意の $\varepsilon > 0$ に対して，ある $\delta = \delta(\varepsilon) > 0$ が存在して，$\delta[\Delta] < \delta$ ならば $R^0_{\mu\nu}$ における $\omega_{\mu\nu} < \varepsilon$ となる．一方で，適当な分割を選べば (8.14) が成り立つので，1 つの分割から始めて，

それを細分していくとき，(8.14) は保存されるから，結局，適当な分割 Δ を選んで $\sum_{\omega_{\mu\nu}>\varepsilon}\sigma_{\mu\nu}<\varepsilon$ とすることができる．よって定理 8-30 (4) により，$f(x,y)$ は可積である． □

以下の 2 つの定理は，容易に確かめることができる．

定理 8-32

$f(x,y)$ が D 上で可積であれば，境界についての上の要請をみたす D の任意の部分集合でも可積である．さらに，$f(x,y)$ が D_1, D_2 の双方で可積ならば，$D_1 \cup D_2$ でも可積である．

定理 8-33

$f(x,y)$, $g(x,y)$ が共に領域 D で可積なら，$af+bg$ $(a,b\in\mathbb{R})$ および $|f|$ も可積であり，

$$\iint_D (af+bg)\,dxdy = a\iint_D f\,dxdy + b\iint_D g\,dxdy,$$

$$\left|\iint_D f\,dxdy\right| \leq \iint_D |f|\,dxdy.$$

2 重積分の計算を定義にしたがって行うのは容易ではない．そこで，1 変数の場合の積分に帰着させることを考える．

xy 平面上の単純閉曲線（自己交差しない連続な閉曲線）C が，座標軸と平行な直線と高々 2 点で交わると仮定．C により囲まれた有界領域 D の点 (x,y) についての下限，上限をそれぞれ a,b，y の下限，上限をそれぞれ c,d とする．仮定から，$y\in[c,d]$ ごとに，$(x,y)\in C$ となる x は高々 2 つあり，それらを $\underline{x}(y)$, $\overline{x}(y)$ 　$(\underline{x}(y)\leq\overline{x}(y))$ とする．同様に，$x\in[a,b]$ ごとに $(x,y)\in C$ と

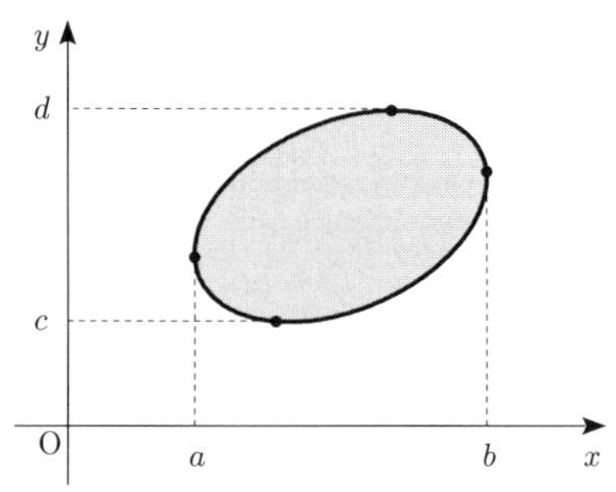

図 8.1　2 重積分

なる y は高々 2 つあり，それらを $\underline{y}(x)$, $\overline{y}(x)$　$(\underline{y}(x) \le \overline{y}(x))$ とする．とくに，$\underline{x}(c) = \overline{x}(c)$, $\underline{x}(d) = \overline{x}(d)$, $\underline{y}(a) = \overline{y}(a)$, $\underline{y}(b) = \overline{y}(b)$ である．

定理 8-34

上記の状況の下で，$D \cup C$ 上の有界な連続関数 $f(x,y)$ に対して次式が成り立つ．

$$\iint_D f(x,y)\,dxdy = \int_a^b \left(\int_{\underline{y}(x)}^{\overline{y}(x)} f(x,y)\,dy \right) dx = \int_c^d \left(\int_{\underline{x}(y)}^{\overline{x}(y)} f(x,y)\,dx \right) dy.$$

証明　長方形 $R = [a,b] \times [c,d]$ の分割 $\{R_{\mu\nu}\}$ を与えて，積分に関する平均値の定理 8-34 を使うことにより，任意の $\xi_\mu \in [x_{\mu-1}, x_\nu]$ に対して

$$\int_{y_{\nu-1}}^{y_\nu} f(\xi_\nu, y)dy = f(\xi_\nu, \eta_\nu)(y_\nu - y_{\nu-1})$$

をみたす $\eta_\nu \in [y_{\nu-1}, y_\nu]$ が存在する．この両辺に $x_\mu - x_{\mu-1}$ を掛けて ν および μ について和をとることにより

$$\sum_{\mu=1}^{m} (x_\mu - x_{\mu-1}) \int_{\underline{y}(\xi_\mu)}^{\overline{y}(\xi_\mu)} f(\xi_\mu, y)\,dy = \sum_{\mu=1}^{m} \sum_{\nu=1}^{n} f(\xi_\mu, \eta_\nu)\sigma_{\mu\nu}$$

が得られ，$\delta[\Delta] \to 0$ とすることにより，1 番目の等式を得る．2 番目の等式も同様に証明される．　□

定理 8-35

長方形 $R = [a,b] \times [c,d]$ で連続な $f(x,y)$ に対して

$$\iint_R f(x,y)\,dxdy = \int_a^b dx \int_c^d f(x,y)\,dy = \int_c^d dy \int_a^b f(x,y)\,dx.$$

証明　$\underline{x} \equiv a$, $\overline{x} \equiv b$, $\underline{y} \equiv c$, $\overline{y} \equiv d$ とすればよい．　□

誤解を生じない限り，上記の積分を

$$\int_a^b \int_c^d f(x,y)\,dxdy$$

により表すことがある．

問 8-9 次の 2 重積分を計算せよ.

(1) $\displaystyle\iint_D (2x-y)dxdy, \quad D = \{(x,y) \mid 0 \leq x \leq 1,\ 1 \leq y \leq 2\}$,

(2) $\displaystyle\iint_D x^2 y dxdy, \quad D = \{(x,y) \mid x^2+y^2 \leq a^2,\ y \geq 0\}$.

これまで有界な集合上の有界な関数の積分を論じてきた．一般の場合の積分を取り扱おう（1 変数のときの広義積分に当たる）．

$f(x,y)$ を領域 $D \subset \mathbb{R}^2$ で定義された関数とし，D_k 上で f が有界かつ可積であり，かつ $\bigcup_{k=1}^{\infty} D_k = D$ をみたす有界領域の増大列 $\{D_k\}$ を考える．もし，このような $\{D_k\}$ の選び方に依存しない極限値

$$\lim_{k\to\infty} \iint_{D_k} |f(x,y)|\, dxdy < \infty$$

が存在するとき，f は D 上で可積であるという．このような f に対して，$f_+ = (f+|f|)/2$, $f_- = (|f|-f)/2$ とおけば，$0 \leq f_\pm \leq |f|$ であるから，$f_\pm$ も可積であり，従って $f = f_+ - f_-$ も可積であり

$$\lim_{k\to\infty} \iint_{D_k} f(x,y)\, dxdy = \iint_D f_+(x,y)\, dxdy - \iint_D f_-(x,y)\, dxdy\ (<\infty)$$

が存在する．この値を $\displaystyle\iint_D f(x,y)\, dxdy$ により表す．

$D = [a,\infty) \times [c,\infty)$ 上の可積な関数 $f(x,y)$ については，$\displaystyle\iint_D f(x,y)\, dxdy$ を $\displaystyle\int_a^\infty \int_c^\infty f(x,y)\, dxdy$ により表す．定義から

$$\begin{aligned}\int_a^\infty \int_c^\infty f(x,y)\, dxdy &= \lim_{s,t\to\infty} \iint_{[a,s]\times[c,t]} f(x,y)\, dxdy \\ &= \lim_{s,t\to\infty} \int_0^s \int_0^t f(x,y)\, dxdy.\end{aligned}$$

同様に

$$\int_a^b \int_c^\infty f(x,y)\, dxdy, \quad \int_a^\infty \int_c^d f(x,y)\, dxdy, \quad \int_{-\infty}^\infty \int_{-\infty}^\infty f(x,y)\, dxdy$$

などが定義される．$\displaystyle\int_{-\infty}^\infty \int_{-\infty}^\infty f(x,y)\, dxdy$ については $\displaystyle\int_{\mathbb{R}^2} f(x,y)\, dxdy$ により表すことがある．

置換積分の公式は，多変数関数の積分にも拡張される．しかし，一般的状況の下で証明を与えるためには相当な準備が必要となり，むしろリーマン積分よりは

ルベーグ積分の理論の中で扱うほうが自然である．そこで，ここでは定理および証明の大雑把なアイディアのみを述べておく（関連する結果として，本章の課題 8-9 を参照のこと）．

定理 8-36

(ξ,η) を座標とする平面の有界領域 D と，$\overline{D}$ を含む開集合を定義域とする C^1 級同型写像 $\boldsymbol{\varphi}=(\varphi,\psi):U\to V\subset\mathbb{R}^2$ が与えられているとき，$\boldsymbol{\varphi}(D)$ 上の連続関数 $f(x,y)$ に対して

$$\iint_{\boldsymbol{\varphi}(D)} f(x,y)\,dxdy=\iint_D f(\varphi(\xi,\eta),\psi(\xi,\eta))\left|\frac{\partial(\varphi,\psi)}{\partial(\xi,\eta)}\right|\,d\xi d\eta.$$

証明のアイディア： 記号上の便宜のため，$J(\xi,\eta):=\dfrac{\partial(\varphi,\psi)}{\partial(\xi,\eta)}$ とおく．また，a が α を近似していることを，$\alpha\sim a$ により表すことにする．

まず，線型変換

$$x=x_0+a\xi+b\eta,$$
$$y=y_0+c\xi+d\eta$$

により，$\xi\eta$-平面の長方形 R を xy-平面に写して得られる平行四辺形の面積は $|ad-bc|\,\sigma(R)$ により与えられることに注意しよう（2 つのベクトル $\boldsymbol{x}=(x_1,x_2)$，$\boldsymbol{y}=(y_1,y_2)$ により張られる平行四辺形の面積は $|x_1y_2-x_2y_1|$ であることを使えばよい）．

(ξ,η) が (ξ_0,η_0) に十分近いとき，$\varphi(\xi,\eta)$ およびは $\psi(\xi,\eta)$ はそれぞれ 1 次関数

$$\Phi(\xi,\eta):=\varphi(\xi_0,\eta_0)+\varphi_\xi(\xi_0,\eta_0)(\xi-\xi_0)+\varphi_\eta(\xi_0,\eta_0)(\eta-\eta_0),$$
$$\Psi(\xi,\eta):=\psi(\xi_0,\eta_0)+\psi_\xi(\xi_0,\eta_0)(\xi-\xi_0)+\psi_\eta(\xi_0,\eta_0)(\eta-\eta_0)$$

により近似される．$\boldsymbol{\Phi}=(\Phi,\Psi)$ とし，R を (ξ_0,η_0) を含む長方形とすると $\boldsymbol{\Phi}(R)$ は平行四辺形であり，$\boldsymbol{\varphi}(R)$ の近似図形になっている．よって

$$\sigma(\boldsymbol{\varphi}(R))\sim\sigma(\boldsymbol{\Phi}(R))=|\varphi_\xi(\xi_0,\eta_0)\psi_\eta(\xi_0,\eta_0)-\varphi_\eta(\xi_0,\eta_0)\psi_\xi(\xi_0,\eta_0)\,|\,\sigma(R)$$
$$=J(\xi_0,\eta_0)\sigma(R).$$

Δ を小長方形 $R_{\mu\nu}=[\xi_{\nu-1},\xi_\nu]\times[\eta_{\nu-1},\eta_{nu}]$ による分割とし，$(\xi_{0\mu},\eta_{0\nu})\in R_{\mu,\nu}$ とすると，今述べたことから $\sigma(\boldsymbol{\varphi}(R_{\mu\nu}))\sim J(\xi_{0\mu},\eta_{0\nu})\sigma(R_{\mu\nu})$ が得られ，

$$\sum_{\mu,\nu} f(\varphi(\xi_{0,\mu},\eta_{0,\nu}),\psi(\xi_{0,\mu},\eta_{0,\nu}))\sigma(\boldsymbol{\varphi}(R_{\mu\nu}))$$

$$\sim \sum_{\mu,\nu} f(\varphi(\xi_{0,\mu},\eta_{0,\nu}),\psi(\xi_{0,\mu},\eta_{0,\nu}))J(\xi_{0\mu},\eta_{0\nu})\sigma(R_{\mu\nu}) \tag{8.15}$$

この右辺は分割を細かくすれば $\iint_D f(\xi,\eta)J(\xi,\eta)\,d\xi d\eta$ に近づく．

左辺を吟味するため，$x_\mu=\varphi(\xi_{0\mu},\eta_{0\nu})$，$y_\nu=\psi(\xi_{0\mu},\eta_{0\nu})$ とおく．$\dfrac{\partial\varphi}{\partial\xi},\ldots,\dfrac{\partial\psi}{\partial\eta}$ はすべて D 上で有界であるから，補題 8-22 により，$\mathrm{diam}(\boldsymbol{\varphi}(R_{\mu\nu}))\le C\mathrm{diam}(R_{\mu\nu})$ をみたす正定数 C が存在する．f の一様有界性により，任意の $\varepsilon>0$ に対して分割 Δ を十分細かくすれば

$$|f(x,y)-f(x_\mu,y_\nu)|<\varepsilon \quad ((x,y)\in\boldsymbol{\varphi}(R_{\mu\nu})).$$

こうして

$$\begin{aligned}&\left|\iint_{\boldsymbol{\varphi}(R_{\mu\nu})} f(x,y)\,dxdy - f(x_\mu,y_\nu)\sigma(\boldsymbol{\varphi}(R_{\mu\nu}))\right|\\ &=\iint_{\boldsymbol{\varphi}(R_{\mu\nu})}[f(x,y)-f(x_\mu,y_\nu)]\,dxdy \le \varepsilon\sigma(\boldsymbol{\varphi}(R_{\mu\nu}))\end{aligned}$$

が得られ，

$$\iint_{\boldsymbol{\varphi}(D)} f(x,y)\,dxdy = \sum_{\mu,\nu}\iint_{\boldsymbol{\varphi}(R_{\mu\nu})} f(x,y)\,dxdy$$

であるから，(8.15) の左辺は期待通り $\iint_{\boldsymbol{\varphi}(D)} f(x,y)\,dxdy$ を近似する． □

上の定理で，$\boldsymbol{\varphi}$ が線形変換の場合，すなわち $\varphi_1(\xi,\eta)=a\xi+b\eta$，$\varphi_2(\xi,\eta)=c\xi+d\eta$ の場合は，次式を得る．

$$\iint_D f(x,y)\,dxdy = \iint_\Delta f(a\xi+b\eta,c\xi+d\eta)\,|\,ad-bc\,|\,d\xi d\eta.$$

問 8-10　領域 $D=\{(x,y);\ 0\le x-y\le 1,\ 0\le x+y\le 1\}$ を図示し，次の二重積分を求めよ．

$$\iint_D (x-y)\sin\pi(x+y)dxdy$$

2 重積分の応用として，**ガウス積分** (Gaussian integral) $\displaystyle\int_{-\infty}^{\infty} e^{-x^2}dx = 2\int_0^\infty e^{-x^2}dx$ を求めよう（$\displaystyle\int_0^x e^{-x^2}dx$ は既知の関数では表せないことに注意しておく）．$\boldsymbol{\varphi}$: $(r,\theta)\mapsto(r\cos\theta, r\sin\theta)$ は，$(0,\infty)\times(0,2\pi)$ から $\mathbb{R}^2\backslash[0,\infty)\times\{0\}$ への C^∞ 級同型写像であり，そのヤコビアンは r であることを思い出そう．$0<\varepsilon<R$，$0<\delta<\pi$

をみたす ε, R, δ を選んで $D_{\varepsilon,R;\delta} = \{(r,\theta) \mid \varepsilon \le r \le R,\ \delta \le \theta \le 2\pi - \delta\}$ とおくと，置換積分の公式により

$$\iint_{\boldsymbol{\varphi}(D_{\varepsilon,R;\delta})} e^{-(x^2+y^2)}\,dxdy = \int_\varepsilon^R dr \int_\delta^{2\pi-\delta} d\theta\ e^{-r^2} r = 2(\pi-\delta)\int_\varepsilon^R re^{-r^2}\,dr$$

$$= 2(\pi-\delta)\left[-\frac{1}{2}e^{-r^2}\right]_{r=\varepsilon}^{r=R} \to \pi \quad (\varepsilon \to 0,\ R \to \infty,\ \delta \to 0).$$

一方，

$$\begin{aligned}\iint_{\boldsymbol{\varphi}(D_{\varepsilon,R;\delta})} e^{-(x^2+y^2)}\,dxdy &\to \iint_{\mathbb{R}^2\setminus[0,\infty)\times\{0\}} e^{-(x^2+y^2)}\,dxdy \\ &= \lim_{R\to\infty}\int_{([-R,R]\times[-R,R])\setminus([0,R]\times\{0\})} e^{-(x^2+y^2)}\,dxdy \\ &= \lim_{R\to\infty}\int_{-R}^R e^{-x^2}\,dx \times \int_{-R}^R e^{-y^2}\,dy = \left(\int_{-\infty}^\infty e^{-x^2}\,dx\right)^2\end{aligned}$$

であるから，

$$\int_{-\infty}^\infty e^{-x^2}\,dx = \sqrt{\pi}.$$

§8.6　曲線の長さ

曲線の長さを求めることは，微分積分学における重要な問題であり，それから派生した問題意識は 19 世紀に数学が発展する上で大きな原動力となった（6 章 §6.6 の囲みで述べた楕円関数論がその例である）．

連続曲線 $\boldsymbol{c}: [a,b] \longrightarrow \mathbb{R}^d$ の長さについて論じよう．もし $\boldsymbol{c}$ が折れ線ならば，折れ線を形作っている線分の長さを考え，それらをすべて足し合わせたものが $\boldsymbol{c}$ の長さとすることに，誰も異議はないだろう．そこで，一般の曲線 $\boldsymbol{c}$ については，それを折れ線で「近似」し，折れ線の長さの「極限」として長さを定義する．

このアイディアを，厳密に定式化しよう．区間 $[a,b]$ の分割 $\Delta: a = t_0 < t_1 < \cdots < t_n = b$ に対して

$$\ell_\Delta(\boldsymbol{c}) = \|\boldsymbol{c}(t_1) - \boldsymbol{c}(t_1)\| + \|\boldsymbol{c}(t_2) - \boldsymbol{c}(t_1)\| + \cdots + \|\boldsymbol{c}(t_n) - \boldsymbol{c}(t_{n-1})\|$$

は，点列 $\boldsymbol{c}(a), \boldsymbol{c}(t_1), \ldots, \boldsymbol{c}(t_{n-1}), \boldsymbol{c}(b)$ を順次線分で結んで得られる折れ線の長さである．

すべての分割 Δ を考えたときの $\ell_\Delta(\boldsymbol{c})$ の上限 $\sup_\Delta \ell_\Delta(\boldsymbol{c})$ を，$\ell(\boldsymbol{c})$ とおいて，$\boldsymbol{c}$ の**長さ**（length）ということにする．一般には，$\ell(\boldsymbol{c}) = \infty$ となることがある．$\ell(\boldsymbol{c}) < \infty$ であるとき，$\boldsymbol{c}$ は**長さを持つ曲線**（rectifiable curve）といわれる．

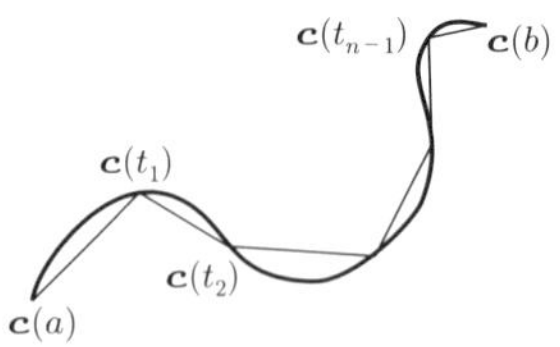

図 **8.2**　長さの折れ線近似

補題 8-37

$\boldsymbol{c}$ を長さを持つ曲線とする．$\delta[\Delta] = \max\{t_1 - t_0, t_2 - t_1, \ldots, t_n - t_{n-1}\}$ とおくとき，分割の列 $\{\Delta_k\}_{k=1}^{\infty}$ が，$\lim_{k\to\infty} \delta[\Delta_k] = 0$ をみたせば，

$$\lim_{k\to\infty} \ell_{\Delta_k}(\boldsymbol{c}) = \ell(\boldsymbol{c}).$$

証明　アイディアは定理 6-3 の証明のそれとほぼ同じである．上限の定義から，任意の $\varepsilon > 0$ に対して，$\ell(\boldsymbol{c}) - \varepsilon < \ell_\Delta(\boldsymbol{c}) \leq \ell(\boldsymbol{c})$ をみたす分割 Δ が存在する．n を Δ の分点の数とする．Δ_k と Δ の分点を合わせて得られる分割を Δ'_k とすると，三角不等式により $\ell_\Delta(\boldsymbol{c}) \leq \ell_{\Delta'_k}(\boldsymbol{c})$, $\ell_{\Delta_k} \leq \ell_{\Delta'_k}(\boldsymbol{c})$ である．他方，$\delta[\Delta_k]$ が十分に小さければ，Δ_k における各小区間は Δ の分点を高々 1 つしか含まない．$\ell_{\Delta'_k}(\boldsymbol{c})$ と $\ell_{\Delta_k}(\boldsymbol{c})$ の差には，Δ の分点を含む Δ_k の小区間の部分での増加のみが拘わるから，必要に応じて $\delta[\Delta_k]$ をさらに小さくすれば，$\boldsymbol{c}$ の一様連続性を使うことにより，$\ell_{\Delta'_k}(\boldsymbol{c}) - \ell_{\Delta_k}(\boldsymbol{c}) \leq \varepsilon$ とできる．よって，$\ell_{\Delta'_k}(\boldsymbol{c}) \geq \ell_\Delta(\boldsymbol{c})$ に注意すれば，

$$\ell(\boldsymbol{c}) - \ell_{\Delta_k}(\boldsymbol{c}) \leq (\ell(\boldsymbol{c}) - \ell_\Delta(\boldsymbol{c})) + (\ell_{\Delta'_k}(\boldsymbol{c}) - \ell_{\Delta_k}(\boldsymbol{c})) < \varepsilon + \varepsilon.$$

これは $\lim_{k\to\infty} \ell_{\Delta_k}(\boldsymbol{c}) = \ell(\boldsymbol{c})$ を意味している．□

長さを持つ曲線に関連する概念を述べておこう．

定義 8-6

関数 $f(x)$ が区間 $[a,b]$ で定義されているとき，$[a,b]$ の分割 $\Delta : a = x_0 < x_1 < \cdots < x_n = b$ に対して，和

$$v[f;\Delta] := \sum_{i=1}^{n} |f(x_i) - f(x_{i-1})|$$

を考える．すべての分割に関する上限 $V[f] = \sup_{\Delta} v[f;\Delta]$ が有限であるとき，$f(x)$ は $[a,b]$ で**有界変動**（bounded variation）であるといい，$V[f]$ を $f(x)$ の $[a,b]$ における**全変動**（total variation）という．

有界変動である関数は連続とは限らない．実際，任意の増加（減少）関数は有界変動である．

定理 8-38

連続曲線 $\boldsymbol{c}(t) = (x_1(t), \cdots, x_d(t))$ $(a \leq t \leq b)$ が長さを持つための必要十分条件は，各成分関数 $x_i(t)$ が $[a,b]$ において有界変動であることである．

証明　$\ell(\boldsymbol{c}) < \infty$ とすると，自明な不等式 $|x| \leq (x^2+a)^{1/2}$ $(a \geq 0)$ を使えば，すべての分割に関して $\sum_{\nu=1}^{n} |x_i(t_\nu) - x_i(t_{\nu-1})| \leq \ell(\boldsymbol{c})$ であるから，$x_i(t)$ は有界変動である．逆に，$x_i(t)$ の全変動 $V[x_i]$ $(i = 1, \ldots, d)$ が K を超えなければ，任意の分割 Δ に関して，補題 8-2 で述べた不等式 $\|\boldsymbol{x}\| \leq \|\boldsymbol{x}\|_1$ を使えば

$$\ell_\Delta(\boldsymbol{c}) \leq \sum_{\nu=1}^{n} \left(\sum_{i=1}^{d} |x_i(t_\nu) - x_i(t_{\nu-1})| \right) \leq dK$$

よって，$\ell(\boldsymbol{c}) < \infty$ である．□

しかし，連続な曲線でも，長さを持たないものが存在する．例えば，$[0,1]$ を定義域とする次の連続曲線の長さは無限である．

$$\boldsymbol{c}(t) = \begin{cases} (t, t\cos(\pi/t)) & (0 < t \leq 1) \\ (0,0) & (t = 0) \end{cases}$$

は長さ無限大である．実際，分割 $\Delta_k : 0 < \frac{2}{2k} < \frac{2}{2k-1} < \cdots < \frac{2}{4} < \frac{2}{3} < 1$ に対して，

$$\cos \pi/(2/n) = \begin{cases} \pm 1 & (n : \text{偶数}) \\ 0 & (n : \text{奇数}) \end{cases}$$

であるから $\ell_{\Delta_k}(\boldsymbol{c}) > 1/2 + 1/3 + \cdots + 1/k \to \infty$ $(k \to \infty)$.

次は，滑らかな曲線の長さを与える公式である．

定理 8-39

C^1 級の曲線 $\boldsymbol{c}(t) = \bigl(x_1(t), \ldots, x_d(t)\bigr)$ $(a \leq t \leq b)$ に対して

$$\ell(\boldsymbol{c}) = \int_a^b \left\| \frac{d\boldsymbol{c}}{dt} \right\| dt = \int_a^b \sqrt{\sum_{i=1}^{d} \left(\frac{dx_i}{dt} \right)^2}\, dt. \tag{8.16}$$

証明 分割の列 $\{\Delta_k\}_{k=1}^{\infty}$ で，$\lim_{k\to\infty}\delta[\Delta_k]=0$ をみたすものを選ぶ．補題 8-37 により $\lim_{k\to\infty}\ell_{\Delta_k}(\boldsymbol{c})=\ell(\boldsymbol{c})$ である．記号上の便宜から，Δ_k を改めて Δ により表し，$\Delta: a=t_0<t_1<\cdots<t_n=b$ とする．平均値の定理により，

$$x_i(t_h)-x_i(t_{h-1})=\frac{dx_i}{dt}(\xi_{ih})(t_h-t_{h-1})$$

となる $\xi_{1h},\ldots,\xi_{dh}$ $(t_{h-1}\le\xi_{1h},\ldots,\xi_{dh}\le t_h)$ が存在することに注意する $(h=1,\ldots,n)$．よって，

$$\ell_\Delta(\boldsymbol{c})=\sum_{h=1}^{n}(t_h-t_{h-1})\sqrt{\sum_{i=1}^{d}\Big(\frac{dx_i}{dt}(\xi_{ih})\Big)^2}$$

となる．この右辺はほぼリーマン和に近いものの，リーマン和そのものではない．そこで，

$$\sqrt{\sum_{i=1}^{d}\Big(\frac{dx_i}{dt}(\xi_{ih})\Big)^2}=\sqrt{\sum_{i=1}^{d}\Big(\frac{dx_i}{dt}(t_h)\Big)^2}+\varepsilon_h$$

とおく．ベクトル $\boldsymbol{a},\boldsymbol{b}\in\mathbb{R}^d$ について一般に成り立つ不等式 $\|\boldsymbol{a}\|-\|\boldsymbol{b}\|\le\|\boldsymbol{a}-\boldsymbol{b}\|\le\|\boldsymbol{a}-\boldsymbol{b}\|_1$（三角不等式と補題 8-2 を利用）を使えば

$$|\varepsilon_h|\le\sum_{i=1}^{d}\left|\frac{dx_i}{dt}(\xi_{ih})-\frac{dx_i}{dt}(t_h)\right|.$$

dx_i/dt が一様連続であることを使うことにより，任意の $\varepsilon>0$ に対して，$\left|\frac{dx_i}{dt}(\xi_{ih})-\frac{dx_i}{dt}(t_h)\right|<\varepsilon$ が成り立つような分割 $\Delta=\Delta_k$ を選べることに注意すると，$|\varepsilon_h|<d\varepsilon$ が得られるから

$$\ell_\Delta(\boldsymbol{c})=\sum_{h=1}^{n}(t_h-t_{h-1})\sqrt{\sum_{i=1}^{d}\Big(\frac{dx_i}{dt}(t_h)\Big)^2}+\sum_{h=1}^{d}\varepsilon_h(t_h-t_{h-1}), \tag{8.17}$$

$$\left|\sum_{h=1}^{d}\varepsilon_h(t_h-t_{h-1})\right|<d\varepsilon(b-a).$$

(8.17) の右辺の最初の項はリーマン和であり，(8.16) の右辺の積分に収束するから主張に至る． □

問 8-11 (1) $[a,b]$ 上の C^1 級関数 $f(x)$ のグラフにより与えられる曲線の長さは

$$\int_a^b\sqrt{1+\Big(\frac{df}{dx}\Big)^2}\,dx.$$

(2) 極座標 (r,θ) で $r=f(\theta)$ $(a\le\theta\le b)$ により与えられる C^1 級曲線の長さは

$$\int_a^b\sqrt{f(\theta)^2+f'(\theta)^2}\,d\theta.$$

第 8 章の課題

課題 8-1　$f(t\boldsymbol{x}) = t^m f(\boldsymbol{x})$ をみたす関数 $f(\boldsymbol{x}) = f(x_1, \ldots, x_d)$ を m 次の同次関数という．f が全微分可能な m 次の同次関数ならば

$$\sum_{i=1}^{d} x_i \frac{\partial}{\partial x_i} f = mf$$

が成り立つ．さらに f が C^2 級ならば

$$\sum_{i,j=1}^{d} x_i x_j \frac{\partial^2}{\partial x_i \partial x_j} f = m(m-1)f$$

が成り立つ．

課題 8-2　方程式 $\displaystyle\sum_{i=1}^{d} x_i \frac{\partial}{\partial x_i} f = mf$ をみたす関数 f は m 次同次である．

課題 8-3　$[a, b] \times [\alpha, \beta]$ 上の連続関数 $f(t, x)$ について，

$$F(x) = \int_a^b f(t, x)\, dt$$

とおく．

(1)　$F(x)$ は $[\alpha, \beta]$ で x の連続関数である．

(2)　さらに $f_x(t, x)$ が存在し，しかも $[a, b] \times [\alpha, \beta]$ 上で連続ならば $F(x)$ は $[\alpha, \beta]$ で微分可能であり，

$$F'(x) = \int_a^b f_x(x, t)\, dt.$$

課題 8-4　[やや難]　原点の近傍で定義されている C^1 級関数 $f(x, y)$, $g(x, y)$ の偏導関数の少なくとも 1 つが原点において 0 と異なるとき，次の 2 条件は同値である．

(1)　${H_u}^2 + {H_v}^2 \neq 0$ をみたす全微分可能な関数 $H(u, v)$ が存在して，原点の近傍で $H(f(x, y), g(x, y)) \equiv 0$.

(2)　原点の近傍で $\dfrac{\partial(f, g)}{\partial(x, y)} \equiv 0$.

課題 8-5　[難](1)　$f(\boldsymbol{x}) = f(x_1, \ldots, x_d)$ を原点の近傍で定義された C^∞ 級関数とする．$f(\boldsymbol{0}) = 0$ のとき，$f(\boldsymbol{x}) = \sum_{i=1}^{d} x_i g_i(\boldsymbol{x})$ をみたす原点の近傍で定義された C^∞ 級関数 $g_1(\boldsymbol{x}), \ldots, g_d(\boldsymbol{x})$ が存在する．

(2) $f(\boldsymbol{x}) = f(x_1, \ldots, x_d)$ を原点の近傍で定義された C^∞ 級関数とするとき，

$$f(\boldsymbol{x}) = f(\boldsymbol{0}) + \sum_{i=1}^{d} x_i f_{x_i}(\boldsymbol{0}) + \sum_{i,j=1}^{d} x_i x_j h_{ij}(\boldsymbol{x}), \quad h_{ij}(\boldsymbol{x}) = h_{ji}(\boldsymbol{x})$$

をみたす原点の近傍で定義された C^∞ 級関数 $h_{ij}(\boldsymbol{x})$ が存在する．

課題 8-6　[難]（モースの補題[9)]）原点の近傍で定義された C^∞ 級関数 $f(\boldsymbol{x}) = f(x_1, \ldots, x_d)$ が原点を臨界点としていて，さらにヘッシアン $\mathrm{Hess}_{\boldsymbol{0}}(f)$ が（行列として）可逆とする（従って 0 は $\mathrm{Hess}_{\boldsymbol{0}}(f)$ の固有値ではない）．$\mathrm{Hess}_{\boldsymbol{0}}(f)$ の正の固有値の数を s，負の固有値の数を $d-s$ とするとき，0 の近傍で定義された C^∞ 級同型写像 $\boldsymbol{\varphi} = (\varphi_1, \ldots, \varphi_d)$ で，$\boldsymbol{\varphi}(\boldsymbol{0}) = \boldsymbol{0}$ かつ

$$f(\varphi_1(\boldsymbol{y}), \cdots, \varphi_d(\boldsymbol{y})) = (y_1)^2 + \cdots + (y_s)^2 - (y_{s+1})^2 - \cdots - (y_d)^2$$

となるものが存在する．

課題 8-7　n 次方程式 $a_0 x^n + a_1 x^{n-1} + \cdots + a_n = 0$　$(a_0 \neq 0)$ が実数解 x_0 を持ち，その重複度は 1 とする．このとき，任意の $\varepsilon > 0$ に対して，$\delta > 0$ を十分小さくすれば，$\max\{|a_0 - b_0|, \cdots, |a_n - b_n|\} < \delta$ をみたす $b_0, b_1, \ldots, b_n$ を係数とする方程式 $b_0 x^n + b_1 x^{n-1} + \cdots + b_n = 0$ は，$|x_1 - x_0| < \varepsilon$ をみたす唯一の実数解 x_1 を持つ．

課題 8-8　A を対称行列とする．$\boldsymbol{x}_0$ が条件 $\|\boldsymbol{x}\| = 1$ の下で関数 $f(\boldsymbol{x}) = A\boldsymbol{x} \cdot \boldsymbol{x}$ の臨界点であることと，$\boldsymbol{x}_0$ が A の固有ベクトルであることは同値である．また，A の最大固有値と最小固有値をそれぞれ $\lambda_{\max}$, $\lambda_{\min}$ とすると，それらは付加条件の下での $f(\boldsymbol{x})$ の最大値，最小値である．

課題 8-9（ラックスの定理[10)]）　$f(x, y)$ を有界集合の外で 0 となる C^1 級関数，$\boldsymbol{\varphi} : \mathbb{R}^2 \to \mathbb{R}^2$ を C^2 級写像で，ある開球 $U_R(\boldsymbol{0})$ の外では恒等写像になるものとする．このとき

$$\int_{\mathbb{R}^2} f(x, y)\, dxdy = \int_{\mathbb{R}^2} f(\varphi(\xi, \eta), \psi(\xi, \eta)) \frac{\partial(\varphi, \psi)}{\partial(\xi, \eta)}\, d\xi d\eta \tag{8.18}$$

が成り立つ．ここで，$\boldsymbol{\varphi}(\xi, \eta) = (\varphi(\xi, \eta), \psi(\xi, \eta))$ とする．

課題 8-10　[難] (1)　$[a, b]$ において定義された有界変動関数は有界である．

(2)　$[a, b]$ において定義された有界変動関数 $f(x)$ は，有界な増加関数の差で表すことができる．さらに逆も成り立つ（ジョルダンの分解定理）．

---

9) M.Morse (1892–1977) はアメリカの数学者．

10) P.D. Lax (1926–) は，ハンガリー出身のアメリカの数学者．

■第8章の補遺 —— 歴史から■

多変数関数を扱う必要性は，個別的問題を扱う限りにおいては微分積分の草創期の16世紀に既に認識されていた．一般に言えることであるが，数学の進歩は個別的取り扱いから統一理論に向かわせる．多変数微分積分もその例に漏れない．様々な具体的問題に目を向けつつ，多変数解析を理論的に整理・発展させたのはオイラーとラグランジュを含む大陸の数学者である．その背景に，ライプニッツの記号の利便性があったことは強調すべきであろう（ニュートンの伝統を引き継いだイギリスの微分積分学は，大陸と比較して大いに立ち遅れていた）．

力学における質点系の運動を扱うときに，多変数の微分積分が必須な道具となる．実際，空間内の N 個の質点の位置は，$\mathbb{R}^3$ の N 個の直積 $\mathbb{R}^3 \times \cdots \times \mathbb{R}^3 = \mathbb{R}^{3N}$ の点 $(\boldsymbol{x}_1, \ldots, \boldsymbol{x}_N)$ として把握され，質点全体の運動は，1変数ベクトル値関数 $t \mapsto (\boldsymbol{x}_1(t), \ldots, \boldsymbol{x}_N(t)) \in \mathbb{R}^{3N}$ と捉えることができる．こうしたことから，力学の問題は，高次元空間の中での点の軌跡を求める問題に読み替えられるのである．例えば，質量 $m_1, \ldots, m_N$ を持つ N 個の質点に対して，質点たちが重力により互いに作用し，他には力が働いていない場合は，ニュートンの運動方程式は

$$\ddot{\boldsymbol{x}}_i = G \sum_{j \neq i} m_j \frac{\boldsymbol{x}_j - \boldsymbol{x}_i}{\|\boldsymbol{x}_j - \boldsymbol{x}_i\|^3} \quad (i = 1, \ldots, N)$$

により与えられる．この方程式を解く問題を **N 体問題**と言う．太陽と1つの惑星の間の相互運動を表す方程式は，$N = 2$ の場合であり，これを解くことにより，**ケプラーの法則**が導かれる．しかし，一般の N 体問題の解は既知の関数では表せないことが知られている．

まったく異なる観点から，高次元空間 $\mathbb{R}^d$ $(d > 3)$ の重要性を認識したのがハミルトンである[11)]．彼は，複素数 $a + bi$ を $\mathbb{R}^2$ の要素 (a, b) と同一視したとき，複素数の算術が $\mathbb{R}^2$ の言葉で完全に記述されることから示唆を得て，高次元の数系を構成することを試みた．すなわち，複素数の加法，乗法は $(a_1, b_1) + (a_2, b_2) = (a_1 + a_2, b_1 + b_2)$, $(a_1, b_1)(a_2, b_2) = (a_1a_2 - b_1b_2, a_1b_2 + a_2b_1)$ として「翻訳」され，虚数単位 $i = \sqrt{-1}$ は $(0, 1)$ に対応するから，同じようなことが $\mathbb{R}^d$ においても可能であるとの期待を抱くのは自然な発想である．しかし，試行錯誤の結果，ハミルトンは $\mathbb{R}^3$ には「数」と呼ぶのに相応しい算術的構造を入れることはできないことに気付き，一方で（不思議なことに）$\mathbb{R}^4$ では可能であることを見出したのである（1843年）．具体的には，

11) William Rowan Hamilton (1805-1865) はアイルランドの数学者．

この 4 次元の数（四元数）の乗法は,

$$(a_1, b_1, c_1, d_1)(a_2, b_2, c_2, d_2) = (a_1a_2 - b_1b_2 - c_1c_2 - d_1d_2,\ a_1b_2 + b_1a_2 + c_1d_2 - d_1c_2,\ a_1c_2 - b_1d_2 + c_1a_2 + d_1b_2,\ a_1d_2 + b_1c_2 - c_1b_2 + d_1a_2)$$

により与えられる．当然，他の次元の数系を探索する試みが行われ，その結果，ケイリーとグライブスによって 8 次元数（八元数；octonion）が発見された[12)]．結局，数系と呼べるのは，1 次元数（実数），2 次元数（複素数），4 次元数（四元数），8 次元数（八元数）の 4 種類であり，これ以外には存在しないことが知られている．

他方，$\mathbb{R}^2$ と $\mathbb{R}^3$ が，それぞれ座標平面と座標空間と同一視され，古典的な平面幾何学と空間幾何学が座標を用いた「解析幾何学」として論じることができることから，逆に一般の $\mathbb{R}^d$ に対応する「d 次元ユークリッド幾何学」があるのではないかと考えるのは自然である．これを最初に実現したのは，シュラフリ[13)] である（1852 年）．彼は，三平方の定理とその一般化である余弦定理から得られる 2 点間の距離と 2 方向のなす角の公式をモデルとして，$\mathbb{R}^d$ における距離と角の概念を確立し，さらに様々な幾何学的対象（例えば多面体）の高次元類似を考察した．シュラフリとは独立に，孤高の数学者グラスマン[14)] は一般次元のベクトル空間としてのちに理解されることになる理論を作りあげている（1844 年）．

このように，19 世紀の中盤は高次元幾何学の揺籃期であるが，ほぼ同じ時期に登場し，後の時代に決定的な影響を与えることになったのが，リーマンによる多様体の理論である．リーマンはガウスの曲面論を一般次元の「曲がった」空間の理論に一般化したばかりでなく，宇宙空間を宇宙の内部の言葉で記述する方法を提供したのである（1854 年）．実際，彼の理論は 20 世紀初頭に「絶対微分学」として方法論的に整理され，1916 年に発表されたアインシュタインの一般相対論において，必要欠くべからざるアイディアを与えることとなった．

---

12) J.T. Graves (1806–1870) と A. Cayley (1821–1895) はともにイギリスの数学者．

13) L. Schläfli (1814–1895) はスイスの数学者．

14) H. Grassmann (1809–1877) はドイツの数学者．

問・課題　解答

第 1 章

問 1-1　(i) $\{x \in \mathbb{R} \mid x^5 - 3x^2 + x - 9 = 0\}$，(ii)　$\{(x, y \in \mathbb{R}^2 \mid (x+1)^2 + (y-2)^2 < 25\}$.

問 1-2

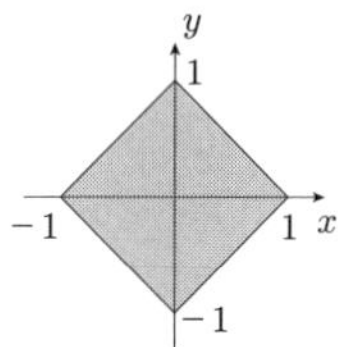

問 1-3　$\emptyset, \{1\}, \{2\}, \{3\}, \{1,2\}, \{2,3\}, \{1,3\}, \{1,2,3\}$.

問 1-4　(1)　$f(g(x)) = f(x+1) = 3(x+1)^2 + 2(x+1) + 1 = 3x^2 + 8x + 6$.　$g(f(x)) = g(3x^2 + 2x + 1) = (3x^2 + 2x + 1) + 1 = 3x^2 + 2x + 2$.

(2)　$g(f(x, y)) = 1 - 1/(x^2 + y^2 + 1) = (x^2 + y^2)/(x^2 + y^2 + 1)$.

問 1-5　(1)　$x^2 - 1 = 0$ および $x^2 - 1 = 1$ の解全体のなす集合が $f^{-1}(\{0, 1\})$ であるから，$f^{-1}(\{0, 1\}) = \{1, -1, \sqrt{2}, -\sqrt{2}\}$.　　(2)　放物線 $y = x^2$ のグラフが像である.

問 1-6　$x/r = \cos\theta$ を $r = \ell/(1 + \varepsilon\cos\theta)$ に代入して，$r = \ell - \varepsilon x$ が得られるから，この両辺を二乗すれば $x^2 + y^2 = \ell^2 - 2\varepsilon\ell x + \varepsilon^2 x^2$ となり，これを整理すると $(1-\varepsilon^2)x^2 + 2\varepsilon\ell x + y^2 = \ell^2$. とくに $\varepsilon = 1$ のときは，$2\ell x + y^2 = \ell^2$ であり，これは放物線の方程式である．$\varepsilon \neq 1$ のときは，

$$(1 - \varepsilon^2)\left(x + \frac{\varepsilon\ell}{1 - \varepsilon^2}\right)^2 + y^2 = \frac{\ell^2}{1 - \varepsilon^2}$$

と書けるから，$\varepsilon < 1$ のときは楕円，$\varepsilon > 1$ のときは双曲線である.

問 1-7　(1) は $(2n)! = 2^n n!(2n-1)!!$ から従う．(2) については $(1+x)^{2n} = (1+x)^n(1+x)^n$ の両辺を展開したときの x^n の係数を比較.

問 1-8　$n = 1$ のとき，両辺とも $1 + a_1$ であるから正しい．$n = k$ のとき正しいと仮定すると

$$\prod_{i=1}^{k+1}(1 + a_i) = \Big(\prod_{i=1}^{k}(1 + a_i)\Big)(1 + a_{k+1}) \geq \Big(1 + \sum_{i=1}^{k} a_i\Big)(1 + a_{k+1})$$

$$= 1 + \sum_{i=1}^{k} a_i + a_{k+1} + \Big(\sum_{i=1}^{k} a_i\Big)a_{k+1} \geq 1 + \sum_{i=1}^{k+1} a_i.$$

問 1-9　$\log_2 3 = p/q$ と仮定する．このとき，$3 = 2^{p/q}$, すなわち $3^q = 2^p$ となり，左辺は奇数 (odd number)，右辺は偶数となるから矛盾.

問 1-10　有限個しかないと仮定し，それらを $x_1 < \cdots < x_n$ とする．開区間 (x_1, x_2) は I に含まれるが，A の点は含まないので矛盾.

問 1-11　仮に $a_1 \leq a$ である a_1 が A に属さなければ，$a_1 \in B$ であり，$a < a_1$ となるから矛盾.

問 1-12　$a \geq b$ のとき，$\max\{a,b\} = \bigl(a = a+b+(a-b)\bigr)/2 = \bigl(a+b+|a-b\,|\bigr)/2$. $\min\{a,b\} = b = \bigl(a+b-(a-b)\bigr)/2 = \bigl(a+b-|a-b\,|\bigr)/2$.

問 1-13　求める不等式は $1+\sqrt{a/(a+1)} < 2 < 1+\sqrt{(a+1)/a}$ と書き直せることと，$a/(a+1) < 1$, $(a+1)/a > 1$ に注意すればよい.

問 1-14　$b^k-1 = (b-1)(b^{k-1}+\cdots+b+1)$ であるから，自然数 h_k を用いて $b^k = 1+(b-1)h_k$ と表わせる．よって $r_1+r_2b+\cdots+r_nb^{n-1} = r_1+r_2+\cdots+r_n+(b-1)(h_1+\cdots+h_{n-1})$ となるから，これが $b-1$ の倍数なら $r_1+r_2+\cdots+r_n$ も $b-1$ の倍数でなければならない.

問 1-15　$a = r_1+r_2b+\cdots+r_nb^{n-1}$ とするとき，$r_n \neq 0$ であるから $b^{n-1} \leq a$, $n \leq \log_b a+1$ を得る．さらに，$r_i \leq b-1$ から $a \leq (b-1)(1+b+\cdots+b^{n-1}) = b^n-1$ となるので，$a+1 \leq b^n$，すなわち $\log_b(a+1) \leq n$ を得る.

問 1-16　a_i を n で割ったときの商を q_i，余りを r_i とすると $a_i = q_in+r_i$　$(0 \leq r_i < n)$. $n+1$ 個の「もの」$r_1,\dots,r_{n+1}$ は n 個の「抽斗」$0,1,\dots,n-1$ に入っているから，$r_i = r_j$ となる $i \neq j$ が存在することになる．よって a_i-a_j は n により割りきれる.

課題 1-1　すべての $a \in A$ について，$\bigl[h\circ(g\circ f)\bigr](a) = h\bigl[(g\circ f)(a)\bigr] = h\bigl[g\bigl(f(a)\bigr)\bigr] = (h\circ g)\bigl(f(a)\bigr) = \bigl[(h\circ g)\circ f\bigr](a)$ が成り立ち，写像の相等の定義から $h\circ(g\circ f) = (h\circ g)\circ f$ となる.

課題 1-2　$g\bigl(f(x)\bigr) = x$ であるから，すべての $x \in X$ は g の像に属し，g は全射である. $f(x_1) = f(x_2)$ とすると，$x_1 = g\bigl(f(x_1)\bigr) = g\bigl(f(x_2)\bigr) = x_2$ であるから，f は単射である.

課題 1-3 (1)　$n=1$ のとき正しい．n 以下の k に対して，$\cos k\theta$ が $\cos\theta$ の k 次多項式であると仮定．加法定理により，$\cos(n+1)\theta = \cos n\theta\cos\theta - \sin n\theta\sin\theta$ となるから，仮定により $\sin n\theta\sin\theta$ が $\cos\theta$ の n 次の多項式であることを示せばよい．そこで，再び加法公式を 2 回使えば，$\sin n\theta\sin\theta = \sin(n-1)\theta\cos\theta\sin\theta + \cos(n-1)\theta\sin^2\theta$
$= \bigl(\cos(n-1)\theta\cos\theta - \cos n\theta\bigr)\cos\theta + \cos(n-1)\theta(1-\cos^2\theta) = -\cos n\theta\cos\theta + \cos(n-1)\theta$.
よって，帰納法の仮定により，$\sin n\theta\sin\theta$ が $\cos\theta$ の多項式である.

$\sin n\theta/\sin\theta$ については，(1) 及び加法公式 $\sin(n+1)\theta = \sin n\theta\cos\theta + \cos n\theta\sin\theta$ を使って，帰納法に持ち込む.

(2)　正接に対する加法公式を使えば次式を得るから帰納法が使える.

$$\tan(n+1)\theta = \frac{\tan n\theta + \tan\theta}{1-\tan n\theta\tan\theta}.$$

課題 1-4 (1)　${x_1}^{q_1} = a^{p_1}$，${x_2}^{q_2} = a^{p_2}$ とする．指数が整数の場合の指数法則を使って，${x_1}^{p_2q_1} = ({x_1}^{q_1})^{p_2} = (a^{p_1})^{p_2} = a^{p_1p_2}$．同様に ${x_2}^{q_2p_1} = a^{p_1p_2}$ が得られるから，${x_1}^{p_1q_2} = {x_2}^{p_2q_1}$ となる．$p_1/q_1 = p_2/q_2$ は $p_1q_2 = p_2q_1$ ということだから，$x_1 = x_2$ でなければならない.

(2)　$(a^{p/q}b^{p/q})^q = (a^{p/q})^q(b^{p/q})^q = a^pb^p = (ab)^p$ であるから，$a^{p/q}b^{p/q} = (ab)^{p/q}$. 他の法則も同様に確かめられる.

(3)　指数法則により $a^{y-x} = a^y/a^x$ であるから，$y > 0$ であるとき，$a \gtreqless 1$ に応じて $1 \lesseqgtr a^y$ となることを示せばよい．$y = p/q$ とすると $(a^{p/q})^q = a^p$ であり，自然数 n を指数とするときの事実 $1 \lesseqgtr a^n \Longleftrightarrow a \gtreqless 1$ に帰着.

課題 1-5　$n = 2^m$ の形の自然数に対して不等式が成り立つことを，m に関する帰納法で確かめる．$m=1$ のときは $n=2$ の場合の相加平均・相乗平均の不等式である．今，$n = 2^m$ に対して不等式が成り立つと仮定すると，

$$\Big(\frac{1}{2^{m+1}}\sum_{k=1}^{2^{m+1}} a_k\Big)^{2^{m+1}} = \Big\{\frac{1}{2^{2m}}\Big(\frac{1}{2}\sum_{k=1}^{2^m} a_k + \frac{1}{2}\sum_{k=2^m+1}^{2^{m+1}} a_k\Big)^2\Big\}^{2^m} \geq \Big\{\frac{1}{2^{2m}}\Big(\sum_{k=1}^{2^m} a_k\Big)\cdot\Big(\sum_{k=2^m+1}^{2^{m+1}} a_k\Big)\Big\}^{2^m}$$

$$= \Big(\frac{1}{2^m}\sum_{k=1}^{2^m} a_k\Big)^{2^m}\Big(\frac{1}{2^m}\sum_{h=1}^{2^m} a_{2^m+h}\Big)^{2^m} \geq \prod_{k=1}^{2^m} a_k \prod_{h=1}^{2^m} a_{2^m+h} = \prod_{k=1}^{2^{m+1}} a_k.$$

こうして，$n = 2^m$ の場合には不等式が成り立つことが示された．

一般の n に対しては，$2^{m-1} \leq n < 2^m$ をみたす自然数 m を取る．$(\sum_{k=1}^n a_k)/n = a$ とおくと，今示したことから

$$\Big(\frac{1}{2^m}\Big(\sum_{k=1}^n a_k + (2^m - n)a\Big)\Big)^{2^m} = \Big(\frac{1}{2^m}\Big(\sum_{k=1}^n a_k + \underbrace{a + \cdots + a}_{2^m - n}\Big)\Big)^{2^m} \geq \Big(\prod_{k=1}^n a_k\Big)a^{2^m - n}$$

となる．ところが，この左辺は a^{2^m} に等しいから，$\displaystyle\Big(\frac{1}{n}\sum_{k=1}^n a_k\Big)^n = a^n = \frac{a^{2^m}}{a^{2^m-n}} \geq \prod_{k=1}^n a_k.$

課題 1-6　2 次関数 $f(x) = \sum_{k=1}^n (a_k x + b_k)^2$ は至るところ 0 以上であるから，その判別式 D は 0 以下でなければならない．簡単な計算で $D = 4\Big(\sum_{k=1}^n a_k b_k\Big)^2 - 4\sum_{k=1}^n {a_k}^2 \cdot \sum_{k=1}^n {b_k}^2$ が得られるから不等式が成り立つ．

課題 1-7　$n = 1$ のとき正しいが，$n = 2$ のとき a_1, a_2 から 1 つ a_2 を取り去ったときの a_1 と，a_1 を取り去ったときの a_2 が等しいとは限らないから，$n = 1$ のときに正しいからと言って，$n = 2$ のとき正しいとは言えない．

課題 1-8 (1)　$A \supset f^{-1}(b_1)\cup\cdots\cup f^{-1}(b_n)$ は当たり前だから，$A \subset f^{-1}(b_1)\cup\cdots\cup f^{-1}(b_n)$ を示せば，$A = f^{-1}(b_1)\cup\cdots\cup f^{-1}(b_n)$ が確かめられたことになる．$a \in A$ を勝手に取り，$f(a) = b_i$ とすると，$a \in f^{-1}(b_i)$ となるから $a \in f^{-1}(b_1)\cup\cdots\cup f^{-1}(b_n)$．よって $A \subset f^{-1}(b_1)\cup\cdots\cup f^{-1}(b_n)$．

(2)　$B = \{b_1, \ldots, b_n\}$ とするとき（$|B| = n$），(1) で示したように $A = f^{-1}(b_1)\cup\cdots\cup f^{-1}(b_n)$ であり，しかも $i \neq j$ ならば，$f^{-1}(b_i)\cap f^{-1}(b_j) = \emptyset$ だから $|A| = |f^{-1}(b_1)| + \cdots + |f^{-1}(b_n)|$ が成り立つ．もしすべての i に対して $|f^{-1}(b_i)| < |A|/|B|$ と仮定すると，$|f^{-1}(b_1)| + \cdots + |f^{-1}(b_n)| \leq n|A|/|B| = |A|$ となるから $|A| < |A|$ となって矛盾．よって，$|f^{-1}(b)| \geq |A|/|B|$ をみたす $b \in B$ が存在する．最後の主張は明らか．

課題 1-9　まず，$|x - n/m| < 1/m^2$ をみたす既約分数 n/m が少なくとも 1 つ存在することを確かめる．$x > 1/N$ であるような自然数 N に対して，上の定理により，$|pa - q| < 1/N$ $(p \leq N)$ をみたす自然数 p, q が存在する．p, q の最大公約数を k として，$p = km, q = kn$ と表せば $|ma - n| < 1/kN \leq 1/m$ が得られるから，n/m が求める既約分数である．

次に，$|a - n/m| < 1/m^2$ をみたす既約分数 n/m が有限個しかないと仮定して，それらを $n_1/m_1, \ldots, n_s/m_s$ とする．ρ を $|m_1 a - n_1|, \ldots, |m_s a - n_s|$ の最小値として，N を $N > \max\{1/a, \rho^{-1}\}$ であるような自然数とする．再び上の定理により $|pa - q| < 1/N$ をみたす自然数 p, q が存在するが，先ほどと同様に q/p を既約分数 n/m で表せば $|ma - n| = k^{-1}|pa - q| < 1/N < \rho$ であるから，これは ρ の取り方に矛盾する．

2 番目の主張を否定すると，$|a - n/m| < 1/m^2$ をみたす既約分数 n/m の分母となりうる m は有限個しかない．$ma - 1/m < n < ma + 1/m$ であるから，分子 n も有限個の可能性しかない．よって 1 番目の主張に反する．

課題 1-10 仮に $\prod_{i=1}^{\infty} X_i$ が可算として，その要素を $(x_{11}, x_{12}, \ldots)$, $(x_{11}, x_{12}, \ldots), \ldots$ とリストアップしたとき，$y_n \neq x_{nn}$ を選んで作った列 $(y_1, y_2, \ldots)$ はこのリストに含まれないから矛盾.

課題 1-11 $\mathbb{N}$ の部分集合すべてを，$A_1, A_2, A_3, \ldots$ のように並べられたと仮定し，$\mathbb{N}$ の部分集合 B を $B = \{m \in \mathbb{N} \mid m \notin A_m\}$ とおいて定義する．集合 B は $\mathbb{N}$ の部分集合であるから，B は $A_1, A_2, A_3, \ldots$ のどれかに等しいはずである．そこで $B = A_n$，すなわち $A_n = \{m \in \mathbb{N} \mid m \notin A_m\}$ となる n を取る．$A_n \subset \{m \in \mathbb{N} \mid m \notin A_m\}$ だから，$n \in A_n$ であれば $n \notin A_n$ となり，$A_n \supset \{m \in \mathbb{N} \mid m \notin A_m\}$ だから，$n \notin A_n$ であれば $n \in A_n$ となる．すなわち $n \in A_n$ かつ $n \notin A_n$ が結論され，これは矛盾である.

課題 1-12 A とそのベキ集合の間に一対一の対応があるとして，A の要素 a に対応するベキ集合の要素を $f(a)$ と書く．A の部分集合 B を $B = \{a \in A \mid a \notin f(a)\}$ により定義すると，$B = f(a')$ となる A の要素 a' が存在するから，この a' について

1) $a' \in B$ であれば，B の定義により $a' \notin f(a')(= B)$,

2) $a' \notin B$ であれば，B の定義により $a' \in f(a')(= B)$.

どちらにしても矛盾である.

課題 1-13 もし $X_0 \in X_0$ であれば，X_0 は $\{X \mid X \notin X\}$ の要素であるから $X_0 \notin X_0$ である．また，もし $X_0 \notin X_0$ であれば X_0 は $\{X \mid X \notin X\}$ に属すから $X_0 \in X_0$ である．よって矛盾である.

課題 1-14 $b^{\ell-1} \leq \nu < b^{\ell}$ である ν を b 進展開すると

$$\nu = r_1 + r_2 b + \cdots + r_\ell b^{\ell-1} \quad (0 \leq r_i < b,\ r_\ell \neq 0)$$

と表される ($r_\ell = 0$ とすると $r_1 + r_2 b + \cdots + r_{\ell-1} b^{\ell-2} \leq (b-1)(1+b+\cdots+b^{\ell-2} = b^{\ell-1} - 1$ となって矛盾)．組 $(r_1, \cdots, r_\ell)$ で，すべての r_i が 0 と異なるものの個数は $(b-1)^\ell$ である．組の中に $r \neq 0$ が現れないものの個数は，$r_\ell \neq 0$ であるから，$(b-2)(b-1)^{\ell-1}$ である.

課題 1-15 (1) $\alpha/\beta \in K$ だけが問題であるが，これを見るには $(a+b\sqrt{N})^{-1} = (a-b\sqrt{N})/(a+b\sqrt{N})(a-b\sqrt{N}) = a/(a^2-b^2N) - b\sqrt{N}/(a^2-b^2N)$ を使えばよい.

(2) $(a+b\sqrt{N})+(a-b\sqrt{N}) = 2a$, $(a+b\sqrt{N})(a-b\sqrt{N}) = a^2-b^2N$ であるから，2 次方程式の解と係数の関係から，$a+b\sqrt{N}$ は有理数係数を持つ 2 次方程式 $x^2-2ax+a^2-b^2N=0$ の解である．この方程式に適当な自然数を掛ければ整数係数の 2 次方程式になる.

課題 1-16 (1) は容易．(2) については，代数的数 α に対して，それが解となる整数係数を持つ代数方程式 $f(x)=0$ を 1 つ選び，$h(\alpha) = H(f)$ とおく．すると，任意の自然数 n について $h(\alpha) \leq n$ となる α は有限個であるから，代数的数の全体のなす集合は可算となる（1.3 節).

もし，超越数の集合が可算であれば，代数的数のなす集合と併せて得られる $\mathbb{R}$ は可算となって矛盾が生じる（例題 1-1).

課題 1-17 係数が有理数の場合を念頭におきながら考察する.

$$g(X) = b_0X^m + b_1X^{m-1} + \cdots + b_{m-1}X + b_m, \quad (m = \deg g(X)),$$

$$f(X) = a_0X^n + a_1X^{n-1} + \cdots + a_{n-1}X + a_n, \quad (n = \deg f(X))$$

とする．$\deg f(X) = 0$，すなわち $f(X)$ が定数 $(= a_0 \neq 0)$ ならば,

$$f(X) = \begin{cases} 0 \cdot g(X) + a_0 & \deg g(X) > 0 \text{ の場合} \\ (a_0/b_0)g(X) + 0 & \deg g(X) = 0 \text{ の場合}\ \ (\text{よって } g(X) = b_0 \neq 0) \end{cases}$$

であるから，主張は正しい．そこで，次数が n より小さい $f(X)$ について主張が正しいとする.

$f(X)$ を次数 n の多項式とする．もし $\deg g(X) > n$ であれば，$q(X) = 0$ 及び $r(X) = f(X)$ とおくことにより主張が正しい $(f(X) = 0 \cdot g(X) + f(X))$．もし $\deg g(X) \leq n$ ならば，

$$h(X) = f(X) - \frac{a_0}{b_0} X^{n-m} g(X)$$

とおく．$\deg h(X) \leq n-1$ を見るのは容易である．よって，帰納法の仮定により $h(X) = q_1(X)g(X) + r_1(X)$ $(-\infty \leq \deg r_1(X) < \deg g(X))$ をみたす多項式 $q_1(X), r_1(X)$ が存在する．証明を完成するには

$$q(X) = q_1(X) + \frac{a_0}{b_0} X^{n-m}$$

とおけばよい．一意性の証明は容易である．
(2)　(1) の結果を適用して，$f(X)$ を 1 次式 $X-a$ で割ったときの余りが定数になることを使う．
課題 1-18　$a_1, \ldots, a_{n-1}$ を実数解とするとき，剰余定理を繰り返し適用すれば，ある多項式 $G(X)$ で $F(X) = \prod_{k=1}^{n+1}(X - a_i)G(X)$ となるものが存在するが，$\deg F(X) \leq n$ なので $G(X) = 0$.
課題 1-19　α が 1 次の代数的数，すなわち有理数であるとき，α を分数 a/b で表せば，任意の $p/q\ (\neq a/b)$ に対して

$$\left|\frac{a}{b} - \frac{p}{q}\right| = \left|\frac{qa - bp}{bq}\right| \geq \frac{1}{bq}$$

であるから，主張が成り立つ．
次に $n \geq 2$ として，α の最小多項式を $f(X)$ とする．$f(X)$ は整数係数と仮定してよい．$g(X) = f(X+\alpha)$ とおけば，$g(X)$ も多項式であって，$f(X) = g(X-\alpha)$ となる．
$f(p/q) \neq 0$ である．実際，もし $f(p/q) = 0$ であれば，剰余定理により $f(X) = (X - p/q)k(X)$ となる有理数係数の多項式 $k(X)$ が存在し，$k(\alpha) = 0$，$\deg k(X) = n-1$ であるから，n の最小性に反する．
$|f(p/q)| \geq q^{-n}$ である．何故なら，$f(X) = a_0X^n + \cdots + a_n$ $(a_i \in \mathbb{Z},\ a_0 \neq 0)$ とすると，

$$\left|f\Big(\frac{p}{q}\Big)\right| = \left|\frac{a_0p^n + a_1p^{n-1}q + \cdots + a_0q^n}{q^n}\right| \geq \frac{1}{q^n}.$$

最後部の不等式は，中央の分数の分子が 0 と異なる整数であることによる．
$g(0) = 0$ だから，ある多項式 $h(X)$ を用いて $g(X) = Xh(X)$ と表される．$h(X) = b_0X^{n-1} + \cdots + b_{n-1}$ とおけば

$$\frac{1}{q^n} \leq \left|f\Big(\frac{p}{q}\Big)\right| = \left|g\Big(\frac{p}{q} - \alpha\Big)\right| = \left|\frac{p}{q} - \alpha\right|\left|h\Big(\frac{p}{q} - \alpha\Big)\right| \leq \left|\frac{p}{q} - \alpha\right| \left(\sum_{k=0}^{n-1} |b_k|\left|\frac{p}{q} - \alpha\right|^{n-k-1}\right).$$

$c = \min\left\{1, \left(\sum_{k=0}^{n-1}|b_k|\right)^{-1}\right\}$ (≤ 1) とおこう．$|p/q - \alpha| > 1$ のときは，$c/q^n < 1$ であるから $|\alpha - p/q| \geq c/q^n$．他方 $|p/q - \alpha| \leq 1$ のときも，上の不等式から $|\alpha - p/q| \geq c/q^n$ が得られる．
(2)　x が超越数でなければ，その次数を n とすれば (1) により $|x - p/q| \geq c/q^n$ がすべての p/q について成立するような c が存在する．$m > n$ とする．仮定から $|x - p/q| < 1/q^m$ をみたす有理数 $p/q\ (q > 1)$ が存在する．よって，$c/q^n < 1/q^m$ であり $c < q^{n-m} \leq 2^{n-m}$ が成り立たなければならないが，m を十分大きく取れば，$c > 2^{n-m}$ とできるから矛盾である．

第 2 章

問 2-1

$$\left|\frac{\alpha}{\beta}-\frac{a}{b}\right|=\left|\frac{\alpha b-a\beta}{\beta b}\right|=\left|\frac{(\alpha-a)b+(b-\beta)a}{\beta b}\right|\le\frac{|\alpha-a\,||\,b\,|+|\,\beta-b\,||a|}{|\beta b|}=\frac{1}{|\beta|}\varepsilon_1+\frac{|a|}{|\beta b|}\varepsilon_2.$$

問 2-2　$a_1=3/2=1.5,\ a_2=12/7=1.71428\cdots,\ a_3=168/97=1.73195\cdots,\quad b_1=2,$ $b_2=7/4=1.75,\quad b_3=97/56=1.73214\cdots.$

問 2-3　$\forall b\in B\ \exists a\in A\ \ [f(a)=b]$.

問 2-4　「どんな矛でも突き通せない楯がある」は $\exists T\ \forall H\ \ [H\not\rightrightarrows T]$,「どんな楯も突き通す矛がある」は $\exists H\ \forall T\ [H\rightrightarrows T]$.

問 2-5　一般の写像 f について $f\big(f^{-1}(A)\big)\subset A$ であるから，全射の場合に $A\subset f\big(f^{-1}(A)\big)$ を示せばよい．全射性により，(任意の) $y\in A$ に対して，$f(x)=y$ となる (ある) $x\in X$ が存在するが, $f(x)=y\in A$ であるから, 逆像の定義により $x\in f^{-1}(A)$. よって $y\in f\big(f^{-1}(A)\big)$ が従う.

問 2-6 (1)　$\alpha\neq 0$ と仮定すると，$\varepsilon=|\alpha\,|/2$ とおけば $|\alpha|<\varepsilon=|\alpha\,|/2$ が成り立たなければならず，矛盾である.

(2)　仮に $a>b$ とする．$a-b>0$ であるから，ε として，$a-b>\varepsilon>0$ をみたすようなものを取ると，$a\le b+\varepsilon<a$ となって矛盾である.

問 2-7　「n^2 は偶数」は「n は偶数」であるための十分条件であり，「n は偶数」は「n^2 は偶数」であるための必要条件である.

問 2-8　形式的表現は $\forall M\ \exists n_0\ \forall n\ \ [n\ge n_0\ \rightarrow\ a_n\ge M\ ]$ であり，自然な文章表現（の 1 つ）は,「どんなに大きい実数 M に対しても，$n\ge n_0$ ならば $a_n\ge M$ が成り立つような n_0 が存在する」である.

問 2-9 (1)　$n\ge 2$ のとき，$a_n>a_1+(n-1)c$ が成り立つことに注意.

(2)　$a_{n+1}-a_n={a_n}^2-a_n+c=(a_n-1/2)^2+c-1/4$ であるから, $a_{n+1}-a_n\ge c-1/4>0$. よって $\lim\limits_{n\to\infty}a_n=\infty$.

問 2-10　α,β を $\{a_n\}$ の極限値とする．$\forall\varepsilon\ \exists n_1\ \forall n\ [n\ge n_1\to|\alpha-a_n|<\varepsilon/2], \forall\varepsilon\ \exists n_2\ \forall n\ [n\ge n_2\to|\beta-a_n|<\varepsilon/2]$ なので，$n\ge\max\{n_1,n_2\}$ を選べば

$$|\alpha-\beta|\le|\alpha-a_n\,|+|\,a_n-\beta|<\frac{\varepsilon}{2}+\frac{\varepsilon}{2}=\varepsilon$$

であり，したがって任意の $\varepsilon>0$ に対して $|\alpha-\beta|<\varepsilon$ が成り立つことになるから，$\alpha=\beta$ となる.

問 2-11　$|b_n|<M$ とする．任意の $\varepsilon>0$ に対して，$|a_n|<M^{-1}\varepsilon\ (n\ge n_0)$ となる n_0 を選べば，$|a_nb_n|<\varepsilon\ (n\ge n_0)$ であるから，$\lim\limits_{n\to\infty}a_nb_n=0$.

問 2-12 (1)　$\sqrt{n^2+1}-n=(\sqrt{n^2+1}-n)\dfrac{(\sqrt{n^2+1}+n)}{(\sqrt{n^2+1}+n)}=\dfrac{1}{(\sqrt{n^2+1}+n)}\to 0.$

(2)　$\sqrt{n}(\sqrt{n+1}-\sqrt{n})=\dfrac{\sqrt{n}}{\sqrt{n+1}+\sqrt{n}}=\dfrac{1}{\sqrt{1+1/n}+1}\to 1/2.$

(3)　$\lim\limits_{n\to\infty}\dfrac{5^n-3^n}{5^n+3^n}=\lim\limits_{n\to\infty}\dfrac{1-(3/5)^n}{1+(3/5)^n}=1.$

問 2-13　「$\forall i\ \ [a_i\le a_{i+1}]$」であり，これを否定すると「$\exists i\ \ [a_i>a_{i+1}]$」となる（通常の言い方では「$a_i>a_{i+1}$ となる i がある」).

問 2-14　「任意の M に対して，ある n が存在して，$a_n > M$ が成り立つ」，あるいは，「任意の M に対して，$a_n > M$ となる n が存在する」と言ってもよい．形式言語で表せば，$\forall M\ \exists n\ \ [a_n > M]$.

問 2-15　収束するとは限らない．たとえば $a_n = (-1)^{n-1}$ とすると，$\{a_n\}_{n=1}^{\infty}$ は収束しないが，次式により $(a_1 + \cdots + a_n)/n$ は 0 に収束する．

$|(a_1 + \cdots + a_n)/n| = |1 - 1 + 1 - \cdots + (-1)^{n-1}|\ /n \leq 1/n.$

課題 2-1　「ある点数以上」というのが，それぞれの男の子によって異なる場合，「任意の男の子 B に対して，ある数 a が存在し，任意の女の子 G について $p(G) \geq a$ ならば B は G を好ましく思う」.「ある点数以上」というのが，すべての男の子に共通な場合は，「ある a が存在し，任意の男の子 B，任意の女の子 G について，$p(G) \geq a$ ならば B は G を好ましく思う」.

(2)　前者の形式言語による表現は $\forall B\ \exists a\ \forall G\ \ [p(G) \geq a\ \rightarrow\ B \rightrightarrows G]$.

後者の形式言語による表現は $\exists a\ \forall B\ \forall G\ \ [p(G) \geq a\ \rightarrow\ B \rightrightarrows G]$.

課題 2-2　$\forall x \in A\ [P(x)]$ は，「集合 A のすべての要素が性質 P を持つ」．$\exists x \in A\ [P(x)]$ は，「性質 P を持つ要素が集合 A には少なくとも 1 つある」

課題 2-3　任意の $x \in A$ について，$f(x) \in f(A)$ であるから，$x \in f^{-1}\big(f(A)\big)$ となり，$A \subset f^{-1}\big(f(A)\big)$．逆に，任意の $x \in f^{-1}\big(f(A)\big)$ について，$f(x) \in f(A)$ なので，ある $x' \in A$ で $f(x) = f(x')$ となるものが存在．f は単射なので $x = x'$ であり，$x \in A$ となって $f^{-1}\big(f(A)\big) \subset A$．よって $f^{-1}\big(f(A)\big) = A$.

(2)　$B \cap f(X) \subset f\big(f^{-1}(B)\big)$ を示す．任意の $y \in B \cap f(X)$ が与えられたとき，$y \in B$ かつ $y \in f(X)$ である．後者から $f(x) = y$ となる，ある $x \in X$ が存在する．$f(x) = y \in B$ から，$x \in f^{-1}(B)$ となり，$y = f(x) \in f\big(f^{-1}(B)\big)$.

次に $B \cap f(X) \supset f\big(f^{-1}(B)\big)$ を示す．任意の $y \in f\big(f^{-1}(B)\big)$ に対して，ある $x \in f^{-1}(B)$ で $f(x) = y$ となるものが存在する．$x \in f^{-1}(B)$ なので $y = f(x) \in B$．よって，$y \in B$ かつ $y \in f(X)$ となり，$y \in B \cap f(X)$.

課題 2-4　写像 $f : A \to B$ が与えられたとき，そのグラフ $G = \{\big(a, f(a)\big) \in A \times B \mid a \in A\}$ は性質 (2.4) を持つ $A \times B$ の部分集合である．実際，任意の $a \in A$ に対して，$b = f(a)$ とおけば，$(a, b) \in G$ である．また，$(a, b) \in G$ ならば，$(a, b) = (a', f(a'))$ となる $a' \in A$ が存在しなければならないから，$a = a'$ かつ $b = f(a') = f(a)$ となって，b の一意性が結論される．

逆に，G が性質 (2.4) を持つ $A \times B$ の部分集合ならば，$a \in A$ に $(a, b) \in G$ をみたす b を対応させる写像を f のグラフは G と一致する．

課題 2-5　$x \in \bigcup_{\lambda \in \Lambda} A_\lambda \iff \exists \lambda\ [x \in A_\lambda]$ であるから，$x \in \left(\bigcup_{\lambda \in \Lambda} A_\lambda\right)^c$ は $\exists \lambda\ [x \in A_\lambda]$ の否定である $\forall \lambda\ [x \notin A_\lambda]$，すなわち $\forall \lambda\ [x \in {A_\lambda}^c]$ と表され，これは $x \in \bigcap_{\lambda \in \Lambda} {A_\lambda}^c$ ということに他ならない．2 番目の証明も同様.

課題 2-6　m, n が共通の約数 a を持てば，$m = ah, n = a\ell$ と表したとき $k = n^2 - m^2 N = a^2(h^2 - \ell^2 N)$ となって，k は平方因子を持たないから $a = 1$ であり，m, n は互いに素である.

$\sqrt{N} > 1$ に注意すれば $k = n^2 - m^2 N = (n - m\sqrt{N})(n + m\sqrt{N})$ であるから

$$\left|\frac{n}{m} - \sqrt{N}\right| = \frac{|k|}{m(n + m\sqrt{N})} < \frac{|k|}{m^2}.$$

課題 2-7　${p_1}^2 - 2{q_n}^2 = 3^2 - 2 \cdot 2^2 = 1$．$n = k$ のとき正しいとすると

$${p_{k+1}}^2 - 2{q_{k+1}}^2 = (2{p_k}^2 - 1)^2 - 2(2p_k q_k)^2$$

$$= 4{p_k}^4 - 4{p_k}^2 + 1 - 8{p_k}^2{q_k}^2 = 4{p_k}^2({p_k}^2 - 2{q_k}^2) - 4{p_k}^2 + 1 = 1$$

であるから，$n = k+1$ のときも正しい．

$\{q_n\}$ は明らかに狭義単調増加な自然数列であるから，$\lim_{n\to\infty} q_n = \infty$．よって (1) により $\lim_{n\to\infty} |{p_n}^2/{q_n}^2 - 2| = 0$ が得られ，$\lim_{n\to\infty} p_n/q_n = \sqrt{2}$.

課題 2-8　n を m で割ったときの余りを $r_m(n)$ とすると，$n = q_m(n)m + r_m(n)$ $(0 \leq 0 < m)$ であるから（割り算定理），

$$1 = \frac{q_m(n)}{n}m + \frac{r_m(n)}{n},\ \text{すなわち}\ \frac{q_m(n)}{n} = \frac{1}{m}\left(1 - \frac{r_m(n)}{n}\right).$$

ここで $r_m(n)/n < m/n$ を使えば $r_m(n)/n \to 0$ $(n \to \infty)$ が得られ，$\lim_{n\to\infty} q_m(n)/n = 1/m$ となる．

課題 2-9　課題 1-14 を参照する．$b^{\ell-1} \leq \nu < b^{\ell}$ である ν の個数は，$r = 0$ のときは $(b-1)^{\ell}$ であり，$r \neq 0$ のときは，$(r-2)(r-1)^{\ell-1}$ であるから，いずれにしても $(b-1)^{\ell}$ 以下である．$b^{k-1} \leq n < b^k$ となる k をとれば，n までの ν の個数は
$(b-1) + (b-1)^2 + \cdots + (b-1)^k \leq k(b-1)^k$ を超えない．従って，

$$\frac{N(n)}{n} \leq k\frac{(b-1)^k}{b^{k-1}} = kb\left(\frac{b-1}{b}\right)^k \to 0 \quad (n \to \infty).$$

課題 2-10　まず，$n^{1/n} \geq 1$ である．一方，任意の $\varepsilon > 0$ に対して，$\lim_{n\to\infty} n/(1+\varepsilon)^n = 0$ であるから（例題 2-17 の (2)），ある n_0 で $n < (1+\varepsilon)^n$ $(n \geq n_0)$ となるものが存在する．よって，$n \geq n_0$ のとき $1 \leq n^{1/n} < 1 + \varepsilon$ が成り立つ．これは $\lim_{n\to\infty} n^{1/n} = 1$ を意味している．

(2)　不等式 $1/\sqrt{k+1} < 2/(\sqrt{k+1} + \sqrt{k}) = 2(\sqrt{k+1} - \sqrt{k}) < 1/\sqrt{k}$ を使えば（演習問題 1-13），$n > 1$ のとき $\sum_{k=1}^{n-1} 1/\sqrt{k+1} < 2(\sqrt{n} - 1) < \sum_{k=1}^{n-1} 1/\sqrt{k}$．これを書き直した次式に定理 2-2 を適用すればよい．

$$2 - \frac{2}{\sqrt{n}} + \frac{1}{n} < \frac{1}{\sqrt{n}}\sum_{k=1}^{n}\frac{1}{\sqrt{k}} < 2 - \frac{1}{\sqrt{n}}.$$

課題 2-11　$\{a_n - \alpha\}, \{b_n\}$ は有界であるから，$|a_n - \alpha| < K, |b_n| < K$ となる正数 K が存在する．極限を求めようとしている式を次のように書き直す．

$$\frac{1}{n}(a_1b_n + a_2b_{n-1} + \cdots + a_nb_1)$$
$$= \frac{1}{n}\{(a_1 - \alpha)b_n + (a_2 - \alpha)b_{n-1} + \cdots + (a_n - \alpha)b_1)\} + \frac{1}{n}\alpha(b_1 + \cdots + b_n).$$

右辺の第 2 項は例題 2-22 により $\alpha\beta$ に収束するから，第 1 項が 0 に収束することを示せばよい．$\varepsilon > 0$ を任意として，$|a_n - \alpha| < \varepsilon$ $(n > N_0)$ となる N_0 を選ぶ．さらに，$K^2N_0/N < \varepsilon$ となる N を選べば，$n > N$ のとき

$$\left|\frac{1}{n}\{(a_1 - \alpha)b_n + (a_2 - \alpha)b_{n-1} + \cdots + (a_n - \alpha)b_1)\}\right|$$
$$\leq \frac{1}{n}\{|a_1 - \alpha||b_n| + |a_2 - \alpha||b_{n-1}| + \cdots + |a_{N_0} - \alpha||b_{n+1-N_0}| + |a_{N_0+1} - \alpha||b_{n-N_0}|$$
$$+ \cdots + |a_n - \alpha||b_1|\} \leq \frac{K^2N_0}{n} + \frac{(n - N_0)K}{n}\varepsilon < (1+K)\varepsilon$$

が得られるから，第 1 項は 0 に収束する．

課題 2-12　収束すると仮定．$a_{n+1}-a_n \to 0\ (n \to \infty)$ だから (例題2-6)，$x-[(n+1)x]+[nx]$ は 0 に収束する．しかし，$[(n+1)x]-[nx]$ は常に整数なので，x に最も近い整数を n_0 として $\varepsilon=|x-n_0|$ とおけば，$|x-[(n+1)x]+[nx]| \geq \varepsilon$ がすべての n に対して成り立つ．これは矛盾．

課題 2-13　課題 1-19(1) により，もし x が有理数であれば，ある正定数 c で，すべての有理数 $p/q \neq x$ に対して $|qx-p|>c$ が成り立つものが存在し，したがって $|q_n x - p_n|$ は 0 に収束しないから矛盾．

課題 2-14　(1)（必要性）稠密性の定義から，A が稠密であれば，$A \cap (x-\varepsilon, x+\varepsilon) \neq \emptyset$ であるから $|x-a|<\varepsilon$ をみたす $a \in A$ が存在する．

（十分性）任意の開区間 (a,b) に対して，$x \in (a,b)$ を選び，$\varepsilon>0$ を十分小さく取れば $(x-\varepsilon, x+\varepsilon) \subset (a,b)$ とできることを使えばよい．

(2)　$x \in \mathbb{R}$ とする．任意の $\varepsilon>0$ に対して，$a_n<\varepsilon$ となる n を選べば，$0 \leq x/a_n-[x/a_n]<1$ であるから，$k=[x/a_n]$ とおけば $|x-ka_n|<a_n<\varepsilon$ が得られる．よって $\bigcup_{n=1}^{\infty} \mathbb{Z}a_n$ は $\mathbb{R}$ において稠密である．

第 3 章

問 3-1　(1)　最大値は 1，最小値は存在しない，　(2)　最大値も最小値も存在しない，　(3)　最大値は 1，最小値は -1．

問 3-2　a が有理数であるとき，$\min S=a$ であり，a が無理数であるときは最小値は存在しない．b が有理数であるとき，$\max S=b$ であり,b が無理数であるときは，最大値は存在しない．

実際，例えば a が無理数であるとき，S に最小値 x_0 が存在したと仮定すると，$a \leq x_0$ であるが $a \neq x_0$ である（すなわち $a<x_0$）．有理数の集合の稠密性により $a<x<x_0$ であるような有理数 x が存在するが，$x \in S$ であり，$x<x_0$ であるので，これは x_0 の最小性に反する．

問 3-3　(1)　上限は 1，下限は $-1/2$，　(2)　上限は 1，下限は -1，　(3)　上限は 1，下限は -1．

問 3-4　$(1-1/n)^n=(n-1/n)^n=(1+1/n-1)^{-n}$

$$=(1+1/n-1)^{-(n-1)} \cdot (1+1/n-1)^{-1} \to 1/e \quad (n \to \infty).$$

問 3-5　すべての n について $x_n>0$ であることは明らかであろう．$\{x_n\}$ が x に収束すると仮定すれば $x=(3x+4)/(2x+3)$ であるから，これを解いて $x=\pm\sqrt{2}$ であり，$x_n>0$ から $x \geq 0$ なので $\sqrt{2}$ が極限値の候補である．

$n \geq 2$ のとき，$2-x_n=2-\dfrac{3x_{n-1}+4}{2x_{n-1}+3}=\dfrac{x_{n-1}+2}{2x_{n-1}+3}>0.$

よって $x_n<2$ がすべての n について成り立つ．

単調増加については，簡単な計算により

$$x_2-x_1=\frac{2}{5}>0, \quad x_{n+1}-x_n=\frac{x_n-x_{n-1}}{(2x_n+3)(2x_{n-1}+3)}$$

が確かめられるから，すべての n に対して $x_{n+1} \geq x_n$ である．

問 3-6　コーシー列の条件は $\forall\varepsilon>0\ \exists n_0\ \forall m\ \forall n\ \ [m,n \geq n_0\ \to\ |a_m-a_n|<\varepsilon]$ と表され，これの否定は $\exists\varepsilon>0\ \forall n_0\ \exists m\ \exists n\ \ [m,n \geq n_0\ \wedge\ |a_m-a_n| \geq \varepsilon]$ と表される．

問 3-7　$\sqrt{3}=1+(\sqrt{3}-1)$，$1/(\sqrt{3}-1)=(\sqrt{3}+1)/2=1+(\sqrt{3}-1)/2$，$2/(\sqrt{3}-1)=\sqrt{3}+1=2+(\sqrt{3}-1)$，$1/(\sqrt{3}-1)=1+(\sqrt{3}-1)/2, \cdots$．よって，$\sqrt{3}=[1;1,2,1,2,\ldots]$．

課題 3-1　(1)　$A \subset \underline{A}$ であるから，任意に $x \in U(\underline{A})$ を取ると，任意の $a \in A$ について $a \leq x$ である．よって $x \in U(A)$．逆に，任意の $x \in U(A)$ を取ると，任意の $a \in A$ について $a \leq x$ であるから，任意の $y \in \underline{A}$ について $y \leq x$．よって $x \in U(\underline{A})$．

(2) $x \notin \underline{A}$ なら $x \in U(A)$ であることを示せばよい．$x \notin \underline{A}$ は，すべての $a \in A$ について $x \notin (-\infty, a]$ であることと同値であるから，$a < x$ がすべての $a \in A$ に対して成り立っている．よって $x \in U(A)$.

(3) $\underline{A} \cap U(A)$ が x, y を含むとしよう．$x \in U(A) = U(\underline{A})$，$y \in \underline{A}$ であるから，$y \leq x$. 同様に $x \leq y$ となって $x = y$.

(4) 結論を否定すると，ある $\varepsilon > 0$ で，任意の $x \in \underline{A}, y \in U(A)$ に対して $y - x \geq \varepsilon$ となるものが存在する．y を固定すると，任意の $x \in \underline{A}$ について $x \leq y - \varepsilon$ であるから，$y - \varepsilon \in U(\underline{A})$. この $y - \varepsilon$ に同じ議論を行えば，$y - 2\varepsilon = (y - \varepsilon) - \varepsilon \in U(\underline{A})$. これを続ければ，すべての自然数 n について $y - n\varepsilon \in U(\underline{A})$ となり，$U(\underline{A})$ が下に有界でなくなるから矛盾.

課題 3-2 A を上に有界な集合，$\underline{A}$ を課題 3-1 において定義した集合とする．$\underline{A}$ に含まれる単調増加列 $\{x_n\}_{n=1}^{\infty}$ と，$U(A)$ に含まれる単調増加列 $\{y_n\}_{n=1}^{\infty}$ で，$|x_n - y_n| < 1/n$ をみたすものを次のように帰納的に定める.

まず，課題 3-1 の (4) により，$|a_n - b_n| < 1/n$ をみたすような，$\underline{A}$ に含まれる列 $\{a_n\}$ と，$U(A)$ に含まれる列 $\{b_n\}$ を選ぶことができる．$x_1 = a_1, y_1 = b_1$ として，$x_n \in \underline{A}, y_n \in U(A)$ が定まったとき，x_{n+1}, y_{n+1} を

$$x_{n+1} = \begin{cases} a_{n+1} & (x_n \leq a_{n+1} \text{ の場合}) \\ x_n & (x_n > a_{n+1} \text{ の場合}) \end{cases}, \quad y_{n+1} = \begin{cases} b_{n+1} & (y_n \geq b_{n+1} \text{ の場合}) \\ y_n & (y_n > b_{n+1} \text{ の場合}) \end{cases}.$$

により定義する．明らかに $\{x_n\}$ は単調増加，$\{y_n\}$ は単調減少であり，$|x_{n+1} - y_{n+1}| \leq |a_{n+1} - b_{n+1}| < 1/(n+1)$ も容易に確かめられる.

仮定から，$\{x_n\}, \{y_n\}$ は収束し，しかも $\lim_{n \to \infty} x_n = \lim_{n \to \infty} y_n$ である．この極限値を α とすると，任意の $x \in A$ に対して $x \leq y_n$ であるから，$x \leq \alpha$ であり，$\alpha \in U(A)$. また，任意の $y \in U(A)$ に対して，$x_n \leq y$ であるから，$\alpha \leq y$. すなわち α は $U(A)$ の最小値であるから A の上限である.

課題 3-3 収束すると仮定して，$x = \lim_{n \to \infty} x_n$ とおけば，x は実数であり，$x_{n+1} = (ax_n + b)/(cx_n + d)$ の両辺の極限を取ることにより $x = (ax + b)/(cx + d)$ をみたさなければならないことになる．これを解けば $x = \{a - d \pm \sqrt{(a+d)^2 - 4}\}/2c$ が得られる（計算の過程で $ad - bc = 1$ を用いる）．$|a + d| < 2$ とすると，x は実数にはならないから矛盾.

(2) まず，$x_n > 0$ であるから

$$\frac{a}{c} - x_n = \frac{1}{c(cx_{n-1} + d)} > 0 \quad (n \geq 2)$$

が得られ，$x_n < a/c$ がすべての n について成り立つ.

$x_2 - x_1 = \{-(cx_1^2 + (d - a)x_1 - b)\}/(cx_1 + d) > 0$ であり

$$x_{n+1} - x_n = \frac{x_n - x_{n-1}}{(cx_n + d)(cx_{n-1} + d)}$$

であるから，帰納法により $x_n > x_{n-1}$ が得られる.

課題 3-4 (1) まず $a_n < b_n$ がすべての n について成り立つことを見よう．$n = 0$ の場合は $a_0 = a < b = b_0$ であるから正しい．$n = k$ のとき正しいとすると，$a_k < b_k$ に相加平均・相乗平均の不等式を適用することにより $a_{k+1} = \sqrt{a_k b_k} < (a_k + b_k)/2 = b_{k+1}$ であるから，$n = k + 1$ のときも正しい．よってすべての n について $a_n < b_n$ である.

次に，今示したことを利用すれば，$a_{n+1}/a_n = \sqrt{b_n/a_n} > 1$ から $a_{n+1} > a_n$．さらに $b_{n+1} - b_n = (a_n - b_n)/2 < 0$ から，$b_{n+1} < b_n$ を得る．

(2)　(1) により，$\{a_n\}$ は上に有界な単調増加列，$\{b_n\}$ は下に有界な単調減少列であるから，双方とも収束する．α, β によりそれぞれの極限値とすれば $\alpha = \lim_{n\to\infty} a_n = \lim_{n\to\infty} \sqrt{a_n b_n} = \sqrt{\alpha\beta}$ であるから，$\alpha = \beta$．

課題 3-5　定理 2-7 と 3-8 を使う．各 ν について，$\{a_n^{(\nu)}\}_{n=1}^{\infty}$ の部分列 $\{a_{n_{\nu,k}}^{(\nu)}\}_{k=1}^{\infty}$ を次のように帰納的に選んでいく．まず，$\{a_n^{(1)}\}_{n=1}^{\infty}$ の部分列 $\{a_{n_{1,k}}^{(1)}\}_{k=1}^{\infty}$ で収束ないしは $\pm\infty$ に発散するものを選ぶ．次に，$\{a_{n_{1,k}}^{(2)}\}_{k=1}^{\infty}$ の部分列 $\{a_{n_{2,k}}^{(2)}\}_{k=1}^{\infty}$ で収束ないしは $\pm\infty$ に発散するものを選ぶ．$\{a_{n_{\nu-1,k}}^{(\nu-1)}\}_{k=1}^{\infty}$ まで選んだとき，$\{a_{n_{\nu-1,k}}^{(\nu)}\}_{k=1}^{\infty}$ の部分列 $\{a_{n_{\nu,k}}^{(\nu)}\}_{k=1}^{\infty}$ で収束ないしは $\pm\infty$ に発散するものを選ぶ．

$$
\begin{array}{llllll}
\boxed{n_{1,1}}, & n_{1,2}, & n_{1,3}, & \cdots, & n_{1,k}, & \cdots \\
n_{2,1}, & \boxed{n_{2,2}}, & n_{2,3}, & \cdots, & n_{2,k}, & \cdots \\
n_{3,1}, & n_{3,2}, & \boxed{n_{3,3}}, & \cdots, & n_{3,k}, & \cdots \\
\cdots & \cdots & & & & \\
n_{k,1}, & n_{k,2}, & n_{k,3}, & \cdots, & \boxed{n_{k,k}}, & \cdots \\
\cdots & \cdots & & & &
\end{array}
$$

そこで，$n_k = n_{k,k}$ とおけば，各 ν に対して $\{a_{n_k}^{(\nu)}\}_{k=1}^{\infty}$ は $\{a_n^{(\nu)}\}_{n=1}^{\infty}$ の，収束ないしは $\pm\infty$ に発散する部分列である．実際，$\{n_{\nu,k}\}_{k=1}^{\infty}$ は $\{n_{\nu-1,k}\}_{k=1}^{\infty}$ の部分列であるから，$\{n_k\}_{k=1}^{\infty}$ は各 ν に対して高々有限個の項を除けば $\{n_{\nu,k}\}_{k=1}^{\infty}$ の部分列となっている．よって，定理 2-3 によって，各列 $\{a_{n_k}^{(\nu)}\}_{k=1}^{\infty}$ は収束ないしは $\pm\infty$ に発散する．

課題 3-6　(1) は明らか．(2) を帰納法で証明する．$n = 1$ のとき，

$$[a_0; a_1, y] = a_0 + \frac{1}{a_1 + 1/y} = \frac{(a_0 a_1 + 1)y + a_0}{a_1 y + 1} = \frac{p_1 y + p_0}{q_1 y + q_0}$$

であるから正しい．$n = k$ のとき正しいと仮定すると，補題 3-18(2) を適用して次式を得るから $n = k+1$ のときも正しい．

$$
\begin{aligned}
&[a_0; a_1, \dots, a_{k+1}, y] = [a_0, a_1, \dots, a_k, a_{k+1} + 1/y] \\
&= \frac{p_k(a_{k+1} + 1/y) + p_{k-1}}{q_k(a_{k+1} + 1/y)) + q_{k-1}} = \frac{(p_k a_{k+1} + p_{k-1})y + p_k}{(q_k a_{k+1} + q_{k-1})y + q_k} = \frac{p_{k+1} y + p_k}{q_{k+1} y + q_k}.
\end{aligned}
$$

課題 3-7　x の連分数展開が無限連分数なので，x が無理数であることは予め分かっている．まず $\{a_n\}_{n=0}^{\infty}$ が周期的になると仮定．すると，$x = [a_0; a_1, a_2, \dots, a_n, x]$ となる n が存在するから，$x = (p_n x + p_{n-1})/(q_n x + q_{n-1})$ となる．これは整数係数の 2 次方程式 $q_n x^2 + (q_{n-1} - p_n)x - p_{n-1} = 0$ に書き直されるから，x は 2 次の無理数である．

次に $\{a_{n+k}\}_{k=1}^{\infty}$ が周期的としよう．今見たように $y = [a_{n+1}; a_{n+2}, \cdots]$ は 2 次の無理数であるから，$x = [a_0; a_1, \dots, a_n, y] = (p_n y + p_{n-1})/(q_n y + q_{n-1})$ も 2 次の無理数である（課題 1-15）．

課題 3-8　α に対する整数係数最小多項式を $f(x) = ax^2 + bx + c$ とする（第 1 章の課題 1-19）．$\alpha = [a_0; a_1, a_2, \dots, a_n, x_n]$ とするとき，$\alpha = (p_n x_n + p_{n-1})/(q_n x_n + q_{n-1})$ であり，これを $f(\alpha) = 0$ に代入して分母を払い，整理すれば $A_n x_n^2 + B_n x_n + C_n = 0$ が得られる．ただし $A_n = {q_n}^2 f(p_n/q_n)$，　$C_n = {q_{n-1}}^2 f(p_{n-1}/q_{n-1})$，　$B_n = 2ap_n p_{n-1} + b(p_n q_{n-1} +$

$p_{n-1}q_n) + 2cq_nq_{n-1} = q_nq_{n-1}\{f(p_n/q_n) + f(p_{n-1}/q_{n-1})\} - a/q_nq_{n-1}$.
B_n については，補題 3-18(2) の式 $p_nq_{n-1} - p_{n-1}q_n = (-1)^{n+1}$ $(n \geq 1)$. を用いた．$f(x) = 0$ は有理数解を持たないから $A_n \neq 0$ である．さらに $f(x) = (x - \alpha)h(x)$ と書けるので，$f(p_n/q_n) = (p_n/q_n - \alpha)h(p_n/q_n)$ が得られる．$\{p_n/q_n\}$ は収束列であるから，$|h(p_n/q_n)| \leq M$ となる正数 M が存在するので，定理 3-23 を使って $|f(p_n/q_n)| \leq |p_n/q_n - \alpha\,|\,M < Mq_n{}^2$. こうして $|A_n|, |C_n| < M$ が得られ，さらに $\{q_n\}$ が増加列であることから

$$|B_n| < 2M\frac{q_{n-1}}{q_n} + |a| < 2M + |a|$$

である．A_n, B_n, C_n は整数であり，M, a は n には依存しないことに注意．整数の三つ組 (A, B, C) で，$|A| < M, |B| < M, |C| < 2M + |a|$ をみたすものは有限個しかないから，$A_n = A$, $B_n = B$, $C_n = C$ となる n が無限個あるような (A, B, C) が存在する (抽斗論法！課題 1-8 参照)．とくに，$(A, B, C) = (A_{n_1}, B_{n_1}, C_{n_1}) = (A_{n_2}, B_{n_2}, C_{n_3}) = (A_{n_3}, B_{n_3}, C_{n_3})$ となる $n_1 < n_2 < n_3$ が存在．$x_{n_1}, x_{n_2}, x_{n_3}$ は 1 つの 2 次方程式 $Ax^2 + Bx + C = 0$ の解となるから，そのうちの少なくとも 2 つは一致しなければならない．たとえば $x_{n_1} = x_{n_2}$ とすれば，$a_{n_1+1} = a_{n_2+1}$, $a_{n_1+2} = a_{n_2+2}, \ldots$ であるから，任意の $k \geq 1$ について $a_{n_1+k+(n_2-n_1)} = a_{n_2+k} = a_{n_1+k}$ となって $\{a_{n_1+k}\}_{k=1}^{\infty}$ は周期的である．

課題 3-9 (1) $a \in A$ を 1 つ選ぶと，$0 = a - a \in A$ であるから A は 0 を含んでいる．$A = \{0\}$ のときは後者の形をしているから，A は 0 と異なる要素を含むときを考える．$a \in A$ に対して，$-a = 0 - a \in A$ であるから，A は正数を含む．そこで，$\alpha = \inf\{a \in A \mid a > 0\}$ とおこう．
(i) $\alpha = 0$ の場合，任意の $n \in \mathbb{N}$ に対して，$0 < a_n < 1/n$ であるような $a_n \in A$ が存在するから，0 に収束する A 内の数列 $\{a_n\}$ を得る．$\bigcup \mathbb{Z}a_n$ は A に含まれ，しかも稠密であるから (課題 2-14)，A も稠密である．
(ii) $\alpha > 0$ の場合，もし $\alpha \notin A$ であれば，任意の $\varepsilon > 0$ に対して $\alpha < a < \alpha + \varepsilon$ をみたす $a \in A$ が無限個存在するから (例題 3-3)，その中から 2 つの $a_1 > a_2$ を選び，$a_0 = a_1 - a_2 \in A$ とおけば $0 < a_0 < \varepsilon$ が得られる．とくに $\varepsilon = \alpha$ とすれば，これは α が $\{a \in A \mid a > 0\}$ の下限であることに矛盾．よって $\alpha \in A$ (すなわち α は $\{a \in A \mid a > 0\}$ の最小値) である．任意の $a \in A$ について，$k\alpha \leq a < (k+1)\alpha$ となる $k \in \mathbb{Z}$ が選ぶと，$0 \leq a - k\alpha < \alpha$ であり，$a - k\alpha \in A$ であるから，α の最小性から $a = k\alpha$ でなければならない．よって $A = \mathbb{Z}\alpha$ である．
(2) 明らかに A は (1) で述べた性質を持っている．また，任意の $\varepsilon > 0$ に対して，$|a - b\sqrt{N}| < b^{-1} < \varepsilon$ をみたす $a, b \in \mathbb{N}$ が存在するから (課題**??**または 3-23)，(1) の (i) の場合である．よって A は稠密．

第 4 章

問 4-1 $s_n = (1 - 1/2) + (1/2 - 1/3) + \cdots + (1/n - 1/(n+1)) = 1 - 1/(n+1)$ であるから，答は 1.

問 4-2 (1) $n/(2n-1)^2 > n/(2n)^2 = 1/4n$ であるから発散する．

(2) 発散する．例題 2-17 により，$1/\log_a n > C^{-1}/n$ であるから，調和級数が発散することを使えばよい．

問 4-3 それぞれの級数の第 n 項を a_n とする．

(1) $\dfrac{a_{n+1}}{a_n} = \dfrac{(n+1)^2 n!}{n^2(n+1)!} = \left(1 + \dfrac{1}{n}\right)^2 \dfrac{1}{n+1} \to 0$ であるから収束．

(2) $\dfrac{a_{n+1}}{a_n} = \dfrac{(n+1)!2^n}{2^{n+1}n!} = \dfrac{n+1}{2} \to \infty$ であるから発散.

(3) $\dfrac{a_{n+1}}{a_n} = \dfrac{(n+1)3^{n-1}}{3^n n} = \dfrac{1}{3}\Big(1+\dfrac{1}{n}\Big) \to \dfrac{1}{3}$ であるから収束.

問 4-4　演習問題 3-4 を使う. $\sqrt[n]{a_n} = (1-1/n)^n \to e^{-1} \quad (n \to \infty)$ であり, $e^{-1} < 1$ であるから $\sum a_n$ は収束する.

問 4-5　(1) $\sqrt[n]{a_n} = 1/n$ であるから収束. (2) $\sqrt[n]{a_n} = n/(2n+1)$ であるから収束. (3) $\sqrt[n]{a_n} = 3n/(n+1)$ であるから発散.

問 4-6　(1)　条件収束（定理 4-3 を使う).　(2)　条件収束（定理 4-3 を使う). 絶対収束しないことは $\sum_{n=2}^{\infty} 1/\log n$ が発散することから（例題 4-2).

課題 4-1　ある番号 n_0 から先で, $a_{n+1}/b_{n+1} \leq a_n/b_n$ であるから, $\{a_n/b_n\}_{n=n_0}^{\infty}$ は減少列である. よって, $c = a_{n_0}/b_{n_0}$ とおけば, $a_n \leq cb_n$ であるから, 比較判定法が使える.

課題 4-2　$n < m$, すなわち $n/m \in (0,1)$ と仮定して差し支えない. 割り算定理により, 次のようにして, $a_1, a_2, \ldots$ 及び, $r_1, r_2, \ldots$ を定めていく.

$$bn = a_1 m + r_1 \quad (0 \leq r_1 < m),$$
$$br_{k-1} = a_k m + r_k \quad (0 \leq r_k < m;\ k \geq 2)$$

処方箋 (4.2) に従って, $x = n/m$ に対する $x_1, x_2, \ldots$ を定めると, まず, $x_1 = bn/m$, $[x_1] = [a_1 + r_1/m] = a_1$, となる. $k \geq 2$ とするとき,

$$x_k = \frac{br_{k-1}}{m}, \quad \text{(したがって } [x_k] = \left[a_k + \frac{r_k}{m}\right] = a_k\text{)}$$

を帰納法で示そう. $k = 2$ のときは

$$b(x_1 - [x_1]) = b\left(b\frac{n}{m} - a_1\right) = b\frac{bn - a_1 m}{m} = \frac{br_1}{m}$$

であるから正しい. $k = i$ のとき正しいとすると

$$x_{i+1} = b(x_i - [x_i]) = b\left(\frac{br_{i-1}}{m} - a_i\right) = \frac{br_i}{m}$$

であるから $k = i+1$ のときも正しい. こうして $[x_k] = a_k$ となるから, n/m の標準的小数展開は $0.a_1a_2\cdots$ となる.

抽斗論法を適用すれば, $r_0, r_1, \ldots, r_m$ の中に $r_i = r_j \ (1 \leq i < j \leq m)$ となる i, j が必ず存在する. このとき $br_i = a_{i+1}m + r_{i+1}$, $br_j = a_{j+1}m + r_{j+1}$ であるから, 商と余りの一意性により $a_{i+1} = a_{j+1}$, $r_{i+1} = r_{j+1}$ となって, 小数展開において $a_{i+1}a_{i+2}\cdots a_j$ の部分が循環する. この部分の長さは $m-1$ 以下である.

課題 4-3　b の適当なベキ乗を掛けておけば, 循環は小数点以下から始まると仮定して一般性を失わない. さらに整数部分は 0 と仮定してよい. すなわち $0.a_1a_2\cdots a_k{\cdot}a_1a_2\cdots a_k{\cdot}a_1a_2\cdots$. としてよい. これを級数で表せば,

$$\left(\frac{a_1}{b} + \cdots + \frac{a_k}{b^k}\right) + \frac{1}{b^k}\left(\frac{a_1}{b} + \cdots + \frac{a_k}{b^k}\right) + \frac{1}{b^{2k}}\left(\frac{a_1}{b} + \cdots + \frac{a_k}{b^k}\right) + \cdots$$

であり, $a = \dfrac{a_1}{b} + \cdots + \dfrac{a_k}{b^k}$ とおけば, これは $a\left(1 + \dfrac{1}{b^k} + \dfrac{1}{b^{2k}} + \cdots\right) = a\dfrac{b^k}{b^k - 1}$.
と表されるから有理数である.

課題 4-4 (4.2) における x_n について，$x_n = a_n + a_{n+1}/b + a_{n+2}/b^2 + \cdots$ であることを帰納法で示そう．$n=1$ のときは，$x_1 = bx = a_1 + a_2/b + a_3/b^2 + \cdots$ であるから正しい．$n=i$ のとき正しいと仮定すると，$a_j < b-1,\ j \geq i+1$ となる j が存在するから

$$\frac{a_{i+1}}{b} + \frac{a_{i+2}}{b^2} + \cdots < \frac{b-1}{b} + \frac{b-1}{b^2} + \cdots < 1$$

となり，$[x_i] = a_i$ かつ

$$x_{i+1} = b(x_i - [x_i]) = b\left(\frac{a_{i+1}}{b} + \frac{a_{i+2}}{b^2} + \cdots\right) = a_{i+1} + \frac{a_{i+2}}{b} + \frac{a_{i+3}}{b^2} + \cdots$$

が得られる．よって $n = i+1$ のときも正しい．

課題 4-5 課題 1-14 および課題 2-9 を参照する．$b^{k-1} \leq \nu < b^k$ である ν の個数は $(b-1)^k$ 以下であるから

$$\sum \frac{1}{\nu} = \sum_{k=1}^{\infty} \sum_{b^{k-1} \leq \nu < b^k} \frac{1}{\nu} < \sum_{k=1}^{\infty} \frac{(b-1)^k}{b^{k-1}} = (b-1)\sum_{k=1}^{\infty}\left(\frac{b-1}{b}\right)^{k-1} = b(b-1) < \infty.$$

課題 4-6 部分和の列 $\{s_n\}$ は増加しながら収束するから，任意の $\varepsilon > 0$ に対して適当な $n_0(\varepsilon)$ を取れば，$h, k \geq n_0(\varepsilon)$ のとき $0 \leq s_h - s_k < \varepsilon/2$．よって，とくに $n \geq 2n_0(\varepsilon)$ とすれば，$[n/2] \geq n_0(\varepsilon)$ であるから

$$\frac{\varepsilon}{2} > s_n - s_{[n/2]} = \sum_{h=[n/2]+1}^{n} a_h \geq \left(n - \left[\frac{n}{2}\right]\right) a_n \geq \frac{n}{2} a_n.$$

すなわち，$na_n < \varepsilon$ となる（$2na_{2n} \leq 2(a_{2n} + a_{2n-1} + \cdots + a_{n+1})$ を使うこともできる）．

課題 4-7 $\varepsilon > 0$ を任意に取る．仮定 $\sum_{n=1}^{\infty} b_n < \infty$ から，$\sum_{n=n_0+1}^{\infty} b_n < \varepsilon$ となるような番号 n_0 が存在する．一方，各 n について $\lim\limits_{\nu\to\infty} a_n^{(\nu)} = a_n$ であるから，$\nu \geq \nu_0$ ならば $|a_n^{(\nu)} - a_n| < \varepsilon/n_0$ がすべての $n = 1, 2, \ldots, n_0$ に対して成り立つような ν_0 が存在する．$|a_n| = \lim\limits_{\nu\to\infty} |a_n^{(\nu)}| \leq b_n$ に注意すれば

$$\left|\sum_{n=1}^{\infty} a_n^{(\nu)} - \sum_{n=1}^{\infty} a_n\right| \leq \sum_{n=1}^{\infty} |a_n^{(\nu)} - a_n| = \sum_{n=1}^{n_0} |a_n^{(\nu)} - a_n| + \sum_{n=n_0+1}^{\infty} |a_n^{(\nu)} - a_n|$$

$$< \varepsilon + \sum_{n=n_0+1}^{\infty} |a_n^{(\nu)}| + \sum_{n=n_0+1}^{\infty} |a_n| \leq \varepsilon + 2\sum_{n=n_0+1}^{\infty} |b_n| \leq 3\varepsilon$$

が得られる．よって任意の $\varepsilon > 0$ に対して，$\nu \geq \nu_0$ ならば $\left|\sum_{n=1}^{\infty} a_n^{(\nu)} - \sum_{n=1}^{\infty} a_n\right| < 3\varepsilon$ となる ν_0 が存在するから，$\lim\limits_{\nu\to\infty} \sum_{n=1}^{\infty} a_n^{(\nu)} = \sum_{n=1}^{\infty} a_n$．

課題 4-8 正しくない．例えば $a_n^{(\nu)} = 1\ (n \leq \nu)$，$a_n^{(\nu)} = 0\ (n > \nu)$ とおけば

$\displaystyle\sum_{n=1}^{\infty} a_n^{(\nu)} = \underbrace{1 + \cdots + 1}_{\nu} + 0 + 0 + \cdots = \nu$ であるが $a_n = \lim\limits_{\nu\to\infty} a_n^{(\nu)} = 1$ なので $\sum a_n$ は発散．

課題 4-9 課題 1-6（コーシーの不等式）を使えば，

$\displaystyle\sum_{k=1}^{n} |a_k|/k \leq \left(\sum_{k=1}^{n} a_k{}^2\right)^{1/2}\left(\sum_{k=1}^{n} 1/k^2\right)^{1/2}$ であるから，例題 4-3 を適用すればよい．

課題 4-10 (4.5) の右辺が絶対収束するならば，別の全単射 $\psi : \mathbb{N} \to X$ に対する級数 $\sum_{n=1}^{\infty} f(\psi(n))$ も同じ値に絶対収束することを示せばよい．$a_n = f(\varphi(n))$，$\sigma = \varphi^{-1}\psi : \mathbb{N} \to \mathbb{N}$ とおくと，$f(\psi(n)) = f(\varphi\varphi^{-1}\psi(n)) = f(\varphi\sigma(n)) = a_{\sigma(n)}$ となるから，定理 4-8 を適用すればよい．

課題 4-11　$\sum_{x\in X} f(x) < \infty$ とする．$A = \{x \in X \mid\ f(x) > 0\}$，$A_n = \{x \in X \mid\ f(x) > 1/n\}$ とおくと，$A = \bigcup_{n=1}^{\infty} A_n$．関数 g_n を

$$g_n(x) = \begin{cases} 1 & (x \in A_n) \\ 0 & (x \notin A_n) \end{cases}$$

とおいて定義する．$f(x)-(1/n)g_n(x) \geq 0$ であり，$f(x) = \big(f(x)-(1/n)g_n(x)\big)+(1/n)g_n(x)$ であるから，条件 (iii) を適用して

$$\infty > \sum_{x\in X} f(x) = \sum_{x\in X} \big(f(x) - (1/n)g_n(x)\big) + \frac{1}{n}\sum_{x\in X} g_n(x) \geq \frac{1}{n}\sum_{x\in X} g_n(x)$$

が得られるが，条件 (ii) から A_n は有限集合である（無限集合なら $\sum_{x\in X} g_n(x) = \infty$ となって矛盾）．よって A は可算集合（例題 1-1）．

課題 4-12　$p_m = 2^{m!}\sum_{k=0}^{m} 2^{-k!}$，$q_m = 2^{m!}$ とおくと，p_m, q_m は正整数であり

$$\alpha - \frac{p_m}{q_m} = \sum_{k=m+1}^{\infty} 2^{-k!} < \frac{1}{2^{(m+1)!}}\left(1 + \frac{1}{2} + \frac{1}{2^2} + \cdots\right) = \frac{2}{{q_m}^{m+1}}$$

であるから $0 < \alpha - p_m/q_m < 2/{q_m}^{m+1}$ を得る．仮に α が n 次の代数的数とすれば，$|\alpha - p_m/q_m| > c/{q_m}^n$ であり，$c < 2/{q_m}^{m+1-n}$ となって，m を十分大きくすれば，これは成り立たない．よって，α は超越数．

課題 4-13　$\sum a_n$ を条件収束級数として，$M = \{n \in \mathbb{N} \mid\ a_n \geq 0\}$，　$N = \{n \in \mathbb{N} \mid\ a_n < 0\}$ とおくと，$\sum_{n\in M} a_n = \sum_{n=1}^{\infty}(|a_n| + a_n)/2$，$\sum_{n\in N} a_n = \sum_{n=1}^{\infty}(a_n - |a_n|)/2$ であり，$\sum |a_n|$ は ∞ に発散，$\sum a_n$ は収束するから，$\sum_{n\in M} a_n = \infty$，$\sum_{n\in N} a_n = -\infty$ となる．そこで，$s_n = \sum_{k\in M, k\leq n} a_k$，$t_n = \sum_{k\in N, k\leq n} a_k$ とおく．$\sum_{n=1}^{\infty} a_n$ は収束しているから，$a_n \to 0$ であることに注意しておく．

まず，有限値 α への収束の場合を考える．単調に $s_n \to \infty, t_n \to -\infty$ であるから，$m_1 = \min\{m \in M \mid\ s_m \geq \alpha\}$，$n_1 = \min\{n \in N \mid\ s_{m_1} + t_n < \alpha\}$ と定めると，後は帰納的に $m_\mu = \min\{m \in M \mid\ s_m + t_{n_{\mu-1}} \geq \alpha\}$，$n_\mu = \min\{n \in N \mid\ s_{m_\mu} + t_n < \alpha\}$ と定めていける．便宜上，$m_0 = n_0 = 0$，$s_0 = t_0 = 0$ とおこう．定義の仕方から，$s_{m_\mu - 1} + t_{n_{\mu-1}} < \alpha$，$s_{m_\mu} + t_{n_\mu - 1} \geq \alpha$ である．$s_{m_\mu - 1} = s_{m_\mu} - a_{m_\mu}$，$t_{n_\mu - 1} = t_{n_\mu} - a_{n_\mu}$ であるから，さらにこれらは $s_{m_\mu} + t_{n_{\mu-1}} < \alpha + a_{m_\mu}$，$s_{m_\mu} + t_{n_\mu} \geq \alpha + a_{n_\mu}$ と書き表される．

$$\begin{aligned}&\sum_{\mu=1}^{\infty}\big((s_{m_\mu} - s_{m_{\mu-1}}) + (t_{n_\mu} - t_{n_{\mu-1}})\big) \\ &= \sum_{\mu=1}^{\infty}\Big(\sum_{\nu\in M, m_{\mu-1}+1\leq\nu\leq m_\mu} a_\nu + \sum_{\nu\in N, n_{\mu-1}+1\leq\nu\leq n_\mu} a_\nu\Big)\end{aligned}$$

において，右辺の和の順序を規定する括弧をはずして得られる級数は，$\sum a_n$ の項の順序を変更して得られた級数であり，その部分和は

$$\begin{aligned}A_{\lambda h} = &\sum_{\mu=1}^{\lambda}\Big(\sum_{\nu\in M, m_{\mu-1}+1\leq\nu\leq m_\mu} a_\nu + \sum_{\nu\in N, n_{\mu-1}+1\leq\nu\leq n_\mu} a_\nu\Big) \\ &+ \sum_{\nu\in M, m_\lambda+1\leq\nu\leq m_\lambda+h} a_\nu \quad (0 \leq h < m_{\lambda+1} - m_\lambda),\end{aligned}$$

または

$$B_{\lambda k} = \sum_{\mu=1}^{\lambda}\Big(\sum_{\nu\in M,\, m_{\mu-1}+1\le\nu\le m_\mu} a_\nu + \sum_{\nu\in N,\, n_{\mu-1}+1\le\nu\le n_\mu} a_\nu\Big)$$
$$+ \sum_{\nu\in M,\, m_\lambda+1\le\nu\le m_{\lambda+1}} a_\nu + \sum_{\nu\in N,\, n_{\lambda+1}\le\nu\le n_\lambda+k} a_\nu$$
$$(0\le k < n_{\lambda+1}-n_\lambda)$$

という形をしている．$A_{\lambda h}$ は次のようにも表される．

$$A_{\lambda h} = \sum_{\mu=1}^{\lambda}\big((s_{m_\mu}-s_{m_{\mu-1}})+(t_{n_\mu}-t_{n_{\mu-1}})\big) + \sum_{\nu\in M,\, m_\lambda+1\le\nu\le m_\lambda+h} a_\nu$$
$$= s_{m_\lambda}+t_{n_\lambda}+\sum_{\nu\in M,\, m_\lambda+1\le\nu\le m_\lambda+h} a_\nu.$$

よって，$s_{m_\lambda}+t_{n_\lambda}\le A_{\lambda h}$ であり，さらに

$$\sum_{\nu\in M,\, m_\lambda+1\le\nu\le m_\lambda+h} a_\nu \le s_{m_{\lambda+1}}-s_{m_\lambda}$$

であるから上で述べたことを使えば，次の不等式を得る．

$$\alpha+a_{n_\lambda}\le s_{m_\lambda}+t_{n_\lambda}\le A_{\lambda h}\le s_{m_{\lambda+1}}+t_{n_\lambda}<\alpha+a_{m_{\lambda+1}}.$$

$B_{\lambda k}$ についても

$$B_{\lambda k} = s_{m_{\lambda+1}}+t_{n_\lambda}+\sum_{\nu\in N,\, n_{\lambda+1}\le\nu\le n_\lambda+k} a_\nu \ge s_{m_{\lambda+1}}+t_{n_{\lambda+1}}$$

であることを使えば，次の不等式を得る．

$$\alpha+a_{n_{\lambda+1}}\le B_{\lambda k}\le s_{m_{\lambda+1}}+t_{n_\lambda}<\alpha+a_{m_{\lambda+1}}.$$

$a_{n_\lambda}\to 0, a_{m_\lambda}\to 0\ \ (\lambda\to\infty)$ だから，いずれの場合も変更された級数は α に収束する．

次に ∞ に発散するようにしたければ，$\{n_\nu\}$, $\{m_\nu\}$ を次のように定める．N に属す数を $n_1<n_2<\cdots$ とし，$m_1=\min\{m\in M \mid \ s_m+a_{\mu_1}>1\}$，一般には $m_\mu=\min\{m\in M \mid \ s_{m_\mu}+t_{n_\mu}>\mu\}$ とおけば，

$$\sum_{\mu=1}^{\infty}\big((s_{m_\mu}-s_{m_{\mu-1}})+(t_{n_\mu}-t_{n_{\mu-1}})\big)=\sum_{\mu=1}^{\infty}\Big(\sum_{\nu\in M,\, m_{\mu-1}+1\le\nu\le m_\mu} a_\nu + a_{n_\mu}\Big)$$

は $\sum a_n$ の項の順序を変更して得られる級数を生じ，$\{m_\mu\}$ の定め方から ∞ に発散する．$-\infty$ への発散も同様に議論できる．

第 5 章

問 5-1

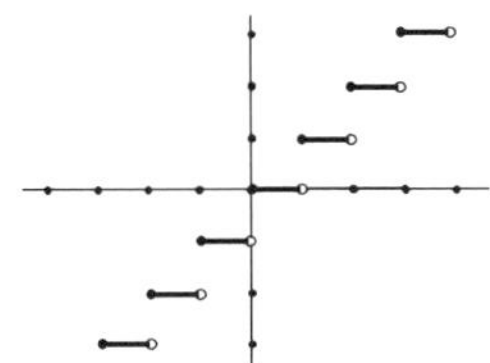

問 5-2　読み下すと,「ある正数 ε が存在し, 任意の正数 δ に対して, ある $x \in I$ で, $|x-a| < \delta$ かつ $|f(x) - f(a)| \geq \varepsilon$ をみたすものが存在する」. 日常言語では,「どんなに小さい正数 δ を選んでも, $|x-a| < \delta$ にも係らず $|f(x) - f(a)| \geq \varepsilon$ となる $x \in I$ を見つけられるような, δ に依存しない正数 ε が存在する」.

問 5-3　$0 < \varepsilon < f(x_0)$ である ε を選ぶ. $|x - x_0| < \delta$ ならば $-\varepsilon < f(x) - f(x_0) < \varepsilon$ となる $\delta > 0$ が存在するから, $f(x) > f(x_0) - \varepsilon > 0$ である.

問 5-4 (1)　区間 $(0, \infty)$ では, $f(x) = x$, 区間 $(-\infty, 0)$ では $f(x) = -x$ であるから, $\mathbb{R}\backslash\{0\}$ の各点で連続. 0 において連続であることは, $|f(x) - f(0)| = |x|$ であること, および, 任意の $\varepsilon > 0$ に対して, $\delta = \varepsilon$ とすれば, $|x - 0| < \delta$ ならば, $|f(x) - f(0)| = |x| < \varepsilon$ であることから従う.

(2)　$f_+(x) = \big(f(x) + |f(x)|\,\big)/2$ であり, $|f(x)|$ は連続であるから, $f_+(x)$ も連続.

問 5-5　$f(x) = x^5 - 3x^4 + 1$ とおくと, i) $f(-1) = -3$, $f(0) = 1$, ii) $f(0) = 1$, $f(1) = -1$, iii) $f(1) = -1$, $f(3) = 1$. よって中間値の定理から主張が得られる.

問 5-6　定数でないと仮定すると, $f(a) \neq f(b)$ となる a, b が存在する. 中間値の定理により, $f(a)$ と $f(b)$ の間にあり, 整数とは異なる k に対して $f(c) = k$ となる c が存在することになるから矛盾.

問 5-7　$a \leq f(a)$, $f(b) \leq b$ であることに注意. $f(a) = a$, あるいは $f(b) = b$ なら OK. そうでなければ $g(x) = x - f(x)$ とおくと, $g(a) < 0$, $g(b) > 0$ であるから, 中間値の定理により $g(\alpha) = 0$ となる $\alpha \in I$ が存在する.

問 5-8　定理 5-5 により, $c = \min f\big([a,b]\big)$, $d = \max f\big([a,b]\big)$ とする. $f(a_1) = c$, $f(b_1) = d$ をみたす a_1, a_2 が存在. 明らかに $f\big([a,b]\big) \subset [c,d]$ であり, 中間値の定理により, 任意の $y \in [c,d]$ に対して, $f(x) = y$ となる $x \in [a_1, b_1]$ が存在するから, $f\big([a,b]\big) = [c,d]$.

問 5-9　一様連続と仮定しよう. 定義において $\varepsilon = 1$ とすれば, $|1/x - 1/a| < 1$, すなわち $|x - a| < ax$ が $|x - a| < \delta$ をみたすすべての $x, a \in (0, \infty)$ について成り立つような $\delta > 0$ が存在するはずである. このような δ を選んで $x = a + \delta/2$ とおけば, $|x - a| < \delta$ であるから $\delta/2 = |x - a| < ax = a(a + \delta/2)$ がすべての $a > 0$ について成り立つはずであるが, $a \to 0$ とすれば右辺は 0 に近づくから矛盾である.

問 5-10 (1)　$\dfrac{2x^2 - x - 6}{3x^2 - 2x - 8} = \dfrac{(2x+3)(x-2)}{(3x+4)(x-2)} = \dfrac{2x+3}{3x+4}$ だから, 答は 7/10.

(2)　$\dfrac{\sqrt{x^2+x+1}+1}{\sqrt{1+x}+\sqrt{1-x}}$ を掛けた結果に, この逆数を掛けて見ると, 与式は

$\dfrac{(x^2+x)(\sqrt{1+x}+\sqrt{1-x})}{2x(\sqrt{x^2+x+1}+1)}$ となるから, 答は 1/2.

問 5-11　a, b の値に関わらず, f は $x = 2$ 以外では連続であるから, $x = 2$ で連続となるような a, b を求めればよい. $(x^2 + ax - 2)/(x - 2)$ の分子 $x^2 + ax - 2$ が $x = 2$ で 0 でなければ, $x \to 2$ のとき $(x^2 + ax - 2)/(x - 2)$ は収束しないから, $2^2 + 2a - 2 = 0$, すなわち $a = -1$ でなければならない. この a に対して $(x^2 - x - 2)/(x - 2) = x + 1$ であるから, $b = 3$.

問 5-12　$\forall\varepsilon > 0\ \exists a_0 \in [a, \infty)\ \forall x\ \ [x \geq a_0\ \to |\alpha - f(x)| < \varepsilon]$.

問 5-13 (1)　$\dfrac{1 + x^{-1} + x^{-2}}{1 + x^{-2}} \to 1$　(2)　$\sqrt{x^2+1} - x + 1 = \dfrac{(x^2+1) - (x-1)^2}{\sqrt{x^2+1} + x - 1}$

$$= \frac{2x}{\sqrt{x^2+1}+x-1} = \frac{2}{\sqrt{1+x^{-2}}+1-x^{-1}} \to 1$$

問 5-14 $0 < x < 1$ のとき，$f(x) = x$ であるから $f(1-0) = 1$．他方，$1 < x < 2$ のとき，$f(x) = x - 1$ であるから，$f(1+0) = 0$．

問 5-15 $4x/(x^2+1)^2$, $2(1-x^2)/(1+x^2)^2$

問 5-16 $\sqrt{x^2+1}$ は $y = f(x) = x^2 + 1$ と $g(y) = \sqrt{y}$ の合成関数だから，$(\sqrt{x^2+1})' = g'(x^2+1)f'(x) = (1/2)(x^2+1)^{-1/2} \cdot (2x) = 1/\sqrt{x^2+1}$.

問 5-17 逆関数の微分公式を使う．(1) については $(\arcsin x)' = 1/\cos(\arcsin x)$．ここで $y = \arcsin x$ とおけば，$\sin y = x$ であるから，$\cos y = \pm\sqrt{1-x^2}$ であり，$-\pi/2 < y < \pi/2$ から $\cos y > 0$ なので $\cos(\arcsin x) = \cos y = \sqrt{1-x^2}$．よって $(\arcsin x)' = 1/\sqrt{1-x^2}$．(2) も同様.

(3) については $(\arctan x)' = \cos^2(\arctan x)$．ここで $y = \arctan x$ とおけば，$\tan y = x$ であるから, $(1-\cos^2 y)/\cos^2 y = \tan^2 y = x^2$, すなわち $\cos^2 y = 1/(1+x^2)$．よって $(\arctan x)' = 1/(1+x^2)$.

問 5-18 $x < y$ を I に属す 2 点とする．平均値定理により $f'(c)(y-x) = f(y) - f(x)$, $x < c < y$ をみたす c が存在するから, $C = \sup_{x\in I} |f'(x)|$ とおけば $|f(y)-f(x)| \leq C|y-x|$ が得られる.

問 5-19 $f(x+1) - f(x) = f'(\xi)$ なる $\xi \in (x, x+1)$ が存在することを使う.

問 5-20 (1) $\displaystyle\lim_{x\to 0} \frac{x - \sin x}{x^3} = \lim_{x\to 0} \frac{1-\cos x}{3x^2} = \lim_{x\to 0} \frac{\sin x}{6x} = 1/6.$

(2) $\displaystyle\lim_{x\to 0} \frac{1-\cos x}{x \sin x} = \lim_{x\to 0} \frac{\sin x}{\sin x + x\cos x} = \lim_{x\to 0} \frac{\cos x}{2\cos x - x \sin x} = 1/2.$

問 5-21 (1) $(x^k)' = kx^{k-1}$ を使えば，$k = 1$ のとき示せば十分（帰納法）．$(e^x)'/(x)' = e^x \to \infty$ $(x \to \infty)$ であるから $e^x/xto\infty$ $(x \to \infty)$.

(2) $k = 1$ の場合を示せば十分．例題 5-7 の解を見よ.

問 5-22 $x \leq 0$ では $f^{(k)}(x) = 0$ であり, $x > 0$ では, $f^{(k)}(x) = n(n-1)\cdots(n-k+1)x^{n-k}$ $(k \leq n)$ である．$k < n$ ならば $f^{(k)}(-0) = 0 = f^{(k)}(+0)$ であるから，$f(x)$ は $n-1$ 回微分可能．$x > 0$ では $f^{(n-1)}(x) = n!x$，$x < 0$ では $f^{(n-1)}(x) = 0$ であり，$f^{(n)}(+0) = n!$, $f^{(n)}(-0) = 0$ であるから，n 回微分可能ではない.

問 5-23 (1) 帰納法を使う．先ず, $(x^2+1)f'(x) = 1$ に注意 (演習問題 5-17)．この両辺を微分して, $(x^2+1)f''(x)+2xf'(x) = 0$ を得るが, これは $n = 1$ のとき正しいことを意味している．つぎに n のとき正しいと仮定しよう．$(x^2+1)f^{(n+1)}(x)+2nxf^{(n)}(x)+n(n-1)f^{(n-1)}(x) = 0$ の両辺を微分すれば

$$(x^2+1)f^{(n+2)}(x) + 2xf^{(n+1)}(x) + 2nxf^{(n+1)}(x) + 2nf^{(n)}(x) + n(n-1)f^{(n)}(x) = 0.$$

左辺を整理すれば

$$\begin{aligned}&(x^2+1)f^{(n+2)}(x) + (2+2n)xf^{(n+1)}(x) + (2n + n(n-1))f^{(n)}(x)\\ &= (x^2+1)f^{(n+2)}(x) + 2(n+1)xf^{(n+1)}(x) + (n+1)nf^{(n)}(x)\end{aligned}$$

であるから，$n+1$ のときも正しい．よってすべての n に対して正しい.

(2) (1) の式で，$x=0$ とおくと $f^{(n+1)}(0)=-n(n-1)f^{(n-1)}(0)$
となる．$f(0)=0$ であるから，この式を使えば，$f^{(2m)}(0)=0$ が得られる．また，$f'(0)=1$ を使えば，$f^{(2m+1)}(0)=(-1)^m(2m)!$ が得られる（帰納法）．

問 5-24　$f(x)=x^3-N$ とすると，$x_{n+1}=2(x_n+1/{x_n}^2)/3$ だから，$x_1=3/2$, $x_2=35/27$, $x_3=125116/99225=1.2609\cdots$

課題 5-1　$A\subset\mathbb{R}$ を $f\,|\,A=g\,|\,A$ であるような稠密な集合として，$x\in\mathbb{R}$ を任意の点とする．$(x-1/n,x+1/n)$ は A の点を含むから，その 1 つ選んで a_n とすると，$\lim_{n\to\infty}a_n=x$ である．f,g の連続性により，$f(x)=\lim_{n\to\infty}f(a_n)=\lim_{n\to\infty}g(a_n)=g(x)$．よって $f=g$ である．

課題 5-2　まず，$f(0)=f(0+0)=f(0)+f(0)$ から $f(0)=0$．また帰納法により，任意の $n\in\mathbb{N}$ について $f(nx)=nf(x)$．とく $f(1)=f\big(n(1/n)\big)=nf(1/n)$ である．よって，任意の $m\in\mathbb{N}$ について $f(m/n)=mf(1/n)=(m/n)f(1)$．m が負の整数の場合も，$f(-x)=f(0)-f(x)=-f(x)$ であるから，この等式が成り立つ．よって，任意の有理数 x について $f(x)=xf(1)$ が成り立ち，$\mathbb{Q}$ の稠密性から課題 5-1 により主張を得る．

課題 5-3　$f(x_0)\in(a,b)$ だから，$a<f(x_0)<b$ である．$f(x)$ は連続だから，$\varepsilon=\min\big(f(x_0)-a,b-f(x_0)\big)$ とおくとき，$|x-x_0|<\delta$ ならば $|f(x)-f(x_0)|<\varepsilon$ が成り立つような $\delta>0$ が存在する．$|f(x)-f(x_0)|<\varepsilon\;\Rightarrow\;a<f(x)<b$ であるから，$x\in(x_0-\delta,x_0+\delta)\cap I$ なら $f(x)\in(a,b)$ となる．よって $(x_0-\delta,x_0+\delta)\cap I\subset f^{-1}\big((a,b)\big)$．

課題 5-4 (1)　A は，性質「$s,t\in A\Rightarrow s\pm t\in A$」を持つから，課題 3-9 により $\mathbb{R}$ において稠密であるか，または $A=\mathbb{Z}T_0$ となる $T_0>0$ が存在する．仮に A が稠密とすると，任意の $t\in A$ に対して $f(t)=f(0)$ であるから，課題 5-1 により f は定数になってしまう．

(2)　$f(x)=\begin{cases}1 & (x\in\mathbb{Q})\\ 0 & (x\notin\mathbb{Q})\end{cases}$ とおけば，$A=\mathbb{Q}$ である．

課題 5-5　$|x_{n+1}-x_n|=|f(x_n)-f(x_{n-1})|\le M\,|\,x_n-x_{n-1}|$ であるから，これを繰り返し使えば $|x_{n+1}-x_n|\le M^{n-1}\,|\,x_2-x_1|$ が得られ，

$$\sum_{n=1}^{\infty}|x_{n+1}-x_n|\le\sum_{n=1}^{\infty}M^{n-1}\,|\,x_2-x_1|<\infty$$

が得られるから，$\sum_{n=1}^{\infty}(x_{n+1}-x_n)$ は絶対収束する．この和は $\lim_{n\to\infty}x_n-x_1$ に等しいから $\{x_n\}$ は収束し，極限値を α とすれば，f が連続であることから $\alpha=f(\alpha)$ となる．$f(\beta)=\beta$ ならば，$|\alpha-\beta|=|f(\alpha)-f(\beta)|\le M\,|\,\alpha-\beta|$ でなければならないから，$\beta=\alpha$ である．

課題 5-6　$f(x)=a_0x^{2n-1}+a_1x^{2n-2}+\cdots+a_{2n-1}$ $(a_0>0)$ とすると，$f(x)=x^{2n-1}(a_0+a_1x^{-1}+\cdots+a_{2n-1}x^{-(2n-1)})$ であるから，$\lim_{x\to\pm\infty}f(x)=\pm\infty$ である．よって，$a>0$ を十分大きくとれば，$f(a)>0$，$f(-a)<0$ となり，区間 $[-a,a]$ で $f(x)$ に中間値の定理を適用すれば，$f(\alpha)=0$ となる $\alpha\in(-a,a)$ が存在することが分かる．

課題 5-7　帰納法を使う．$n=1$ の場合はライプニッツ則そのものである．n のとき正しいとする．定理 1-1 を使えば，$(fg)^{(n+1)}=\big((fg)^{(n)}\big)'$ は次のように計算される．

$$\sum_{k=0}^{n}\left(\binom{n}{k}f^{(k)}g^{(n-k)}\right)'=\sum_{k=0}^{n}\binom{n}{k}\left(f^{(k+1)}g^{(n-k)}+f^{(k)}g^{n-k+1)}\right)$$

$$= \sum_{h=1}^{n+1} \binom{n}{h-1} f^{(h)} g^{(n+1-h)} + \sum_{h=0}^{n} \binom{n}{h} f^{(h)} g^{(n+1-h)}$$

$$= f^{(0)} g^{(n+1)} + \sum_{h=1}^{n} \left\{ \binom{n}{h-1} + \binom{n}{h} \right\} f^{(h)} g^{(n+1-h)} + f^{(n+1)} g^{(0)} = \sum_{k=0}^{n+1} \binom{n+1}{h} f^{(h)} g^{(n+1-h)}.$$

よって $n+1$ のときも正しい.

課題 5-8　テイラーの定理（$n=2$）により

$$f(x+h) - f(x) = f'(x)h + \frac{1}{2} f''(x+\theta_1 h)h^2,$$
$$f(x-h) - f(x) = -f'(x)h + \frac{1}{2} f''(x-\theta_2 h)h^2$$

をみたす $\theta_1, \theta_2\ (0 < \theta_i < 1)$ が存在する. 両辺を足し合わせれば

$$f(x+h) + f(x-h) - 2f(x) = \frac{1}{2}\big(f''(x+\theta_1 h) + f"(x-\theta_2 h)\big)h^2.$$

この両辺を h^2 で割り，$h \to 0$ とすれば $f''(x)$ の連続性から主張を得る.

課題 5-9　$Q_k(x) = \varphi(x)/(x-x_k)$ とおくと, $Q_k(x) = (x-x_0)\cdots(x-x_{k-1})(x-x_{k+1})\cdots(x-x_n)$ であるから，P は n 次以下の多項式である. 他方，積の微分公式を使えば，$\varphi(x_i) = (x_i - x_0)\cdots(x_i - x_{i-1})(x_i - x_{i+1})\cdots(x_i - x_n)$ であり，

$$\frac{Q_k(x_i)}{\varphi'(x_k)} = \begin{cases} 1 & (i = k) \\ 0 & (i \neq k) \end{cases}$$

であるから，$P(x_i) = \sum_{k=0}^{n} \big(Q_k(x_i)/\varphi'(x_k)\big)\alpha_k = \alpha_i$. P の一意性は，第 1 章の課題 1-18 の帰結である.

課題 5-10　(1) の証明は，第 1 章の課題 1-5 とほぼ同じように行われる. まず $n = 2^m$ の形の自然数に対して不等式が成り立つことを，m に関する帰納法で確かめる. $m = 1$ のときは凸関数の定義に他ならない. 今，$n = 2^m$ に対して不等式が成り立つと仮定すると，

$$f\Big(\frac{1}{2^{m+1}} \sum_{k=1}^{2^{m+1}} x_k\Big) = f\Big(\frac{1}{2^m}\Big(\frac{1}{2^m}\sum_{k=1}^{2^m} x_k + \frac{1}{2^m}\sum_{k=2^m+1}^{2^{m+1}} x_k\Big)\Big) \le \frac{1}{2}\Big\{f\Big(\frac{1}{2^m}\sum_{k=1}^{2^m} x_k\Big) + f\Big(\frac{1}{2^m}\sum_{k=2^m+1}^{2^{m+1}} x_k\Big)\Big\}$$

$$\le \frac{1}{2}\Big(\frac{1}{2^m}\sum_{k=1}^{2^m} f(x_k) + \frac{1}{2^m}\sum_{k=2^m+1}^{2^{m+1}} f(x_k)\Big) = \frac{1}{2^{m+1}}\sum_{k=1}^{2^{m+1}} f(x_k).$$

一般の n に対しては，$2^{m-1} \le n < 2^m$ をみたす自然数 m を取る. $(\sum_{k=1}^{n} x_k)/n = x$ とおくと，今示したことから

$$f\Big(\frac{1}{2^m}\Big(\sum_{k=1}^{n} x_k + (2^m - n)x\Big)\Big) \le \frac{1}{2^m}\Big(\sum_{k=1}^{n} f(x_k) + (2^m - n)f(x)\Big)$$

となる. この左辺は $f(x)$ であり，右辺は $(1/2^m)\sum f(x_k) + f(x) - (n/2^m)f(x)$ であるから，これを書き換えれば求める不等式になる.

次に (2) を示す. 任意の $x \in (a,b)$ に対して，$x \pm \delta \in (a,b)$ とする. m, n を自然数として，(1) の不等式において，$x_k = x \pm \delta\ \ (1 \le k \le m < n)$，$x_k = x\ \ (m+1 \le k \le n)$ とおけば

$$f\Big(\frac{1}{n}\{m(x\pm\delta) + (n-m)x\}\Big) \le \frac{1}{n}\big(mf(x\pm\delta) + (n-m)f(x)\big).$$

これを書き直して

$$\frac{1}{n}\big(f(x\pm\delta) - f(x)\big) \ge \frac{1}{m}\Big\{f\Big(x \pm \frac{m}{n}\delta\Big) - f(x)\Big\}.$$

さらに，

$$f\Big(\frac{1}{2}\Big\{\Big(x+\frac{m}{n}\delta\Big)+\Big(x-\frac{m}{n}\delta\Big)\Big\}\Big) \le \frac{1}{2}\Big\{f\Big(x+\frac{m}{n}\delta\Big)+f\Big(x-\frac{m}{n}\delta\Big)\Big\}$$

から，$f(x+m\delta/n)-f(x) \ge f(x)-f(x-m\delta/n)$ が得られ

$$\frac{m}{n}\big(f(x+\delta)-f(x)\big) \ge f\Big(x+\frac{m}{n}\delta\Big)-f(x) \ge f(x)-f\Big(x-\frac{m}{n}\delta\Big) \ge \frac{m}{n}\big(f(x)-f(x-\delta)\big). \tag{A.1}$$

$f(x)$ の上限を K で表わし，(A.1) において $n=1$ とすれば

$$\begin{aligned}\frac{1}{n}\big(K-f(x)\big) &\ge f\Big(x+\frac{1}{n}\delta\Big)-f(x)\\ &\ge f(x)-f\Big(x-\frac{1}{n}\delta\Big) \ge \frac{1}{n}\big(f(x)-K\big).\end{aligned}$$

この式で $n\to\infty$，$\delta/n\to 0$ とすることで，$f(x)$ の連続性がわかる．

今から $\delta>0$ とする．(A.1) を書き直せば

$$\frac{f(x+\delta)-f(x)}{\delta} \ge \frac{f(x+m\delta/n)-f(x)}{m\delta/n} \ge \frac{f(x)-f(x-m\delta/n)}{m\delta/n} \ge \frac{f(x)-f(x-\delta)}{\delta}.$$

$0<\sigma<\delta$ なる σ に対して，$m_i/n_i \to \sigma/\delta$ $(i\to\infty)$ となるような有理数列 $\{m_i/n_i\}$ $(m_i<n_i)$ を選ぶことができるから，$f(x)$ の連続性により

$$\frac{f(x+\delta)-f(x)}{\delta} \ge \frac{f(x+\sigma)-f(x)}{\sigma} \ge \frac{f(x)-f(x-\sigma)}{\sigma} \ge \frac{f(x)-f(x-\delta)}{\delta}.$$

よって定理 5-13 により $f'_\pm(x)$ が存在して $f'_-(x)\le f'_+(x)$ をみたす．

(3) の証明に入ろう．課題 5-8 の答を参照して

$$\frac{1}{h^2}\big\{f(x+h)+f(x-h)-2f(x)\big\} = \frac{1}{2}\big\{f''(x+\theta_1 h)+f''(x-\theta_2 h)\big\} \quad (0<\theta_i<1).$$

$f''(x)\ge 0$ とする．$x=(x_1+x_2)/2$，$h=(x_1-x_2)/2$ とおけば，$x_1=x+h$，$x_2=x-h$ であるから $f(x_1)+f(x_2)-2f\big((x_1+x_2)/2\big)\ge 0$ となって，$f(x)$ は凸．逆に $f(x)$ が凸であれば $f(x+h)+f(x-h)-2f(x)\ge 0$ であるから，課題 5-8 により $f''(x)\ge 0$.

課題 5-11　$p_1,\cdots,p_n$ がすべて有理数の場合，それらの分母の公倍数を q とすることにより，$p_k=q_k/q$ と表すことができて，示すべき (5.8) は

$$f\left(\sum_{k=1}^n q_k x_k \Big/ \sum_{k=1}^n q_k\right) \le \sum_{k=1}^n q_k f(x_k)\Big/\sum_{k=1}^n q_k.$$

となるが，これは (5.7) から直ちに従う．一般の場合は $f(x)$ の連続性から明らかである．

課題 5-12　$a>1$ のとき，$(x^a)''=a(a-1)x^{a-2}\ge 0$ であるから x^a は $[0,\infty)$ において凸関数である．よって，上の課題により

$$\left(\sum_{k=1}^n p_k x_k\Big/\sum_{k=1}^n p_k\right)^\alpha \le \sum_{k=1}^n p_k {x_k}^\alpha\Big/\sum_{k=1}^n p_k.$$

この不等式において，p_k, x_k, α の代わりにそれぞれ ${b_k}^q$, $a_k/(b_k)^{q/p}$, p とすればよい．

課題 5-13　α,β $(\alpha<\beta)$ を $f(x)$ の隣り合う零点とする（すなわち，それらの間には $f(x)$ の他の零点はない）．仮定から $f'(\alpha)g(\alpha)>0$，$f'(\beta)g(\beta)>0$．$f'(\alpha)>0$ として一般性を失わない．$f(x)$ は α の近くでは増加であり，(α,β) 上で $f(x)\ne 0$ だから，そこでは $f(x)>0$．よって $f'(\beta)<0$ であり，$g(\alpha)>0$，$g(\beta)<0$ が得られ，中間値の定理により $g(x)$ は (α,β) に零点を有する．同様の理由で $g(x)$ の隣り合う零点の間には $f(x)$ の零点が存在するから，$f(x)$ の零点と $g(x)$ の零点は交互に位置する．

課題 5-14　テイラーの定理により，$b_k = f^{(k)}(0)/k!$ とおけば，ある $C' > 0$ により

$$|f(x) - (b_0 + b_1 x + \cdots + b_n x^n)| \leq C' \,|\, x|^{n+1}$$

が成り立っている．よって

$$|(a_0 - b_0) + (a_1 - b_1)x + \cdots + (a_n - b_n)x^n \,|$$

$$\leq |(a_0 + a_1 x + \cdots + a_n x^n) - f(x)\,| + |\, f(x) - (b_0 + b_1 x + \cdots + c_n x^n| \leq (C + C')\,|\, x\,|^{n+1}.$$

$x = 0$ とおけば，$a_0 - b_0 = 0$ であることが分かり，さらに $|(a_1 - b_1) + (a_2 - b_2)x + \cdots + (a_n - b_n)x^{n-1}| \leq (C + C')\,|\, x|^n$ を得る．再び $x = 0$ とおけば $a_1 - b_1 = 0$ が得られる．これを続ければ，すべての $k \leq n$ について $a_k - b_k = 0$ が成り立つことが分かる．

第 6 章

問 6-1　$\max\{f(x), g(x)\} = \bigl(f(x) + g(x) + |f(x) - g(x)\,|\bigr)/2$，$\min\{f(x), g(x)\} = \bigl(f(x) + g(x) - |f(x) - g(x)\,|\bigr)/2$ であることを使えばよい．

問 6-2 (1)　$a^x a^y = a^{x+y}$ は明らか．$(ab)^x = \exp(x \log ab) = \exp(x \log a + x \log b) = a^x b^x$．$(a^x)^y = a^{xy}$ については $\log a^x = x \log a$ だから，$a^{xy} = \exp(xy \log a) = \exp(y \log a^x) = (a^x)^y$．
(2)　$x^a = \exp(a \log x)$ に合成関数の微分法を適用．

問 6-3 (1) 1 番目については，(6.13) から得られる不等式 $e^x \geq 1 + x + \cdots + x^{n+1}/(n+1)!$ $(x > 0)$ を使う．2 番目は，$y = -\log x$ とおけば，$x \to +0$ のとき $y \to \infty$ であり，$x \log x = -ye^{-y}$ であるから 1 番目に帰着．
(2)　$\displaystyle\lim_{x \to +0} \log x^x = \lim_{x \to +0} x \log x = 0$ だから，$\displaystyle\lim_{x \to +0} x^x = 1$．

問 6-4　$x^k = \left(\dfrac{x^{k+1}}{k+1}\right)'$ および (ii) では $\bigl(e^{-x^2}\bigr)' = -2xe^{-x^2}$ を使う．

問 6-5　$X = e^y$ とすると，$\sinh y = (X - X^{-1})/2$ であるから $x = \sinh y$ から $X^2 - 2xX - 1 = 0$ が得られ，$X > 0$ に注意してこれを解けば一意的な解 $X = x + \sqrt{x^2 + 1}$ が得られる．よって，$\operatorname{arcsinh} x = y = \log(x + \sqrt{x^2 + 1})$．

$\operatorname{arccosh} x$ については，まず常に $\cosh y \geq 1$ であることに注意して，$x \geq 1$ であれば，同じように $X = e^y \quad (y \geq 0)$ とおくと，$x = \cosh y$ から $X = x + \sqrt{x^2 - 1}$ が得られるので，$\operatorname{arccosh} x = y = \log(x + \sqrt{x^2 - 1})$ ($y \geq 0$ なので，$X \geq 1$ でなければならず，$X^2 - 2xX + 1 = 0$ のもう 1 つの解 $x - \sqrt{x^2 - 1}$ (< 1) は捨てなければならない)．

$\operatorname{arctanh} x$ についても同様に $X = e^y$ とおけば，$x = \tanh y$ から $X^2 = (1 + x)/(1 - x)$ を得るので，$x \in (-1, 1)$ より $(1 + x)/(1 - x) > 0$ に注意して，$\operatorname{arctanh} x = y = (1/2)\log(1 + x)/(1 - x)$ を得る．

問 6-6　まず

$\dfrac{x^4 + x^2 - 1}{x^3 + 1} = x + \dfrac{x^2 - x - 1}{x^3 + 1}$ となるから，$\dfrac{x^2 - x - 1}{x^3 + 1} = \dfrac{A}{x + 1} + \dfrac{Bx + C}{x^2 - x + 1}$

とおいて分母を払えば，$x^2 - x - 1 = A(x^2 - x + 1) + (Bx + C)(x + 1) = (A + B)x^2 + (-A + B + C)x + A + C$ が得らる．$A + B = 1$, $-A + B + C = -1$, $A + C = 1$ を解けば $A = 1/3$, $B = 2/3$, $C = -4/3$．こうして

$$\int \frac{x^4 + x^2 - 1}{x^3 + 1}\, dx = \int x\, dx + \frac{1}{3} \int \frac{1}{x + 1}\, dx + \frac{1}{3} \int \frac{2x - 4}{x^2 - x + 1}\, dx$$

$$= \frac{1}{2}x^2 + \frac{1}{3} \log|x + 1\,| + \frac{1}{3} \int \frac{2x - 1}{x^2 - x + 1}\, dx - \int \frac{1}{(x - 1/2)^2 + 3/4}\, dx$$

$$= \frac{1}{2}x^2 + \frac{1}{3}\log|x+1| + \frac{1}{3}\log(x^2-x+1) - \frac{2}{\sqrt{3}}\arctan\frac{2x-1}{\sqrt{3}}$$

問 6-7　(i) $\frac{1}{2}(x\sqrt{x^2+A} + A\log|x+\sqrt{x^2+A}|)$,　(ii) $\log|x+\sqrt{x^2+A}|$.

問 6-8　(1)　演習問題 6-3，6-4(i) を使えば，

$$\int_0^1 x^n \log x\,dx = \lim_{\varepsilon\to+0}\Big[\frac{x^{n+1}}{n+1}\Big(\log x - \frac{1}{n+1}\Big)\Big]_\varepsilon^1 = -\frac{1}{(n+1)^2}$$

(2)　$a_n = \int_0^\infty x^{2n-1}e^{-x^2}dx$ とおけば，演習問題 6-4(ii) から，$a_1 = 1/2$, $a_n = 2(n-1)a_{n-1}$ $(n \geq 2)$ であり，$a_n = 2^{n-2}(n-1)!$.

課題 6-1　単調増加な場合を示せば十分.

$$\overline{S}(\Delta) - \underline{S}(\Delta) = \sum_k \omega_k(x_k - x_{k-1}) = \sum_k \big(f(x_k) - f(x_{k-1})(x_k - x_{k-1})$$
$$\leq \delta(\Delta)\sum_k \big(f(x_k) - f(x_{k-1})\big) = \delta(\Delta)\big(f(b) - f(a)\big).$$

よって補題 6-5 により $f(x)$ は可積.

課題 6-2　$\big(F_k(x)\big)' = F_{k-1}(x)$ および $F_k(a) = 0$ $(k \geq 1)$ に注意して部分積分を行えば

$$\int_a^x F_{k-1}(x)(x-t)^{n-k}\,dt = \big[F_k(t)(x-t)^{n-k}\big]_{t=a}^{t=x}$$
$$+(n-k)\int_a^x F_k(t)(x-t)^{n-1-k}\,dt = (n-k)\int_a^x F_k(t)(x-t)^{n-1-k}\,dt$$

ここで $k = 1, 2, \ldots, n-1$ とおいて得られる式から

$$\int_a^x F_0(t)(x-t)^{n-1}\,dt = (n-1)!\int_a^x F_{n-1}(t)\,dt = (n-1)!F_n(x).$$

課題 6-3　$G(x) = f(x) - f(a) - f'(a)(x-a) - \cdots - f^{(n-1)}(a)(x-a)^{n-1}/(n-1)!$ とおくと，$G^{(k)}(a) = 0$ $(k = 0, 1, \ldots, n-1)$. そこで，$F_k(x) = G^{(n-k)}(x)$ とおくと，$\big(F_k(x)\big)' = F_{k-1}(x)$, $F_k(x) = \int_a^x F_{k-1}(x)\,dx$ であるから，上の課題を適用すれば

$$f(x) - f(a) - f'(a)(x-a) - \cdots - f^{(n-1)}(a)(x-a)^{n-1}/(n-1)!$$
$$= G(x) = F_n(x) = \frac{1}{(n-1)!}\int_a^x F_0(t)(x-t)^{n-1}\,dt$$
$$= \frac{1}{(n-1)!}\int_a^x G^{(n)}(t)(x-t)^{n-1}\,dt = \frac{1}{(n-1)!}\int_a^x f^{(n)}(t)(x-t)^{n-1}\,dt$$

課題 6-4　$nT \leq a < (n+1)T$ をみたす $n \in \mathbb{Z}$ を選ぶと

$$\int_0^T f(x+a)\,dx = \int_a^{a+T} f(x)\,dx = \int_a^{(n+1)T} + \int_{(n+1)T}^{a+T} f(x)\,dx$$
$$= \int_a^{(n+1)T} f(x)\,dx + \int_{nT}^a f(x+T)\,dx = \int_{nT}^{(n+1)T} f(x)\,dx = \int_0^T f(x)\,dx.$$

課題 6-5　(1)　$[k, k+1]$ 上で，$f(k) \geq f(x) \geq f(k+1)$ が成り立つから

$$f(k) \geq \int_k^{k+1} f(x)dx \geq f(k+1) \quad (1 \leq k \leq n-1)$$

であり，これら足し合わせれば求める不等式が得られる.

(2)　$f(x) = 1/x$ に (1) の右の不等式を適用すれば，

$$1 + \frac{1}{2} + \cdots + \frac{1}{n} > \int_1^{n+1}\frac{1}{x}\,dx = \log(n+1) > \log n.$$

よって，$a_n > 0$. 次に (1) の左の不等式から

$$1 + \frac{1}{2} + \cdots + \frac{1}{n} \leq 1 + \int_1^n \frac{1}{x}\,dx = 1 + \log n.$$

よって $a_n \leq 1$.

$$\begin{aligned} a_{n+1} &= a_n + \frac{1}{n+1} + \log n - \log(n+1) = a_n + \frac{1}{n+1} - \log\left(1 + \frac{1}{n}\right) \\ &= a_n - \int_n^{n+1} \left(\frac{1}{x} - \frac{1}{n+1}\right) dx < a_n. \end{aligned}$$

$\{a_n\}$ は有界な単調減少列であるから，$\lim_{n\to\infty} a_n$ が存在する.

(3)　$\sum_{n=1}^{\infty} f(n)$ が収束するための必要十分条件は，n を限りなく大きくしていくとき $\lim_{n\to\infty} \int_1^n f(x)dx$ が存在することである．とくに関数 $f(x) = x^{-s}$ に適用すれば，次式から主張を得る．$\int_1^n x^{-s}dx = \frac{1}{1-s}\left(\frac{1}{n^{s-1}} - 1\right) \to \frac{1}{s-1} \quad (n \to \infty)$.

課題 6-6　$F(t) = \int_a^b \big(tf(x) + g(x)\big)^2 dx$ とおくと，

$$F(t) = t^2 \int_a^b f(x)^2 dx + 2t \int_a^b f(x)g(x)dx + \int_a^b g(x)^2 dx.$$

$F(t) \geq 0$ であることを使えば，この 2 次式の判別式を D とするとき

$$0 \geq D/4 = \Big(\int_a^b f(x)g(x)dx\Big)^2 - \int_a^b f(x)^2 dx \times \int_a^b g(x)^2 dx.$$

課題 6-7　(1)　$\dfrac{e^{-x}x^{s-1}}{e^{-x/2}} = \dfrac{x^{s-1}}{e^{x/2}} \to 0\ (x \to \infty)$ より明らか.

(2)　$c > 0$ とすると，$\int_c^{\infty} e^{-x/2}dx$ が収束するから，$\int_c^{\infty} e^{-x}x^{s-1}dx$ も収束する．また，$x > 0$ で $e^{-x} < 1$ であるから，$e^{-x}x^{s-1} < x^{s-1}$ が成り立ち，$\int_0^c x^{s-1}dx$ は収束する．よって $\int_0^c e^{-x/2}dx$ も収束する.

(3)　部分積分により，$\int_0^c e^{-x}x^s dx = \big[-e^{-x}x^s\big]_0^c + s\int_0^c e^{-x}x^{s-1}dx$ が成り立つ.

ここで $c \to \infty$ とすればよい.

課題 6-8　$\sup_{[a,b]} |f'(x)|$ を C で表せば，平均値の定理により

$$f(x) = (x-a)f'\big(a + \theta_1(x-a)\big) \leq C(x-a)(a \leq x \leq (a+b)/2,\ 0 < \theta_1 < 1),$$
$$f(x) = (x-b)f'\big(b + \theta_2(x-b)\big) \leq C(b-x)((a+b)/2 \leq x \leq b,\ 0 < \theta_2 < 1).$$

よって

$$\int_a^b f(x)\,dx \leq C\int_a^{(a+b)/2} (x-a)\,dx + C\int_{(a+b)/2}^b (b-x)\,dx = \Big(\frac{b-a}{2}\Big)^2 C.$$

課題 6-9　多項式 $f(x)$ に対して，$F(x) := f(x) - f''(x) + f^{(4)}(x) - f^{(6)}(x) + \cdots$ も多項式であり，$F''(x) + F(x) = f(x)$ が成り立つから

$$(F'(x)\sin x - F(x)\cos x)' = (F''(x) + F(x))\sin x = f(x)\sin x.$$

よって

$$\int_0^\pi f(x)\sin x\,dx = F(0)+F(\pi). \tag{A.2}$$

π を有理数 p/q $(q>0)$ と仮定しよう．

$$f(x)=\frac{q^n}{n!}x^n(\pi-x)^n=\frac{1}{n!}x^n(p-qx)^n$$

とする．任意の整数 $k\geq 0$ について，

$$(x^k)^{(j)}=\begin{cases} k(k-1)\cdots(k-j+1)x^{k-j}=j!\dbinom{k}{j} & (j\leq k)\\ 0 & (j>k)\end{cases}$$

であるから，整数係数多項式 $x^n(p-qx)^n$ の j 階導関数（これも整数係数多項式）のすべての係数は $j!$ で割り切れる．よって，$j\geq n$ とすれば，$f^{(j)}(0)$ は整数である．また，$j<n$ とすれば，明らかに $f^{(j)}(0)=0$ であるから，任意の $j\geq 0$ に対して $f^{(j)}(0)$ は整数である．一方，$f(x)=f(\pi-x)$ から，$f^{(j)}(\pi)=(-1)^j f^{(j)}(0)$ となって，$f^{(j)}(\pi)$ も整数になり，結局 $F(0)+F(\pi)$ も整数．しかも，$f(x)\sin x$ は $(0,\pi)$ において正であるから (A.2) の左辺は正数．よって $F(0)+F(\pi)\geq 1$．さらに，$x^n(\pi-x)^n$ $(0\leq x\leq\pi)$ は $x=\pi/2$ において最大値 $(\pi/2)^{2n}$ をとるから

$$1\leq\int_0^\pi f(x)\sin x\,dx\leq\frac{q^n(\pi/2)^n}{n!}\int_0^\pi \sin x\,dx=\frac{2q^n(\pi/2)^n}{n!}.$$

ところが $n\to\infty$ とするとき，右辺は 0 に近づくから（例題 2-17 ），これは矛盾である．

課題 6-10　多項式全体からなる集合を $\mathbb{R}[X]$ により表わし，

$$A=\{h(X)f(X)+k(X)g(X)\mid\ h(X),g(X)\in\mathbb{R}[X]\}$$

とおくと，$\mathbb{R}[X]$ の部分集合 A は，明らかに次の性質をみたす．

(i)　$f(X),g(X)\in A$

(ii)　$s(X),t(X)\in A$ であるとき，$s(X)\pm t(X)\in A$

(iii)　$s(X)\in\mathbb{R}[X]$, $t(X)\in A$ に対して，$s(X)t(X)\in A$

A に属す多項式（$\neq 0$）で，最小次数を持つものを $s_0(X)$ とする．A に属す多項式 $s(X)$ に対して，割り算定理を適用することにより

$$s(X)=t(X)s_0(X)+r(X)\quad(\deg r(X)<\deg s_0(X))$$

と書けば，上の性質 (ii), (iii) により，$r(X)=s(X)-t(X)s_0(X)\in A$ である．$\deg s_0(X)$ の最小性から $r(X)=0$ でなければならない．よって

$$A=\{t(X)s_0(X)\mid\ t(X)\in\mathbb{R}[X]\}.$$

(i) により，$f(X),g(X)$ の双方が $s_0(X)$ で割り切れることになるから，$s_0(X)\in A$ は定数 $(=c)$ でなければならず，しかも A の定義により $c=s_0(X)=h(X)f(X)+k(X)g(X)$ となる多項式 $h(X),k(X)$ が存在する．$p(X)=c^{-1}h(X)$, $q(X)=c^{-1}k(X)$ とおけば，$p(X)f(X)+q(X)g(X)=1$.

課題 6-11　$p(X)g_1(X)+q(X)g_2(X)=1$ となる多項式 $p(X),q(X)$ を選ぶ（課題 6-10）．$1/g(X)=q(X)/g_1(X)+p(X)/g_2(X)$ であるから

$$\frac{f(X)}{g(X)}=\frac{q(X)f(X)}{g_1(X)}+\frac{p(X)f(X)}{g_2(X)}$$

が得られる．もし，右辺の有理式の分子が分母より低次でないときは，それぞれ分母による割り算を行って $q(X)f(X)=h_1(X)g_1(X)+f_1(X)$，$p(X)f(X)=h_2(X)g_2(X)+f_2(X)$ とする．このとき

$$\frac{f(X)}{g(X)}=\{h_1(X)+h_2(X)\}+\frac{f_1(X)}{g_1(X)}+\frac{f_2(X)}{g_2(X)}$$

が得られる．この右辺の有理式の分子はそれぞれの分母より低次である．$h_1(X)+h_2(X)=0$ であることを示そう．上式の分母を払うと

$$f(X)=g(X)\{h_1(X)+h_2(X)\}+g_1(X)f_2(X)+g_2(X)f_1(X)$$

となるが，仮定より $\deg f(X)<\deg g(X)$ であり，$\deg\{g_1(X)f_2(X)+g_2(X)f_1(X)\}<\deg g(X)$ である（実際 $\deg f_1(X)<\deg g_1(X)$ であるから，$\deg f_1(X)g_2(X)=\deg f_1(X)+\deg g_2(X)<\deg g_1(X)+\deg g_2(X)=\deg g_1(X)g_2(X)=\deg g(X)$．同様に $\deg f_2(X)g_1(X)<\deg g(X)$）．もし $h_1(X)+h_2(X)\neq 0$ とすると，

$$\begin{aligned}\deg g(X)&\leq\deg g(X)\{h_1(X)+h_2(X)\}\\&=\deg\bigl(f(X)-g_1(X)f_2(X)-g_2(X)f_1(X)\bigr)<\deg g(X)\end{aligned}$$

となって矛盾．よって $h_1(X)+h_2(X)=0$ であり，主張が証明された．

課題 6-12　$(x-\alpha_i)^{m_i},(x^2+p_jx+q_j)^{n_j}$ は，どの 2 つを取っても互いに素であるから，課題 6-11 の結果により

$$\frac{f(x)}{g(x)}=h(x)+\sum_i\frac{f_i(x)}{(x-\alpha_i)^{m_i}}+\sum_j\frac{g_j(x)}{(x^2+p_jx+q_j)^{n_j}}$$

と表すことができる．2 つの和の中の任意の 1 項をとって，代表的に

$$\frac{f(x)}{(x-\alpha)^m},\quad\frac{g(x)}{(x^2+px+q)^n}$$

と表す．ここで $f(x)$ の次数は $m-1$ 以下，$g(x)$ の次数は $2n-1$ 以下である．$f(x)$ を α において展開して

$$f(x)=A_0+A_1(x-\alpha)+\cdots+A_{m-1}(x-\alpha)^m$$

と表すことができるから，

$$\frac{f(x)}{(x-\alpha)^m}=\frac{A_0}{(x-\alpha)^m}+\frac{A_1}{(x-a)^{m-1}}+\cdots+\frac{A_{m-1}}{x-\alpha}.$$

$g(x)/(x^2+px+q)^n$ については，$P(x)=x^2+px+q$ とおき，次のような割り算を行う．

$$\begin{aligned}&g(x)=Q_1(x)P(x)^{n-1}+R_1(x)\quad(\deg R_1(x)<2n-2)\\&R_1(x)=Q_2(x)P(x)^{n-2}+R_2(x)\quad(\deg R_2(x)<2n-4)\\&\cdots\\&R_{n-2}(x)=Q_{n-1}P(x)+R_{n-1}\quad(\deg R_{n-1}<2)\\&R_{n-1}=Q_n(x)\end{aligned}$$

割り算の意味を考えれば，各 $Q_i(x)$ の次数は 1 以下であるから $Q_i(x)=B_ix+C_i$ とする．上の式で順次 $R_i(x)$ を代入していくことにより

$$g(x)=Q_1(x)P(x)^{n-1}+Q_2(x)P(x)^{n-2}+\cdots+Q_{n-1}P(x)+Q_n(x)$$

を得るから，両辺を $P(x)^n$ で割れば，右辺は次の形の項の和となる．

$$\frac{B_ix+C_i}{(x^2+px+q)^i}\quad(i=1,\ldots,n).$$

第 7 章

問 7-1　(1) $a_n = n!$ とおけば，$R = \lim_{n\to\infty}\left|\dfrac{a_n}{a_{n+1}}\right| = \lim_{n\to\infty}\dfrac{n!}{(n+1)!} = \lim_{n\to\infty}\dfrac{1}{n+1} = 0.$

(2) $a_n = 1/n^n$ とおけば，$R = \lim_{n\to\infty}\dfrac{1}{\sqrt[n]{a_n}} = \lim_{n\to\infty} n = \infty.$

(3) $a_n = \dfrac{n!}{(2n)!}$ とおけば $\dfrac{a_n}{a_{n+1}} = \dfrac{(2n+2)(2n+1)}{n+1} \to \infty \ \ (n\to\infty)$

であるから収束半径は ∞.

(4) $a_n = 1/(\log n)^n$ とおけば $R = \lim_{n\to\infty}\dfrac{1}{\sqrt[n]{a_n}} = \lim_{n\to\infty}\log n = \infty.$

問 7-2　$\dfrac{1}{1-x} = \sum_{n=0}^{\infty} x^n$ において，x を $-x^2$ で置き換えると

$\dfrac{1}{1+x^2} = \sum_{n=0}^{\infty}(-1)^n x^{2n} \quad (|x|<1)$. この式の両辺を 0 から x $(|x|<1)$ まで積分すると

$$\arctan x = \sum_{n=0}^{\infty}\frac{(-1)^n}{2n+1}x^{2n+1} \quad (|x|<1).$$

問 7-3　ダランベールの定理により，$f_k(x) = \sum_{n=1}^{\infty} n^k x^n \quad (k=0,1,2,\cdots)$ の収束半径は 1 であることに注意．$f_{k+1}(x) = xf_k'(x)$ は容易に確かめられる．これを用いて，$f_0(x) = \sum_{n=1}^{\infty} x^n = \frac{1}{1-x} - 1 = \frac{x}{1-x}$. $f_1(x) = xf_0'(x) = \frac{x}{(1-x)^2}$. $f_2(x) = xf_1'(x) = \frac{x(1+x)}{(1-x)^3}$. $f_3(x) = xf_2'(x) = \frac{x(1+4x+x^2)}{(1-x)^4}$.

問 7-4　求める級数は $x-1$ に関するベキ級数であるから，$t = x-1$ すなわち $x = t+1$ とおく．$f(x)$ に $x = t+1$ を代入し，さらに有理式を部分分数展開すると，

$$\begin{aligned} f(x) &= \frac{2t^2+1}{2t^2+t-1} = 1 - \frac{1}{t+1} - \frac{1}{1-2t} \\ &= 1 - \sum_{n=0}^{\infty}(-1)^n t^n - \sum_{n=0}^{\infty} 2^n t^n = -1 - \sum_{n=1}^{\infty}\{(-1)^n + 2^n\}(x-1)^n \end{aligned}$$

問 7-5　$\dbinom{-1/2}{n} = 2^{-n}(-1)^n\dfrac{(2n-1)!!}{n!}$ であることは簡単な計算による．よって

$$\frac{1}{\sqrt{1-x^2}} = \sum_{n=0} 2^{-n}(-1)^n\frac{(2n-1)!!}{n!}(-x^2)^n = \sum_{n=0}^{\infty} 2^{-n}\frac{(2n-1)!!}{n!}x^{2n}.$$

これを次式に代入すればよい．$\arcsin x = \displaystyle\int_0^x \frac{1}{\sqrt{1-x^2}}\,dx.$

第 2 式は $\arccos x = \frac{\pi}{2} - \arcsin x$ による．

課題 7-1　課題 2-13 を使う．$e = 1 + 1/1! + 1/2! + \cdots$ であるから

$$0 < n!e - n!\sum_{k=0}^{n}\frac{1}{k!} = n!\sum_{k=n+1}^{\infty}\frac{1}{k!} < \frac{2}{n+1} \to 0 \ \ (n\to\infty)$$

従って，$q_n = n!$, $p_n = n!\sum_{k=0}^{n}\frac{1}{k!}$ とおけば，$0 < |q_n e - p_n| \to 0 \ (n\to\infty)$ であるから，e は無理数である．

課題 7-2　一様収束の定義から明らか．

課題 7-3　(i)　1 点 x_0 での一様有界性から，区間全体にわたる一様有界性が導かれることをみよう．同程度連続性から，$|x-x'| < \delta$ ならば $|f_\alpha(x) - f_\alpha(x')| < 1$ となるような $\delta > 0$ が存在

する．任意の $x \in [a,b]$ $(x > x_0)$ に対して，区間 $[x_0, x]$ の分点 $x_0 < x_1 < x_2 < \cdots < x_n = x$ を $|x_i - x_{i-1}| < \delta\ \ (i = 1, \cdots, n)$ をみたすようにとれば，$n\delta \leq b - a$ であり，

$$|f_\alpha(x) - f_\alpha(x_0)| \leq \sum_{i=1}^{n} |f(x_i) - f(x_{i-1})| < n \leq (b-a)/\delta$$

が成り立つ．同じ不等式が $x < x_0$ の場合も同様にして得られる．

このことを踏まえて，$|f_n(x)| \leq M$ とする．$[a,b]$ に含まれるすべての有理数を考え，それらに番号をつけて $\{x_\nu\}_{\nu=1}^{\infty}$ とする．数列 $\{f_n(x_1)\}_{n=1}^{\infty}$ は有界であるから，収束する部分列 $\{f_{1,n}(x_1)\}_{n=1}^{\infty}$ を含む，帰納的に $x_1, \cdots, x_\nu$ で収束する部分列 $\{f_{\nu,n}(x)\}_{n=1}^{\infty}$ が得られたとき，これの部分列 $\{f_{\nu+1,n}(x)\}_{n=1}^{\infty}$ で $x_{\nu+1}$ で収束するものを選ぶ．

こうして得られた $\{f_{\nu,n}(x)\}$ から対角列 $\{f_{n,n}(x)\}_{n=1}^{\infty}$ をとれば，これはすべての x_ν において収束する．

示すべきは，任意の $\varepsilon > 0$ に対して，任意の $x \in [a,b]$ と任意の $m, n \geq n_0$ について $|f_{m,m}(x) - f_{n,n}(x)| < \varepsilon$ となるような n_0 が存在することである（定理 7-1 (2)）．このため，$\{x_\nu\}_{\nu=1}^{\infty}$ は $[a,b]$ において稠密であることに注意しよう．すなわち，各 $x \in [a,b]$ とするとき，任意の $\delta > 0$ に対して，$|x - x_\nu| < \delta$ をみたす番号 $\nu = \nu(x, \delta)$ が存在する．一方，同程度連続性の仮定から，適当な $\delta' = \delta'(\varepsilon)$ をとれば，すべての n, ν について $|x - x_\nu| < \delta'$ である限り $|f_n(x) - f_n(x_\nu)| < \varepsilon/3$．よって，任意の $x \in [a,b]$ とすべての m, n について

$$|f_{m,m}(x) - f_{m,m}(x_\nu)| < \varepsilon/3, \quad |f_{n,n}(x) - f_{n,n}(x_\nu)| < \varepsilon/3 \quad (\nu = \nu(x, \delta')).$$

ところが，$\{f_{n,n}(x_\nu)\}_{n=1}^{\infty}$ は収束するから，適当な $n_0 = n_0(\varepsilon)$ を選べば，

$$|f_{m,m}(x_\nu) - f_{n,n}(x_\nu)| < \frac{\varepsilon}{3} \quad (m, n \geq n_0;\ \nu = \nu(x, \delta')).$$

従って，$m, n \geq n_0$ ならば

$$|f_{m,m}(x) - f_{n,n}(x)| \leq |f_{m,m}(x) - f_{m,m}(x_\nu)| + |f_{m,m}(x_\nu) - f_{n,n}(x_\nu)| + |f_{n,n}(x_\nu) - f_{n,n}(x)| < \frac{\varepsilon}{3} + \frac{\varepsilon}{3} + \frac{\varepsilon}{3} = \varepsilon.$$

課題 7-4　$x \geq 0$ のときは

$$k!\binom{n}{k}\frac{1}{n^k} = \frac{n(n-1)\cdots(n-k+1)}{n^k} = \left(1 - \frac{1}{k}\right)\left(1 - \frac{2}{k}\right)\cdots\left(1 - \frac{k-1}{k}\right) \leq 1.$$

よって，

$$\left(1 + \frac{x}{n}\right)^n = \sum_{k=0}^{n} \binom{n}{k}\left(\frac{x}{n}\right)^k \leq \sum_{k=0}^{n} \frac{1}{k!}x^k \leq e^x.$$

$0 \leq y < n-1$ としよう定理 1-5 の不等式 $\alpha^n - \beta^n > n\beta^{n-1}(\alpha - \beta)\ \ (\alpha > \beta > 0)$ に

$$\alpha = 1 - \frac{y}{n}, \quad \beta = 1 - \frac{y}{n-1}$$

を適用すれば，

$$\left(1 - \frac{y}{n}\right)^n - \left(1 - \frac{y}{n-1}\right)^n > n\left(1 - \frac{y}{n-1}\right)^{n-1}\frac{y}{n(n-1)},$$

$$\left(1 - \frac{y}{n}\right)^n > \left(1 - \frac{y}{n-1}\right)^{n-1},$$

よって，$\left\{\left(1 - \frac{y}{n}\right)^n\right\}_{n>y}$ は増加数列であり，$\lim_{n\to\infty}\left(1 - \frac{y}{n}\right)^n = e^{-y}$ なので $\left(1 - \frac{y}{n}\right)^n \leq e^{-y}\quad (n \geq y)$．$y = -x$ とおけば主張を得る．

課題 7-5　(1)　相加平均・相乗平均の不等式（課題 1-5）により

$$\binom{a}{n}^2 = \prod_{j=1}^{n}\left(1-\frac{1+a}{j}\right)^2 \le \left(\frac{1}{k}\sum_{j=1}^{n}\left(1-\frac{1+a}{j}\right)^2\right)^k$$
$$= \left[1+\frac{1}{n}\left(-2(1+a)\sum_{j=1}^{n}\frac{1}{j}+(1+a)^2\sum_{j=1}^{k}\frac{1}{j^2}\right)\right]^k$$

ここで, $\sum_{j=1}^{\infty} 1/j^2$ は収束するから（課題 6-5 (3)), この値を c とおき[15], 不等式 $(1+r/n)^n \le e^r$ $(1+r/n \ge 0)$, および $\log n \le \sum_{j=1}^{n} 1/j \le 1+\log n$（課題 6-5 (2) の解）を使えば,

$$\binom{a}{n}^2 \le \begin{cases} e^{-2(1+a)\log n + c(1+a)^2} & (a > -1) \\ e^{-2(1+a)(1+\log n)+c(1-a)^2} & (a < -1) \end{cases}.$$

この不等式から主張が従う.
(2)　$s > 1$ ならば $\sum_{n=1}^{\infty} n^{-s}$ が収束することを使えばよい（課題 6-5）. 実際, $|x| \le 1$ のとき

$$\left|\binom{a}{n}x^n\right| \le \frac{M}{n^{1+a}}$$

であるから, 比較判定法（定理 4-2）を適用できる.

課題 7-6　(1)　$f(x) = \sum_{n=0}^{\infty}$ とおき, 部分和 $s_n(x) = \sum_{k=0}^{n} f_k(x)$ を考える. $f_k(x) = s_k(x) - s_{k-1}(x)$ $(k \ge 1)$ であり, $m > n$ とすれば

$$\sum_{k=n+1}^{m} \lambda_k(x) f_k(x) = \sum_{k=n+1}^{m} \lambda_k(x)(s_k(x) - s_{k-1}(x))$$
$$= -\lambda_{n+1}(x)s_n(x) + \sum_{k=n+1}^{m}(\lambda_k(x) - \lambda_{k+1}(x))s_k(x) + \lambda_{m+1}s_m(x) \qquad \text{(A.3)}$$

が成り立つ[16]. この式における f_0 と f_k $(k \ge 1)$ をそれぞれ f と 0 に置き換えてみると,

$$0 = -\lambda_{n+1}(x)f(x) + \sum_{k=n+1}^{m}(\lambda_k(x) - \lambda_{k+1}(x))f(x) + \lambda_{m+1}f(x) \qquad \text{(A.4)}$$

を得る（直接確かめることもできる）. (A.3) から (A.4) を辺々引き去れば

$$\sum_{k=n+1}^{m} \lambda_k(x) f_k(x) = -\lambda_{n+1}(x)(s_n(x) - f(x)) + \sum_{k=n+1}^{m}(\lambda_k(x) - \lambda_{k+1}(x))(s_k(x) - f(x))$$
$$+\lambda_{m+1}(s_m(x) - f(x)).$$

$\{s_n(x)\}$ は $f(x)$ に一様収束しているから, 任意の $\varepsilon > 0$ に対して $n_0 = n_0(\varepsilon)$ が存在し, $n \ge n_0$ ならば $|s_n(x) - f(x)| < \varepsilon/3K$ が成り立つ. 一方,

$$|\lambda_{m+1}(x)| = |-\lambda_0 + \sum_{k=0}^{m}(\lambda_k(x) - \lambda_{k+1}(x))| \le |\lambda_0| + \sum_{k=0}^{m}|\lambda_k(x) - \lambda_{k+1}(x)| \le K$$

---

15) 注：オイラーが示したように, $c = \pi^2/6$ である.
16) 注：この式はアーベル変換（Abel transform）とよばれる.

であるから，$|\lambda_{m+1}(x)| \le K$, $|\lambda_{n+1}(x)| \le K$, $\sum_{k=0}^{m}|\lambda_k(x)-\lambda_{k+1}(x)| \le K$ を得る．よって，$m > n \ge n_0(\varepsilon)$ ならば

$$\left|\sum_{k=n+1}^{m}\lambda_k(x)f_k(x)\right| \le |\lambda_{n+1}(x)|\,|s_n(x)-f(x)| + \sum_{k=n+1}^{m}|\lambda_k(x)-\lambda_{k+1}(x)|\,|s_k(x)-f(x)|$$
$$+\,|\,\lambda_{m+1}\,|\,|s_m(x)-f(x)| < \tfrac{\varepsilon}{3K}(K+K+K)=\varepsilon.$$

こうして，定理 7-1 (2) により，$\sum_{n=0}^{\infty}\lambda_n(x)f_n(x)$ は E 上で一様収束する．

(2)　$\{\lambda_n(x)\}$ に関する仮定から，

$$|\lambda_0(x)\,| + \sum_{k=0}^{n}|\lambda_k(x)-\lambda_{k+1}(x)| = 2\lambda_0(x)-\lambda_{n+1}(x) \le 2K.$$

よって，(1) の条件がみたされている．

課題 7-7　$f(\pm Rx)=\sum a_n(\pm R)^n x^n$ を考えれば, $R=1, x\to 1-0$ の場合を扱えば十分．仮定から $\sum a_n$ は収束し，区間 $[0,1]$ では各 x について $\{x^n\}_{n=0}^{\infty}$ は減少列でしかも $0\le x^n \le 1$. $f_n(x)\equiv a_n$, $\lambda_n(x)=x^n$ として，上記の課題の (2) を適用すれば，a_nx^n は $[0,1]$ で一様収束する．よって，定理 7-2 により $f(x)=\sum a_nx^n$ は $[0,1]$ において連続である．

課題 7-8　n を十分大きくとれば，$|a_n| < 1/n$ であるから，$|a_n|^{1/n} < 1/n^{1/n}$. 例題 5-7 を使えば，$\overline{\lim}\,|a_n|^{1/n} \le 1$，すなわち $\sum a_nx^n$ の収束半径 R は 1 以上である．$R>1$ のときは自明であるから，$R=1$ とする．$s_n=\sum_{k=0}^{n}a_k$ とおくと，$0\le x<1$ のとき

$$|s_n-f(x)| = \left|\sum_{k=0}^{n}a_k(1-x^k) - \sum_{k=n+1}^{\infty}a_kx^k\right| = \left|\sum_{k=0}^{n}a_k(1-x)\sum_{h=0}^{k-1}x^h - \sum_{k=n+1}^{\infty}a_kx^k\right|$$
$$\le (1-x)\sum_{k=0}^{n}k\,|\,a_k\,| + \sum_{k=n+1}^{\infty}|a_k\,|\,x^k.$$

とくに，$|s_n - f\left(1-\dfrac{1}{n}\right)| \le \dfrac{1}{n}\displaystyle\sum_{k=0}^{n}k\,|\,a_k\,| + \sum_{k=n+1}^{\infty}|a_k\,|\left(1-\dfrac{1}{n}\right)^k$.

仮定から，任意の $\varepsilon>0$ に対して，$k\ge n_0=n_0(\varepsilon)$ ならば $|a_k| < \varepsilon/3k$ となるような $n_0(\varepsilon)$ が存在するので，$n\ge n_0$ のとき，$\dfrac{1}{n}\displaystyle\sum_{k=n_0+1}^{n}k\,|\,a_k| < \dfrac{1}{n}\sum_{k=n_0+1}^{n}\dfrac{\varepsilon}{3}\le\dfrac{\varepsilon}{3}$.

さらに，$\displaystyle\sum_{k=n+1}^{\infty}|a_k\,|\,x^k \le \sum_{k=n+1}^{\infty}\dfrac{\varepsilon}{3k}x^k < \dfrac{\varepsilon}{3n}\sum_{k=0}^{\infty}x^k = \dfrac{\varepsilon}{3n(1-x)}$.

$x=1-1/n$ とすれば，$\displaystyle\sum_{k=n+1}^{\infty}|a_k\,|\left(1-\dfrac{1}{n}\right)^k < \dfrac{\varepsilon}{3}$.

一方，$n_1(\varepsilon)\,(\ge n_0)$ を十分大きくとれば，$n\ge n_1(\varepsilon)$ であるとき，$\dfrac{1}{n}\displaystyle\sum_{k=0}^{n_0}k\,|\,a_k| < \dfrac{\varepsilon}{3}$ が成り立つ．よって，$n\ge n_1(\varepsilon)$ ならば

$$\frac{1}{n}\sum_{k=0}^{n}k\,|\,a_k| = \frac{1}{n}\sum_{k=0}^{n_0}k\,|\,a_k\,| + \frac{1}{n}\sum_{k=n_0+1}^{n}k\,|\,a_k| < \frac{\varepsilon}{3}+\frac{\varepsilon}{3}.$$

こうして，$|s_n - f\left(1-\dfrac{1}{n}\right)| < \varepsilon$ が得られ，$\lim s_n = \lim f(1-1/n) = s$.

第 8 章

問 8-1　$\max\{|x_1|,\cdots,|x_d|\} = |x_i|$ とするとき，$|x_i|^2 \leq {x_1}^2 + \cdots + {x_d}^2$ である．

問 8-4　例えば $x = 0$ に沿った極限は 1 であることが確かめられるから，極限が存在すればそれは 1 でなければならない．そこで $\dfrac{2x^3 - y^3 + x^2 + y^2}{x^2 + y^2}$ と 1 の差を評価する．$x = r\cos\theta$，$y = r\sin\theta$ とおくと，

$$\left|\frac{2x^3 - y^3 + x^2 + y^2}{x^2 + y^2} - 1\right| = \left|\frac{2x^3 - y^3}{x^2 + y^2}\right| = \left|\frac{2r^3\cos^3\theta}{r^2}\right| + \left|\frac{r^3\sin^3\theta}{r^2}\right| \leq 2r + r \to 0.$$

よって極限は 1 である．

問 8-5　この関数は原点以外では明らかに連続．

(i)　x 軸上を (x,y) が $(0,0)$ に近づくとき，$\displaystyle\lim_{(x,y)\to(0,0)} f(x,y) = \lim_{(x,0)\to(0,0)} \frac{0^2}{x^2 + 0^2} = 0.$

(ii)　y 軸上を (x,y) が $(0,0)$ に近づくとき，$\displaystyle\lim_{(x,y)\to(0,0)} f(x,y) = \lim_{(0,y)\to(0,0)} \frac{y^2}{0^2 + y^2} = 1.$

従って，点 (x,y) が $(0,0)$ に近づく経路によって異なる値に近づくので，$\displaystyle\lim_{(x,y)\to(0,0)} f(x,y)$ は存在しない．よって $f(x,y)$ は原点で連続ではない．

問 8-6　$\boldsymbol{f}$ の逆写像は

$$\boldsymbol{f}^{-1}(x,y,z) = \left(\sqrt{x^2+y^2+z^2}, \arccos\frac{z}{\sqrt{x^2+y^2+z^2}}, \arctan\frac{y}{x}\right)$$

により与えられる．ヤコビアンについては

$$\begin{vmatrix} \sin\theta\cos\varphi & r\cos\theta\cos\varphi & -r\sin\theta\sin\varphi \\ \sin\theta\sin\varphi & r\cos\theta\sin\varphi & r\sin\theta\cos\varphi \\ \cos\theta & -r\sin\theta & 0 \end{vmatrix} = r^2\sin\theta.$$

問 8-7　まず連立方程式

$$\begin{cases} f_x = 3x^2 + 3y = 0 \\ f_y = 3x + 3y^2 = 0 \end{cases}$$

の解を求める．x を消去すれば，$3y^4 + 3y = 0$，　$3y(y^3+1) = 3y(y+1)(y^2 - y + 1) = 0$．したがって解は $(x,y) = (0,0)$ と $(x,y) = (-1,-1)$ となり，それらの 2 点でのみ極値の現れる可能性がある．これを吟味するため，2 階の偏導関数を求めれば $f_{xx} = 6x$，$f_{xy} = 3$，$f_{yy} = 6y$．

(i)　点 $(-1,-1)$ では，$D = (-6)\cdot(-6) - 3^2 = 27 > 0$ かつ $f_{xx}(-1,-1) = -6 < 0$ であるから，$(-1,-1)$ で極大値 $f(-1,-1) = 1$ をとる．

(ii)　点 $(0,0)$ では $D = 0\cdot 0 - 3^2 = -9 < 0$，$f_{xx}(0,0) = 0$ であるから極値をとるかどうかは判定できない．そこで原点 $(0,0)$ 付近での f の様子を調べる．$f(0,0) = 0$，$f(x,0) = x^3$ なので

$$f(x,0) > 0 \ \ (x > 0), \quad f(x,0) < 0 \ \ (x < 0).$$

すなわち，x 軸の正の部分では $f(0,0) = 0$ より大きい正の値を取り，負の部分では $f(0,0) = 0$ より小さい負の値をとるので，点 $(0,0)$ では極値を取らない．

よって，点 $(-1,-1)$ のみが極値（極大値 $f(-1,-1) = 1$）をとる．

問 8-8　対応する連立方程式は $-1+2\lambda x=0$，$1+2\lambda y=0$，$x^2+y^2-2=0$ となるから，$\lambda^2=1/4$ を得る．

(i) $\lambda=1/2$ の場合．$(x,y)=(-1,1)$

(ii) $\lambda=-1/2$ の場合．$(x,y)=(1,-1)$

よって，$(x,y)=(-1,1)$ のとき最大値 2，$(x,y)=(1,-1)$ のとき最小値 -2 をとる．

問 8-9　(1)
$$\iint_D (2x-y)\,dxdy = \int_0^1 dx\int_1^2 (2x-y)\,dy = \int_0^1 \left[2xy-\frac{1}{2}y^2\right]_{y=1}^{y=2} dx = \int_0^1 \left(2x-\frac{3}{2}\right) dx = \left[x^2-\frac{3}{2}x\right]_0^1 = -\frac{1}{2}$$

(2)
$$\iint_D x^2y\,dxdy = \int_{-a}^a dx\int_0^{\sqrt{a^2-x^2}} x^2y\,dy = \frac{1}{2}\int_{-a}^a \left[x^2y^2\right]_{y=0}^{y=\sqrt{a^2-x^2}} dx = \frac{1}{2}\int_{-a}^a x^2(a^2-x^2)\,dx = \frac{1}{2}\left[\frac{1}{3}a^2x^3-\frac{1}{5}x^5\right]_{-a}^a = \frac{2}{15}a^5$$

問 8-10　D の形状は図（左側）の通りである．

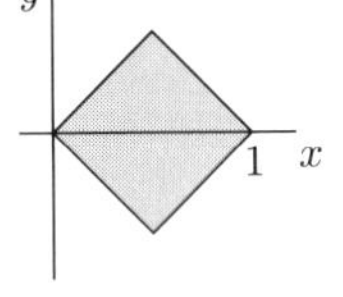

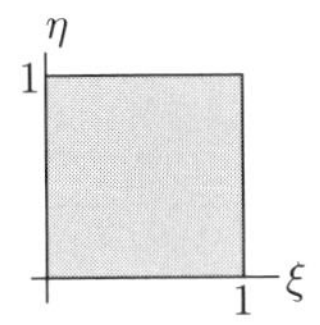

$\varphi_1(\xi,\eta)=\dfrac{1}{2}(\xi+\eta)$，$\varphi_2(\xi,\eta)=\dfrac{1}{2}(\eta-\xi)$ であり，$\Delta=\{(\xi,\eta);\ 0\le\xi\le 1,\ 0\le\eta\le 1\}$ により与えられる．よって

$$\iint_D (x-y)\sin\pi(x+y)dxdy = \iint_\Delta \xi\sin\pi\eta\begin{vmatrix}1/2 & 1/2\\ -1/2 & 1/2\end{vmatrix} d\xi d\eta = \frac{1}{2}\int_0^1 \xi\,d\xi\int_0^1 \sin\pi\eta\,d\eta = \frac{1}{\pi}$$

問 8-11　(1)　$\boldsymbol{c}(t)=(t,f(t))$ とおいて，上の定理を適用．

(2)　$\boldsymbol{c}(t)=(f(\theta)\cos\theta, f(\theta)\sin\theta))$ に上の定理を適用．

課題 8-1　$f(t\boldsymbol{x})=t^mf(\boldsymbol{x})$ の両辺を t で微分すれば，

$$\sum_{i=1}^d x_if_{x_i}(t\boldsymbol{x}) = mt^{m-1}f(\boldsymbol{x}) \tag{A.4}$$

となるから，$t=1$ とすれば第一式が得られる．さらに (A.4) の両辺を微分して $t=1$ とおけば $\sum_{i,j=1}^d x_ix_jf_{x_ix_j}=m(m-1)f$.

課題 8-2　$g(t,\boldsymbol{x})=t^{-m}f(t\boldsymbol{x})$ とおくと，

$$g_t = t^{m-1}\left(\sum_{i=1}^d f_{x_i}(t\boldsymbol{x}) - mf(t\boldsymbol{x})\right) = 0.$$

よって，g は t に関して一定であり，$f(\boldsymbol{x})=g(1,\boldsymbol{x})=g(t,\boldsymbol{x})=t^{-m}f(t\boldsymbol{x})$ となって主張が成り立つ．

課題 8-3　(1)　$f(t,x)$ は $[a,b]\times[\alpha,\beta]$ 上で一様連続であるから，任意の $\varepsilon>0$ に対して適当な $\delta=\delta(\varepsilon)>0$ をとれば，すべての $t\in[\alpha,\beta]$ に対して，$|f(t,x+h)-f(t,x)|<\varepsilon\ \ (|h|<\delta)$.
よって，$|h|<\delta$ のとき

$$|F(x+h)-F(x)|=\left|\int_a^b (f(t,x+h)-f(t,x))\,dt\right|\leq\varepsilon(b-a)$$

であるから，$F(x)$ は連続である.
(2)　平均値の定理により

$$\frac{1}{h}(F(x+h)-F(x))=\int_a^b\frac{1}{h}(f(t,x+h)-f(t,x))\,dt=\int_a^b f_x(t,x+\theta h)\,dt\quad(0<\theta<1).$$

なので，(1) の証明で使われた議論から主張が得られる.

課題 8-4　(1)⇒ (2)：$H(f,g)=0$ の両辺を偏微分して，$H_uf_x+H_vg_x=0,\ H_uf_y+H_vg_y=0$ を得るが，これらを行列の言葉で表せば

$$\begin{pmatrix} f_x & f_y\\ g_x & g_y\end{pmatrix}\begin{pmatrix} H_u\\ H_v\end{pmatrix}=\begin{pmatrix}0\\0\end{pmatrix}.$$

$\begin{pmatrix} H_u\\ H_v\end{pmatrix}\neq\begin{pmatrix}0\\0\end{pmatrix}$ なので，$\dfrac{\partial(f,g)}{\partial(x,y)}=\det\begin{pmatrix} f_x & f_y\\ g_x & g_y\end{pmatrix}=0.$

(2)⇒ (1)：例えば，$g_y\neq0$ とする．$G(x,y,z)=z-g(x,y)$ とおくと，$G_y\neq0$ であるから，陰関数定理により，$z=g(x,y)$ は y に関して解くことができて，それを $y=h(x,z)$ とする（よって，$h(x,g(x,y))=y$）．$g(x,h(x,z))=z$ の両辺を x で微分すれば，$g_x+g_yh_x=0$．他方，

$$\frac{\partial}{\partial x}f(x,h(x,z))=f_x+f_yh_x=f_x-\frac{g_x}{g_y}f_y=\frac{1}{g_y}\frac{\partial(f,g)}{\partial(x,y)}=0.$$

よって，$f(x,h(x,z))=k(z)$ と表わすことができて，$k(g(x,y))=f(x,h(x,g(x,y)))=f(x,y)$ となるから，$H(u,v)=u-k(v)$ とおけばよい.

課題 8-5　(1)　$f(\boldsymbol{x})$ は次のように表す.

$$f(\boldsymbol{x})=\int_0^1\frac{d}{dt}f(t\boldsymbol{x})\,dt=\int_0^1\Big\{\sum_{i=1}^d x_if_{x_i}(t\boldsymbol{x})\Big\}\,dt.$$

よって $g_i(\boldsymbol{x})=\int_0^1 f_{x_i}(t\boldsymbol{x})\,dt$ とおけばよい.

(2)　関数 $F(\boldsymbol{x})=f(\boldsymbol{x})-f(\boldsymbol{0})-\displaystyle\sum_{i=1}^d x_if_{x_i}(\boldsymbol{0})$ は $F(\boldsymbol{0})=F_{x_i}(\boldsymbol{0})=0\ \ (i=1,\cdots,d)$ をみたしている．上記の (1) を $F(\boldsymbol{x})$ に適用すれば，

$$F(\boldsymbol{x})=\sum_{i=1}^d x_iG_i(\boldsymbol{x})\tag{A.5}$$

となる関数 $G_i(\boldsymbol{x})$ を見つけることができる．両辺を微分すれば

$$F_{x_i}(\boldsymbol{x})=G_i(\boldsymbol{x})+\sum_{j=1}^d x_jG_{x_j}(\boldsymbol{x}).$$

よって $G_i(\boldsymbol{0})=F_{x_i}(\boldsymbol{0})=0$．再度 (1) を使えば $G_i(\boldsymbol{x})=\sum_{j=1}^d x_jH_{ij}(\boldsymbol{x})$ と表せるから，これを (A.5) に代入して

$$F(\boldsymbol{x})=\sum_{i=1}^d\sum_{j=1}^d x_ix_jH_{ij}(\boldsymbol{x})$$

を得る．$h_{ij}=(H_{ij}+H_{ji})/2$ とおけば，証明が完成する.

課題 8-6　前課題の結果を用いれば，

$$f(\boldsymbol{x}) = \sum_{i,j=1}^{d} x_i x_j h_{ij}(\boldsymbol{x}) \quad (h_{ij}(\boldsymbol{x}) = h_{ji}(\boldsymbol{x}))$$

と表され，$\mathrm{Hess}_{\mathbf{0}}(f) = 2h_{ij}(\mathbf{0})$ となることが容易に確かめられる．「対称行列は対角化可能」という結果を使えば，適宜 $\mathbb{R}^d$ での線形変換を行って，最初から対称行列 $(h_{ij}(\mathbf{0}))$ は，対角成分に固有値が並ぶ対角行列と仮定してよい．r に関する帰納法により，

$$f(\boldsymbol{\varphi}(\boldsymbol{y})) = \pm(y_1)^2 \pm \cdots \pm (y_{r-1})^2 + \sum_{i,j=r}^{d} y_i y_j k_{ij}(\boldsymbol{y}) \quad (k_{ij}(\boldsymbol{y}) = k_{ji}(\boldsymbol{y}))$$

となるような C^∞ 級同型写像 $\boldsymbol{\varphi}$ が存在することを証明しよう．$r=1$ のときは自明．r のときに正しいと仮定する．$f(\boldsymbol{\varphi}(\boldsymbol{y}))$ を改めて $f(\boldsymbol{y})$ とおく．必要ならば $y_r, y_{r+1}, \cdots, y_d$ の線形変換を行って，$k_{rr}(\mathbf{0}) \neq 0$ と仮定してよい．そこで，原点の近傍で定義された C^∞ 級同型写像 $\boldsymbol{\psi} = (\psi_1, \cdots, \psi_d)$ を，次のように定義する．

$$\phi_i(y_1, \cdots, y_d) = \begin{cases} y_i & (i \neq r) \\ \sqrt{|k_{rr}(\boldsymbol{y})|}\left(y_r + \displaystyle\sum_{s=r+1}^{d} y_s \frac{k_{sr}(\boldsymbol{y})}{k_{rr}(\boldsymbol{y})}\right) & (i = r) \end{cases}.$$

$\boldsymbol{y} = \mathbf{0}$ における偏微分を計算すると

$$\frac{\partial \phi_i}{\partial y_j}(\mathbf{0}) = \begin{cases} \delta_{ij} & (i \neq r;\ j = 1, \ldots, d) \\ \sqrt{|k_{rr}(\mathbf{0})|}\left(\delta_{rj} + \displaystyle\sum_{s=r+1}^{d} \delta_{sj} \frac{k_{sr}(\mathbf{0})}{k_{rr}(\mathbf{0})}\right) & (i = r) \end{cases}$$

であるから，$\boldsymbol{\phi}$ の $\mathbf{0}$ におけるヤコビアンは

$$\begin{vmatrix} 1 & 0 & \cdots & 0 & 0 & 0 & 0 & \cdots & 0 \\ 0 & 1 & \cdots & 0 & 0 & 0 & 0 & \cdots & 0 \\ & & \cdots & & & & & & \\ 0 & 0 & \cdots & 1 & 0 & & & \cdots & 0 \\ 0 & 0 & \cdots & 0 & \sqrt{k_{rr}(\mathbf{0})} & * & * & \cdots & * \\ 0 & 0 & \cdots & 0 & 0 & 1 & 0 & \cdots & 0 \\ & & \cdots & & & & & \cdots & \\ 0 & 0 & \cdots & 0 & & 0 & 0 & \cdots & 0 \end{vmatrix} = \sqrt{k_{rr}(\mathbf{0})} \neq 0.$$

よって，逆関数の定理により原点の近傍で $z_i = \phi(y_1, \ldots, y_d)$　$(i = 1, \ldots, d)$ を y_i によって解くことができて，それを $y_i = \psi_i(z_1, \ldots, z_d)$　$(i = 1, \ldots, d)$ とおく（すなわち，$\boldsymbol{\psi} = (\psi_1, \ldots, \psi_d)$ は $\boldsymbol{\phi}$ の逆写像である）．$y_i = z_i$　$(i \neq r)$ および

$$y_r = \frac{1}{\sqrt{|k_{rr}(\boldsymbol{y})|}} z_r - \sum_{j=r+1}^{d} y_s \frac{k_{jr}(\boldsymbol{y})}{k_{rr}(\boldsymbol{y})} \quad (\boldsymbol{y} = \boldsymbol{\psi}(\boldsymbol{z}))$$

を $f(\boldsymbol{\varphi}(\boldsymbol{y})) = \pm(y_1)^2 \pm \cdots \pm (y_{r-1})^2 + \sum_{i,j=r}^{d} y_i y_j k_{ij}(\boldsymbol{y})$　$(k_{ij}(\boldsymbol{y}) = k_{ji}(\boldsymbol{y}))$ に代入して

$$\begin{aligned} f(\boldsymbol{\psi}(\boldsymbol{z})) &= \pm(z_1)^2 \pm \cdots \pm (z_{r-1})^2 + (y_r)^2 k_{rr}(\boldsymbol{y}) + 2\sum_{j=r+1}^{d} y_r z_j k_{rj}(\boldsymbol{y}) + \sum_{i,j=r+1}^{d} z_i z_j k_{ij}(\boldsymbol{y}) \\ &= \pm(z_1)^2 \pm \cdots \pm (z_{r-1})^2 + \left(\frac{1}{\sqrt{|k_{rr}(\boldsymbol{y})|}} z_r - \sum_{j=r+1}^{d} z_j \frac{k_{jr}(\boldsymbol{y})}{k_{rr}(\boldsymbol{y})}\right)^2 k_{rr}(\boldsymbol{y}) \end{aligned}$$

$$+2\sum_{j=r+1}^{d}\left(\frac{1}{\sqrt{|k_{rr}(\boldsymbol{y})|}}z_r-\sum_{s=r+1}^{d}z_s\frac{k_{sr}(\boldsymbol{y})}{k_{rr}(\boldsymbol{y})}\right)z_jk_{rj}(\boldsymbol{y})+\sum_{i,j=r+1}^{d}z_iz_jk_{ij}(\boldsymbol{y})$$

これを整理すれば,

$$f(\boldsymbol{\psi}(\boldsymbol{z}))=\pm(z_1)^2\pm\cdots\pm(z_r)^2+\sum_{i,j=r+1}^{d}z_iz_jh_{ij}(\boldsymbol{z})$$

と表されるから，$r+1$ のときも正しい．よって主張の証明が完成．

課題 8-7　$f(y_0,y_1,\cdots,y_n,x)=y_0x^n+y_1x^{n-1}+\ldots+y_n$ とおく．x_0 の重複度が 1 であることから，$f_x(a_0,a_1,\ldots,a_n,x_0)\neq 0$ である．陰関数の定理を適用すれば，$(a_0,a_1,\ldots,a_n)$ の近傍で定義された C^∞ 級関数 $g(y_0,y_1,\ldots,y_n)$ で，$g(a_0,a_1,\ldots,a_n)=x_0$ かつ $f(y_0,y_1,\ldots,y_n,g(y_0,y_1,\ldots,y_n))=0$ をみたすものが存在する．g は連続であるから，任意の $\varepsilon>0$ に対して $\max\{|a_0-b_0|,\ldots,|a_n-b_n|\}<\delta$ ならば $|g(b_0,b_1,\ldots,b_n)-g(a_0,a_1,\ldots,a_n)|<\varepsilon$ となるような $\delta>0$ が存在する．従って，$x_1=g(b_0,b_1,\ldots,b_n)$ とおけばよい．

課題 8-8　a_{ij} を A の (i,j) 成分とする．$F(\boldsymbol{x},\lambda)=A\boldsymbol{x}\cdot\boldsymbol{x}+\lambda(\|\boldsymbol{x}\|^2-1)$ とおくと，

$$\begin{aligned}F_{x_i}(\boldsymbol{x},\lambda)&=\frac{\partial}{\partial x_i}\sum_{j,k=1}^{d}a_{jk}x_jx_k+\lambda\frac{\partial}{\partial x_i}({x_1}^2+\cdots+{x_d}^2)\\&=\sum_{j,k=1}^{d}a_{jk}\delta_{ij}x_k+\sum_{j,k=1}^{d}a_{jk}x_j\delta_{ik}+2\lambda x_i\\&=\sum_{k=1}^{d}a_{ik}x_k+\sum_{j=1}a_{ji}x_j+2\lambda x_i=2\left(\sum_{j=1}a_{ij}x_j+\lambda x_i\right).\end{aligned}$$

よって,

$$F_{x_i}(\boldsymbol{x},\lambda)=0\iff A\boldsymbol{x}=-\lambda\boldsymbol{x}\iff \boldsymbol{x}\text{ は }-\lambda\text{ を固有値とする固有ベクトル．}$$

後半は，単位ベクトル $\boldsymbol{x}$ が固有値 λ の固有ベクトルであるとき，$A\boldsymbol{x}\cdot\boldsymbol{x}=\lambda\boldsymbol{x}\cdot\boldsymbol{x}=\lambda$ であることから直ちに従う．

課題 8-9　$J(\xi,\eta):=\dfrac{\partial(\varphi,\psi)}{\partial(\xi,\eta)}$ とおこう．$g(x,y):=\displaystyle\int_{-\infty}^{x}f(t,y)\,dt$ とおくと，g は C^1 級であり，$g_x=f(x,y)$．(8.18) の右辺は

$$\int_{\mathbb{R}^2}g_x(\varphi(\xi,\eta),\psi(\xi,\eta))J(\xi,\eta)\,d\xi d\eta.$$

これをさらに書き直すために，合成関数の微分公式を使う：

$$(g\circ\boldsymbol{\varphi})_\xi=\frac{\partial}{\partial\xi}g(\varphi(\xi,\eta),\psi(\xi,\eta))=g_x(\varphi(\xi,\eta),\psi(\xi,\eta))\varphi_\xi+g_y(\varphi(\xi,\eta),\psi(\xi,\eta))\psi_\xi,$$

$$(g\circ\boldsymbol{\varphi})_\eta=\frac{\partial}{\partial\eta}g(\varphi(\xi,\eta),\psi(\xi,\eta))=g_x(\varphi(\xi,\eta),\psi(\xi,\eta))\varphi_\eta+g_y(\varphi(\xi,\eta),\psi(\xi,\eta))\psi_\eta.$$

行列式の簡単な計算により

$$\begin{vmatrix}(g\circ\boldsymbol{\varphi})_\xi & (g\circ\boldsymbol{\varphi})_\eta\\ \psi_\xi & \psi_\eta\end{vmatrix}=\begin{vmatrix}g_x\varphi_\xi+g_y\psi_\xi & g_x\varphi_\eta+g_y\psi_\eta\\ \psi_\xi & \psi_\eta\end{vmatrix}=g_x(\varphi_\xi\psi_\eta-\varphi_\eta\psi_\xi)=g_xJ(\xi,\eta).$$

一方,

$$\begin{vmatrix}(g\circ\boldsymbol{\varphi})_\xi & (g\circ\boldsymbol{\varphi})_\eta\\ \psi_\xi & \psi_\eta\end{vmatrix}=(g\circ\boldsymbol{\varphi})_\xi\psi_\eta-(g\circ\boldsymbol{\varphi})_\eta\psi_\xi$$

となるから，

$$\int_{[-c,c]\times[-c,c]} f(\varphi(\xi,\eta),\psi(\xi,\eta))J(\xi,\eta)\,d\xi d\eta$$
$$=\int_{[-c,c]\times[-c,c]} \left((g\circ\boldsymbol{\varphi})_\xi\psi_\eta-(g\circ\boldsymbol{\varphi})_\eta\psi_\xi\right)d\xi d\eta.$$

$\psi_{\xi\eta}=\psi_{\eta\xi}$ に注意して部分積分の公式を用いれば

$$\int_{[-c,c]\times[-c,c]} \left((g\circ\boldsymbol{\varphi})_\xi\psi_\eta-(g\circ\boldsymbol{\varphi})_\eta\psi_\xi\right)d\xi d\eta$$
$$=\int_{-c}^{c}d\eta\int_{-c}^{c}(g\circ\boldsymbol{\varphi})_\xi\psi_\eta\,d\xi-\int_{-c}^{c}d\xi\int_{-c}^{c}(g\circ\boldsymbol{\varphi})_\eta\psi_\xi\,d\eta$$
$$=\int_{-c}^{c}d\eta\left[(g\circ\boldsymbol{\varphi})\psi_\eta\right]_{\xi=-c}^{c}-\int_{-c}^{c}d\xi\left[(g\circ\boldsymbol{\varphi})\psi_\xi\right]_{\eta=-c}^{c}$$

$\boldsymbol{\varphi}$ は $U_R(\mathbf{0})$ の外で恒等写像，すなわち，$\varphi(\xi,\eta)=\xi$, $\psi(\xi,\eta)=\eta$ $(\xi^2+\eta^2\geq R^2)$ となるから，十分大きい c に対して，$\varphi(\pm c,\eta)=\pm c$, $\psi(\pm c,\eta)=\eta$, $\psi_\eta(\pm c,\eta)=1$, $\psi_\xi(\xi.\pm c)=0$. さらに，$g(-c,\eta)=0$. よって，上式は

$$\int_{-c}^{c}[g(c,\eta)-g(-c,\eta)]\,d\eta=\int_{-c}^{c}g(c,\eta)d\eta=\int_{-c}^{c}\int_{-\infty}^{c}f(\xi,\eta)d\xi d\eta$$

となるから，$c\to\infty$ とすれば主張に至る．

課題 8-10　(1)　$x\in[a,b]$ を分点とする分割を考えれば，$|f(x)-f(a)|\leq|f(x)-f(a)|+|f(b)-f(x)|\leq V[f]$ であるから，$|f(x)|\leq V[f]+|f(a)|$.

(2)　実数 α について，$\alpha^{\pm}:=(\alpha\pm|\alpha|)/2$ とおき，

$$p[\Delta]:=\sum_{i=1}^{n}(f(x_i)-f(x_{i-1}))^{+},\quad n[\Delta]:=-\sum_{i=1}^{n}(f(x_i)-f(x_{i-1}))^{-}$$

とする．明らかに

$$p[\Delta]\geq 0,\quad n[\Delta]\geq 0,\quad p[\Delta]+n[\Delta]=v[f;\Delta],\quad p[\Delta]-n[\Delta]=f(b)-f(a).$$

さらに $P:=\sup_\Delta p[\Delta]$,　$N:=\sup_\Delta n[\Delta]$ とおくと $P+N=V[f]$, $P-N=f(b)-f(a)$.

$x\in(a,b]$ について，f を区間 $[a,x]$ に制限した関数に対する P,N をそれぞれ $P(x)$, $N(x)$ により表わし，$P(a)=N(a)=0$ とおく．これらは $[a,b]$ 上の増加関数であり，$P(x)-N(x)=f(x)-f(a)$. よって，$f(x)=P(x)-(N(x)-f(a))$ であるから前半の主張が示された．

逆に，有界な増加関数 $h(x),g(x)$ により $f(x)=h(x)-g(x)$ と表されたとする．$[a,b]$ の任意の分割 Δ について $|f(x_i)-f(x_{i-1})|\leq h(x_i)-h(x_{i-1})+g(x_i)-g(x_{i-1})$ が成り立つから，$v[f;\Delta]\leq h(b)-h(a)+g(b)-g(a)$. よって $V[f]<\infty$.

参考文献

[1] 新井敏康,『基幹講座 数学 集合・論理と位相』, 東京図書, 2016 年

[2] 岡本久, 長岡亮介,『関数とは何か』, 近代科学社, 2014 年

[3] 桂田祐史, 佐藤篤之,『力のつく微分積分』, 共立出版, 2007 年

[4] 嘉田 勝,『論理と集合から始める数学の基礎』, 日本評論社, 2008 年

[5] 木村俊一,『連分数のふしぎ —無理数の発見から超越数まで—』 講談社（ブルーバックス 1770), 2012 年

[6] 塩川宇賢,『無理数と超越数』, 森北出版, 1999 年

[7] 志賀 浩二,『数の大航海』, 日本評論社, 1999 年

[8] 砂田 利一,『幾何入門』, 岩波書店, 1996 年

[9] 砂田 利一,『行列と行列式』, 岩波書店, 2003 年

[10] 砂田 利一,『曲面の幾何』, 岩波書店, 2004 年

[11] 砂田 利一,『現代幾何学への道 —ユークリッドの蒔いた種—』, 岩波書店, 2010 年

[12] Koji Shiga and Toshikazu Sunada, *A Mathematical Gift,* III, originally published in Japanese in 1996 by Iwanami Shoten, and translated by E. Tyler, Amer. Math. Soc., 2005.

[13] 高木貞二, 『解析概論』 改訂第 3 版 軽装版, 岩波書店, 1983 年

[14] 中内伸光,『ろんりの練習帳』, 共立出版, 2002 年

[15] 中根 美千代,『ε-δ 論法とその形成』, 共立出版, 2010 年

[16] 野矢茂樹,『無限論の教室』(講談社現代新書), 講談社, 1998 年

[17] 矢崎成俊,『大学数学の教則』, 東京図書, 2014 年

索　引

記号

あ行

か行

さ行

た行

な行

は行

ま行

や行

ら行

わ行

□基幹講座 数学 代表編集委員

砂田 利一（すなだ としかず）
明治大学総合数理学部教授

新井 敏康（あらい としやす）
千葉大学大学院理学研究科教授

木村 俊一（きむら しゅんいち）
広島大学理学部教授

西浦 廉政（にしうら やすまさ）
東北大学原子分子材料科学高等研究機構教授

□著者

砂田 利一（すなだ としかず）
明治大学総合数理学部教授

基幹講座 数学 微分積分（きかんこうざ すうがく びぶんせきぶん）

Printed in Japan

2017 年 10 月 25 日 第 1 刷発行

編　者　基幹講座 数学 編集委員会
著　者　砂田利一
発行所　東京図書株式会社
〒102-0072 東京都千代田区飯田橋 3-11-19
振替 00140-4-13803 電話 03(3288)9461
http://www.tokyo-tosho.co.jp/

ISBN 978-4-489-02244-9